国家自然科学基金资助项目（编号 51278342、51778426）

体验与评论
建筑研究的一种途径

EXPERIENCE AND CRITICISM
AN APPROACH TO ARCHITECTURAL RESEARCH

支文军 著
ZHI WENJUN

上海·同济大学出版社
SHANGHAI · TONGJI UNIVERSITY PRESS

序

Foreword

期刊事业的有心人
Aspiration and Determination in Academic Journal

（支）文军常来家看望我和李德华先生，并且每次都会介绍他担任主编的《时代建筑》杂志的工作进展及相关情况，有时还会带来他认为很有创意的新刊给我们。每次听到他谈起这个期刊编辑团队既稳定又持续富有活力的工作状态，见到面前一期又一期精致的杂志，欣慰与赞叹总是油然而生。

办好一本学术期刊有多么不易，所面临的压力和付出的艰辛有多少，作为《时代建筑》的首任主编，我很早就对这些深有感触。《时代建筑》创建于1984年，当时我们对办刊都没有太多经验可言，一切从头开始。可以说，编辑团队很大程度上是凭借着对学术期刊工作的一份情怀，对推动国内建筑界设计实践与学术发展的强大的责任感和满腔热情，克服各种困难，逐步积累经验才一步步成熟起来的。这种态度和精神持之以恒，从未动摇，坚持到今天，让国内、国际的建筑界看到了这份期刊如此振奋人心的成就。

在《时代建筑》这几十年的成长轨迹中，文军的努力和贡献是极其重要的。1986年，当他刚刚结束跟我就读的建筑历史与理论方向的研究生学业后就留校任教，开始协助我做《时代建筑》的编辑工作。在与我共事的十多年里，我深入观察和了解到，文军是一个具有恒心和毅力要把一件有价值的事做到最好品质的人。在他逐步成长为主编之后，他有更多机会、更大平台施展自己的能力，为期刊发展构建更高目标。伴随改革开放和城市化进程，当代中国城市和乡村都有了惊人的发展，成为建筑创新实践的一片热土。我们不仅可以看到国内职业建筑师群体迅速成长，建筑创作的文化自信显著增强，而且也看到了中国已经成为世界建筑师关注的焦点和竞争的舞台。文军是一名敏感于国内外建筑发展趋向、善于把控期刊发展方向的专业媒体人。他领导的《时代建筑》在20年前就及时调整定位，专注于以国际视野聚焦"当代中国"，关注"中国命题"，并以每期主题组稿的方式与当代中国建筑深度互动，不仅充分发挥了期刊在学术话语组织和传播交流等方面的积极作用，也使期刊成为世界了解中国最新建筑发展进程的一个重要窗口。

文军还有另一个很大的特点，就是他的谦逊和他不同一般的亲和力，这也是他领导的这份期刊能够持续发展、影响广泛的一个重要原因。多年来，他主持的编辑团队汇集了一批热心于期刊事业的建筑学人，无论是专职的还是兼职的，都具有很高的专业素质和很强的敬业精神，并且善于合作。通过协同办刊，编辑部不仅汇聚了众人的智慧，也促进了一批年轻学者的成长。

我还了解到，文军虽然长期担任主编工作，甚至还出任同济大学出版社社长五年，但他一直没有停止过自己对国内外建筑发展的独立观察、理论研究和实践评论，发表了不少学术论文，培养了数十名硕士、博士研究生。他曾向我提起，要把自己多年的成果汇编成书，我觉得这很好，但当我真的看到文军即将出版的这套文集时，还是相当吃惊：分量这么重，涉及面如此宽，视角又这么广，都是出乎我的意料的。当然，这让我再一次深切体会到，作为当下专业期刊的主编，不仅应该在编辑出版每期刊物、每本书上得心应手，更需要始终对行业动向、学科进程以及相关各个领域的发展保持高度的洞察力和批判性。

作为他以前的老师，我真切地为文军这么多年的工作和成绩感到骄傲，感到心满意足。

罗小未

同济大学建筑与城市规划学院教授

《时代建筑》创刊主编（1984-2001）、编委会主任

2019年9月9日

读《媒体与评论》《体验与评论》
On the Books of *Media and Criticism & Experience and Criticism*

作为教师、建筑师、建筑批评家、建筑策展人，以及建筑杂志编辑和出版人，享有多项荣誉桂冠的支文军教授最在意的身份就是建筑出版人（或称"媒体人"）。由于他的多重身份，能够完好地将建筑理论、建筑史和建筑批评结合成一个整体，这是许多单纯从事建筑批评的学者做不到的。支文军教授即将出版的《媒体与评论》和《体验与评论》就是其作为媒体人的优秀成果，这套书将拓展中国建筑理论、建筑史和建筑批评的相关视野和研究领域。

建筑批评所追求的是作品的内在生命力，通过文字融入建筑师的思想。由于建筑批评客体具有多样性、复杂性与关联性，促成了今天建筑批评媒介的丰富多彩。建筑理论、建筑历史、小说、散文、电影、绘画、摄影、音乐，甚至服饰都可以以某种方式成为或者表现为建筑批评，而媒体则以多种手段整合了这些批评媒介。

建筑师和大众对当代建筑的认知与媒体的作用密不可分，建筑媒体已经成为建筑文化不可或缺的组成部分，起着重要的指导和推广作用。现代建筑媒体人扮演的角色已经远远超越单纯的报道，他们主动深入实践，策划项目，组织方案征集和设计竞赛奖项，策划并举办论坛、展览和讲座，普及建筑教育，出版著作等。在建筑媒体的推动下，建筑已经进入公共领域，成为公众生活的一部分，今天城市与建筑的发展已经离不开建筑媒体。

如果不计入维特鲁威的《建筑十书》和文艺复兴

时期的"前批评"时代，大致从20世纪60年代开始，建筑批评才从艺术批评分离出来成为一门独立的学科，并逐步建立其学科理论。中国的建筑批评在20世纪80年代开始走向大众，媒体的作用功不可没。20世纪80年代，《建筑师》《世界建筑》《新建筑》《时代建筑》等12种建筑专业期刊相继创办，形成以专业院校中的师生、学者、研究人员为核心的建筑批评主体。中国当代建筑批评与建筑媒体一路相伴，相辅相成，共同塑造了建筑批评的媒体认知形象。当代中国建筑百花齐放，日益创新的繁荣景象是与媒体的贡献分不开的。

建筑史上的每一种建筑思潮、每一次建筑革命都有建筑媒体的参与和推波助澜，建筑媒体推动了建筑批评的跨界和跨时空，同时，由于媒体的参与也形成了丰富多彩的批评媒介和批评方式，既用词语，也以形象来转译建筑，传播知识，让建筑批评走向社会，走向大众。诚如本书作者所指出的，"建筑媒体与当代中国建筑的互动既影响建筑师，影响建筑，也影响公众，在提高公众建筑审美的同时，提升建筑的整体水平"。

与一般的建筑批评相比，建筑媒体更关注当下性。长期以来，支文军教授作为《时代建筑》的主编，以敏锐的专业眼光，探寻当代建筑的真谛，关注建筑动向，研究建筑新事物，考察中外建筑，访谈许多建筑师和学者，写下了大量的学术论文和专著。在这些论文和专著中，他展望并论述城市、建筑和建筑师，论述建

筑展和艺术展，还论述媒体，不仅涉及中国的建筑和
建筑师，还涉及世界建筑和国际建筑师。

　　本书是支文军教授创作的与建筑批评有关的论文
选集。建筑批评既是理论，也是实践，批评是联系思
想与创作的纽带，也是联系感性和理性的媒介。建筑
批评既需要理性，也需要感性，需要理解力、想象力
和创造力。伟大的建筑师和平庸的建筑师之间的区别
在于：伟大的建筑师也是伟大的批评家。如果设计只
局限于形式和构图就不可能超凡脱俗，因而伟大的建
筑师需要具备对他人作品和自己作品的批评能力，同
时也需要接受他人的批评。爱尔兰诗人、戏剧家王尔
德认为："批评自身的确就是一门艺术。就像艺术创
造暗含着批评才能的运用一样。"从这个意义上说，
建筑媒体人也是艺术家。

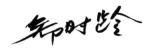

郑时龄

同济大学建筑与城市规划学院教授

中国科学院院士

中国建筑学会建筑评论学术委员会理事长

2019 年 8 月 24 日

关于建筑评论的一点儿认识
About Architectural Criticism

我办公室的大桌子上堆放着许多图纸，还有书和杂志，隔一段时间要整理一下，否则连看图和讨论的地方都没有了。说实在的，虽然书多，杂志更多，但往往有空儿的时候简单翻翻就上书架了，只有少数的会挑出来背回家去或带在出差的路上细细品读。在繁忙的工作状态中，在手机文化的泛滥下，的确难以静下来阅读和思考。

回想起 40 年前的大学时代，教材稀少，设计资料主要是老师们从有限的国外旧刊物上抄绘下来后制作的油印本。后来做研究生时，我们也学会泡在资料室里抄图、看书，孜孜不倦。记得那时候国内专业杂志只有《建筑学报》，纸张黑黄，图片模糊，印刷简陋，但生活在那个年代的建筑前辈们争先在上面发表文章，讨论学术，展示作品，透出一种久违的热情。之后，有了《建筑师》和《世界建筑》，前者以长篇的理论文章为主，后者以介绍国外建筑思潮为主，在行业内影响很大，我也是每期必买，每本必读，以期提高自己的学术修养和专业视野，相信许多同龄人都是如此。

随着后来房地产经济的发展，城市建设进入了快行道，设计项目越来越多，建筑师队伍也越来越壮大，专业杂志也多了起来，但翻翻看看，许多杂志可读性并不强，文章泛泛，作品也一般，与日渐涌入国内的许多国外大师作品集和精美的设计杂志没法比，所以有一阵儿大家有条件的都去买进口书和杂志，有一种"设计繁荣了，学术衰落了"的感觉。似乎就在这个时期，同济大学主办的《时代建筑》异军突起，发表了一批好作品和好文章，特别是在支文军教授出任主编后，招募了一批年轻的博士，形成了一支很有生气的建筑评论队伍，奠定了《时代建筑》的学术地位，令人刮目相看。我本人常常从《时代建筑》中了解国内实验建筑师群体的作品和学术导向，获益匪浅。

这几年，建筑媒体界越发热闹起来，不仅有一批新杂志的加入，许多纸质杂志还开了网上的公众号，时时地把行业信息、好作品和好文章上传到手机上分享，还有些媒体以举办专业论坛和各类学术活动为导引，形成了传统学会组织之外的学术圈子，在很大程度上推动了专业的交流。另外，一些老牌杂志纷纷改版，以期跟上潮流。更可贵的是，近年来一些学校的老师、学者从建筑理论研究转向建筑评论，大大提升了评论的学术水平，也大大加深了对优秀作品的深层次解读。在建筑评论日益繁荣的一片大好形势下，我应邀出任了《建筑学报》的主编，继而当了建筑学会建筑传媒学术委员会的主任委员，自然也就更多地关注和思考建筑评论的工作。当然，我可能更多会从实践建筑师的角度去想"我们需要什么样的建筑评论"？

每次看到网上给有争议的建筑起诨号、嘲讽的现象，我想，是不是应该请评论家出来理性地分析一下这些设计的内在逻辑和外在表象，哪些合理，是积极的？哪些会浪费资金和空间？哪些形式在国人语境下容易引起误解？专家的发声既可以引导网上舆论，提高公众对建筑的认识，也可以通过专业批评，让决策者和设计者了解学界的立场和意见。

每当看到国家新的政策导向和各地的建设动向时有"一刀切"或"一阵风"带来的问题，我总想，建筑评论家是否应该及时地研讨、全面地分析，为政策的落地提供理性的判断，从而减少因片面推行而带来不可挽回的损失？

每当看到杂志上介绍一个优秀的建筑作品时，我都特别钦佩和好奇。除了建筑师才华横溢的设计能力和深邃致远的设计理念外，建筑评论中可否也能介绍一下业主的支持和工匠的水平？因为在实际工程中，建筑师的创作环境并非都那么宽松，施工质量也难以控制，因此优秀作品的出现是比较偶然的。如果评论中对业主与施工人员的贡献给予肯定，无疑会提升他们的荣誉感，而如此的导向也会给更多优秀建筑作品的出现打下基础。

每次走进书店，看到琳琅满目的建筑书籍，建筑师往往愿意伸手翻阅那些大师的作品集和精美的图册，而对阅读建筑理论原著有畏难情绪，因为连理论性较强的建筑文章都看着费劲，更别说"啃"原著了，这就造成大部分建筑师缺乏理论修养。我想，建筑评论家可否结合实践需求，点评和介绍一些重要的论著或思潮流派，并结合案例进行解读，使忙碌的建筑师们可以增长知识，增强学术思考，进而提高创作水平，并早日形成自己的设计理念？这样，国内会涌现出更多有思想的建筑师。

虽然说了以上许多比较实用主义的想法，但我明白建筑学术应该保持它的独立性和系统性，并非只是

起答疑解惑的作用。当然，我注意到近来这种比较接地气的文章也的确越来越多了。

近年来，国内建筑评论发展迅猛，百花齐放、时有争鸣的局面非常好，不仅带动了建筑创作的提升，也受到国际学术界的关注和赞赏。相信不久的将来，建立在快速发展的中国建筑实践基础上，解答中国城市化进程中特殊问题的中国智慧和中国思想必会出现，这有赖于一大批优秀的建筑师和优秀的建筑评论家、理论家的涌现。

支文军教授作为当代中国建筑评论家的优秀代表之一，30年来不遗余力地辛勤耕耘在这片沃土上，写了一大批好文章，推出了一大批好作品和优秀的中青年建筑师与建筑学人，为繁荣建筑评论做出了历史性的贡献，我深表敬意！他将30多年来的所思所想结集出版，不仅是他个人的丰硕成果，也是中国当代建筑发展历史的珍贵记录和重要的剖切面，为后人研究这段建筑历史打下了坚实的基础，意义重大。我十分期待！

崔愷

中国工程院院士、中国建筑设计研究院有限公司总建筑师

中国建筑学会副理事长

中国建筑学会建筑传媒学术委员会主任委员

《建筑学报》主编

2019年8月25日

| 目录

四、设计机构及其作品解析

五、建筑本体及现象评析

六、城市游走与阅读

附录

后记与致谢

注：为保持文章与其来源的一致性，本书中专有名词的写法、翻译以及图文对应关系按作者要求维持原状

|Contents

Foreword

Preface

I Analysis of Contemporary Architectural Works in the World

II Interpretation of Contemporary Architectural Works in China

III Research on Groups and Individuals of Architect

IV Study on Design Institutions and their Works

V Evaluation and Analysis of Ontology and Phenomena in Architecture

VI Travelling and Reading around Cities

Appendix

Afterword and Acknowledgement

引言

Preface

媒体·体验·评论：
建筑研究的一种视野与途径

Media, Experience and Criticism:
An Approach and Vision for Architectural Research

1. 缘由

经过 30 多年的事业发展和积累，我认为目前是时候对自己的建筑研究和评论工作进行必要的梳理和总结了。

作为"新三届"的一员（1979 级），我是在"文化大革命"结束、改革开放伊始的时代背景中进入同济大学学习建筑的。我们这代人既是新旧教育体制转型的亲历者，经历了建筑学教育体系的恢复与初兴，与前辈建筑学人有着清晰的师承关系，更是在新的时代背景下承上启下、积极参与变革的一个群体[1]。

1983 年，我有幸在罗小未教授门下攻读研究生，开始进入建筑历史与理论研究的领域。在此期间，对西方现代建筑发展历史、地位和作用的研究构筑了我之后开展相关建筑理论研究的基础，也成为我日后以学术期刊为平台、持续关注当代中国建筑发展的主要教育和知识体系背景。

《时代建筑》（中文版）创刊于 1984 年。1986 年，我研究生毕业留校后就在罗小未教授和王绍周教授主持下参与《时代建筑》初创期的办刊工作，艰苦创业，经历了成长、稳定和深化等各个发展阶段，至今已持续不断地从事期刊工作 30 多年，已编辑出版近 170 期杂志。

2000 年，我和徐千里教授合著《体验建筑——建筑批评与作品分析》一书[2]，内容主要由建筑批评的理论框架和方法体系、建筑评论实例、优秀建筑评论

范文 3 大部分组成，郑时龄教授为该书专门写了题为"建筑批评的内容、方法与意义"的序。该书既是我进行建筑媒体、建筑研究和建筑评论工作 10 多年的成果积累，也是之后继续从事建筑评论事业的起点。

许多大学老师都身兼数职，承担多方面的工作。我也不例外，相关身份有教师、研究学者、期刊编辑、出版人和建筑师，但似乎建筑媒体人是我最重要的第一身份。结合学术期刊编辑工作，我有机会陆续撰写和发表了 100 多篇建筑评论论文，涵盖建筑批评、中国当代建筑分析、当代建筑作品解读以及对建筑师和设计机构评析等领域。在整理论文的过程中，通过对已发表论文在学理和逻辑上的遴选、归类与汇编，慢慢凸现出自己在宏观和结构性层面上的学术取向，逐步厘清自己在倡导建筑批评、关注当代中国建筑发展、推动国际建筑学界互动交流、培养学生学术研究能力等方面做过的一些工作和取得的一些成绩。可以说，如何更清晰地认知自我是汇编、出版本套文集的一个主要缘由。

2. 媒体、体验与评论三要素

作为一名建筑学术期刊主编，如何带领编辑团队通过《时代建筑》主题性的策划和组稿，关注"当代""中国"城市与建筑面临的诸多急迫的学术和专业问题，推进相关学者和作者进行持久和深入的研究，进而以

出版传播的手段促进学界和业界的交流发展，竭力发挥学术期刊的影响力，是我长期以来从事的核心工作和自身的价值体现。学术期刊既是我和团队进行建筑传媒、建筑研究、建筑评论、建筑教学和建筑出版等工作所依托的学术平台，也是我们进行多层面专业工作的重要学术资源所在。

多年来，我借助建筑期刊的平台，以传媒的视野，在现场体验的基础上进行了一些建筑研究工作。这些研究成果大多以期刊论文的形式发表，在性质上更接近建筑评论，论文关注的领域与自己的核心工作范围"当代中国建筑"紧密相扣。"媒体""体验"与"评论"成为我核心工作中最重要的三个关键词，代表着建筑学术研究的一种视野、一种途径和一种方式。

3. 媒体作为建筑研究的一种视野

建筑媒体和学术期刊工作是我职业生涯的重要领域。究其原因，开始阶段是职业惯性使然，随后是基于个人的某种信念与情怀。

建筑媒体，特别是专业期刊，对中国当代建筑发展起着独特的文化传播作用，主要表现在其强大的文化整合力量上。建筑媒体人以媒体的视野聚焦中国城市与建筑的剧变，展现社会发展过程中建筑与城市动态，扮演着建筑知识与信息传播先行者的角色[3]。更重要的是，建筑媒体视角与内容选择所承载的是专业媒体对于建筑、对于社会的思考和以此提高整个社会对建筑、城市认知程度的迫切期望。这种公共认知在建筑媒体释放出的巨大话语能量中，成为推动社会参与度以及文明发达程度的重要引擎[4]。

《时代建筑》与大多数中国建筑期刊一样创建于20世纪80年代，经历了定位的调整，催生了专业期刊主题式批评模式，从原来的研究论文登载功能逐渐转向有传媒立场的话语组织与批判性报道[5]。从历史的视角来看，这个阶段的《时代建筑》与当代中国建筑事业互相促进，完整见证了中国当代建筑发展的全景，报道并参与当代建筑的发展，并以媒体强大的整合能力对实践发问、对节点与事件进行追踪，甚至直接形成建筑事件。《时代建筑》通过自身的观点与价值取向传播建筑观念，通过对学术的记载、梳理和传承，以及对新理念核心技术的呈现、多元化思想平台的搭建等，在一定程度上确立了专业的关注区域与核心话语；《时代建筑》关注职业培养，为建筑师提供自我认同的平台，保持建筑行业与职业的可贵差异性；《时代建筑》以自身的主题式视角为建筑批评打开了一种发展的可能，贡献了一批具有批判精神的专业媒体人士和年轻学者；《时代建筑》以开放的姿态以及对学术、时尚、实践、大众事件的积极参与和多方向努力，在活跃的建筑批评顶级专业圈层内发挥了重要作用[6]。这些都使《时代建筑》成为国内重要的建筑杂志，具有不可替代性[7]。

借助中国建筑专业媒体，是关注中国建筑的当代叙事最有效的一种途径。如果说当代伊始，其二者是在彼此互动、相互影响中共同推动了中国建筑的发展，那么在全媒体时代的今天，它们已经如同鱼水，难分彼此。当下，高速发展的媒体以层出不穷的新方式，深入每个细微之处，改变甚至直接生成建筑赖以发生的语境与存在的方式[8]。通过媒体的视野，我们看到了当代中国建筑的另一个世界。

4. 体验作为建筑研究的一种途径

作为专业传媒人，我热衷于有机会就去国内外考察那些丰富而多样的优秀作品，很有兴趣对研究对象进行亲身的现场体验和空间感知。我认为这是进行建筑研究和建筑作品分析重要的先决条件。为此，我一直强调和倡导杂志编辑预先的现场体验，这早已成为《时代建筑》报道设计作品必须遵循的基本原则。"体验"不仅是自己从事建筑研究和评论工作的一种途径和方法，也是对生活世界、生命认知的一种朴素的态度。这种对建筑的身体体验和感知认识的思想正是现象学哲学家及崇尚建筑现象学的建筑师所倡导和关注的。

作为"现象学之父"，胡塞尔（Edmund Husserl）首次提出"生活世界"（life-world）的概念，认为"生活世界"是人类一切认识论的背景。在"生活世界"里，世界上的一切事物都能被人意识到是生动和有意义的，并以其既有的面貌显现；在"生活世界"里，人每一天生活的世界不再是静止与一成不变的世界，而是人每时每刻都能感知、互动与体验的、动态的、充满活力的世界；在"生活世界"里，人以原本被动地对待世界，转而充满活力地、主动地体验世界[9]。随后的现象学学者海德格尔、庞帝（Maurice Merleau-Ponty）和伽达默尔（Hans-Georg Gadamer）进一步阐述，人的身体是人体验和理解世界的核心方式，人通过亲身感知世界，意识到人与世界是不可分割的[10]；"生活世界"不再是作为由一个个物体所构成的整体来呈现，而是透过我们内心的投射，成为我们不断参与并实现生活种种可能的世界，即我们的"在世存在"[11]。

"生活世界"的概念既提出了一种对世界的认识，又提出了一种认识世界的方法，它告诉人们：人们每一天生活的世界是生动而充满意义的世界，世界上的一切事物都以其既有的面貌显现；人们需要通过自己的身体，以亲身感知的方式去经历、体验和理解这样的世界；唯有通过亲身与这个生动的世界进行互动，人才能不断意识到自己作为有活力的人，在这个生动的世界上存在的意义[12][13]。

以建筑现象学为其主要创作特征的国际著名建筑师霍尔（Steven Holl）认为，主体对建筑的亲身感受和具体的体验是建筑师建筑设计的源泉。在这里，体验作为一种研究方法出现。体验下的建筑空间其中包括了建筑中涉及知觉体验的各种知觉元素和建筑空间组合的秩序。建筑现象学强调人们对建筑的知觉、经验和真实的感受与经历。这里，知觉在现象学中占有重要的地位，视觉、听觉、味觉、嗅觉、触觉构成了知觉的五要素。知觉是认识活动的开始，也是其他认识活动的基础[14]。

如果这种思路进一步延伸的话，我认为主体对建筑的亲身感受和具体的体验是建筑研究和建筑评论的基础和一种途径。建筑是人造环境延伸到自然的领域，它为人们感知、体验和理解世界提供了场地和媒介。因为"建筑与其他艺术相比能更全面地将人们的知觉引入。在时间、光影和透明度的流逝变化中，色彩、现象、质感、细部均加入全部的建筑经验中。在各种艺术形式中只有建筑能够唤醒所有的感觉，这就是建筑知觉的复杂性"[15]。

查尔斯·摩尔（Charlse Moore）在《身体、记忆与建筑》中说过："体验之后才会更为关注如何建造它们。"[16] 我的信念是：也只有体验之后才会更了解和体察建筑的本质。因为体验令主体从旁观者转变成为参与者，更倾向于主客体之间的动态参与性，通过体验将许多的时空要素连接起来，从而建立起一种有意味的、有艺术感染力的场所精神。体验建筑的目的就是要充分理解建筑感知要素（例如透明性、光与影、建筑之音等），然后在以后的建筑研究中将个人感情投射到建筑评论中来。

5. 批评作为理论和实践的一种链接方式

在中国建筑界，理论与实践相脱离是一个长期存在的问题，从事创作者不喜欢理论之"空洞"和"不解决问题"，而从事理论的人也不屑于创作之"浅薄"和"缺乏理性"，但二者都很少对自身的立场加以反思，于是，理论与实践的隔膜和裂隙日渐加深[17]。

王骏阳老师在《建筑实践与理论反思》[18]一文中，专门引用了建筑史学家约翰·萨默森（John Summerson）的一段话，表明一个简单道理，即理论与实践之间没有一一对应的关系。尽管这样，王老师也认为："无论何时，理论都有一个基本的任务，就是对理论进行总结、反思、提出问题、进行争论，并以此推动实践。"[19] 在这些方面，近年来，中国当代建筑界同仁还是做出了许多努力和工作的，包括《时代建筑》杂志在当代中国建筑语境中展开的理论和实践问题的讨论等。

对于这种理论与实践相脱离的现象尽管也有许多人提出过批评，但问题的症结何在，却似乎始终没有得到解答。我们认为，理论与实践之间有一个重要的中介，那就是批评。理论与实践的脱节所暴露出的一个重要弊病实际上就是理论同批评的脱轨和批评对理论的游离。一方面，有些"理论""学术"往往并不关心建筑创作和建筑的基本问题，而只是热衷于闭门造车、构造各自的理论体系。这不仅使建筑理论和学术变得日益艰涩、玄奥，而且也使其越来越远离建筑活动的实际，远离建筑的真正问题，造成了理论的"空悬"和理论话语的空洞。另一方面，批评也缺乏对理论的兴趣。这不仅表现在普遍存在的单纯印象式和随心所欲的批评方式上，而且更反映在批评的视野上。有些批评只是对建筑作品和建筑现象的评点，而很少对建筑的思想、观念和理论进行真正深入的分析和反思[20]。

因此，为使建筑理论、学术和批评摆脱目前的困境，把批评与理论更切实地结合起来，使批评理论化、学术化，同时使理论、学术批评化，便不失为一种探索的途径。所谓批评理论化、学术化，指批评一方面要拥有理论和学术，另一方面要涉及理论和学术，并把对理论、学术的研究和批评放在重要的位置上。前者是一切真正的批评所必备的条件和基础，后者则将批评的视野引向深入，从而使批评得以在较高的层次和水平上展开[21]。

事实上，建筑理论和建筑批评本来就是两个既有联系但又不完全相同的概念。前者一般地是指对建筑的性质、原理、创作思想和评价标准的探讨；后者是对具体建筑作品及其有关的建筑现象的阐释评价。但是，在批评和理论的当代发展中，这两个概念又常常相互包含，并日益显示出界限模糊的趋向。艾布拉姆斯（M. H. Abrams）在其《文学术语汇编》（*A Glossary of Literary Terms*）里，把"批评"分为"理论批评"和"应用批评"[22]。

理论批评，按照艾布拉姆斯的解释，其宗旨是在一般批评原理的基础上，确立一套统一的批评术语和对作品加以区分归类的依据，以及评价作者和作品的标准。所谓"应用批评"，则"注重对具体作者与作品的讨论"。可见，艾布拉姆斯所说的"应用批评"是今天最流行的"批评"概念的含义，而"理论批评"则是一般意义上的理论研究。艾布拉姆斯将理论批评和应用批评都包括在"批评"的范围内，实际上表明了一种使理论与批评相融合的意向，它们可以被视作批评的两个层次。前者是诗学，后者是对具体作品和现象的讨论；前者探讨的是一般，后者则专注于个别。因此，理论学术与批评的联系便比人们通常所理解的要密切和深刻得多：个别的批评离不开一般的理论学术的指导和规范，而一般的理论也必然是寓于个别的批评之中，并在其中经受检验和发挥功能的。这不仅从另一个角度为批评的理论化、学术化提供了依据，同时也向理论和学术提出了批评化的要求[23]。

无论是批评的理论化、学术化还是理论、学术的批评化，目的显然都在于使理论、学术和批评更加科学化，从而更加符合建筑活动的真实。事实上，真正的理论和批评，不论自觉与否，大多正是这样去思考、去践行并从而获得其思想深度的[24]。

6. 图书构架

本套图书是我已发表论文的汇集，收录了30年间主要已刊登在国内外学术期刊的95篇文章。根据这些单篇文章的研究对象和类型，进行了系统的梳理和归纳，最终划分成12个板块，基本界定了自己的研究方向和关注领域。

考虑一本书收录的文章数量不宜过多、篇幅不宜过长，我接受了出版社编辑提出拆分成两本书出版的建议。如何进行板块和章节划分是一件不容易但很有意义的事。如果深入分析这12个板块领域，实际上可以用"媒体""体验"与"评论"三个关键词来概括。通过这三个关键词的对仗关系，形成了两本书的主标题"媒体与评论"和"体验与评论"，并以此组成各6个章节的内容，比较充实地支撑起了《媒体与评论：建筑研究的一种视野》与《体验与评论：建筑研究的一种途径》两本书的内容构架。

这两本书板块分类及文章选择上既有关联性，也有差异性。《媒体与评论：建筑研究的一种视野》一书，收编了49篇论文，主要选择作者以媒体视野在宏观和整体上对中国当代城市和建筑等相关论题进行学术研究和评析的文章，分"媒体·批评""当代·中国""全球·上海""地域·国际""事件·传播""期刊·出版"等6个篇章。该书更多的是在宏观层面对当代中国城市与建筑整体性的"一般"的分析与评价，与"理论批评"的分类和范畴有一定的相关性。

《体验与评论：建筑研究的一种途径》一书，收编了46篇论文，主要选择作者以现场体验为基础的对建筑师和建筑作品等相关论题进行研究和评析的论文，主要领域是对"作品、人、机构"三位一体的关注和研究，分"世界建筑作品解读""品评中国当代建筑""个体及群体建筑师研究""设计机构及其作品解析""建筑本体及现象评析""城市游走与阅读"6个篇章。该书更多的是对现象、观念、作品、人、机构和事件等

具体对象的"个别"的阐释和剖析，更符合"应用批评"的分类和范畴。

除正文外，两本书都有3位建筑前辈及专家写的"序"和作为图书"引言"的综述性文章。书末以附录形式整理了我本人相关联的学术研究和工作成果列表。

这里特别要说明的是，本书所收编的大部分文章是我独著或作为第一作者合写的，但也有不少是作为第二作者的。合著者大部分是我指导的学生，一方面研究生是科研工作的生力军，是大学科研力量的重要组成部分；另一方面，学生通过参与学术研究和写作是重要的学习途径和能力培养手段。我鼓励学生把合适的、有学术价值的学位论文成果转化为期刊论文发表，这既是一种学术进步，也是学术资源分享和利用的一种方式。合著者中也有几位同事，如徐千里、徐洁、彭怒、戴春、卓健、李凌燕、丁光辉、凌琳等，他们在文章中充分发挥自身的特长和特色，为研究和论文成稿充实了理论反思和批判性审视的视角，为更深入、更本质地理解和思考建筑批评问题提供了更广阔的视野和思路。

7. 章节概述

本书的46篇论文，主要选择作者以现场体验为基础的对建筑师和建筑作品等相关论题进行研究和评析的论文，文章按其关注的内容，收编在6个板块中。每个板块的文章，其关系互相独立又相互关联，从不同视角阐述和探讨有关的问题和论题。每个板块的文章排列，基本以发表时间顺序为依据，近期的文章放在前面，但不绝对。

第一章"世界建筑作品解读"的10篇文章，是作者以现场体验和考察为前提、文献查阅和综合研究的基础上，对世界各地的优秀建筑作品的全面而深入的解析。做到理性、客观和全面的评论是自己作为专业媒体人的首要使命，同时，充分表达个体感知并对现实提问也是评论应有的准则。《流动·无限·未来：阿

塞拜疆巴库阿利耶夫文化中心设计解析与评价》（1）一文，从 10 个方面对建筑的意义、建筑本体进行了深度解析，同时尝试借助与会的中国建筑师对作品进行了现场评价。《城市·建筑·符号：汉堡易北爱乐音乐厅设计解析》（2）一文，是在主创建筑师赫尔佐格和德梅隆（Herzog & de Meuron）亲自导览和现场体验下的综合性评论文章，对项目做出影响力评价，指出建筑师独特而杰出的创造性设计成就了一个伟大的作品。其他的作品评论文章还包括屈米（Bernard Tschumi）、博塔（Mario Botta）、库哈斯（Rem Koolhass）、努维尔（Jean Nouvel）和 DCM 等国际一流建筑师的作品。特别要说明的是，作为专业媒体人，经常有幸在主创建筑师的陪同下获得对建筑空间的感知和体验，所发表的精彩照片和图片资料也大多是建筑师及设计公司支持和提供的，这算是媒体人的一点福利吧。

第二章"品评中国当代建筑"，是聚焦"当代·中国"并对"作品、人、机构"三位一体的关注和研究的重要体现，共收录 7 篇文章。客观地讲，我自己对当代中国建筑作品进行研究和评论的数量并不多，《时代建筑》更多的做法是邀请建筑师之外的第三方学者和评论家对作品进行解读和点评。《田园城市的中国当代实践：杭州良渚文化村解读》（11）一文是我最近主持做的研究成果，尝试以霍华德田园城市的思想为线索，比较清晰地对万科的杭州良渚文化村的乌托邦理想、新城定位、规划特色、建设运营等进行深度的解析。《新乡土建筑的一次诠释：关于天台博物馆的对谈》（12）一文，记录我与建筑师关于天台博物馆的对话，讨论了当代乡土建筑创作中建筑师以何种积极的态度应对传统、文脉、地域环境、空间、流线、材料等诸多问题。有趣的是，该建筑师是《世界建筑》主编。《建筑师陪伴式介入乡村建设：傅山村 30 年乡

村实践的思考》（17）一文，是我作为业余建筑师持续介入乡村建设的经验总结和思考，展现了我应对当代城乡关系及乡村现代化的态度和策略。

在"个体及群体建筑师研究"一章中，体现对"人"（建筑师）的主体因素及其作用的充分认知。《时代建筑》以建筑师为研究和报道主题的专刊有 10 期之多，各期还有相关专栏，从不同视角对建筑师的执业状态、身份界定、职业现实等问题进行探索。葛如亮教授是我的毕业设计指导教师，其"新乡土主义"建筑系列实践及其以此为特点的毕业设计课题对我产生持久和深远的影响，成为我后来课余从事建筑设计实践的重要基础。可惜葛老师过早地离开了我们。为此撰写的纪念和研究文章《葛如亮教授的新乡土建筑》（18）一文，应该是在中国建筑学界较早研究和提出"新乡土建筑"的文章，也是自己最动情的一篇评论文章。本章节有 3 篇有关瑞士建筑师博塔的研究和评析文章，其实本书共有 6 篇有关他的文章被收录在不同章节中。《乡土与现代主义的结合：世界建筑新秀 M. 博塔及其作品》（26）是自己最早关注和研究博塔先生的一篇文章。近期随着我主持的国家自然科学基金项目的获批与展开，对当代中国群体和个体建筑师的研究正在进行之中，其中《"解码"张轲：记标准营造 17 年》（20）和《乡村变迁：徐甜甜的松阳实践》（19）是对张轲和徐甜甜个体建筑师研究的一些最新成果。本章节另包含 3 篇对群体建筑师的研究文章。

"设计机构及其作品解析"一章收录的 5 篇文章，主要对世界各地的优秀建筑设计机构及其作品进行了研究和评论，这些公司有的以个人影响力为品牌和特色，如马里奥·博塔、谭秉荣，有的是通过公司品牌和合伙人群体价值赢得市场，如 Aedas、DCM 等。

除了关注建筑"作品、人、机构"之外，也有一些文章是对建筑本体及现象的研究，有 6 篇文章被归

入"建筑本体及文化评析"一章。《同济建筑系的学术特色与风格，兼评同济校园建筑》（39）一文，原发表在《建筑学报》[25]，但可能是篇幅问题，投稿原文有关学术特色的内容基本被删减了。尽管如此，原《世界建筑》主编曾昭奋教授读了文章后有很多感慨，深情地给我们写了一封信，后来这篇有意思的短文以"给徐千里、支文军的信"[26]的标题发表在《新建筑》上，20年后还被收编在曾教授的文集《建筑论谈》[27]之中。本书一方面根据投稿原文恢复性的增补了被删减的内容，另一方面把曾教授的信作为这篇文章的附录一并呈现，以提高关联性阅读的意义。有趣的是，中国4本重要的建筑期刊以这样的方式交集在了一起。这里有两篇文章是我指导的研究生学位论文改写而成的，其中《剖面建筑现象及其价值》（36）一文成为两年后《时代建筑》"剖面"专刊的主题文章。这里要顺便说明的，建筑研究、论文写作、编辑选题、学位论文指导等工作经常是相辅相成的。《建筑：一种文化现象》（40）一文是本套文集中唯一不曾公开发表的文章（偶然发现手写原稿复印件），鉴于文章内容及写作时间（应该是毕业工作后的第一篇论文），就破例收录了。

第六章"城市游走与阅读"的6篇短文，应该不能算是论文，论题都比较轻松简单，原来都只是发表在图书和内部资料上。作为建筑传媒平台，《时代建筑》组织过多次以欧洲为主线的城市与建筑专题考察。我们倡导现场体验和身体感知，以积极的姿态去发现生活世界的精彩，这样的理念是一脉相承的。出国回来后我们组织大家资料整理、归纳总结，然后编辑成书，出版传播，如《行走的观点：埃及》[28]《行走的观点：伊斯坦布尔》[29]《北欧建筑散记》[30]等。这些既是我们媒体特性的工作，也是专业媒体发挥大众传播价值的一些尝试。

8. 传媒之路与评论历程

作为30多年工作的回顾，本套图书收录的文字不仅体现了依据12个板块和章节所呈现的研究方向和关注领域，还反映了在此之下或之外的另一种传媒视野和个人研究相结合的发展路径。总体而言，个人的学术研究紧密依托学术期刊这个工作平台，30多年的建筑媒体工作是连续且循序渐进的。

学术媒体最重要的价值是其对当下现实的敏感性及其所应对的思想性，《时代建筑》20多年来所秉持的主题性的策划和组稿，所选的上百个主题大多是关注"当代""中国"城市与建筑面临的诸多急迫的学术和专业论题。期刊主编如何带领编辑团队做好选题工作其实是期刊思想性及影响力发扬光大最核心的工作。借助《时代建筑》所选主题这样的一条主线，可以较清晰地反观主编及编辑团队所关注热点的历史演进。为此，本书专门把《时代建筑》近20年的选题经分门别类后作为附录呈现。

如果要对自己的工作历程进行区分的话，可大致分为3个阶段。第一阶段从毕业留校投身于学术期刊工作开始（1986年）到实际主持期刊工作（1999年）。这个阶段是对自己身份逐步认识和认定的关键阶段，是逐步提出和试图回答"我是谁？""我的意义和价值是什么？""学术期刊的影响力和价值是什么"《时代建筑》的定位和特色是什么？"等问题的阶段[31]。这个阶段也逐步形成个人的研究和关注点，开始对建筑评论、当代中国建筑发展、作品、建筑师等领域进行了一些研究，如《建筑评论的歧义现象》《建筑评论的感性体验》《当代中国建筑创作趋势》《乡土与现代主义的结合：世界建筑新秀M.博塔及其作品》《葛如亮教授的新乡土建筑》等。《体验建筑——建筑批评与作品分析》一书文稿也完成于这个阶段。

第二阶段，从 2000 年到 2010 年，以《时代建筑》2000 版改版作为新起点的标志。新刊提出了"中国命题、世界眼光"的编辑视角和定位，强调"国际思维中的地域特征"。当代中国正在发生急剧的变化，城乡建设领域尤其明显。作为专业媒体，首先应是时代变迁最敏锐的观察者与记录者，在纷繁的时代图景之下找到新的脉络与话题，进而形成时代的特征性描述。显然，聚焦"当代""中国"成为时代的必然，也是对期刊名称"时代"最生动的注解。"当代"的含义十分复杂，因为它是正在展开的、尚没有被充分研究和认定的经验与现象。中国社会一方面充满许多茫然的现象和鲜活的素材，另一方面缺乏学界和业界充分的认识和研究。在这样的大背景下，《时代建筑》的主题往往是正在发生的事情，通过围绕每一期主题组织的学术研究论文，从不同的视角，在思想的深度、视野的广度和传播的力度等方面，对当代中国建筑进行诠释[32]。正是在这样的大背景下，我的研究和评论完全融入专业媒体的视野与运作轨道中，对当代中国建筑的新趋势、新思想、实验性建筑、年轻建筑师、体制外的设计机构等给予了充分的关切。如《现代主义建筑的本土化策略：上海闵行生态园接待中心解读》《中国当代建筑集群设计现象研究》《中国新乡土建筑的当代策略》《对全球化背景下中国当代建筑的认知与思考》《从实验性到职业化：当代中国建筑师的转向》《中国建筑杂志的当代图景（2000–2010）》等等，都是"当代""中国"命题的具体演绎。

第三阶段，从 2011 年至今。2008 年北京奥运会和 2010 年上海世博会后，中国社会经济从高位发展出现了明显的放慢趋势，原有的发展模式开始经受新的考验，需要重新审视与探索中国城市化的转型之路。《时代建筑》继续聚焦当代中国建筑，相比过去的 10 年，在应对当下城市建筑的现实问题的主题选择上似乎出现更多有关反思、转型、跨界的内容，如《上海

世博会反思与后事件城市研究》《超限：中国城市与建筑的极端现象》《转型：中国新型城镇化的核心》《建筑与传媒的互动》等。在这期间，我接受学校任命在同济大学出版社担任 5 年的社长（2011.04—2016.03），但同时兼任《时代建筑》主编和承担学院原有的教学科研工作，期刊和研究工作并没有间断。相关的研究文章有《中国城市的复杂性与矛盾性》《大转型时代的中国城市与建筑》《WA 建筑奖与中国当代建筑的发展》《特色专业出版之路——同济大学出版社的品牌与核心竞争力》等。随着两个国家自然科学基金项目的获批和开展，推进和拓展了个人和团队的研究领域，一是对大众传播与中国当代建筑批评关系的研究，二是对当代中国建筑师群体特征的研究。相应的研究文章有《大众传播中的中国当代建筑批评传播图景》《纸质媒体影响下的当代中国建筑批评场域分析》《"解码"张轲：记标准营造 17 年》等。从出版社回归到学院后的近几年，相对有较多时间以专业媒体的身份参加国际上重要的建筑事件和活动，但每次都需按计划完成研究和基于一线的评论工作，如《城市·建筑·符号：汉堡易北爱乐音乐厅设计解析》《包容与多元：国际语境演进中的 2016 阿卡汗建筑奖》《"自由空间"：2018 威尼斯建筑双年展观察》等。这期间也完成了几本专业图书的编著出版，其中研究的部分又以论文的形式整理发表，如《调和现代性与历史记忆：马里奥·博塔的建筑理想之境》《世界经验的输入与中国经验的分享：国际建筑设计公司 Aedas 设计理念及作品解析》《田园城市的中国当代实践：杭州良渚文化村解读》等。

从 30 多年个人研究的论文成果所呈现的脉络这个角度来看，与《时代建筑》主线的关系基本是一条忽近忽远的平衡线。如果继续深究的话，自己传媒和评论特征是主要的，研究和关注热点紧扣时代脉搏和当下现实，课题是发散和外拓的，记录了一条实际上是

点状多样的、不连续的、复杂交错的、有时是重复的思考和研究的线索，它不是严格意义上的学科理论体系建构和学理逻辑推论。

评论应该远远超越对于人、事或者建筑作品的简单的分析和评点，它是把建筑活动、建筑创作放在更为广阔的社会、文化和时代背景中，去探索它们内在的问题和规律。希望自己主要依托学术期刊而做的建筑评论及研究工作，能够为我们更深入更本质地理解和思考建筑提供一点点帮助[33]。

9. 专业媒体及媒体人的使命

专业媒体和媒体人任重道远。无论从国际还是国内的角度，均急迫需要我们对中国当代建筑的发展进行梳理、研究和记录，就像李翔宁教授判断的那样，"深深地感到当代中国研究的这片富矿并没有得到很好的发掘，在我们近几十年深入学习和研究西方的同时，对自身问题的研究在许多方面并不尽如人意。我们对材料和事实的梳理不够完备，我们也还缺乏成熟的研究方法和深刻的批判视角"[34]。

从外部世界看，整个 20 世纪的大多数时间，中国当代建筑在西方理论界中是处于"缺席"的状态，在西方林林总总关于世界当代建筑史的著作中，偌大的中国始终隐遁无形。与此同时，中国却以令人惊异的速度向前发展，建筑和城市的天际线以一种最直观的方式为我们呈现了这个时代背景下的中国速度。如此语境下，西方世界对中国当代建筑发展的兴趣与重视也被大大激发。

中国改革开放已历经 40 年，成就前所未有，但中国仍是世界上最大的发展中国家。中国建筑师面临着种种矛盾和困境，中国建筑界也在这样的复杂处境中求索和挣扎。中外很多学者呼吁，中国大而复杂，要对中国的发展趋势做出客观的评价就不能只按照西方

的标准，而要深入了解中国的具体国情的同时，以全球化的视野在世界建筑体系里为中国现当代建筑定位或给出坐标[35]。

支文军
2019 年 8 月

参考文献

[1], [35] 支文军 . 同济建筑学人：支文军 . 世界建筑 , 2016(5): 37.

[2], [17], [20]—[24], [33] 支文军 , 徐千里 . 体验建筑：建筑批评与作品分析 . 上海：同济大学出版社 , 2000.

[3]—[8] 李凌燕 , 支文军 . 纸质媒体影响下的当代中国建筑批评场域分析 . 世界建筑 , 2016(1): 45–50.

[9] 沈克宁 . 建筑现象学理论概述 . 王伯扬 , 主编 . 建筑师（70）. 北京：中国建筑工业出版社：1996: 91–112

[10] 沈克宁 . 建筑现象学 . 北京：中国建筑工业出版社 , 2008.

[11] 梁雪 , 赵春梅 . 斯蒂文·霍尔的建筑观及其作品分析 . 新建筑 , 2006(1): 102–105.

[12] 丁力扬 . 现象学和建筑学师承关系图解 . 时代建筑 , 2008(6): 14–23.

[13] 彭怒 , 支文军 , 戴春 . 现象学与建筑的对话 . 上海：同济大学出版社 , 2009.

[14], [15] 梁雪 , 赵春梅 . 感知建筑——浅析 20 世纪 90 年代以后斯蒂文·霍尔的理论探索与设计实践 . 建筑师 , 2006(8): 24–28.

[16] 肯特·C. 布鲁姆 , 查尔斯·W. 摩尔 . 身体记忆与建筑：建筑设计的基本原则和基本原理 . 成朝晖 , 译 . 杭州：中国美术学院出版社 , 2008.

[18],[19] 王骏阳 . 建筑实践与理论反思 . 建筑学报 , 2014(3): 98–99.

[25] 徐千里 , 支文军 . 同济校园建筑评析 . 建筑学报 . 1999(4): 58–60.

[26] 曾昭奋 . 给徐千里、支文军的信 . 新建筑 , 2000(2): 76.

[27] 曾昭奋 . 建筑论谈 . 天津：天津大学出版社 , 2018.

[28] 支文军 . 行走的观点（埃及）. 上海：上海社会科学院出版社 , 2006.

[29] 徐洁 . 行走的观点（伊斯坦布尔）. 上海：上海社会科学院出版社 , 2006.

[30] 支文军 , 徐洁 . 北欧建筑散记 . 北京：中国电力出版社 , 2008.

[31] 罗小未 , 支文军 . 国际思维中的地域特征与地域特征中的国际化品质——时代建筑杂志 20 年的思考 . 时代建筑 , 2004(2): 28–33.

[32] 支文军 . 固本拓新：时代建筑 30 年的思考 . 时代建筑 . 2014(6): 64–69.

[34] 李翔宁 .（序）图绘当代中国 // 童明 . 当代中国城市设计读本 . 北京：中国建筑工业出版社 , 2016.

一

世界建筑作品解读

Analysis of Contemporary Architectural
Works in the World

流动·无限·未来：
阿塞拜疆巴库阿利耶夫文化中心设计解析与评价

Fluid · Infinite · Future:
Analysis and Evaluation on the Design of Heydar Aliyev Center in Baku Azerbaijan

摘要　阿利耶夫文化中心是阿塞拜疆首都巴库的地标性建筑，它象征着国家的现代化进程，也是巴库城市更新的重要一环。扎哈·哈迪德建筑设计事务所的设计在概念上平衡了先锋性和文化性，体现了扎哈强烈的个人风格。在场地处理上，它充满人文关怀并培育丰富的城市公共活动。室内的流动空间张弛有度，整体的结构设计和立面设计是阿利耶夫文化中心项目完成度的重要内容。文章从 10 个方面对该项目进行了深度解析，同时，借助参加国际建协代表大会的机会，与会的中国建筑师就自身的建筑体验对阿利耶夫文化中心的设计进行了现场评价。

关键词　先锋建筑 文化传统 城市形象策略 环境渗透空间结构 流动空间 光影设计

2012 年 5 月建成的阿利耶夫文化中心是已故先锋建筑师扎哈·哈迪德（Zaha Hadid）的经典作品。作为巴库城市乃至国家的地标性建筑，阿利耶夫文化中心雄踞于阶梯形的广场上，吸引着当地民众和来自世界各地的游客。

2019 年 6 月 7 日到 11 日，国际建协 2019 国际论坛（UIA International Forum 2019）和特别会员代表大会（UIA Extraordinary General Assembly）就在阿利耶夫文化中心举行。中国建筑学会作为国际建协的国家会员参加了大会的一系列会议，对这次大会讨论的重要事项进行审议。这些事项包括是否增加中文

为国际建协官方语言和制订联合国教科文组织 – 国际建协世界建筑之都活动计划等。在大会中，国际建协的会员国家们听取了 2020 年巴西里约热内卢国际建协世界建筑师大会的筹备工作汇报。在会员代表大会上，经过投票表决，国际建协正式增加汉语为官方语言。主题为"历史文化名城与大众旅游"（Mass Tourism in Historic Cities）的国际建协国际论坛同期举办。

阿利耶夫文化中心建成并使用已 7 年，因其地标性、特立独行的外形、复杂昂贵的结构和细腻的场地处理受到建筑业内持续的关注和评论。笔者（支文军）作为这次参会的中国建筑师代表之一，不仅借机行走于巴库古城的大街小巷，深入考察建筑内外，还与同行的几位当代中国建筑学人沟通交流。在现场体验、感知和互动的基础上，我们进行了现场评价，也算是建筑后评估工作的初步尝试。

政府诉求与城市建设

1922 年至 1991 年，阿塞拜疆是苏联的一部分，漫长的苏联统治带来了大量统一风格的建筑和城市。2004 年至 2014 年，阿塞拜疆是按照以石油为基础的租赁型国家[1]模式运行的 [1]。随着全球能源结构的转变以及政治环境的变化，阿塞拜疆政府也在寻找国家在国际社会中新的立足点和收入来源。21 世纪初，政府就制定了一系列战略路线图以发展其他行业。此前，

图 1. 扎哈·哈迪德
图 2. 城市鸟瞰
图 3. 阿利耶夫文化中心室外实景
图 4. 总平面图及剖面图

项目名称: 阿利耶夫文化中心
项目地点: 巴库,阿塞拜疆
建成时间: 2012 年 5 月 10 日
总建筑面积: 101 801 m²
项目主要建筑师: 扎哈·哈迪德;帕特里克·舒马赫;萨菲特·加亚·贝奇罗格卢
业主: 阿塞拜疆共和国政府
结构工程: Tuncel Engineering, AKT
机械工程: GMD Project
电气工程: HB Engineering
立面工程: Werner Sobek
照明设计: MBLD

阿联酋的迪拜因其对城市基础设施和超级建筑的巨额投资蜚声国际,并借此获得了大量非石油产业的收入。阿塞拜疆政府受到迪拜成功的激励,因此其发展战略很大程度上参考了阿联酋,政府希望将首都巴库打造成另一个迪拜[2]。政府相信一个宏伟的城市会吸引外资和游客,这意味着需要在巴库建造大量高层建筑、运动场、购物中心和会议中心[1-3]。从国际地位的角度看,阿塞拜疆希望摆脱苏联的影响,用地标性的建筑展现本民族巨大的进步和雄厚的财力,呈现崭新的国

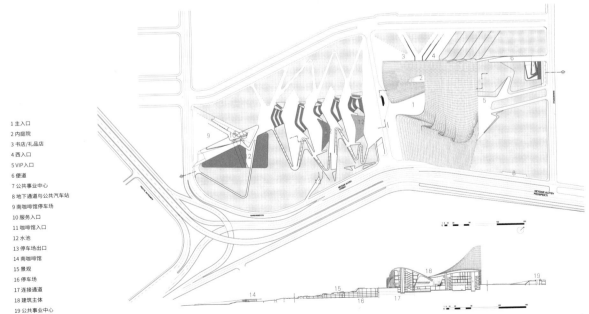

1 主入口
2 内庭院
3 书店/礼品店
4 西入口
5 VIP入口
6 便道
7 公共事业中心
8 地下通道与公共汽车站
9 南咖啡馆停车场
10 服务入口
11 咖啡馆入口
12 水池
13 停车场出口
14 南咖啡馆
15 景观
16 停车场
17 连接通道
18 建筑主体
19 公共事业中心

图 5. 阿利耶夫文化中心室外实景
图 6. 阿利耶夫文化中心夜景
图 7. 巴库老城与火焰塔
图 8. 阿利耶夫文化中心夜景

图 9. 一层平面图
图 10. 地面层平面图
图 11. 二层平面图
图 12. 三层平面图
图 13. 五层平面图
图 14. 八层平面图

家形象以获得国际声望[4]。对于把控石油业的商业寡头来说，建筑业和旅游业是石油收入再投资的好渠道。阿塞拜疆在当时过于依赖国际的石油收入，国家处于周边环境不够安定的内陆地区，很难通过振兴农业或者制造业实现新的经济繁荣。储蓄会让资产因为通货膨胀等原因失去价值，消费会让资产消耗过快，而建筑业和旅游业能以很少的政治成本实现经济多元化[1]。

政府的政治诉求和寡头的商业诉求在发展建筑业上得到了统一。世纪之交，阿塞拜疆进行了规模庞大的城市现代化建设，这个国家的城市形态飞速变化[5]。同时，在建设标志物的需求下，阿利耶夫文化中心的建设计划与同期的其他大型项目一起出台。2006 年 12 月 26 日，阿塞拜疆共和国总统伊尔哈姆·阿利耶夫（Ilham Aliyev）签署了第 1886 号许可令，启动了阿利耶夫文化中心的建设项目[6]。2007 年，为了营销国家形象，

也为了让这座建筑为国家注入新的活力，阿塞拜疆政府举办了文化中心的国际设计竞赛。

城市更新的节点

巴库有世界上最早的工业化采油井，20 世纪中这座滨海城市因为它发达的石油产业和遍布污染的城市面貌而被称为"黑城"。富裕的巴库政府希望它能够从脏乱敝旧的"黑城"变成高贵美丽的"白城"，政府的口号是"建造它，什么都会有的"②[4]。巴库的城市更新计划是在进行城市面貌整体提升的同时，建设几个标志性的建筑，带动城市的整体活力，阿利耶夫文化中心与相距不远的火焰塔（Flame Towers）便是其中翘楚。

阿利耶夫文化中心距离城市中心不远，在从阿利

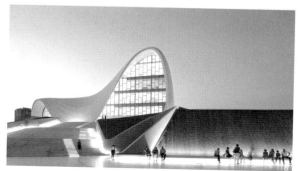

体验与评论——建筑研究的一种途径

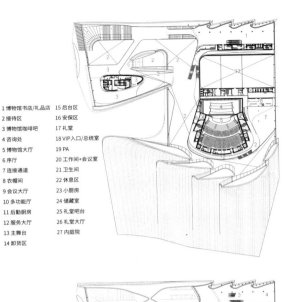

1 博物馆书店/礼品店　15 后台区
2 接待区　16 安保区
3 博物馆咖啡吧　17 礼堂
4 咨询处　18 VIP入口/总统室
5 博物馆大厅　19 PA
6 序厅　20 工作间+会议室
7 连接通道　21 卫生间
8 衣帽间　22 休息区
9 会议大厅　23 小厨房
10 多功能厅　24 储藏室
11 后勤厨房　25 礼堂吧台
12 服务大厅　26 礼堂大厅
13 主舞台　27 内庭院
14 卸货区

9

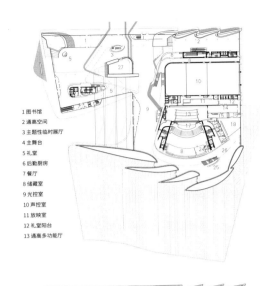

1 图书馆
2 通高空间
3 主题性临时展厅
4 主舞台
5 礼堂
6 后勤厨房
7 餐厅
8 储藏室
9 光控室
10 声控室
11 放映室
12 礼堂阳台
13 通高多功能厅

10

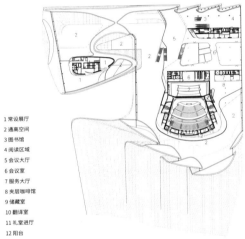

1 常设展厅
2 通高空间
3 图书馆
4 阅读区域
5 会议大厅
6 会议室
7 服务大厅
8 夹层咖啡馆
9 储藏室
10 翻译厅
11 礼堂进厅
12 阳台

11

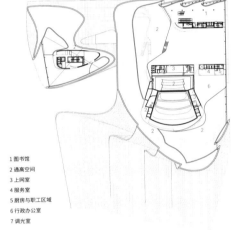

1 图书馆
2 通高空间
3 上网室
4 服务室
5 厨房与职工区域
6 行政办公室
7 调光室

12

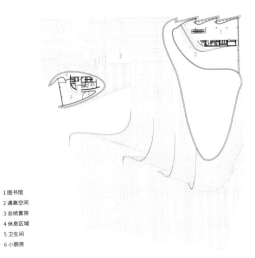

1 图书馆
2 通高空间
3 总统套房
4 休息区域
5 卫生间
6 小厨房

13

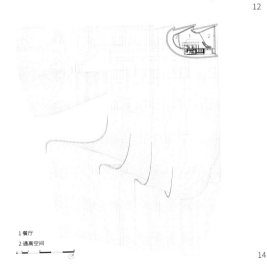

1 餐厅
2 通高空间

14

图 15，图 16.建筑施工现场
图 17. A–A 剖面图
图 18. G–G 剖面图

耶夫国际机场进入巴库城的必经之路上，是当年巴库城市再开发的重点区域。在项目开始之时，它一侧是城市快速路，另一侧是苏联风格的普通住宅区。阿利耶夫文化中心所在的地块是苏联的工业遗产——一个废弃多年的坦克工厂。政府希望在这片区域抹去苏联的痕迹，给城市一个新的开始。阿利耶夫文化中心是新文脉的起点与核心，政府希望它能激活周边区域[7]，与配套规划的周边住宅、办公、酒店和商业建筑一起形成一个有活力的社区。

国家的象征

政教分离的阿塞拜疆世俗化程度极高，非常具有文化包容性。在宽容开放的环境下，政府对于阿利耶夫文化中心的期望不是通过模仿或是复原历史将城市与过去联系，而是通过一个极具现代感的建筑设计重新解读历史在这座城市当下的意义[8]。对于当时的巴库来说，洗去身上苏联的印记和参与构建现代化的未来是最重要的。在 2007 年的国际竞赛中，有着极具未来感、如同降落在地面上的一架太空飞船的形态并充

1 学习与阅读区	11 女卫生间	20 后台储藏室
2 多媒体区	12 卸货区	21 礼堂
3 商务区	13 会议室	22 乐池
4 儿童活动区	14 上网室	23 来宾更衣室
5 接待区	15 礼堂/多功能大厅的储	24 女士储物区/卫生间
6 图书存区	藏室	25 衣物寄存处
7 书库	16 男卫生间	26 翻译室
8 无障碍卫生间	17 后勤厨房	27 放映室
9 门卫室	18 AHU 设备间	28 阳台
10 会议大厅	19 主舞台	

1 常设展厅	11 登记处与艺术处理	21 女卫生间
2 临时展厅	12 医疗室	22 控制室
3 保卫厅	13 大堂	23 行政办公室
4 博物馆大厅	14 办公室	24 夹层咖啡馆
5 总统/VIP 接待大厅	15 会议室	25 服务大厅
6 前厅	16 男士沐浴间/储物区	26 门卫室
7 储藏室	17 女士沐浴间/储物区	27 会议室
8 临时小展厅/暗室	18 风机房	28 上网室
9 接待厅	19 AHU 设备间	29 无障碍室
10 衣帽室	20 男卫生间	

17

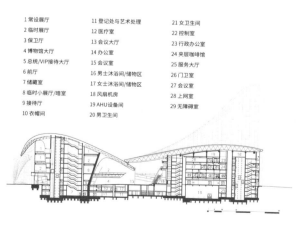

18

体验与评论——建筑研究的一种途径

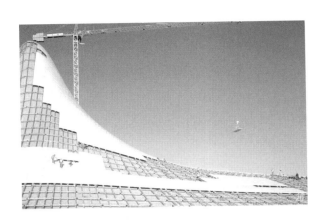

图 19，图 20. 建筑施工现场

满东方建筑奇幻色彩的扎哈方案获得了政府，尤其是第一家庭②[9] 的认可，成为中标方案。

阿塞拜疆政府每年划拨 60 亿美元建设公共建筑，扎哈赢得国际竞赛之后，充裕的资金给了建筑师极高的创作自由度，让文化中心的设计与建设较少受到外部因素影响。强大的经济支持确保了项目高难度、高质量、高完成度地建成，也让我们能见到如今阿利耶夫文化中心秩序井然的立面、通透明净的幕墙和精巧稳定的结构。

在阿塞拜疆现任总统伊尔哈姆阿利耶夫的主持下，文化中心在 2012 年 5 月 10 日举行了开幕典礼[6]。前卫的设计使它成为巴库现代化进程的地标。现在，阿利耶夫文化中心作为国家的象征出现在阿塞拜疆的官方网页、旅游宣传材料、邮票和纪念品上，让全世界的人们了解这个国家、这座城市。

先锋建筑师扎哈

在黎巴嫩首都贝鲁特的美国大学数学专业的教育背景培养了扎哈的逻辑思维，也让她更能将几何学的形式运用到建筑当中，特别是数学上连续的拓扑表面深深影响了扎哈的设计。在英国建筑联盟学院

（Architectural Association School of Architecture）求学期间，她接触到了苏联 20 世纪初的先锋艺术[10]。受到俄国至上主义和构成主义等先锋艺术的影响，扎哈在某种意义上继承了 20 世纪 20 年代构成主义大师李西斯基（El Lissitzky）的"Proun"设计形式，即利用变化的轴线和多样透视进行三维空间的构成③[11]，将二维平面上的线条与色块转译为空间语言。她在作品里经常使用构成性的、抽象的形式体系，因此常常表现出非匀质的强烈流动性。

20 世纪 90 年代，扎哈工作室就开始使用计算机软件辅助设计，随着软件的升级和建造技术的发展，她的建筑越来越数字化。最初，扎哈的设计棱角分明，她建筑师生涯中的首个落地项目维特拉消防站（Vitra Fire Station）的形态里充满了锐角和楔形。到 21 世纪，她的建筑作品从复杂的碎片转化为整体的空间曲面，参数化软件中的计算机程序演算将形式和空间都液化了，爆炸式的三维力场平滑地化成流场。与帕特里克·舒马赫（Patrik Schumacher）的合作也使她的设计更容易地从数百张手绘草图转译为三维模型和实际建造的建筑物。在扎哈事业的中后期，"液体空间"成为她的风格标签，阿利耶夫文化中心正是这一时期的代表性作品。她在这里将莫比乌斯带（mbius band）和克

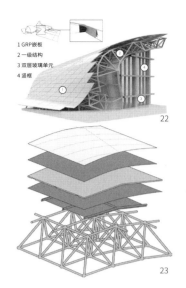

1 GRP嵌板
2 一级结构
3 双层玻璃单元
4 竖框

22

23

图 21. 阿利耶夫文化中心立面　　　图 24. 结构体系——空间框架
图 22. 模型　　　　　　　　　　　图 25. 结构体系——混凝土承重墙
图 23. 表皮层次　　　　　　　　　图 26. 结构体系

莱因瓶（klein bottle）背后的原理转化为真实的、可居住的空间"[9]。

　　扎哈一贯的"人造地景"概念在阿利耶夫文化中心中也有体现。"她会提炼出自然形态，比如森林、冰川、沙丘、熔岩等的一般拓扑形态，并用抽象、类比、拼贴、杂混的手法将这些形态引入建筑语汇的范围中。"[12]自然的主题以"流动性"和"无缝性"的形式展现，贯穿了扎哈的职业生涯。通过"人造地景"，扎哈为建筑、人和环境搭建了新型的话语系统。

传统的演绎

　　位于中亚的阿塞拜疆和它的许多邻国一样，有着悠久的伊斯兰文化传统，超过 90% 的阿塞拜疆民众信仰伊斯兰教。这片国土上的历史建筑也留下了许多伊斯兰的痕迹，已经变成博物馆的希尔万沙宫（Shirvanshah's Palace）和巴库古城（Old City Baku）都讲述着阿塞拜疆的伊斯兰历史。扎哈是一名有强烈个人风格的建筑师，在阿利耶夫文化中心的设计过程中，她将自己的惯用理念与当地的伊斯兰文化传统相结合，创造了职业生涯中的又一杰作。

　　传统伊斯兰建筑奇想纵横，庄重又富于变化，雄健而不失雅致。伊斯兰建筑的经典主题是"无限"，各个空间没有等级并且无限延伸，就像一望无际的森林[13]。伊斯兰建筑空间中的植物花纹通常会从地面蔓延到墙壁，再从墙壁蔓延到天花板乃至拱顶，"无

24　　　　　　　　　　　25　　　　　　　　　　　26

限"这个概念由此符号化。另一个典型的伊斯兰装饰元素是阿拉伯书法书写的古兰经[11]，它们一般会和几何化的阿拉伯式花纹结合出现在清真寺的墙壁和天顶上。由充满活力的线条组成的阿拉伯书法将伊斯兰信仰的不同语言连接为统一体。扎哈的童年在伊拉克度过，伊斯兰建筑与文化对她来说并不陌生。阿利耶夫文化中心内部的纯白色地面、墙壁和天花是整体的空间曲面，扎哈用连续转折的建筑语言诠释了"无限"。可容纳 960 人的大礼堂、会议厅、图书馆、工作坊和博物馆在表皮下通过中庭连接成一个整体，公共空间在整座建筑中如同液体一样流淌，使人们感知不到空间的边界。阿利耶夫文化中心玻璃纤维混凝土外壳（GFRC）的自由曲线具有阿拉伯书法飘逸的神韵，就像连绵起伏的山峦，摈弃了现代建筑通常使用的熟悉而寻常的形态，而展示了具有丰富意义的抽象结合体。它连续的曲线拒绝现代主义乌托邦式的精确与规矩，与欧洲古典的建筑大相径庭，拥有充满东方气息的无限空间变化。这座建筑的轮廓像熔岩一样流动，溢出到周围的公园，流淌、上升、下降，看不到视觉的终点。阿利耶夫文化中心既是伊斯兰建筑气质的现代化转译，也是对苏联时代僵化建筑的反叛。

扎哈像是一个挥舞魔术棒的巫师，将伊斯兰文化、自然形态和先锋艺术融为一体，创造了一串与城市环境连为一体的巨大褶裥表皮和开放流动的空间。阿利耶夫文化中心极高的完成度也使扎哈称其为她理论化程度最高的作品。

广场的延续

原本是废弃坦克工厂的基地并不平整，中间有一分为二的地形落差。对此，扎哈在建筑体量与城市道路之间放置了一片梯田式广场，在公共广场、建筑本体和地下停车场三者之间建立顺畅的连接。这种措施避免了土地的挖掘和填埋，将场地的劣势转化为项目整体设计的一大特色。

扎哈说："我们想把广场改造成一个建筑环境，在内部和外部之间创造一个连续的流动，创造一个无

限的空间。"[9] 从香港之峰俱乐部（The Peak Club）开始，扎哈就一直致力于建立建筑与场所的一体化关系[14]。在阿利耶夫文化中心项目里，建筑师们先在场地中绘制路径图，通过设计供人行走的直线路径和曲折的层叠梯形水池激起观者探索的欲望。瀑布与水池元素的加入也强化了整个场地的流动性。附属的建筑激活了城市公园的下端，地铁则伸入广场底部，市民可以方便地来到基地上来进行丰富的活动。连接各处的公园体系造就了城市、广场与建筑之间连续的流动关系，市民和游客可以从不同高度的平面进入建筑，这个国家级的文化中心向所有人展现出开放的姿态。人们顺着建筑的轴线方向沿着错开的台阶被引导向上，最终聚集在建筑门前的广场。这种手法和扎哈 1983 年的拉维莱特公园（Parc de la Villette）竞赛方案中提出的分层几何和活动设计相同[15]。场地中的绿地与路径的形状与建筑遥相呼应，并且都使用了玻璃纤维混凝土的材料建造，看上去浑然一体。

与苏联典型的权力空间化不同，这里的建筑与场地的姿态是自由的空间表征。它对市民欢迎和接纳的态度展现了开放、透明和民主的建筑态度。市民和游客可以通过公园周围的散步场所在建筑内部自由活动。也许是受作为民主政治家的父亲的影响，扎哈总会在她的建筑设计中将街头生活延伸到室内。在建筑师看来，漫游和探索的欲望培养了主人翁意识，对于国家意识形态的转变有好处[15]。扎哈甚至花了几十年研究建筑与场地、图形与地面的相互作用关系。

空间的流动

站在广场上远望阿利耶夫文化中心，仿佛是一张灰白色的混凝土平面从地面剥离，扩张成两座山峰，表面在空气中膨胀、分裂、流淌、升腾。在场地清晰的拓扑结构中，建筑本身是一个爆发的节点，它的高潮在 80 m 的屋顶最高点上。受到俄国先锋派建筑师的影响，扎哈将建筑的公共空间视为催化公共活动的"社会冷凝器"（a social condenser）[9]。她的设计手段与欧洲的古典传统不同，她不用建筑围绕露天的场地，

图 27，图 28. 建筑室内

以墙面隔出开放的区域，而是从三维角度思考建筑空间的设计。平面、立面和剖面都是建立在三维空间的设计基础上的[15]。在阿利耶夫文化中心项目中，人们很难像平常一样通过笛卡尔坐标系感知建筑的方向。

这座违反人们认知常理的建筑，其内部和外部都是连续的。透过外表皮的褶皱和缝隙，自然光让观者看到室内的白色地板延伸为白色墙壁，继续上升弯曲为天花板。观者从两翼包围的广场走入建筑本体，穿过玻璃墙到达门厅，周边是图书馆、博物馆和礼堂的外墙。图书馆、博物馆和礼堂三个主要的功能模块都有单独的出入口和安保系统。随着高度的升高，中庭的宽度也在扩张，让人难以用肉眼识别空间的边界。一组活动空间在三维空间内形成序列，公共空间则在它们的缝隙中流动。一系列坡道在室内形成连续的交通回路，连接各个功能空间，空中通道将图书馆和会议中心相连[16]。

与空间由连贯曲线塑造的巴洛克建筑相似，阿利耶夫文化中心也是一座流动的建筑，它通过建筑空间的宽窄变化推动着来到此地的人们在墙壁和天花板之间前进，这种形式也让各个空间拥有独特性和不同的私密程度。这座由计算机技术辅助生成的"液体建筑"完全属于新世纪，展现了阿塞拜疆国家对未来的期许。

结构与建造

流动的空间需要绝对平滑的表面，任何凸起都会影响到建筑体验。在这座建筑的概念实现和落地建造中，内外表皮的设计是重中之重。巴库素有"暴风之地"的别称，全年风压巨大，它还位于地震带上，不稳定的自然环境也对结构的设计和建造提出很高的要求。一个连续、匀质的表皮结构需要将功能、建造逻辑和技术系统整合到一起，它的实现需要计算机技术的支持、多方团队的参与，也需要建造技术和资金。最终，阿利耶夫文化中心全白色的内外表皮塑造了纯净、流动的建筑空间。

在阿利耶夫文化中心项目中，复杂的空间结构是由多个设计团队合作设计建造完成的。混凝土和复合材料主体结构和线性钢桁架系统屋顶的概念设计由伦敦 AKT 公司完成。主体结构的设计开发和最终设计由伊斯坦布尔的 Tuncel Mühendislik 公司承担。

阿利耶夫文化中心的主体由混凝土结构体系和大尺度的无柱空间体系组成。这座建筑的空间框架、混凝土结构、柱子和基础连接成为一个整体的结构系统。为了保持建筑流动性与自由形态的纯粹，建筑师选择用围护结构和幕墙隐藏竖向的结构元素。曲折柱基将建筑从地面上撑起，燕尾状的悬臂梁逐渐变细，在东部支撑建筑的外围护结构。大量的混凝土被用来制造建筑中的三维剪力墙。钢制核心梁从核心筒中延伸出来，垂直方向上的钢构件和空间框架都被固定在上面。地表之下 46 m 长的混凝土桩让这座建筑有抗 7.0 级地震的能力④。

设计之初，结构工程师想用钢桁架和梁作屋顶的

体验与评论——建筑研究的一种途径

结构支撑，后来，德国 MERO 公司设计制造的自由形式空间框架因为可以构建复合曲线并节省用量成为最终的施工方案。空间框架结构内部的空腔非常高，最小 1.5 m，最大可到 3 m，足以容纳所有设备系统，包括照明和通风。在表皮曲率较大的地方，空间结构从单层过渡到多层以抵抗更大的弯矩。屋顶空间框架的设计经历了多轮调整和优化：首先，设计团队需要厘清内外表皮之间的结构区域，再将空间框架与主体结构对齐，利用软件插入并不断调整三维对角线网格，不断调和几何图形和建筑形状的冲突。空间框架制造商 MERO 在有限元模型计算过程中确定钢材的界面和构件数量，最后还要协调主体结构和空间框架的支撑力和其他细节[17]。

在钢铁骨架之上需要覆盖柔性的皮肤。在仔细地筛选了饰面材料之后，设计团队最终选择了灵活可变、适应性强的玻璃纤维混凝土和玻璃纤维增强聚酯作为表皮的嵌板用料。由于建筑的特殊性，每一块嵌板的几何形状都互不相同，位置和大小是由建筑接缝线的位置确定的。为了让接缝线强调建筑的流动性，所有板材的四条边上均有 12 cm 深的垂直"边缘回线"，主要接缝宽度也被规定为 4 cm，次级接缝则严格按照 1 cm 的距离建造。这种分缝不仅使表面的逻辑更为清晰，也便于施工并能够适应外部荷载、温度变化、地震和风压[17][18]。屋顶结构层以上的部分都在现场预组装，并作为完整单元提升至屋顶。因此，大多数工作都可以在大风的条件下在地面附近进行。

为了建筑的实体表皮和广场之间有隐蔽的过渡，屋顶到地上 3 m 的嵌板使用的是玻璃纤维混凝土，而 3 m 以下和广场、过渡区域使用的是相同颜色的玻璃纤维增强聚酯，两种材料远观几乎一模一样。经过数年的使用，因为两种材料都有老化，在近处能够看出区别，在远处仍然浑然一体。

光影的艺术

阿利耶夫文化中心的室外景观照明设计强调了阶梯广场中的垂直元素和水景，将观者从广场下端引导到建筑面前。埋在地上的灯排列成连续的线条，照亮垂直的墙壁。建筑表皮的半反射性玻璃和光亮的混凝土外皮的外观会随着日光和天气变化，从光影的角度强化了建筑的流动性。内外照明针对白天和夜晚不同的光环境做了区别化的设计。在白天，幕墙的半反射型玻璃遮挡了从室外看向室内的视线，能够引起参观者的好奇心。在夜晚，从室内向室外照射的 3 000 K 色温灯光使室内空间完全呈现在建筑外的观者眼前，维持室内外空间的流动性。外立面只有靠近玻璃的区域才有照明，以突出建筑外表面的内部光辉，让其他部分消失在黑暗中。为了在夜晚也让建筑呈现为白色，避免它看上去是橙色（橙色是城市照明导致的光色），建筑外表皮安装的是色温 4000 K 的冷色调灯具[19]。

建筑内部的条形灯带镶嵌在内表面，跟随内表面弯曲，它们的安装为公共空间加入动态的元素。室内空间最精彩的部分是用橡木包裹的礼堂，橘红色的橡木使大厅看上去像一把名贵的大提琴。橡木条覆盖了天花板和地板，板材间隙里透出的光就像摇曳的火苗，让人不由联想到古代巴库地面上自燃的油气，以及阿塞拜疆本土宗教琐罗亚斯德教的火祭[15]。

业界的反馈

作为一个国家级的文化中心，阿利耶夫文化中心想要在回溯民族历史的同时拥抱当代文化，将本地与国际文化连接。文化中心投入使用以来，经常举办当代艺术、科学和历史的展览和音乐会。世界各地的人们在这里聚会、进行手工作坊和教育活动。许多著名的当代艺术家，比如安迪·沃霍尔（Andy Warhol），劳伦斯·詹克尔（Laurence Jenkell）都在这里举办过个人展览，著名国际音乐家帕尔曼（Itzak Perlman）和喜多郎（Kitaro）也在这里举办过个人音乐会。在立项之初，这座建筑也被期望用于"推广由前总统盖达尔·阿利耶夫提出的阿塞拜疆主义思想，即其现行立国哲学；以及鼓励人们在其中开展对阿国历史、语言、文化、国家信条和精神价值的研习"[6]。所以，阿塞拜疆前领导人盖达尔·阿利耶夫的生平展是这里的常设展。

阿利耶夫文化中心建成之后，世界各地的专业学者和建筑师对这个建筑给予了积极的评价。英国著名建筑教育家彼得·库克（Peter Cook）说："在观察这座建筑时，必须忘记所有令人安心的条件，包括规模、背景、物质性，甚至正常的人类体验。"[20] 美国建筑师约瑟夫·吉奥瓦尼尼（Joseph Giovannini）说："扎哈的结构在整体中富有变化。建筑空间在各个方向不断转向，建筑中人们感知不到边界，也感知不到终点：这是一个沉浸式的空间浴池。建筑物的非物质性在白色、更白和最白之间变化——这取决于太阳如何照射它的表面——它似乎是失重的，减轻了观者们的重力负担。作为一个物体，这座建筑是主观的，激发了有关悬浮重力物理学的强烈感觉。"[9] 同济大学袁烽教授认为："该设计体现了扎哈·哈迪德建筑师事务所长期以来在'形式范式'实践中的一贯立场。室内空间也延续了流动空间界面的非线性折叠与延展；从表皮的切分与形态的生成可以看出其对 20 世纪建筑结构先驱的壳型结构案例的研究。尽管如此，这个设计实践的价值更体现在对参数化形式范式的表现，而并非是对历史案例建构本质的批判性继承与发展延伸。"[7]

在建筑业内，阿利耶夫文化中心的设计获得了多个专业奖项，如 2014 年在伦敦"设计博物馆"（Design Museum）颁发的"设计年奖"（Designs of the Year awards）和同年由美国 Architizer 网站颁发的 A+ 奖。2016 年，这个项目又入围了英国皇家建筑师学会（RIBA）颁发的国际奖（International Prize Shortlist）。

现场体验与评价

在差不多一周的巴库之行中，笔者入住紧邻阿利耶夫文化中心的宾馆，多次参加在其中举办的会议并有幸体验流动空间的每一个角落，全天候观察民众与建筑及其广场之间的动态关系。显然，整个建筑的管理、维护和使用状态良好，既保持着原有的空间格局和功能定位，又被充分而有效地使用着。几乎在同一时段，建筑内既有高端国际专业和学术会议，也有不同主题的艺术、文化和商业展览，并且有频繁而多样的商务活动穿插其中。室外广场及公共空间更是民众喜爱的场所，台阶式广场正在举办摄影艺术展览，布满动物雕塑的坡地草坪是孩子们玩耍的乐园，独特的建筑造型及曲面台地成为婚纱摄影的经典场景，静谧的水池周边时常吸引朋友及家庭成员团聚在一起，在微风中欣赏建筑和广场的黄昏晚景。巴库民众祥和而安逸的生活常态令我们代表团成员感慨不已。

此次同行的中国建筑师代表团成员针对阿利耶夫文化中心发表了许多有见地的评论，无论是肯定的还是质疑的。

清华大学张利教授评价说，与扎哈的其他作品一样，阿利耶夫文化中心的实际使用感受与看照片和线图完全不同。如果说扎哈的大部分作品现场感觉远不如媒体呈现的话，阿利耶夫中心算是一个令人高兴的意外。首先是在尺度上，阿利耶夫文化中心同时向水平和垂直延展的夸张曲线受到了巴库新区纪念性的开放坡地空间很好的衬托，并不显得傲慢；其次是在曲线的意义上，桃形尖拱式的弧线片段至少可以与阿塞拜疆的文化传统找到联系，其相对克制（按扎哈标准衡量）的曲面组合也对巴库的日照条件进行了积极的回应；再次是内部的空间，谢天谢地在这个曲面壳体内相对经济地容纳了三个（可合成一个）矩形的多功能厅和一个大观众厅，过厅及残余空间的利用效率也远高于类似思路的首尔 DDP 项目。

天津大学孔宇航教授认为，以自由曲线替代传统欧几里得几何作为设计构思的基础性图解，哈迪德在近 30 年来引领了该方向的设计思潮。该作品再次验证了建筑师非凡的空间想象力和成熟的建造控制力。在内部空间构建层面，人们能够感知到关于自然洞穴与现代船舶形式的隐喻与再现，以及全方位立体式的空间流动性。哈迪德成功地建立了自己的形式语言，并且有广泛的国际影响力。但他也提出质疑，该类型的建筑空间与形式具有建筑学意义上的可持续性吗？强烈的艺术性表达与建筑的本体性、在地性生成有何种关联性？在急剧的不确定的时代变迁中值得建筑创作主体去深思与追问。

图 29，图 30. 礼堂内部

清华大学庄惟敏教授表示，这座建筑坐落于城市中心的高地上，展示出了一种英雄主义的意象，构成了城市的中心景观。为了突出这种意象，建筑与景观坡地广场以石材铺装为主，石材多为灰白色磨光，在强烈的日光下易造成眩光，且在雨雪天气会造成湿滑。广场烘托了建筑，形成标志性，但广场缺乏人性化设计的考虑，无法成为有活力的、人们可以停留的城市公共交往空间。这是形式大于功能的典型。

中国建筑学会秘书长仲继寿认为，阿利耶夫文化中心的建筑与广场融为一体，让人眼前一亮、记忆深刻。尤其是那些精心组织的起伏、褶皱，让人流连于不断绵延的空间之中，不自觉地发现着各种不同的空间体验。玻璃纤维增强混凝土和玻璃纤维增强聚酯表皮实现了广场、屋面、室内空间的自然过渡，空间钢网架和混凝土框架两种结构的组合实现了无柱空间的自由流动和精致皱褶，似沙丘，似长河，却又在周边环境的冲突中找到了历史与现代的对话。但一切为了形式与空间流动，也带来了方向感的消失，至少建筑师找不到主入口的感觉也是不常见的情形。空间、材质的

统一让"门"的消失带来新的迷茫。

中南建筑设计院副总建筑师唐文胜认为，阿利耶夫文化中心流动性的建筑形态使建筑、室内、广场、景观天衣无缝地形成一个整体，极具标志性，满足了阿塞拜疆政府希望摆脱苏联范式的建筑风格，并以极具现代感的设计对首都城市环境进行彻底改造的心态。从深层次来讲，扎哈的设计还是从当地的传统而来。但她绝不模仿传统，坚持在更高层次上通过现代的方式回应各种条件的制约。对于场地高差用一个美丽的梯田式广场化劣为优。建筑的形态虽然是极其复杂的双曲表面，但建筑的平面功能布置还是比较合理的，外部形态与室内空间也是表里如一。这个建筑的建筑构造处理得很精细，开缝式的幕墙由于雨水可以在幕墙 GRC 板背后的防水层上流动，避免了双曲面幕墙表面容易污染的弊病。

中国建筑科学研究院建筑设计院总建筑师薛明认为，扎哈以其个人标签式的曲线，创造了标志性极强的建筑形式。这种形式并不适用于所有建筑，但在扎哈建成的项目中，阿利耶夫文化中心可认为是在形式

上最为完美，并且与内容也较为相称的作品。流畅的造型赋以纯洁的白色，飘动在宽阔的坡地上，与城市形成了较好的过渡。为了实现流畅的造型，非线性的表皮通过严谨的分格设计，基本保证了建筑在中距离的细部表达。其内部空间也力求形式的延续，形成了富有变化的空间场所，为举办各种文化活动提供了富有活力的空间。但体验下来，还是有一些缺憾：建筑与周边道路的关系比较疏远，可达性较弱；入口缺乏提示性，寻找起来有些费劲；室内有些部位过于强调形式而降低了实用性；广场铺地材料质地不佳；表皮GRC挂板接缝不够齐整，近观效果略显粗糙。

清华大学高级建筑师张维觉得阿利耶夫文化中心视觉上十分震撼，但也有一些缺憾：缺乏主要入口安检之外的室外灰空间，导致排队人群只能在烈日中暴晒；欢迎厅和主会场之间缺乏联系，茶歇期间与会人员只得步行数十米转场到休息区；多功能厅缺乏声学处理，架空地板地面的插座不足，摄像机和其他设备只能临时拉线。总体而言，瑕不掩瑜，它仍是国际上的建筑艺术精品[5]。

结语

不难想象，在国家和国民想要做一个象征国家的建筑的时候，很有可能寻到错误的建筑形式，这种错误会成为公众面前尴尬的失败。阿利耶夫文化中心作为一个寄托着国家和国民热切期盼的地标性建筑，不仅是巴库乃至阿塞拜疆的文化中心，也为阿塞拜疆吸引人群和资本，为它在世界中寻找立足之地助力。幸运的是，他们选择了扎哈，她强烈的个人风格和形式的先锋性使阿利耶夫文化中心不仅成为城市和国家的标志，也超越了作为象征的需求，还体现了阿塞拜疆的未来主义视野和雄心壮志般的理想。

在扎哈最新的设计作品——北京大兴国际机场即将建成之际，笔者谨以此文向这位已逝世3年的国际著名建筑师——扎哈·哈迪德女士致敬！

（特别鸣谢国际建协2019国际论坛组委会的邀请；感谢中国建筑学会组团参会工作及中国建筑师代表团各成员的现场评价工作；感谢扎哈·哈迪德建筑事务所提供相关设计资料）

注释

① 租赁型国家，英文为"rentier state model"，指国家收入的全部或大部分来自租赁本地资源的外国客户。阿塞拜疆这十年间的国家收入主要来源于向国际客户售卖石油的收益。
② "第一家庭"即时任总统伊尔哈姆·阿利耶夫一家，特别是热爱文化的第一夫人梅赫里班·阿利耶娃（Mehriban Aliyeva Pashayeva），他们在阿塞拜疆国内颇受争议。
③ Proun设计形式：利用变化的轴线和多样透视进行三维空间的构成。
④ 来源：https://faculty.arch.tamu.edu/media/cms_page_media/4433/HeydarAliyev.pdf
⑤ 除标注外，所有建筑学人的评价均为作者一手采访资料。

参考文献

[1]Farid Guliyev.Urban Planning in Baku: Who is Involved and How It Works. Caucaus Analytical Digest, 2018, 101(1): 2–8.
[2]Anar Valiyev.Baku's Quest to Become a Major City: Did the Dubai Model Work?. Caucaus Analytical Digest, 2018, 101(1): 9–10.
[3]Fuad Jafarli. Modernization of Baku's Transport System: Infrastructure Development Issues. Caucaus Analytical Digest, 2018, 101(1): 15–18.
[4]Natalie Koch, Anar Valiyev. Urban boosterism in closed contexts: spectacular urbanization and second-tier mega-events in three Caspian capitals. Eurasian Geography and Economics, 2015, 56(5): 575–598.
[5] 李世奇. 阿利耶夫文化中心. 建筑创作, 2017(Z1): 258–269.
[6] 佚名. 盖达尔·阿利耶夫文化中心. 现代物业·新建设, 2014, 13(1): 75–78.
[7] 王冰. 盖达尔·阿利耶夫文化中心，巴库，阿塞拜疆. 世界建筑, 2013(09): 36–39.
[8] 佚名. 阿塞拜疆阿利耶夫文化中心（Heydar Aliyev Centre）- 扎哈·哈迪德. (2014-07-07)[2019-05-15]. https://www.treemode.com/case/129.
[9] Joseph Giovannini. Heydar Aliyev Cultural Center, Designed by Zaha Hadid Architect. (2013-09-17)[2019-05-15]. https://www.architectmagazine.com/design/buildings/heydar-aliyev-cultural-center-designed-by-zaha-hadid-architects_o.
[10] Kathryn Bloom Hiesinger. Zaha Hadid: Form in Motion. Philadelphia Museum of Art Bulletin, 2011(4): 14–60.
[11] 桑雨岑. 扎哈·哈迪德的设计理念方法与其作品研究. 重庆建筑, 2017, 16(01): 20–23.
[12] 陈坚、魏春雨，王蔚. 迪娃空间：浅析扎哈·哈迪德的空间设计理念及其形式语言逻辑. 中外建筑, 2008(12): 81–85.
[13] Juan Diego Ponce Espinoza. 阿塞拜疆共和国阿利耶夫文化中心 / 扎哈·哈迪德. (2014-03-21)[2019-05-25]. https://www.archdaily.cn/cn/600834/a-sai-bai-jiang-gong-he-guo-a-li-ye-fu-wen-hua-zhong-xin-slash-zha-ha-ha-di-de.
[14] Kenneth Frampton. A Kufic Suprematist: The World Culture of Zaha Hadid. Planetary Architecture II, 1984(6): 101–105.
[15] Joseph Giovannini. 扎哈哈迪德在巴库.汪芸，译.装饰，2016（04）:

图 31，图 32. 参会的中国建筑师代表团

60-67.

[16] Jacob. 阿利耶夫文化中心 . 设计 , 2013(10): 48–49.

[17] Winterstetter · T, Alkan · M, Berger · R, Watanabe · M, Toth · A, Sobek · W. Engineering complex geometries–the Heydar Aliyev Centre in Baku.Steel Construction–Design And Research, 2015, 8(1): 65–71.

[18] Watts · A.Modern Construction Case Studies: Emerging Innovation in Building Techniques.Basel, Switzerland: Birkhauser Verlag Ag, 2016: 56–65.

[19] Joachim Ritter. 流体公式: 阿塞拜疆巴库盖达尔·阿利耶夫中心 . 照明设计 , 2014(4): 40–47.

[20] Peter Cook. Zaha Hadid's Heydar Aliyev Centre in Baku is a shock to the system. (2013–12–20)[2019–5–25]. https://www. architectural-review.com/buildings/zaha-hadids-heydar-aliyev-centre-in-baku-is-a-shock-to-the-system/8656751.article.

图片来源

图 1、图 3、图 5、图 7—图 12、图 14—图 16、图 18—图 21、图 31—图 32 为扎哈建筑事务所提供。其中图 1、图 14 为 Iwan Baan 摄影；图 5、图 32 为 Hufton + Crow 摄影；图 18—图 20 为 Luke Hayes 摄影；图 21、图 31 为 Helene Binet 摄影。图 2、图 17、图 27—图 30 为笔者自摄。图 4 来自参考文献 [5]，p259。图 6 来自网页: https://lightnessofbeing.live/tag/old-town/。图 13 来自扎哈建筑事务所官网: https://www.zaha-hadid.com/people/zaha-hadid/。 图 22—图 24 来 自 网 页: https://faculty.arch.tamu.edu/media/cms_page_media/4433/HeydarAliyev.pdf。图 25 来自参考文献 [18]，p58，图 26 由作者根据参考文献 [17]，p67 中的插图绘制

原文版权信息

支文军 , 王欣蕊 . 流动 · 无限 · 未来: 阿塞拜疆巴库阿利耶夫文化中心设计解析与评价 . 时代建筑 , 2019 (4): 103–111.

[国家自然科学基金项目 : 51778426]

[王欣蕊: 同济大学建筑与城市规划学院 2018 级硕士研究生]

城市·建筑·符号：
汉堡易北爱乐音乐厅设计解析

City · Architecture · Symbol:
The Design of Elbphilharmonie Hamburg

摘要 坐落于德国汉堡港口新城的重要地标建筑汉堡易北爱乐音乐厅于近日建成。这座建筑由著名的赫尔佐格和德梅隆建筑事务所设计。矗立于易北河岸的旧有仓库之上如水晶体的音乐厅因其地标意义、奇妙构思与创新设计、耀目外观及一再增加的项目周期及造价而备受关注和争议。文章试图对汉堡易北爱乐音乐厅做出全面的设计解析，内容涉及城市与建筑，建筑符号，旧建筑再利用，结构体系，功能混合，音乐厅设计，环境的渗透性表达等。文章最后，对汉堡易北爱乐音乐厅做出影响力评价，指出建筑师独特而杰出的创造性设计成就了一个伟大的作品。作为一个地标建筑，它怀着城市的雄心，是汉堡城市发展策略及城市营销的重要手段，已成为一个城市新的文化象征与符号空间。

关键词 城市设计 地标建筑 工业遗址改造 结构体系功能混合 音乐厅 建筑环境渗透性

历经 15 年，坐落于德国汉堡港口新城（Hafen City）的重要地标建筑汉堡易北爱乐音乐厅（Elbphilharmonie Hamburg）于近日落成，并于 2017 年 1 月迎来首场开幕演出。在未来，它不仅将成为汉堡市的音乐厅，同时将成为服务来自世界各地游客的新的社会、文化和日常生活的中心。

一直以来，该项目因其显要的区位象征意义，奇妙的设计构思，旷日持久的项目周期，几经翻倍的项目预算而备受关注。近日，笔者很荣幸地作为中国建筑专业媒体人受邀参加汉堡易北爱乐音乐厅开幕现场的新闻发布会（图 1），并在本项目的建筑师赫尔佐格和德梅隆（Herzog & de Meuron，图 2）的现场导览下参观了刚刚落成的建筑。希望借此综述性评析，呈现一个完整、真实的建筑全貌。本文按照从城市设计到建筑设计，再回到城市影响力的维度展开对该建筑设计的解读。

港口新城：欧洲最大的新城开发与城市更新计划

汉堡一直以来都是德国工业中心城市，经济发达富庶。自 20 世纪 80 年代起，伴随后工业浪潮，许多造船厂倒闭，新旧港口区出现大量废弃用地。同时汉堡正在自工业城市转型成为商业和服务业城市。

自 1983 年开始，汉堡市政府展开了一系列围绕易北河岸开发的城市设计竞赛及论坛、研讨会，逐渐形成"港口新城"（Hafen City）的概念雏形。1990 年，官方背景的港口开发有限公司成立，同年通过国际竞标，由吉斯·克里斯蒂安（Kees Christiaanse，KCAP 创始人）主导的设计组获得比赛的第一名。在其方案的基础上，设计组确定了新城的规划总图及土地出让细则。2000 年，汉堡市政府批准了港口新城规划总图，制定了开发建设的一系列目标（图 3）。

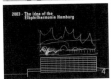

图1. 易北爱乐音乐厅新闻发布会现场
图2. 赫尔佐格和德梅隆
图3. 2000 年港口新城规划总图
图4. 构思草图
图5. 易北爱乐音乐厅外观
图6. 建成实景

项目名称： 汉堡易北爱乐音乐厅
地点： 德国统一广场，汉堡，德国
项目功能： 音乐厅，音乐教育，公共广场，旅馆，住宅，饭店，停车
建筑规模（面积）： 125 512 m²
设计／建成时间： 2003/2016
项目建筑师： 赫尔佐格和德梅隆建筑设计事务所
业主方： 汉堡自由汉莎城，德国
结构设计： 豪赫蒂夫公司，德国
电气工程： 豪赫蒂夫公司，德国
立面工程： R + r 福斯，慕尼黑，德国
设备供应单位： SPIE 公司，汉堡，德国

"港口新城"的区域是建立于半废弃旧港口之上的城市更新项目，是欧洲现在最大的区域更新项目。基地距离市政厅只有 10 分钟步行路程，区域范围共包含 1.57 hm² 用地，将建设一个崭新的城区，使市中心区的面积扩大 40%。

新城的开发顺序从西向东逐步推进，分西、中、东三个片区，总共 10 个板块。单个板块一般开发量为建筑面积 10hm²~20hm²，每个板块的开发时间一般在 5~8 年，总开发周期约 25 年。逐步开发缓和了规模巨大造成的资金压力，也促进了功能的混合性（图4）。各板块均富有各自的特色和主题，如滨水居住、特色办公、文化创意等，且每个板块均有标志性建筑，既

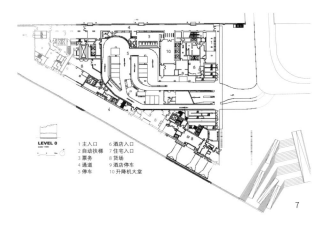

LEVEL 0 scale 1:500
1 主入口　6 酒店入口
2 自动扶梯　7 住宅入口
3 票务　8 货场
4 通道　9 酒店停车
5 停车　10 升降机大堂

LEVEL 2 scale 1:500
1 表演工作室
2 门厅
3 停车场
4 酒店管理

图 7. 地面层
图 8. 二层平面
图 9. 八层平面
图 10. 十层平面

是板块形象代表，又是区域功能体现。

　　新城区规划的街区尺度同样遵循欧洲传统，它的建设密度与老城相同，街区和建筑都是小尺度的体量，开发地块也都是小地块。规划的关键点是使建筑与水产生联系，为此南北视线通透必不可少。建筑的高度受到控制，没有一座大楼可以达到或超过内城的几座教堂尖塔构成的制高点——147m 高的圣尼古拉教堂（Ehemalige Hauptkirche St. Nikolai），132m 高的圣米歇尔教堂（Hauptkirche St. Michaelis），132m 高的圣彼得教堂（Hauptkirche Sankt Petri）。

　　在 2015 年，港口新城所在区域以"汉堡仓库城"（Speicherstadt）获准列入世界文化遗产名录，这也是汉堡第一个世界文化遗产。截至目前，港口新城内已完成 57 个建设项目，53 个项目正在进行中。分板块来看，基本建成的包括沙门码头 / 达尔曼码头板块，沙门公园，格拉斯布鲁克区，布鲁克门码头 / 埃利库斯板块，远洋板块北部。而新近落成的汉堡易北爱乐音乐厅无疑是整个港口新城最为重要的建筑[1]（图 5，图 6）。

一个城市的雄心和建筑象征

　　全球商业和服务业的中心，无不是以"世界城市"的形象吸引所谓的精英群体到来。而汉堡的发展优势并没有转化成相应的城市知名度与吸引力，尽管它的

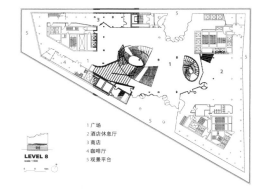

LEVEL 8 scale 1:500
1 广场
2 酒店休息厅
3 商店
4 咖啡厅
5 观景平台

LEVEL 10 scale 1:500
1 演奏厅
2 门厅
3 空中广场
4 后台
5 指挥休息室
6 独奏休息室
7 艺术总监休息室
8 酒店

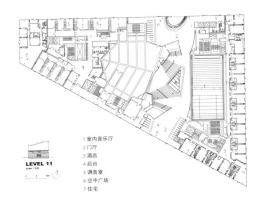

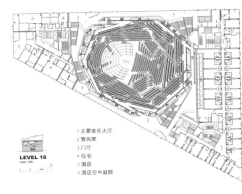

1 室内音乐厅
2 门厅
3 酒店
4 后台
5 调音室
6 空中广场
7 住宅

LEVEL 11
scale 1:500

1 主要音乐大厅
2 管风琴
3 门厅
4 住宅
5 酒店
6 酒店空中庭院

LEVEL 16
scale 1:500

图 11. 十一层平面
图 12. 十六层平面
图 13. 第二次世界大战前的 A 号码头仓库（Kaispeicher A）
图 14. 1963 年重建的 A 号码头仓库（Kaispeicher A）

GDP 与柏林相当，人均可支配收入更是远胜柏林，它拥有仅次于纽约的外国领事馆数量，城内总人口从 60 年代起一直徘徊在 170 万 ~180 万的量级，外国人数量却连德国前五名都排不上。2001 年底，一份麦肯锡的调查报告引起了汉堡市和这个城市里的媒体的担忧"地位塌陷""丧失竞争力" 这些对这座欧洲第二大海港城市的负面评价，也给这座城市的人敲响了警钟[①]。

理想与现实的激烈冲突，逼迫汉堡政府开始酝酿使汉堡更富有竞争力的城市更新计划，并提出了以"汉堡都市，成长城市"为口号的城市振兴和城市营销计划。这其中的主体便是港口区域改造计划。港口新城的目标是成为未来欧洲城市生活的典范，帮助汉堡实现其成为"世界城市"的雄心。在当时，所有人都在期待一个可以真正成为汉堡城市象征和荣耀的建筑。

在这样的背景之下，建筑师背景的开发商亚历山大·热拉尔（Alexander Gerard）夫妇联合赫尔佐格和德梅隆建筑事务所在 2003 年向政府及公众推出易北爱乐音乐厅的策划和建设设计计划时，这份意义宏大的草案，打动了城市规划方面的议员们和文化部门，最终得到市议会的一致通过（图 7—图 12）。

它是 "港口新城"新城开发和城市更新计划中一个最雄心勃勃的项目，被当时媒体形容为"优雅""创造性的""富有勇气的"设计，一个悬链线形状的，如水晶般的音乐厅，如同一只优美的白鸽，停在了记

图 15. 广场层
图 16. 室内大扶梯
图 17，图 18.广场层

录着码头历史的红砖仓库建筑之上。"它是易北河上的一朵浪花"[②]，瑞士建筑师赫尔佐格＆德梅隆这样阐释它。建筑师更坚信地认为："这个建筑会成为汉堡的象征（Icon）。"[③]

音乐厅项目就位于汉堡的核心区域，坐落沙门港（Sandtorhafen）的尽头，这里既是仓库城，也是易北河分流的起点。而整栋建筑的最高点直面河流交叉口，具有极强的地标性和象征性，隐喻其成为汉堡向世界展示的大门。而整个港口新城严格的高度控制亦使得易北爱乐音乐厅在整个天际线中异常醒目，同时保证了其良好的视野。关于轴线、路径、终点的设计处理，既与欧洲城市设计的传统有关，也与成为城市新地标的强烈野心相关，类似的处理在巴黎拉德芳斯大拱门上可以窥见[2]。

旧建筑的适应性利用：新与旧的叠加

秉承欧洲城市更新中新旧结合的惯常，这个代表汉堡 21 世纪新的文化象征符号伫立于 20 世纪工业遗址的基础之上。

老建筑被称为 A 号码头仓库（Kaispeicher A），是汉堡老港口最大的仓库，最初建于 1875 年（图13），有 19 000 m² 的存贮空间，用于存放可可袋子、茶叶和烟草。在第二次世界大战中，这座建筑同样受

到了严重损毁，由于修复成本过高，1963 年原有建筑遗迹被炸毁，并在原址新造一个红砖仓库（图 14）。新建建筑选用了与原建筑同样的建筑材料——红砖，但并未复原历史立面，或许是受现代主义运动的影响，抑或是经费所限，它最终呈现了一种跨越时代的激进和抽象。赫尔佐格和德梅隆认为这个货仓是典型的现代主义红砖建筑，若就这么拆掉了，甚为可惜。经过深思熟虑，他们决定保留它。

赫尔佐格和德梅隆完整地保留了 A 号仓库码头的砖结构表皮，在既有 37 m 高的红砖仓库之上，设计了一个现代的、轻盈的、通透的、如同冰山又如同浪潮一般的体量，最高处超过 70 m。新建筑的轮廓完全源自旧仓库，从下部延伸而上，整栋建筑最高点 26 层，高 110 m，建筑面积 12hm²。与旧建筑的规律、重复、质朴的砖表皮形成鲜明对比，上部新建部分采用向不同角度弯曲的曲面玻璃表皮，像是一个巨大的水晶体，建筑反射出的天空、水、城市图像不断变化着面貌，活跃着港口新城的风景。而新旧建筑的交接点、新结构的底部、原仓库的顶部，成为新建筑中最为重要的公共空间——一个可以俯瞰汉堡城市的公共广场，亦是音乐厅的入口门厅（图 15—图 18）。

这个生长于旧仓库之上的新音乐厅是赫尔佐格和德梅隆对于砖构工业建筑的改造更新的又一个例子。两位建筑师早年完成于 2000 年的伦敦泰特现代美术馆

脱胎于 1952 年电站的成功改造案例。在泰特现代美术馆的设计中，他们完整保留了原有发电厂的主楼，在顶部加盖两层高的玻璃盒子，不仅为美术馆提供充足的自然光线，还为观众提供咖啡座及俯瞰伦敦城和泰晤士美景的大平台。易北音乐厅展现了和这个建筑一脉相承的态度与策略，一方面是对待遗址改造的策略，即接受原有建筑像山一样巨大的砖质房屋的力量感和体量感，甚至去增强它，而不是试图去打破或减弱它；另一方面二者都积极回应建筑与城市空间的关联性，将城市公共空间作为重要的设计出发点[3]。

在音乐厅中，赫尔佐格和德梅隆对于码头仓库的处理手段，是插入一个弯曲的自动扶梯，连接地面及位于仓库的原始屋顶的高度平面的新音乐厅主要入口公众广场。自动扶梯的曲线变换了这可能漫长而单调的进入感受，最终结束于码头仓库的西端大窗户前。这个开口是原仓库建筑的一部分；它显示了保留的老建筑是如何指引，甚至决定了新建部分建筑的形式。新旧建筑的叠加，延续了原有仓库的力量感，立面也采用类似的凸起，产生新的韵律与趣味[4]。

结构体系：复杂性与高造价

整个音乐厅项目花费了 7.89 亿欧元，每平方米造价高达 6 575 欧元。造价如此高昂的一大原因是其结构的复杂性。

原有仓库建筑为框架体系，承载能力较强。新音乐厅因为要满足异型平面剖面而采用钢结构。这其中，通过一个结构转换系统，将纵向力转换到既有仓库的框架系统上，原有仓库的框架体系保留并加固。因上部新建建筑荷载过大，考虑到原有建筑基础远远不能承受新的重量，建筑师在底部建造了 1761 个水下钢筋混凝土支撑柱，每个承载能力超过 200 吨。

类似的设计原理在赫尔佐格和德梅隆另一个位于马德里的作品，改造自 1902 年中央电站的马德里当代艺术博物馆（CaixaForum，2008）中展现得更为直接和彻底[5]。在那个项目里，原有围绕电厂的花岗岩地基被拆除了，底层的砖石部分看上去漂浮在街道上。这个手法较为激进地显示了一种仿佛在藐视这些砌体墙的承重功能的态度。上部新建建筑与原有老建筑作为一个整体重新进行结构计算，最终将承重转换至新开挖的地下部分承重[6]。

除此之外，项目最大的难点是音乐大厅的钢结构设计。新音乐厅地处繁忙的易北河航道中央，不断有大量的邮轮货船从其身侧经过。同时由于功能混合，交响大厅周围便是住宅、酒店，正下方又是市民广场。为了屏蔽外部震动和噪声的干扰，使音乐大厅实现完美的音质效果，其结构采用了特殊的双层结构体系：音乐大厅由两个互相脱离的壳体包裹，外壳是如同船

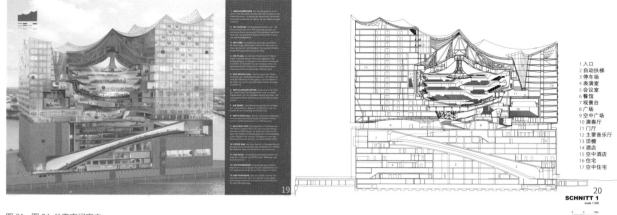

1 入口
2 自动扶梯
3 停车场
4 表演室
5 会议室
6 餐馆
7 观景台
8 广场
9 空中广场
10 演奏厅
11 门厅
12 主要音乐厅
13 顶顶
14 酒店
15 空中酒店
16 住宅
17 空中住宅

SCHNITT 1
scale 1:500

图 21—图 24. 共享空间室内

体结构的钢筋混凝土；而内壳由共 342 组弹簧箱构成，内壳地面和所有楼座通过弹簧箱固定在外壳之上，内壳的屋面则悬挂在外壳屋面之下。大厅结构采用的承重弹簧减震系统由外界扰动造成的系统结构自身噪声仅有 4.5 Hz，比声学设计师提出的 5 Hz 要求还低。

换言之，整个音乐大厅是"悬浮"在建筑中央的，这样的双层结构体系也是音乐厅建筑中相当罕见的。单个音乐大厅的造价约为 2 亿欧元，由此产生的昂贵造价遭到了广泛的非议也并不无道理，非议者认为，把音乐厅这样的大流量集散建筑置于几十米的老建筑上方，且周围是土质松软的海水区域，由于选址不当造成的高造价是一种无意义的浪费。

剖面逻辑：空间的多功能复合

遵循港口新城的城市设计导则，所有的建筑都充分地满足功能混合的需求，易北爱乐音乐厅亦在项目策划的一开始，便设立了功能混合的模式。既有红砖仓库的 2/3 部分被改造成一个拥有 500 多个停车位的立体停车库，其余空间则作为音乐培训的场所和后台区。新建部分的核心是音乐厅，音乐厅两侧则是一个拥有 250 个房间的五星级酒店和一个拥有 45 套高端公寓的居住片区。37 m 平台处还设置了休闲商业，包括咖啡，酒吧，画廊等（图 19，图 20）。

易北爱乐音乐厅企图汇集多种功能在单一文化建筑中的雄心，让人想起阿德勒和沙利文在芝加哥的礼

堂建筑（1889）。通过涵盖除音乐会之外的其他使用功能，不仅扩展其他用户对于这栋建筑的公共体验，还扩展了一天中的其他时间的使用建筑的频率。它们的最大相似之处在于剖面。在这两个建筑中，音乐厅独特的体积中断了水平楼板的重复逻辑。易北爱乐音乐厅的大厅被延续原有码头仓库建筑堆叠平面的酒店客房和公寓所挤压和限定。然而，音乐大厅及礼堂大厅抵抗这种水平层而使其自身封闭自成一体。其垂直方向伴随令人眩晕的数组楼梯，使观众能够方便地从开放的广场层面到音乐厅中各自所处的楼层，再到其不同高度的座位上。

公共广场：城市开放与体验空间

对于公共空间的重视，是汉堡易北爱乐音乐厅的一个重要设计出发点（图21—图24）。

所有访客均可到达位于八楼的公共广场层——亦是原有仓库与新建筑之间的转换衔接点。登上这个平台的路径已是一种体验，从地面层开始长达80 m的扶梯进行了弯曲的弧度设计，使观众无法一览无遗。扶梯的尽头在六楼，呈现的是一个巨型全景窗户，就如一个开阔的汉堡海港壮丽景象的取景框。沿着台阶步行至空中广场，地坪与墙面均采用了室外惯用的材质，刻意模糊了室内外的界限，融合广场进入的风和声音，赋予即将到达港口广场的强烈体验。

在37 m高的广场层中，融合了多种功能，包括画廊、咖啡厅及餐馆，让人们在欣赏汉堡港风景的同时感受艺术与休闲的氛围。在建筑的周边形成环通的平台，可以360°观赏汉堡城市景观。广场起伏的顶棚高高地升起，在建筑物的北面和南面各形成一个高耸的拱形开口。于是，在广场层平面上形成了一条南北向的轴线，这条轴线同时暗示了新音乐厅与城市和港口的关系：北面指向汉堡的内城中心，透过达到四层楼高度的拱形开口，可以瞭望城市中心的教堂广场；南面则指向港口，趋于缓和的拱顶面向开阔的易北河和港口。

这一努力将环境氛围带入建筑室内，也影响了易北爱乐音乐厅的外墙。建筑师通过使用弯曲的玻璃面板形成一个系统，允许酒店房间和私人公寓接收自然通风，而较大的开口则渗透到为大音乐厅服务的许多休息室和服务厅。

赫尔佐格和德梅隆一直反对当代建筑中产生封闭对象的倾向，即建筑与周围环境从体验层面切断。在新音乐厅中，他们希望让港口的感官体验渗入建筑。另一方面，对于政府来说，投资巨大的新音乐厅也必须对市民提供使用的便利性和开放型。这两方面的诉

图 25—图 27. 音乐厅室内
图 28. 立面及屋顶

求与期望最终物化为架高在 37 m 高度的空中广场层，它提供了属于汉堡的独特的场所体验感[7]。

新音乐厅的室内空间体验异常丰富，伴随处于核心位置的主音乐厅，在其周围的空间就势做了顶面与底面的逐级跌落，并结合空间的局部放大与交错穿插，形成了丰富且富有张力的趣味性空间。

在整体材质及色调上，则采用质朴的原木色及白色为主基调，将重点放在室内多变的空间表达及室外丰富的自然美景中。

音乐大厅的核心：满足音质要求

作为整栋建筑的核心，音乐大厅可容纳 2150 个座位，坐落在新建部分中心的一组巨大的钢制弹性结构上，整个大厅在声学上和建筑的其他部分相隔离。大厅隔壁还有一个可容纳 550 人的小音乐厅，这个厅不仅适合作为室内音乐演奏的场所，还可以转变为宴会厅甚至运动场所。

音乐大厅采用"葡萄园厅"的布局形式，这种布局形式来源于汉斯·夏隆（Hans Sharron）做的柏林爱乐音乐厅，与传统的舞台位于前方而观众席位于后方的形式不同，将舞台置于中央，而观众席围绕布置（图25—图 27）。赫尔佐格和德梅隆将这个形式发展到了

下一个层次，创建的空间围合面更陡峭，能够拉近观众与位于中心的乐队之间的距离，使观众离位于中心的乐队更近。音乐厅内部是现代音乐厅 360 度结构：乐池位于底部正中，2150 个观众座席则呈现梯田状，围绕着座席盘旋而上。顶部垂下一只巨大的蘑菇形反射板，将乐队上方的声音均匀反射向席座。就连管风琴也一改传统的山墙结构，克莱斯管风琴以环状散布在音乐厅的各个角度。这也得益于赫尔佐格和德梅隆之前较为丰富的场馆设计经验，在巴塞尔的体育场项目（2002），慕尼黑的体育场项目（2005）和北京的体育场项目（2008）中，他们都采用了较为积极的方式应对观众与被观看者的相对关系，其结果是用观众席的位置来形成和定义空间。强烈的建筑姿态让位于观众和演员之间戏剧性的视觉和听觉关系[8]。

为了使乐队的声音反射到达每一个座位的距离接近一致，日本声学大师丰田泰久设计了独特的反射面："白皮肤"。这些覆盖在音乐厅内壁的白色墙砖，每一块都有特殊的纹理，那是根据声学计算出的反射面。这样的墙砖共有一万块，每一块都是独立加工而成的。易北爱乐音乐厅帐篷似的屋顶大厅是根据这个音乐厅所需要达到的体积直接推算的结果，形成推高的顶棚弧度，这个顶棚也作为一个整体反射器来满足大厅的声学要求[9]。

体验与评论——建筑研究的一种途径

玻璃幕墙：结构与窗户的消隐

　　赫尔佐格和德梅隆的建筑中，结构常常处于一种"消隐"的状态。他们的作品不仅仅是通过材料的纯粹物质性来赋予表皮以特征，而且将构造和表皮结合在一起。从而使界面真正变成室内外空间之间的薄膜，消隐结构和窗户的存在，是为了让室内外空间之间存在一种更为迷人的关系。不是透过限定性的窗来感知室内外。重复、韵律和夸大尺度改变了材料或意象固有的意义和再现功能。这样透过表皮，看变成了一种感知，变成了一种整体式的直观。这种设计表现手法在他们早期的作品——瑞士巴塞尔火车站附近的沃尔夫信号塔（Basel Central Signal Box）中表现得最为直白和彻底[10]。

　　在易北爱乐音乐厅的设计中，表皮的建构主要由玻璃幕墙来完成。建筑师要求玻璃幕墙有三种变化：一是平面的纹理变化，即玻璃内夹定制的纹样，使平面图案产生变化；二是曲面的变化，即采用特殊定制的弧形玻璃。这个设计的实际用途比它奇特的外观更加巧妙——每扇窗都是侧向开的，可以通风，亦可避免强风直接灌入。而这些曲面有效减缓了易北河上的横风对玻璃幕墙的冲击，令它们在隔音方面的贡献尤其突出。三是局部的弧形开口，即将一大块玻璃进行热弯，

实现玻璃面的弧形开口（图28）。这样的玻璃幕墙对制造和安装的要求都极高。整栋建筑共安装了1089块幕墙单元，大部分为定制加工的曲面玻璃，每一个单元造价为2万欧元。仅玻璃幕墙这一项，就耗费了约2200万欧元。

符号空间：超越建筑的存在

　　汉堡易北爱乐音乐厅的建筑设计是独特、奇妙和浪漫的，充分体现了建筑师令人敬佩的创造性。同时德国制造也确保了建筑的品质和实现的完成度。无论如何，该音乐厅是一个会给人带来愉悦和惊叹的优秀建筑作品，在世界建筑史上也会有其一席之地。然而，该音乐厅的意义还远远超越建筑物的层面[11]。

　　新音乐厅自2003年概念方案，到如今正式建成，围绕它的种种争议和反对从未停止过：建筑工程持续了9年，比原计划延长了6年；一度由于各方面的技术难题、沟通争执而屡屡停工，一直到2013年建筑团队重组，才重回轨道。

　　2005年7月正式发布的可行性研究报告公布音乐厅预算造价为1.86亿欧元，其中汉堡市议会决定以公共财政支付其中的7700万欧元，剩下的部分由私人开发商承担。但在赫尔佐格和德梅隆中标后，建造

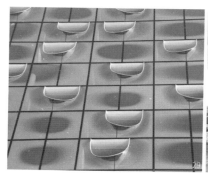

费用被提升至 1.14 亿欧元，2006 年最终决定全部由政府投入建设，建设合同签订时提升至 2.72 亿欧元，2012 年做的最终决算定格于 5.75 亿欧元，如果算上因此项目产生的其他费用，整个项目花费了 7.89 亿欧元，每平米造价高达 6575 欧元。 坊间流传其造价是原来的十倍，其实并不准确，但造价一再提高是事实，对此媒体和公众的批评之声不绝于耳。这其中，最大的阻力是：它始终都没能避免汉堡市民与民间舆论的质疑——我们为什么要花这么多钱建一个音乐厅？

其实，对于了解现代音乐厅建造的人来说，出现这样的局面并不奇怪，很多音乐厅工程都是昂贵且耗时的。著名的悉尼歌剧院早在 1959 年动工，原定 1964 年完工，预算为 700 万澳元。最终至 1973 年才开业，成本达到了 1.02 亿澳元[12]。

类似悉尼歌剧院，易北爱乐音乐厅从选址之初就承担着复兴汉堡港口的重任，不仅成为汉堡的新中心，亦是为汉堡创造新的吸引力，助其在当下日益激烈的城市竞争中脱颖而出。作为一个从远处可见的里程碑式的建筑，易北爱乐音乐厅将指引这个城市发出全新的声音。

居伊·德波（Guy Ernest Dobord）在《景观社会》（The Society of the Spectacle）中说道："在现代生产条件无所不在的社会，生活本身展现为景观的庞大堆聚。直接存在的一切全都转化为一个表象。"

在全球化及商业浪潮席卷的当下，经济作为普遍的动力催生了在现代城市中塑造地标建筑作为新的"符号"的制造，在这个基础上，人对城市空间的理解转化为一种图像经验。 不同于传统意义的"场所"，这种"符号空间"被赋予更加强烈的现代性。城市比以往任何时期都渴望地标性建筑"符号"，来提升城市竞争力，输出城市形象。由于评估这些项目的图像效果相当困难，相关的研究引入了产品品牌营销及传播的相关方法，来衡量这些地标建筑对城市品牌的影响。相关研究证明，不同的地标旗舰项目有不同的城市品牌的形象效应[13]。

汉堡市得到了一个新的地标，一个新的符号，易北爱乐音乐厅和其所在的港口新城区域不仅创造着传统的建筑与空间，亦输出着"符号空间"以满足消费、资本的热望⑤。它以焕然一新的城市形象向世界昭示汉堡新的文化影响力⑥[14]。

如同罗西（Aldo Rossi）所言，把城市当作建筑，建筑当作城市[15]。在过去的 9 年间，无论是沿易北河逆流而上，还是在阿尔斯特湖畔闲庭信步，易北爱乐音乐厅已经悄然地、永久地，甚至可以说是强横地改变了城市的天际线，而如今建成之后的易北爱乐音乐厅俨然成了全城的荣耀（图 29—图 31）。确实，它的最大贡献是对城市，它给汉堡一个神奇的暗示，连接这个城市的过去，并指引其未来[16]（图 32）。

（特别鸣谢汉堡城市营销机构（Hamburg Marketing GmbH）的访问邀请及赫尔佐格和德梅隆建筑事务所提供相关设计资料）

注释

① 参考：https://www.douban.com/note/593683106/?type=like。

② 参考：https://www.douban.com/note/593683106/?type=like。

③ 汉堡音乐厅：易北河畔一个"免费的地标"？ forca 有方空间，

　　　　　　体验与评论——建筑研究的一种途径

图 29. 立面细节
图 30. 立面阳台细节
图 31. 屋顶庭院
图 32. 赫尔佐格和德梅隆于易北爱乐音乐厅的合影

2016-11-23。

④ 文中对汉堡目前投资巨大的几个项目对于城市品牌的影响进行评估研究：除易北爱乐音乐厅外，还包括 4 亿欧元开发的国际建筑博览会，为 2024／2028 奥运所进行的准备。提供了一种新的方法来衡量地方品牌形象的影响，正在进行的和未来的旗舰项目。

⑤ 汉堡音乐厅：详解 8.6 亿欧元是如何被"烧"掉的，forca 建筑微笔记，2016-11-26。

⑥ 这个建筑差点烂尾，当它完工时，却成了整个城市的荣耀／AC 年度故事，AC 建筑创作，方小诗，2016.12.29。

参考文献

[1] Ma X, Grabe J, He Q, et al. Field test of a geothermal system in Hafen city Hamburg. Geoshanghai International Conference, 2010: 159–166.

[2] 黄耿志，薛德升，苏狄德. 全球形象构建：汉堡港口新城巨型工程的营销策略. 国际城市规划，2011，26(1): 72–76.

[3] Moore R, Ryan R. Building Tate Modern：Herzog & De Meuron transforming Giles Gilbert Scott. Tate Gallery, 2000.

[4] Cecilia F M, Levene R. El Croquis 129/130: Herzog & de Meuron 2002–2006. El Croquis, 2006.

[5] 邵松. 历史建筑的再生性改造和复兴——以马德里两座文化建筑为例. 南方建筑，2012(3): 21–27.

[6] 支文军，王斌. 历史街区旧建筑的时尚复兴：西班牙马德里恺撒广场文化中心. 时代建筑，2008(6): 86–95.

[7] Fiedler J, Schuster S. The Elbphilharmonie Hamburg. Large Infrastructure Projects in Germany, 2016.

[8] Herzog J, Meuron P D. Elbphilharmonie Hamburg. Hamburgo, Alemania: Herzog & de Meuron. Av Proyectos, 2011: 68–81.

[9] Stefan B, Boris K, Tino S. Der Stahlbau der Elbphilharmonie. Stahlbau, 2014, 83(10): 707–717.

[10] 格哈德·马克. 赫尔佐格与德梅隆全集. 吴志宏，译. 北京：中国建筑工业出版社，2011.

[11] Burkert T, Plagge R. Elbphilharmonie Hamburg: Statisch-konstruktive und bauphysikalische Untersuchung am Bestandsmauerwerk des Kaispeichers A. Wiley-VCH Verlag GmbH & Co. KGaA, 2013: 297–361.

[12] 唐可清，潘佳力. 城市：重大事件与事件空间. 时代建筑，2008（4）: 6–10.

[13] Zenker S, Beckmann S C. Measuring brand image effects of flagship projects for place brands: The case of Hamburg. Journal of Brand Management, 2013, 20(8): 642–655.

[14] Grabe J, König F. Zeitabhöngige Traglaststeigerung von Pföhlen am Beispiel der Elbphilharmonie. Bautechnik, 2006, 83(3): 167–175.

[15] [美] 阿尔多·罗西. 城市建筑学. 北京：建筑工业出版社，2006.

[16] Peters B. Realising the Architectural Idea: Computational Design at Herzog & De Meuron. Architectural Design, 2013, 83(2): 56–61.

图片来源

图 2、图 3、图 17、图 31、图 34—图 38、图 40、图 41 摄影：支文军；图 4、图 5、图 9：http://www.360fdc.com/news/20287.html；图 6，图 7：http:// www.hafencity.cn；图 1、图 8、图 18—图 33、图 39 由赫尔佐格和德梅隆建筑事务所提供，摄影：Iwan Baan

原文版权信息

支文军，潘佳力. 城市·建筑·符号：汉堡易北爱乐音乐厅设计解析. 时代建筑，2017(1)：116–129.

[潘佳力：同济大学建筑与城市规划学院 2016 级博士研究生]

3

历史街区旧建筑的时尚复兴：
西班牙马德里恺撒广场文化中心

**Radical Revival of an Old Building in Historic Block:
Caixa Forum, Madrid, Spain**

摘要 赫佐格和德默隆事务所设计的恺撒广场文化中心坐落在马德里著名的"艺术三角洲"，由一座 19 世纪的电力站改建而成。原电力站砖墙立面得到了完整的保留，但内部空间和建筑体量都做了较大调整，以满足当代文化交流的需要。建筑师还同植物学家合作在入口广场设计了西班牙第一座垂直花园。整个文化中心的设计摆脱了马德里文化建筑一贯的保守态度，在尊重历史的基础上运用时尚和前卫的建筑语言，为这座城市在文化建筑的发展领域注入了新的活力。

关键词 赫佐格和德默隆 当代艺术 旧建筑改造 垂直花园 砖墙 底层架空

2008 年 2 月 22 日，西班牙国王与王后亲自参加了由恺撒银行（Obra Social Fundación "LaCaixa"）投资建造，瑞士赫佐格和德默隆（Herzog & de Meuron）事务所设计的恺撒广场文化中心（CaixaForum, Madrid）开幕仪式。该文化中心位于马德里市著名的交通动脉普拉多大街（Paseo del Prado）中段，占据了老城区"艺术三角洲"（Art Triangle）[①]的核心位置。这是恺撒银行自投资建造巴塞罗那文化中心后在西班牙的第二个同类项目，同时为一贯在文化设施建设上持保守态度的马德里注入了新的活力。

背景资料

早在中世纪，西班牙建筑在欧洲就颇具影响，并与其他国家有着频繁的交流。1939 年内战结束后弗朗哥独裁统治开始，西班牙采取与国际社会隔绝、文化独立的政策，削弱了 GATEPAC[②]一代建筑师和后继建筑师之间的连续性。直到 20 世纪 50 年代，以拉斐尔·莫内欧（Rafael Moneo）为代表的第二代西班牙建筑师才真正出现，西班牙建筑得到了新的发展，开始重视城市场所精神的营造，建筑空间积极成为城市生活的有机组成部分。然而作为经济和政治中心的首都马德里，在执行强有力的城市计划同时，政策和观念却仍持有保守求稳的态度，固守着历史主义的论调。老城区内保存完整的 18 世纪建筑群使它成功在 1992 年当选为世界文化之都。可是当 1995 年西班牙加利西亚、加泰罗尼亚、巴斯克等其他地区正努力使自己融入国际建筑的潮流中时，马德里却处在麻痹状态，依然执迷于对那些博物馆和城市雕塑采取保守的修缮和扩建活动[③]。或许正是马德里在世纪之交所处的这种"发展与保守"的矛盾，为赫佐格和德默隆赢得恺撒广场文化中心设计任务提供了契机。

众所周知，2000 年伦敦新塔特美术馆（Tate Modern）的成功使赫佐格和德默隆在国际建筑界声名鹊起，其时尚的设计风格与同时期荷兰鹿特丹建筑学院崇尚的实用主义和超现实主义成为当代欧洲建筑界

图 1. 入口广场
图 2. 被抬起的旧建筑
图 3. 普拉多大街和基地位置鸟瞰
图 4. 改造前的基地

的两种主要趋势。1998 年，他们在西班牙拿到了第一个设计委托：特纳里费圣克鲁兹港更新工程（Santa Cruz De Tenerife）。2000 年中标的巴塞罗那论坛 2004 博物馆（Forum 2004 Building and Plaza）为他们在西班牙赢得了极好的声誉，随后一年他们便通过竞赛顺利地获得了马德里恺撒广场文化中心的设计任务，即将一座 19 世纪的电力站和邻近的煤气站改造成满足当代文化交流需求的建筑。该项目是马德里在历史核心区内旧工业建筑翻新和扩建的几个重要案例之一。同时由于基地位置处在老城区三大博物馆之间的敏感地段（其中的普拉多宫博物馆更是马德里保守主义政府的丰碑之作），因此文化中心的设计备受业内乃至社会的广泛关注。

设计理念

作为恺撒广场文化中心前身的电力站（Mediodía Power Station）是马德里市旧工业建筑的代表之一，1899 年建造，建筑主要形式为传统的砖墙双坡屋顶。电力站东面是一座不大的煤气站，属于纯粹功能主义结构。2001 年恺撒基金会收购了这两栋建筑并投资改建。

整个改建工程的第一步是拆除没有特殊保留价值的煤气站，取而代之的是一个富有地形学特征的艺术广场，为文化中心在沿普拉多大街一侧提供足够的室外公共空间。 同时赫佐格和德默隆还邀请植物学家帕特里克·白兰斯（Patrick Blanc）④利用广场北侧邻近

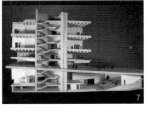

图 5. 北立面
图 6. 模型照片
图 7. 模型照片
图 8. 模型照片
图 9. 具有地形学特征的架空层吊顶和富有雕塑感的主入口楼梯
图 10. 地面层平面

建筑的山墙面合作设计了西班牙第一座"垂直花园"。整个植物墙面积 600m²，高 24m，有 1500 株 250 种不同类型的植物组合而成，不仅使绿树成荫的普拉多大街景观在这里达到了高潮，同时为整个文化中心铺垫了时尚、先锋的基调。

显然原来的电力站建筑本身已无法胜任展览空间及其日后大量展品展示的需要，建筑内部层高的调整和空间的重组也是情理之中的事。改建后的建筑从原来的地面三层增加至现在的地面五层地下三层。地下空间满足了设备和绝大部分的停车需要，并直接延伸到入口广场下方，容纳了一个 333 座的报告厅；地面层做了架空处理，接待大厅放在地面二层，之上便是两层类似于 LOFT 的可灵活分隔无柱展览空间，总面积将近 1720 m²。顶层设有管理办公室、纪念品商店和餐厅，为来访游客及工作人员提供交流和俯瞰普拉多公园的机会。

恺撒广场文化中心从设计到建成历时 7 年，总占地 1934m²，其中广场占地 650m²，建筑覆盖面积 1400m²，地面建筑面积由改造前的 2000m² 增加至 8000m²，从而总建筑面积扩大至 1.1 万 m²，同时达到了周边建筑的平均高度 28m，满足了老城区对保持历史街道风貌的要求。

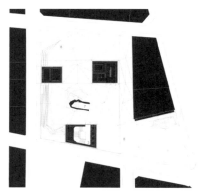

3 Escalera Principal /
   Main Stair

7 Entrada Principal /
   Main Entrance

8 Plaza / Plaza

LEVEL +0

体验与评论——建筑研究的一种途径

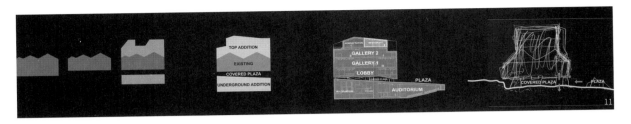

图 11. 概念分析
图 12. 横剖面
图 13. 接待大厅
图 14. 具有雕塑感的螺旋楼梯

关于形体

面对周围的历史保护建筑，巧妙的建筑形体处理是恺撒文化中心设计的最显著特征，同时也反映出赫佐格和德默隆敏锐的环境观察能力和过人的造型设计能力。他们认为"原建筑中最有历史价值的砖砌墙面应该得到完整的保留"[5]，造型处理主要集中在屋顶扩建部分。赫佐格和德默隆以周边建筑的屋顶形态和自身屋顶庭院为依据对增建体块做相应的减法切割，不但满足了建筑内部的采光和观景要求，而且与周围建筑共同塑造了完整的传统街道肌理，建筑自身也颇具雕塑感和现代感。对原建筑另一个大的改动是首层的架空处理。由于场地自东向西带有一定的坡度，原电力站建筑只有通过建造基座抬高建筑来适应场地，如今把基座部分抽掉，由入口广场地面的延续取而代之，不仅解决了倾斜地形和水平楼层之间的矛盾，广场公共活动空间也在这里得到升华。架空后的建筑采用了核心筒结合钢结构悬挑的独立力学体系，也就是说整个建筑通过三个贯穿地面上下各层的竖向交通核心筒插入广场表面，绝大部分建筑的边缘几乎都是悬挑在广场上空，8000m² 的地面建筑顿时显得异常轻盈，如同一块磁石悬浮在广场上方，阴影下巨大而又充满神秘色彩的"磁场"吸引着在广场逗留的人群。架空层的顶棚与广场一样呈地形学的起伏状，只是在材质上

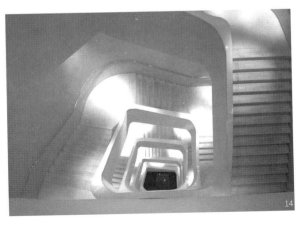

图 15. 展厅室内
图 16. 顶层庭院
图 17. 顶层餐厅
图 18. 建筑、雕塑、植物墙

换成了更加富有光感的不锈钢板，不同倾斜角度的不锈钢板把周围环境的漫射光反射到阴影深处的主入口楼梯，引导来访者向上进入建筑内部。

关于室内

主入口楼梯位置恰好在地面层平面的几何中心，与周围三个平时封闭的核心筒相比，它只联系广场地面与二层接待大厅，由三角形不锈钢板包裹，成多面体雕塑状，显然是延续了广场和架空层顶棚三角面地形学构图的母题，这一母题同样反映在了接待大厅的天花板灯具布置上。接待大厅设计十分简洁，混凝土的墙面，没有做吊顶，取而代之的是用锡纸包扎的管线，墙上抽象派的色块几乎是所有的装饰内容。该层还包括一个图书超市和会议接待室，当然来访者还可以透过大尺度的无框玻璃欣赏广场和普拉多大街的景色。

贯通各层的主要竖向交通是一座具有极少主义风格的乳白色回旋楼梯。楼梯井的尺度较一般的有所放大，同时转角和扶手经过精心的平面倒角处理，自下而上在空中形成美妙的曲线，顿时又在屋顶天光的反射下凝固成立体的雕塑。来访者可以在接待大厅由它

选择往下到报告厅或是往上参观各类时尚艺术的展览，当然还可以到顶层餐厅享用马德里的咖啡和海鲜。

关于材质

赫佐格和德默隆几乎会在他们每一个作品中研究和展示传统材质的新用法，恺撒广场文化中心自然也不例外。他们利用经过氧化处理的钢板作为原材料，在上面制作出入口广场植物墙的表面肌理，并根据图案将其打孔，最终效果令人联想起中国古建筑中的木质窗棂。他们把这种新的立面装饰材料用在屋顶餐厅及庭院围合部分，模糊了人工与自然的界限，在内外观景和景观互动过程中给受动者提供更奇妙的视觉体验。他们还在地下层公共空间墙面和吊顶装饰板材上使用了这种构图肌理。另一种大面积使用的材质自然是原建筑中保留下来的砖墙。在赫佐格和德默隆看来"材料不分等级，更无时代之分"[⑥]。他们将原先的灰砖处理成了粉红色，同时用一种颜色更浅的新砖来填补原砖墙残缺和窗洞之中的空缺位置。改造后的新墙面与周围建筑在色彩上显得更为和谐，并且清晰地记录下了它的生命历程。

小结

　　恺撒广场文化中心开馆至今半年，已经接待了世界各地无数的来访者，与巴塞罗那的姐妹馆一样，服务范围涵盖了音乐、文学、电影、社会教育等绝大多数学科，成为周边原有三大博物馆之后，马德里在文化建筑领域的又一焦点。赫佐格和德默隆抛弃保守的设计手法，在尊重城市文脉的前提下运用新的建筑语言诠释当代文化的特征无疑是它成功的关键。遗憾的是，在实际使用过程中底层架空的做法虽然解决了地形的不利条件，强调了建筑的核心入口，但对城市公共空间的贡献并未达到建筑师的预期效果，阴影下低矮的空间使置身其中的人感到压迫和不安，导致无心体验精心设计的广场景观，整个广场成了纯粹的交通空间。

　　无论如何，从对建筑表皮与时尚艺术的痴迷，到对城市文化和结构的理解，赫佐格和德默隆通过恺撒广场文化中心的设计，全面地表达了他们独到的设计哲学，同时为马德里在新千年文化建筑设计的发展带来了新的思考。

注释

① 艺术三角洲（art triangle），该地段集中了马德里老城区的三大博物馆，它们分别是莫内欧改建的维亚埃尔莫萨宫提森博物馆 (Thyssen-Bornemisza Museum)，普拉多宫博物馆 (Prado Museum) 和努维尔设计的雷诺索菲亚博物馆 (Reina Sofía Museum)。
② 西班牙当代建筑进步建筑师和技师组织 (Group of Spanish Architects and Technicians for the Progress of Contemporary Architecture)，其重大成就之一是 1937 年在巴黎国际博览会上落成的西班牙共和馆（the Spanish Republican Pavilion）。
③ Raúl Rispa. Architecture Guide Spain 1920–2000. TANAIS, 2001.
④ Patrick Blanc，植物学博士，多年担任法国科学研究院的研究员。
⑤ 2002/2006, Herzog & de Meuron. EL Croquis(130): 336–347.
⑥ Alejandro Zaera . Continuities,Interview with Herzog & de Meuron. EL Croquis(60): 20.

图片来源

本文图 13、图 14、图 17、图 18 摄影：支文军，其余图片均由赫尔佐格和德梅隆建筑事务所提供，摄影：Iwan Baan

原文版权信息

支文军，王斌 . 历史街区旧建筑的时尚复兴：西班牙马德里恺撒广场文化中心 . 时代建筑，2008 (6): 84–93.
[王斌：同济大学建筑与城市规划学院 2007 级硕士研究生]

4

消融于丛林中的艺术圣殿：
记巴黎盖·布朗利博物馆

An Art Palace Dissolved in the Woods:
Museum of Quai Branly, Paris

摘要 巴黎盖·布朗利博物馆是让·努维尔于 2006 年竣工的又一力作。博物馆展出来自非洲、亚洲、美洲与大洋洲的原始艺术收藏。建筑师用生态的方式妥善处理了建筑与环境的关系，同时又突出了其"非西方"的主题。整个建筑就像消融于森林的古代祭仪园，散发出与展品相符的灵气。

关键词 让·努维尔 巴黎盖·布朗利博物馆 非西方 独特体验 生态景观

概况——非西方文化的艺术圣殿

1995 年，法国前总统希拉克提出建立一座博物馆，以营建多种文明交流与对话的场所。经过十年的设计和建设，盖·布朗利博物馆终于在 2006 年 6 月竣工了。

这个博物馆有三个主要功能：①保存及展示文物；②发展研究；③安排教育推广活动。

盖·布朗利博物馆位于巴黎市中心的塞纳－马恩省河畔[①]，毗邻埃菲尔铁塔和卢浮宫。在这里，波光粼粼的塞纳河一览无余。这块风水宝地面积达 25 000m²，对寸土寸金的巴黎市区来说，更显珍贵。

经过激烈的竞标，让·努维尔（Jean Nouvel）的设计从众多世界级知名建筑师的设计中脱颖而出。他之所以能赢过像伦佐·皮亚诺（Renzo Piano）、安藤忠雄（Tadao Ando）这样的强劲对手，是因为他准确地把握了这个项目的基地和主题的特殊性。拿现任馆长斯特凡·马丁（Stephane Martin）的话来说："他的设计最能融入巴黎市景和周遭环境，将塞纳－马恩省河沿岸的景点地脉连成一气，建筑外型和色彩散发出与展品相符的灵气。"

努维尔希望创造一个掩映于丛林中的庇护所。它没有立面，期待着人们去发现[②]。它是一个包容各种文化的艺术品之家，而不是一座典型的西方建筑。

他最初构想的盖·布朗利博物馆是一座爬满植物的建筑体，消融在高地起伏的森林中，犹如远古时代的祭仪园。他在营造类似气氛的同时考虑了建筑和周边环境的关系。建筑整体形态水平伸展，和高耸的埃菲尔铁塔形成鲜明对比。建筑高度与塞纳河畔的其他建筑基本处于同一高度。建筑的曲度和塞纳－马恩省河的弧度相贴和。

努维尔还将原始艺术融入建筑当中，以应对"来自非洲、亚洲、美洲与大洋洲的原始艺术收藏"这一博物馆主题。他邀请了八位澳大利亚土著艺术家为博物馆绘制建筑的一些外墙壁和天花板，使史前石窟壁画这一艺术形式永久保留下去。此外，博物馆中零售店和书店的柱子等建筑细部都由土著艺术家参与装饰。艺术家用建筑手法表达了原始艺术博物馆的艺术特色，由此，建筑本身成为展品的一部分。

建筑设计：Ateliers Jean Nouvel, Paris
庭园设计：Gilles Cllement
植被墙：Patrick Blanc
空间性质：展览、教育、研究博物馆开放空间
坐落位置：巴黎市塞纳 – 马恩省河右岸，铁塔附近的东北方
占地面积：25 100m²
建筑面积：40 000m²
常年展出面积：6500m²，其中 2000m² 用作主题展览，展出 3000 件
　　艺术品
临时展出面积：2000m²
花园占地面积：18 000m²
藏品：300 000 件
礼堂：500 个座位
放映厅：105 个座位
多媒体资料中心和科研大厅：180 个座位，25 000 种图书，可供 5000
　　人自由查阅
阅览室：250m²，50 个座位，5000 种图书，其中有部分期刊
总结造价：23 500 万欧元（原来预算 16 700 万欧元）
竞赛时间：1999 年初
博物馆开工日期：2001 年 10 月
落成开幕：2006 年 6 月 23 日

建筑——步换情移的建筑体验

　　盖·布朗利博物馆建筑面积 40 000m²，由展览厅、科研教学楼、多媒体信息中心、行政大楼四栋风格迥异的建筑物组成，建筑物之间由小路或天桥长廊连接。这样将功能块安排在独立的建筑体块里，使建筑得以更精确地服务于功能。

　　当然，这个建筑的成功之处并不只是将功能安排妥帖。建筑师高明之处在于，通过对建筑的准确把握，参观者的情绪也被精心地设计了。从入口到乐器展览厅，然后进入展览室，在这个过程中，参观者感受了情绪随环境变化而转换的独特体验。

图 1. 博物馆局部北面外观
图 2. 南侧外观
图 3. 一层平面
图 4. 二层平面

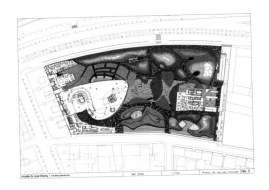

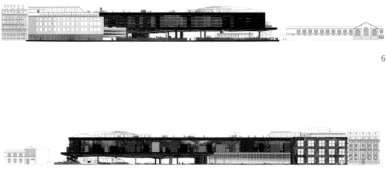

图5. 博物馆内部看埃菲尔铁塔
图6，图7. 立面图
图8，图9. 展厅室内

入口

在庭院买完票后，参观者就进入了一个蜿蜒而又神奇的入口通道。有别于一般公共建筑的入口，努维尔舍弃了堂皇的门面和前庭广场，而用芦苇和树木来隐藏主体建筑。他要参观者穿过大庭园中的自然元素，逐步发现展览馆。

进入展厅前有长达180m的坡道。参观者沿着坡道，逐步盘旋而上，直至达到底层架空的展览厅的底面。进入展馆的这一过程，犹如电影的连续镜头。每一个转弯处，参观者都可以从不同角度观察到沐浴在明亮光线下的临时展区。

正是穿越这一段连续而和缓的坡道的过程，使参观者的心情慢慢沉淀，酝酿出一种与这个展馆气氛合拍的情绪。

乐器展览厅

顺着坡道往上走，在坡道与主馆入口的交汇处，有一个椭圆形平面的玻璃筒。在这个玻璃筒中，展示着种类繁多的乐器藏品[3]。这些藏品的部分来自人类博物馆及国家非洲和大洋洲艺术博物馆，有的是研究风俗的法国学者的历年收藏。通过照明控制，营造出了一个相对幽暗的环境。在这个空间中，仿佛可以感觉到剔透的玻璃墙在随着乐器的低喃而微微颤动着，而

参观者的心里，似乎也有一根细细的弦，随着它的节奏脉动着。

展览厅

绕过这个圆柱状的乐器展览厅，就是正式入口了。入口有一段光线昏暗的甬道。在这条甬道上，努维尔通过对人工光线的准确把握，烘托出了神秘的气氛。

穿过甬道就是博物馆主建筑——船形展览厅了。

这是一个由26根柱子支撑，离地10m的庞大体量，重达3400t。它看上去像是一艘漂浮着的巨轮。这个建筑体的基座由750m长20~30m深的混凝土隔离墙保护。

在展览厅靠近巴黎塞纳 - 马恩省河侧的北墙上，有二十余个凸出的盒子。它们五颜六色且大小不一，让人不禁猜测它们的用途。其实到了展厅内部就会惊喜地发现，那是一个个小展厅。这些活泼精巧的盒子有效地避免了这艘体量庞大的"船"给人笨重单调的感觉。这艘"船"的船身表面掩盖着鳞片状的玻璃幕墙。它们既有装饰感又可以灵活地调节日光。

庞大的体量，奇特的造型，丰富的表皮材质使这个建筑个性鲜明。建筑师必须面对的问题是怎样将这样一艘"大船"安插在规整又有统一色的历史城区而不显突兀。

努维尔用一种生态的方式解决了这个问题。生机勃勃的绿色植物常常是包容各种风格建筑的最好方法之一。展厅和围墙之间留出了充足的空间来安插一个植被茂盛的庭院。这营造出博物馆间接性存在的感觉，同时使建筑自然地融入了城市肌理。

展览厅还建有一系列的附属设施，包括一个以"克洛德·列维－施特劳斯"④命名的 500 座的环形礼堂，一个 120 座的电影院，一家小书店，以及一个 180 座的多媒体图书馆。图书馆藏书约为 25 万册，其中的 25000 册可以自由借阅，图书馆配备尖端的多媒体技术。此外，展厅顶层还有一个可以环视博物馆全景的楼顶餐厅。

展区布置——各种文明相望交融的艺术海洋

展览厅约有 10 000m² 的展览空间：6500m² 用于常年陈设，2000m² 用于举办临时展览；此外还有三个悬浮画廊，其中两个用于举办主题展。东廊面积为 600m²，西廊面积为 800m²。另一个则安装了多媒体电脑，方便观众查询相关的人类学信息。

展厅宽大且无隔断，共分为四个展区，非洲、亚洲、大洋洲和美洲各占一个展区。这四个展区都自成风格，

且互相之间无论从哪个角度都可互望。这样一来，东南亚文明与印度文明，乃至马格里布－马斯赫克文明之间建立了联系，参观者得以在各大洲和各种文明之间自由徜徉。努维尔以此来暗喻文化与文明没有高低贵贱之分，它们之间可以相望、交流和交融。

博物馆内展品的配置，并没有按照特定的意图摆放。展品就陌生人一样，各自拥有独立的主张。在这里，鉴赏与学习的功能被有意区分开来了。展品前方没有设置说明牌或释文，相关信息都集中在隔墙上，或以说明文字，或以小型电脑屏幕播放。

展览馆还特别考虑了残疾人的参观需要。在展馆内，专门为盲人和视力低下者修建了一条长达 200m 的"展览河"。在这条长河中，有一个展品平台，安放着 19 种模式的录像机，展台上的解说都是盲文的。

生态景观——城市景观的天然珠宝匣

花园

盖·布朗利博物馆在竞标时要求预留的绿地面积是 7500m²，努维尔将之扩大到了 18 000m²，超过基地面积的三分之二。在寸土寸金的巴黎市区划出这么大的绿化面积，是一个相当大胆奢华的规划。这片由景观建筑师吉勒·克莱蒙 (Gilles Clement)⑤设计的大庭园，不但

10

11

12

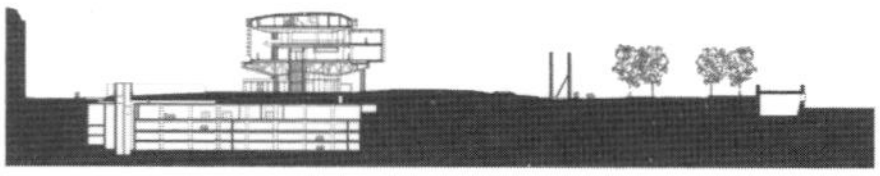

13

图 10. A–A 剖面
图 11. D–D 剖面
图 12. B–B 剖面
图 13. C–C 剖面
图 14. 展厅室内
图 15. 博物馆沿街西侧外观

是营造盖·布朗利博物馆特殊情境必要的元素，也提供给市民一个可以呼吸自然的生态公园。

整个博物馆花园占地面积达 18 000m²。一道由 1500 块玻璃组成的长 200m，高 9m 的玻璃墙将庭院和外部隔离开来。茂密的绿色植物簇拥着博物馆，宛如一个天然珠宝匣。花园内曲径通幽，小丘起伏，溪水潺潺，青石铺路；园中的各种绿色植物簇拥着博物馆建筑，其中有 180 棵高度超过 15m 的大树。花园石板路上，时不时地镶嵌着几个鸡蛋大小的玻璃球，玻璃球里有昆虫和树叶的标本。这样的细节闪烁着设计者的匠心和对细部精益求精的追求。开放式阶梯剧场就建在这个花园中，用来举办演出、音乐会以及各类讲座，是世界不同人群交流聚会的地方。

遍布花园的 Led 导光管在夜晚把五彩斑斓的光斑投射到博物馆架空的船体底部，加上花园里高低参差的光棒，营造出一个充满梦幻的景象。夜幕低垂，花园里隐藏着的照明灯具交相辉映，营造出一座如梦似幻的光影庭园。

植被墙

另外一项特殊的生态景观是植物专家帕特里克·布朗（Patrick Blanc）[6]研发的植被墙。帕特里克·布朗发现有些植物并不长在土里，而是长在地衣苔藓上。于是他发明一套专利，可以将一些植根不深不需土壤的植物，种在 Acrylic Felt（一种混合丙烯酸和毛毡的物料）上，然后再用 U 形钉固定在铁框 PVC 板上，再逐幅嵌在墙上。因为有 PVC 板相隔，植物根部不会钻入建筑物外墙。整个建筑配备了先进的自动灌溉系统，水源和养分定时输入植物里。他用 15 000 株 150 种来自日本、中国、美国和中欧的不同植物种植在 800m² 的墙上，将博物馆办公楼的墙面变成了一个"垂直花园"。

这种植被墙的好处毋庸置疑。它可以过滤空气中有害物质、降低建筑物吸收的太阳辐射，长远来说能减轻热岛效应和温室效应。与此同时，这面容纳着来自世界各地植物的墙体，暗喻着博物馆"多种文化共存"的主题。

这片绿油油的植被墙面成了现代感的博物馆与周围奥斯曼时代规整古建筑的完美过渡与衔接。远景的埃菲尔铁塔与面前的钢构博物馆在视觉上都坐落在柔软的绿色中，从而避免了钢与钢硬碰硬的画面。

结语：一个独具个性的现代建筑

就如贝聿铭的罗浮宫玻璃金字塔一度遭受舆论猛批一样，盖·布朗利博物馆也是在一片争议声中加入了巴黎地标的行列。有的人认为博物馆以原始森林为题材，可能会深化殖民印象。也有人觉得这座博物馆大胆、神秘及古怪狂野的造型会破坏巴黎优雅的整体形象。此外，有参观者批评，展馆内光线不足，看得人头晕眼痛，展品摆放亦过于拥挤……但不管怎么说，总体上看来，盖·布朗利博物馆仍是一座成功的建筑。它一开馆就备受好评，参观人数远远超过了预期。它和卢浮宫、奥赛博物馆、蓬皮杜当代艺术中心一样，是巴黎最重要的展览馆之一。

建筑师用最尖端的科技——印刷着巨大的影像的大玻璃；随意放置、大小不一的象征着树木与图腾的柱杆；经雕刻或上彩的承载着太阳能吸收器的木制遮阳板——表达了最原始的意向。

博朗黎艺术博物馆的建成，为巴黎这座具有多元文化的大都市增添了新的元素，为非欧洲公民和参观者提供一个文化、文明与人类会面和交流的理想场所。

注释

① 塞纳－马恩省河是法国东北部的一条大河，它穿过法国的首都巴黎，注入英吉利海峡。
② 参见 Jean Nouvel 的"Presence–absence or selective dematerialization（建筑师宣言－虚实之间／选择性的去物质化）"（1999），译文原载于中国建筑装饰装修杂志 2003/12
③ 馆内共有 9500 件各个年代的乐器藏品，其中 4250 件来自非洲，2150 件来自亚洲，2100 件来自美洲（其中 750 件是哥伦布到达美洲大陆前就有的），550 件来自大洋洲、450 件来自印度群岛。
④ 克洛德·列维·施特劳施 (Claude Lévi-Strauss)，法国著名人类文化学家，曾是这一博物馆建造计划的积极支持者。他把自己的两件珍贵藏品也捐给博物馆展出。
⑤ 吉勒·克莱蒙 (Gilles Clement)，1943 年生。他是世界知名的园林造景设计师，在法国有许多精彩的景观作品，例如：巴黎罗浮宫、杜勒丽花园的改造计划、新凯旋门的轴心公园、雷诺公园和里尔市的俄哈利乐公园等。
⑥ 帕特里克·布朗 (Patrick Blanc)，法国植物学家，CNRS(法国国家研究中心) 研究员，直立式花园的发明者。

图片来源

本文所有图片均由让·努维尔工作室提供

原文版权信息

支文军，王佳．消融于丛林中的艺术圣殿：记巴黎盖·布朗利博物馆．时代建筑，2007(6): 118–124.
[王佳：同济大学建筑与城市规划学院 2007 级硕士研究生]

5

奇妙的"容器"：
解读波尔图音乐厅

Casa Da Musica in Porto:
A Marvellous Container

摘要 波尔图音乐厅是 OMA（大都会建筑师事务所）的又一力作。文中作者结合切身的体验，从建筑的形式、空间、结构以及主创建筑师库哈斯的创作思想等方面对建筑进行了解读。

关键词 形式 空间 流线 结构

在 2005 年 4 月葡萄牙波尔图音乐厅（Casa da Musica）正式开馆之际，我们收到了 OMA（大都会建筑师事务所）参加开幕典礼的邀请。我们自然不可能为了参加一次开幕典礼从上海飞到波尔图。但在 5 个月后，趁赴西班牙参加"首届中西城市设计国际研究班"的机会，我们特地奔赴世界文化名城波尔图，在专业导游的讲解下，体验了奇妙的"容器"——波尔图音乐厅。

2001 年波尔图当选为欧洲文化之都以后，葡萄牙文化部部长和波尔图市组建了一个名为"波尔图 2001（Porto 2001）"的组织，该组织的主要任务是策划和筹备有关波尔图城市及文化更新的事宜。在这种情况下，包括 OMA 在内五家国际建筑设计公司应邀参加了波尔图音乐厅的设计竞赛，OMA 和 Arup 联合设计的方案在竞赛中脱颖而出，获得了一等奖。

与城市的对话

音乐厅的基地位于波尔图市的历史中心区——博维斯塔广场（Rotunda da Boavista）。由于这一区域是波尔图市保存完好的老城区，OMA 并没把新音乐厅设计成为环形广场周围界面清晰的围合建筑的一部分，而是在三面街区的包绕下，以一种更亲密的姿态与广场公园呼应。基于这种概念，象征性、可识别性和亲近感都被融合在一个形体之中。由于新音乐厅的介入以及其场所感的延续和对比，博维斯塔广场公园已不仅仅是联系新旧波尔图的纽带，而成为两种城市模式的积极对话。

变异的"宝石"

大多数的文化设施只是为一部分人服务的，大部分人只见过它的外形，而只有少数人才能体验到其内部空间。OMA 巧妙地处理建筑内部空间以及建筑与外部环境的关系，将独特的造型和复杂的内部空间统一在一起。在外部空间处理上，库哈斯（Rem Koolhaas）强化建筑的独立性。建筑建造在黄色石材铺砌的广场上，就像是一块在锦缎上展示的钻石。广场并不是平坦的，而是以和缓的坡度向东北和西南两个方向起伏，于是，公交车站、咖啡店和地下停车场的入口等设施都自然地隐没在广场下面。建筑的外形是由平滑而棱角分明的混凝土多面体包裹的封闭实体，不同倾角的斜墙相互交接颠覆了视觉的逻辑，使你很难把握它的具体形态。建筑正对博维斯塔广场的立面有着几乎对

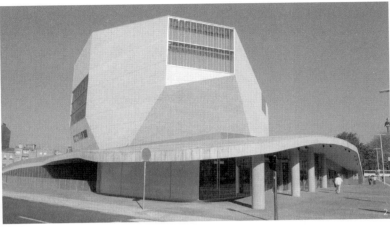

称的典雅；但从另一个角度看，多面的外形向外挑出，整个结构仿佛要失去平衡，就像一艘外星人的太空船。建筑内部设计了一个能容纳1300名听众的大音乐厅、一个350座的小音乐厅以及一些辅助的服务用房，混凝土的躯壳变成一个隐藏了丰富的奇妙体验的容器。

另类"鞋盒"

对于音乐厅而言，"鞋盒"状的比例，一直被奉为经典。尽管21世纪建筑师对于这种比例已有所突破，但是，通过研究现有音乐厅的声学质量，OMA与声学专家做出的结论认为世界上最好的音乐厅仍然是"鞋盒"状的。如何对这种传统的音乐厅声学原型进行创新，成为OMA需要解决的一个大问题。在设计中，库哈斯从人们对私密空间的追寻中找到了灵感。库哈斯说这项设计的原型是几年前在鹿特丹郊区的一个住宅设计项目。客户迷恋纯净的秩序，要求他设计一个私密的生活空间。建筑师用密实的多面混凝土块作为回应，中心设置了家庭生活区域，周围环绕的辅助空间用来消减室外的杂乱感。库哈斯在音乐厅设计中，将住宅设计的尺度放大以适应音乐厅的需要，将原来业主个人的意向转化为更加动态的公众体验，但其中的主题仍未改变：混杂的外部元素包绕着理性的环境。

在波尔图音乐厅设计中的鞋盒状的大音乐厅洞穿

图 1. 音乐厅与圆形广场的关系
图 2. 音乐厅西南向外观
图 3. 剖面图
图 4. 二层平面图
图 5. 五层平面图

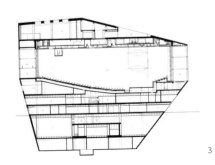

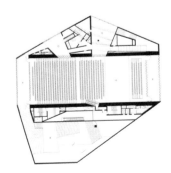

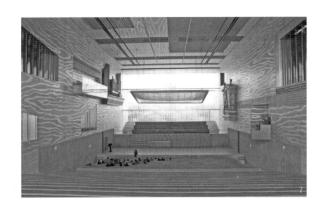

图 6. 正对圆形广场的屋顶平台
图 7. 大音乐厅内景

了整个建筑实体，而音乐厅外围的剩余空间设置了小音乐厅和基本服务空间，包括休息厅、餐厅、露台、技术设备用房以及垂直交通。大音乐厅的方向与室外主要大街的轴线平行，并在前后两端的墙上设置了波浪形玻璃，巨大的曲面玻璃，好像是折叠起来的窗帘，不仅避免了普通平板玻璃产生的声学问题，而且提供了建筑和其周围环境的视觉联系：在演出开始前天空的景色可以融入室内。在音乐厅外的休息处，不断变换的城市景观透过扭曲的玻璃投射到室内，整个空间如梦幻般漂浮于城市之中。音乐厅室内空间异常简洁，座位是简单地横向交错排列。音乐厅墙面上覆盖着原木，金色木纹的纹理被放大成实际尺寸的数倍，我们的尺度感又一次被打乱。靠近舞台的墙上立着一座装饰有金色、蓝色涡旋的巴洛克式管风琴，俏皮又不失典雅，就像是高级跳蚤市场的淘来品。

"冒险" 的旅程

一条环绕大音乐厅的连续流线将所有的公共活动空间和服务空间连接起来。就像在他的很多项目中一样，库哈斯又一次在流线上使用了巨大的楼梯台阶以及露台、自动扶梯等元素。你走入其中，建筑更展现出不断变幻的城市景色和建筑构件的片段，那些精彩的设计也会渐渐展现出来。走道上空沉重的混凝土斜梁纵横交叉，强化了空间被压缩的感觉。拾级而上，

你会经历一连串似乎是取自城市的景观元素，例如在贵宾室的墙面铺贴了带有中产阶级传统院落特色的蓝白瓦片。再往上走，是一个设置了倾斜的玻璃屋顶休息区，在建筑的顶部则嵌入一个梯形露台，在这里我们可以欣赏波尔图和远处北大西洋的独特景观。穿梭其中，建筑就成为一种"冒险"。另外，流通空间不仅为交通服务，更重要的是它已变为一个社交区域，人们可以在这里停留、小坐、交谈，并欣赏大厅内的景色，灯光的设计更为其赋予了一种梦幻般的效果。这条环线使建筑内部复杂的交通流线变得非常顺畅，保证了在节日里同时使用大音乐厅和举行其他节目表演。建筑为波尔图交响乐团设置了大量的排练用房、独立演奏房、录音室以及化妆间，同时，还为外来表演者提供了一些便利设施。

动态的逻辑

波尔图新音乐厅，建筑地上十层，地下三层，总建筑面积 4.9hm^2。建筑总高度 40m，大音乐厅的平面跨度最大处超 70m。40cm 厚的壳体结构和观众厅 1m 厚的墙体是主要的承重结构和稳定系统，它们在竖向上为建筑提供了支撑和连接。由 16 600m^3 的白色加强混凝土建成的多面壳体相互连接，形成结构的基本单元，这些壳体是自支撑、连续折叠的，各个局部的平衡状态决定了整个建筑造型。由于壳体的不规则，外

图8. 贵宾休息室
图9. 面向圆形广场方向的外观夜景

墙施工使用的脚手架的布置也是结构设计的一部分。大音乐厅内的 1 m 厚的两面实体墙贯穿整个建筑，也是建筑的重要的竖向支撑结构，它与外部壳体用斜梁连接，增强了整个结构的刚度。另外，由整体现浇楼板组成的水平构件联系着外面的壳体、内部墙体以及墙体之间的柱子，也增强了建筑的整体性。建筑的地下部分是三层停车库，它的基本结构是由圆锥台形的柱子支撑的实体平板，建筑长度最长达 120m，而未采用变形缝。在结构设计中，工程师利用三维模型对壳体及其空间支撑工程建造的顺序进行了研究，并考虑了混凝土在特殊情况下的适用性，防止开裂。

驿动的自省

这个项目让人不由得将它与盖里（Frank Gehry）设计的西班牙比尔鄂古根汉姆博物馆相比较。它们都是作为长期衰落的港口工业城市复兴计划的一部分，也都展示了令人眼花缭乱的精湛技巧。假如说 Gehry 的作品唤起了无拘无束自我意识的爆发，而库哈斯的创作则是一种自省的体验，是一种带着情感和心理上紧张感的驿动。波尔图音乐厅折射出库哈斯对于现代主义的纯净美的叛离，而这种纯净曾经象征着完美的工业化的生存状态。库哈斯与同辈的建筑师一样，把这种纯净视作一种形式的压制，他在几十年的实践中一直致力于寻找那些被现代主义者所忽视东西，即那

些理性的现代主义方盒子以外的，可以表达纷繁社会、复杂心理以及经济现状的元素。就创意而言，这座建筑可以和盖里的洛杉矶迪斯尼音乐厅以及夏隆（Hans Scharoun）20 世纪 60 年代的柏林音乐厅都被列为近百年来重要的音乐厅。

（感谢 OMA 提供相关资料）

图片来源

本文图 2、图 8 摄影：支文军，其余图片均由大都会建筑师事务所提供

原文版权信息

支文军，朱金良. 奇妙的"容器"：解读波尔图音乐厅. 时代建筑，2006 (3): 82–84.

[朱金良：同济大学建筑与城市规划学院 2003 级硕士研究生]

历史对话中的空间塑造：
解读墨尔本博物馆新馆

Complex Space in a Historically Context:
Reading of Melbourne Museum

摘要 墨尔本博物馆是建立在历史敏感地段、有着相当复杂功能的建筑。本文着手从新老建筑的联系和复杂功能组织为基点，剖析了该建筑的设计构思和富有创意的功能结构组织。

关键词 墨尔本博物馆 对话 相关性 可达性 立体网格

1994 年，DCM 建筑师事务所（Denton Corker Marshell Pty Lty）[①]通过设计竞赛赢得了新墨尔本博物馆 (Melbourne Museum，Melbourne，Australia，1994–2000) 的投标项目。新博物馆建筑面积为 8.5hm²，由展示空间、报告厅、影视中心、儿童博物馆、土著文化中心和其他附属设施组成。由于新博物馆位于一个非常敏感的历史地段，即正对古典主义风格的皇家展览馆（Royal Exhibition Building），从立项到 2000 年建成，它的建设引起了异乎寻常的关注和争议；此外，DCM 富有创意的设计同样博得业内人士的瞩目。

与历史对话

坐落于墨尔本一个美丽的城市展览公园 (Exhibition Garden) 中的皇家展览馆，建造于 1880 年，因其著名的穹顶，已成为当地一个著名的标志性建筑，它强有力的建筑形象是庄严的 19 世纪展览建筑的代表。它曾是 1901 年澳大利亚联邦议会召开的地方，其显著的历史地位，使得在公园内扩建任何项目都会招来具大的非议。保守派反对 DCM 的设计方案，特别是它巨大出挑的像"叶片"一样的屋檐。争论反映出人们在很大程度上对于现代建筑存在误解和对任何不同于过去的形式所怀有的恐惧。这个建立在一个多世纪前建筑的规则主导了人们的思想，它使人们认为建造任何新的建筑都将有损这个文艺复兴建筑的光辉。

DCM 设计的博物馆与皇家展览馆是完全不同的建筑。老展览馆是一个静态的古典主义风格的体现，而新博物馆则是动态变换和抽象的现代产物。新博物馆有着比它的老邻居更大的面积，功能也更复杂多样。但在总体上它却与之相得益彰。一方面，博物馆布置在与展览馆同一条纵向轴线上；另一方面，同样显赫的造型和突出的体量，同样经典的大穹顶与悬挑高达 41m 的片状屋檐都一一相互呼应。

两个卓著的建筑物被一个多世纪的时间分开，但在城市的形象上和显著地位上，它们又被牢牢地联系在一起，因为它们只是用两种不同的形式表达了历史和现代同一类东西，就好比两个长得不一样的亲兄弟。也许是因为建造于 20 世纪以前，老展览馆表达了一种各族文化融合的概念；而新博物馆在形式上和概念上都标志着一种新体制的出现。它们之间产生的对比，通过矛盾和对立，更鲜明地体现了它们各自的含义。两个建筑在公园中都被视为观赏对象，作为公众建筑它们都有着宏伟的规模和显著的地位。在另一层含义上，穹顶和片状屋檐在建筑传统上都具有划时代的意

义——他们用各自所处时代的先进技术解决了大跨度和垂直重力问题。新博物馆与老展览馆平等的对话，建立在它们相互联系的环境关系上。而形式上的对比，强调了它们各自的意义，它们的不同处正是人们加深对建筑发展的理解的关键。

可达性

新博物馆功能复杂多样，因此它的功能和交通流线的组织至关重要。新博物馆横跨整个公园，在与城市相接的拉斯丹街（Rathdown Street）和尼可尔森街

（Nicholson Street）都设有入口，由两个吊于整体网格之下倾斜的抛光金属长挑雨棚引入，从而形成狭长的入口通道。在雨棚的交汇中心便是位于建筑中心轴线上的主入口。

在德国法兰克福，有一组不同性质和内容的小博物馆，一个又一个地沿缅茵河畔布置，游客可随意选择想参观的博物馆。DCM 建筑师受其启发，新博物馆的设计就像规划一个小城，综合体内复杂的室内空间组织和公共交通流线就是通过两条东西向平行的横向通道来实施的。票务厅之前的是一条较小的通道，它把非售票区的书店、IMAX 影院、研究中心、报告厅、

图 1. 墨尔本市与展览公园全景
图 2. 博物馆鸟瞰全景
图 3. 博物馆建筑体块分析
图 4. 墨尔本城市脉络与展览公园关系

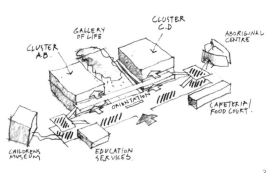

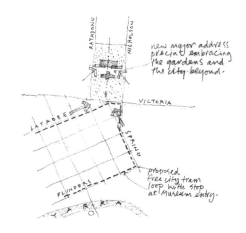

3

4

现代展厅和其他公共设施串联起来。穿过票务厅，入口大厅与一个长廊似的立体空间相连，沿着它布置有土著文化中心、自然生命展示馆、儿童博物馆等不同个性的展厅，这便是第二条通道。这条中心通道设计得简洁直观，既是连接各展厅的交通线，也是参观者休息、中转的公共空间。人们可以在中心通道中休息和辨别方向，使人们可以轻易知道自己的位置和下一步应该去参观什么地方。

博物馆拥有 900 辆车位的地下停车场，主要门厅和功能区作了下沉处理，在阳光下呈现出一片灿烂的景象。透明的玻璃幕墙通过纤细的点状结构沿立面吊起，光线的反射使老展览馆在新馆立面的许多地方都能看见 [1]。

立体网格

DCM 的设计将博物馆不同的建筑元素依附在一个立体网格框架之中。这个由 14m×14m 单元组成的立体网格框架有着显著的意义，通过它各种不同特性和功能的单元被组织成为一个有序相连的整体，整个建筑被囊括其中。像计算机芯片一样的网格屋顶形式象征着博物馆的高技形象，同时网格的规模也和墨尔本市中心区的道路网格相呼应。网格下的不同建筑体块与中央大厅相连。体块中有影院那样的大体块，也有像儿童博物馆那样的小元素，它们的形象仿佛是瞬间的凝固，没有重量只有体积、没有窗户看似玩具般的体块，有着强烈的色彩和突出的形体，好像要从建筑

图 5. 生命展示馆片状屋顶
图 6. 尼可尔森街上的入口雨棚
图 7. 主入口立面夜景
图 8. 土著文化中心局部外观

图 9. 入口雨棚与积木般的体块
图 10. 与进厅相连的中心通道
图 11. 连接各展厅的中心通道
图 12. 入口处的下沉空间

网格中游离至公园中一样，起到了丰富建筑轮廓和展览流线的作用。自然生命展示馆是个有着茂密森林的半室外展示空间，它的片状屋檐凸出于网格之外，向北飘逸地伸向公园，在高度和规模上都与老馆的穹顶相匹配。

雕塑感

博物馆可有两种主要的解读，在面对老馆的南边看来，它是一个独立的建筑物；而从北面的公园看过来时，网格被隐匿在树林中，巨大的片状屋檐是一个完全不同的抽象形式，看似公园中的一个巨型雕塑。塑造雕塑感的建筑，从中延伸建筑的主题，并且使建筑空间雕塑化，这一切都体现了建筑师对形体组成的深刻了解，也是 DCM 公司设计的作品最显著的特征之一。

墨尔本博物馆历尽磨难建成后，因其实际的城市脉络关系、新旧建筑的整体关系以及建筑自身的艺术魅力，赢得了澳大利亚公众和建筑界的普遍赞赏，其设计先后获得了库温爵士公共建筑奖 (Sir Zelman Cowen Award)、维多利亚建筑奖 (Victorian Architecture Medal)。DCM 公司也为此获得瓦德勒奖 (William Wardell Award)[2]。

（感谢 DCM 公司提供相关资料，感谢冯仕达先生访澳期间给予的帮助）

注释

① Denton Corker Marshell Pty Lty 在 1972 年创建于墨尔本，由毕业于墨尔本大学建筑系的约翰·丹顿（John Denton）、比尔·考克（Bill Corker）和白瑞·马歇尔（Barrie Marshell）组成。(Address: 49 Exhibition Street, Melbourne, Victoria 3000, Australia Email: dcmmel@dcm-group.com Website: http://www.dcm-group.com)

参考文献

[1] Haig Beck, Jackie Cooper. Rule Playing and the Ratbag Element : Denton Corker Marshell. Birkhauser, Basel, 2000 .
[2] Denton Corker Marshell Pty Lty 提供的照片及资料。

图片来源

本文图 9、图 10、图 12 摄影：支文军，其余图片均由 DCM 建筑师事务所提供，摄影：John Gollings。

原文版权信息

支文军，赵力. 历史对话中的空间塑造：解读墨尔本博物馆. 建筑学报，2003 (1): 68–71.
[赵力：同济大学建筑与城市规划学院 2000 级硕士研究生]

7

重塑居住场所：
马里奥·博塔的独户住宅设计

Reformulation of Dwellings:
Mario Botta's Single–family Houses

摘要 博塔是一个非主流的著名建筑师，他的独户住宅是反映他的创作思想的一面镜子。通过解读这些个性化的住宅，我们可以理解居住最原初的意义和人性最纯朴的回归。

关键词 马里奥·博塔 独户住宅 重塑场所 当代的远古风格

"我热爱建筑，并不是热爱它的实体，而是爱它在其实体与其'环境'之间建立的空间的、情感的、阳光普照般的关系。"[1]

重塑的场所

城堡，几乎每一名参观马里奥·博塔(Mario Botta)设计的独户住宅的人都会如此惊呼，即便是偶遇，也会被住宅封闭的外表深深地吸引。强烈的线条勾勒出在周围环境衬托下凸显的外形轮廓，简单得几乎神圣的几何外形、厚重的双层实墙、底层深深掩藏的入口，使人想到了城堡或洞穴。偶尔会有雕琢规整的表面传递着反光，组成一幕舞动的光的表演。这种景象不单单是出乎意料的，同时这建筑物也让人觉得同远古的形式如出一辙，抵制着时间的流逝和不良风气的侵蚀，与它们日渐增长的粗俗和对大地日益忽视的人文关怀相抗衡。仿佛有一股魔力，激起参观者异乎寻常的好奇心和百思不得其解的谜题。这绝对不是一般的感受，参观者和住宅之间瞬间建立起具有强大张力的对抗关系。它跟周围的环境是如此的不同，以至于你会认定它是一个边界的标志，或是一个重要的场所。每一次博塔着手在场地上计划一座新的房子的时候，他总是对场地本身倾注了非常多的关注，这样的关怀不单是对这种永恒感的充分解释。它们使我们重新认识居住的价值，而这个价值在我们文明人手中几近枯竭[1]。

博塔对于环境的观点，表达了他的鲜明的个性特征。与当代主流的环境观点相反，他坚定地认为环境的价值并不需要通过与现状妥协来保护，而应该通过认同环境的既有价值，把新的建造活动作为一个新的转变的基点，实现建筑与环境间新的平衡。新的价值(自然的或人工的)不是被保护，而是被接纳，被重新诠释和映射在新的工程之中。因此，我们在博塔的诸多独户住宅作品中，看到了种种令人喜出望外的个性特征，它们对环境价值，并不是保护，而是提升。

人性的居住

同"城堡"的外表不同的是，博塔的独户住宅的内部让人体验丰富而奇特的经历，这些住宅被设计成观察世界的居所。屋面的阴影把你迎入这个庇护所；从室内看，才发现你刚才停留的地方竟有如此美丽的空间图画。隔绝了外界的干扰和监视，人可以坐在屋里观察这个世界，坐在宇宙的中心，静下心来冥想。

透过像"画框"一样的窗户，看户外湖光山色，四时变化。而屋顶透明的玻璃天窗，不分昼夜地传递着天象的信息，风霜雨雪的表演，仿佛专为一人而进行。博塔的住宅，就是强调它自己是个适宜的居住场所，一个能够"防御、静心、恒久"的庇护所[2]。

从独户住宅这一领域最初的尝试开始，博塔就扬弃了关于建筑是统一的集合体的传统认识，他把整幢建筑设想为一个具有新的功能性角色的统一体。正如我们在布莱刚佐纳住宅 (Single-family House in Breganzona, Ticino, Switzerland, 1984–1988) 中所看到的："建筑结构素材的简化伴随着对住房原始的功能形式的探究；对窗子的弃绝还不是一个太正式的表现；对传统房间窗子的弃绝是一个理论基础，房间本身这一观点没有了内部，墙不再到达房顶，门消失了；去掉了那么多成分，我们除了有房间的概念以外，剩下了一个连续的中心房间，上有顶，面向优雅的风景，这是它组织的基本因素。"[3]

室内外转型空间——露台从凉廊转化而来，博塔认为其本身就可称为"房子"，建筑镂空部分的尺寸不断地增加，将住宅分割为几部分，角楼和自然光日益成为独立的成分。作为都市环境向郊区转型的例子，布莱刚佐纳住宅达到了博塔住宅设计理念的巅峰[4]。

设计中的大空间往往是受保护和退后的，极小的窗户和细长的裂缝打断了墙的连续性。这些特征给了住在室内的人以观察室外田园风光的特权，并把这些美景引入室内，他们在博塔的眼里也是居住的一个基本条件。对称的轴线或是圆形的中心，都成为平面图形的几何中心，内部的功能也依托这个中心而展开，居住的所有功能因此具有了公共的活动中心。在斯塔比奥独户住宅（Single-family House in Stabio, Ticino, Switzerland, 1980–1982）中，为了营造凹陷的入口、镂空的体量，博塔采用了惯用的居住模式：一层布置入口和服务房间，二层布置厨房餐厅和起居室，三层为卧室、生活空间。由于增加了室外过渡空间，使内外素来泾渭分明的情形被改变了。这种关系途径通过屋顶的大采光窗得到进一步加强，连续的天窗在纵向上把建筑物分开，不但给室内带来了光，还带来了自然天象的表演。这些特征在罗桑那独户住宅

（SinglefamilyHouse in Losone, Ticino, Switzerland, 1987–1989）[5] 中更为鲜明。

个性的风格

出于对当今现代主义中的文化平面化趋势的抵制和后现代主义浅薄的历史继承手法的批判，博塔顽强地恪守着"当代的远古风格"。这是一种抽象的，甚至是神秘的风格，没有特定的细部和符号，归纳和描述这种风格是非常困难的。简单地说，就是用今天的语言实现对历史的回应，用符号来证明历史的存在，而不是去虚构历史。如同艺术家亨利·摩尔（Henry Moore），毕加索 (Pablo Picasso)，米罗 (Joan Miro) 等人的作品，它们是今天的艺术，却蕴含了远古时期的力量。博塔把这种思想根源放回建筑的历史，重新解释与建筑类型和符号有关的取自乡村传统的形式与

元素，用普通人的眼光来观察建筑学文化，引导我们认识他的每一幢建筑。博塔设计的每一幢住宅都包含了这种再创造过程的元素：在每一幢住宅里，基本的空间都以一种联想的图案重新得到组合，重复着简单与暗示传统结构的秩序。与自然坚决对立已经是所有人类行为的共同特点了，这种思想使人们喜欢表达自我，运用拒绝任何妥协模仿和对平庸的处理法则顺从接受的材料，更明显的是采用基本的几何形：立方体、圆柱体、等边三角形，使建筑带上个性的色彩。"当代的远古风格"是博塔语言学综述的成果。其框架即由上述的形式构成，博塔在他的独户住宅中出色地运用了这些形式，探索了富有表现力的空间，也创造了独特的内涵和意义[6]。

博塔的住宅总是以单一简洁的体量把丰富的居住内涵包含在里面，像一个永恒的自然生成物锚固在大地上，从而在各自所处的环境中脱颖而出。娴熟的设

计手法使这些作品并不因为体形的简单而显得乏味，它们虽然采用明显简单的符号却拥有相当的复杂性，同时通过各种材料的精心组合产生清晰的秩序感。正如在柯尼斯堡独户住宅（Single-family House in Königsberg, Germany, 1998-1999）设计中，博塔在墙体上精心切口和开设小窗，在角部保持墙的完整，从而描绘出建筑的内向性。在瓦卡罗独户住宅（Single-family house in Vacallo, Ticino, Switzerland, 1986-1988）中采用了他所偏好的罗马风的拱，唤起了富于意义的历史回忆。独户住宅多采用双层墙，内墙混凝土墙起结构作用，外层砖或混凝土饰面起维护和装饰作用。博塔以砖的不同组合和砌法编织成精美的图案，变幻着斑的阴影，隐喻着古典的形式，同时又散发出现代气息。博塔把光作为空间、氛围的主要缔造者。在独户住宅中，光线塑造了外部空间的精确尺度，映射出地域精神；凉廊是内部空间中最具生命力的结点，天窗丰富了层次[7]。

结语

博塔正是通过对环境的深切关注、对基本几何形体的应用、对墙的理性触觉、对光的天才把握，赋予独户住宅个性化的形式和结构活力。不仅如此，他还通过赋予其作品以历史和伦理方面的意义强化它们的个性。这些个性化的特征背后，透出了一种超越形式和功能的建筑精神。这种建筑精神是原初的，是对人类价值的执着探索。艺术的真正意义就在于对人的关怀。人类诗意的生活在地球上，博塔的一切努力都为了在生生不息的循环中留住永恒的美丽[8]。

（感谢马里奥·博塔事务所提供照片和部分资料，感谢 Paola Pellandini 女士的帮助）

注释

① 马里奥·博塔. 博塔的论著. 世界建筑, 2001(9) : 24-27 .

参考文献

[1] Gabriele Cappellato. Sign, Form, Design. 世界建筑, 2001(09) : 23-24 . / [2] 支文军, 朱广宇. 诗意的建筑：马里奥·博塔的设计元素与手法评述. 建筑师, 2000(2). / [3] 朱广宇, 支文军. 永恒的追求：马里奥·博塔的建筑思想评析. 新建筑, 2000(3). / [4] Emilio Pizzi. Mario Botta. The Complete Works(1) 1960-1985. / [5] Emilio Pizzi. Mario Botta·The Complete Works(2)1985-1990. / [6] Emilio Pizzi. Mario Botta·The Complete Works(3)1990-1997 / [7] Irena Sakellaridou. Mario Botta·Architectural Poetics / [8] Obrasy proyectos. Mario Botta·Works and Projects.

图片来源

本文图 14 摄影：Enrico Cano，其余图片由马里奥·博塔事务所提供

原文版权信息

支文军, 胡招展. 重塑居住场所：马里奥·博塔的独户住宅设计. 时代建筑, 2002(6): 70-73.

[胡招展：同济大学建筑与城市规划学院 2001 级硕士研究生]

8

隐喻的表现：
澳大利亚国家博物馆的双重话语

Metaphoric Expressiveness :
Literal and Abstract metaphors at the National Museum of Australia

摘要 澳大利亚国家博物馆是一座奇特的建筑。本文从其建筑特征着眼，分析了该建筑在灵感与创意、空间与形态、隐喻与象征、色彩与肌理及简约与复杂等层面上的特征和相互关系，认为该建筑正是澳大利亚国家和历史的真实写照。

关键词 澳大利亚国家博物馆 隐喻 象征 类型学 颜色 肌理 复杂 奇特

参观澳大利亚国家博物馆（National Museum of Australia，Canberra, Australia, 1997–2001）是一次奇特的体验，当扭曲、艳丽、狂妄，甚至有点变态的建筑形态展现在我们眼前时，一种迫切想去解读它的冲动驱使我们从内而外，又从外而内探究了多次，感触颇深。这是一座不同寻常、极其感性、奇妙无比的建筑。

于 2001 年建成的澳大利亚国家博物馆，坐落在距堪培拉市中心 3km 的艾克屯（Acton）半岛。基地面积约 $11hm^2$，原为堪培拉皇家医院。半岛东西南三面是巴利·哥里芬（Burley Griffin）湖，北面则是澳大利亚国立大学。项目经过两轮竞标，于 1997 年 10 月确定由墨尔本的 ARM 建筑师事务所[①]和 RPvHT 建筑师事务所[②]负责建筑设计，并联合悉尼的景观设计组 Room 以及其他艺术家等共同组成了一个庞大的设计组。这个"项目联盟"虽然空前庞大，却配合相当默契，最终在没有超出预算的情况下获得了令人惊叹的效果。

澳大利亚国家博物馆因其"极具争议性"而被评为"2001 年度最佳公共建筑"，获得以"激进和国际影响力"为衡量标准的国际蓝图建筑奖（International Blueprint Architecture Award）[③]。

灵感与创意

澳大利亚国家博物馆是一个话语丰富、复杂多彩、情节剧似的建筑。为了找到设计的灵感，建筑师曾走遍了澳洲大陆，期望着能够寻找到可以成为他们设计主题的东西。而一次去地处澳大利亚中部的欧鲁露地区（Uluru）的旅行使他们确立了重要的设计概念，那就是色彩和肌理。他们决定通过运用自然的材料、形式去创造一个各种不同的空间和形体混合在一起的博物馆，从而使人们获得一种不同寻常的观展体验。

ARM 建筑师事务所合伙人之一、澳大利亚国家博物馆的主创建筑师霍华德（Howard Raggatt）回忆说："起初我们想象着一个柏拉图式的三角形，像一个'结'，或是一片云，而当它投影在大地上时，则变成一片阴影，一个可以看到的承诺。我们相信澳大利亚的历史是由许多不同的语言、以不同的方式叙述的，而其中的任何一种都不会、也不应成为压倒多数的所谓主流的声音，它们是平等共存的。这些不同的故事相互缠绕在一起。我们想把基地连成一个整体——不是单单做一个博物馆，而是让湖水、陆地、建筑与室外空间融为一体。"[1]

图 1. 澳大利亚国家博物馆鸟瞰
图 2. "巨蟒"
图 3. 入口大厅顶部的"绳结"示意
图 4. 扭曲翻转的"飘带"与建筑的关系
图 5. 绳结
图 6. "拼图游戏"
图 7. "澳之梦"花园平面
图 8. 入口大厅内部空间展开示意
图 9. 哥里芬规划的堪培拉平面图

1911 年美国建筑师哥里芬（Walter Burley Griffin）曾经对堪培拉做过一轮规划，他的理想是把堪培拉变成一个水上城市，建筑倒映在水面上。在澳大利亚国家博物馆建筑设计中，建筑师就是把建筑放在水边，创造出一个独特的步行空间，同时也赋予城市的方位感新的意义。

霍华德说："我们希望做一个非常本土化的建筑，使之扎根于哥里芬提出的花园城市，扎根于这个国家。但同时我们也希望能通过它表达我们的愿望——我们想象出一系列紧密联系的结构，令人炫目地扭曲翻转。"[1]

空间与形态

如同许多新近建造的博物馆——尤其是毕尔巴鄂古根汉姆博物馆（Guggenheim Bilbao Museum, 1991–1997）——一样，澳大利亚国家博物馆自身就是一个展品，一个引人注目的对象，它不同于传统博物馆仅仅作为一个陈列展品的场所，而是以一种情绪化的方式加入展示中，以丰富而独特的结构与空间讲述着历史的故事。澳大利亚国家博物馆的魅力在于它将展览和建筑设计结合在了一起。正如建筑会影响到展览的设计概念一样，展览内容也会反过来影响建筑的设计概念。在澳大利亚国家博物馆的设计过程中，

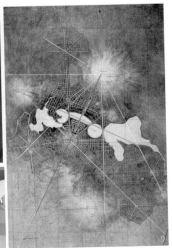

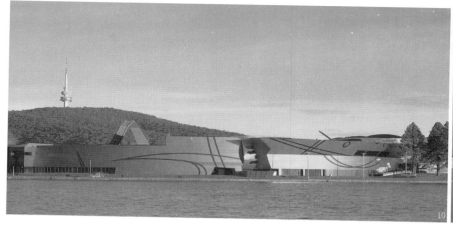

图 10. 从巴利·哥利芬湖看澳大利亚国家博物馆
图 11. 永久展厅部分的室外通道
图 12. 永久展厅外观及"飘带"
图 13. 澳大利亚国家博物馆俯瞰

图 14. "澳之梦"花园俯瞰
图 15. "澳之梦"花园，背景为"飘带"
图 16. "澳之梦"花园中的回廊
图 17- 图 22. "澳之梦"花园内景

策展人、博物馆馆长、建筑师、媒体监控、声学设计、艺术家以及其他各类设计师相互紧密合作，共同完成了这一庞大的建筑群。在这里，建筑本身已不再仅仅是放置展品的容器，而是更积极地参与展览，用空间、形体和色彩诉说着澳洲的历史与文化。

澳大利亚国家博物馆包括 3 个永久性展馆、1 个临时展馆和 3 个剧场，此外还有一个独立于博物馆之外的澳大利亚土著研究中心（the Australian Institute of Aboriginal and Torrers Strait Islander Studies）。这些形态各异的展馆像一个拼图游戏一样，围绕着中央的"澳

之梦"（the Garden of Australian Dreams）广场形成一个环，编织着一个本土的梦。

参观者通过拱起的、巨大的像飘带一样的"环"后，进入入口大厅，这里设有服务台、咖啡、商店以及餐厅等。大厅配有大幅屏幕和扩音器，因而也可作为一个能容纳 600 人的公众集会场所。大厅的内部空间奇妙而丰富，使人联想到盖里（Frank Gehry）的建筑。那些墙、柱以及天花之间的相互交错、转化，都显示出计算机设计的娴熟技巧，我们无法想象，离开了计算机，将如何得到这些令人炫目和迷惑的空间。而从

体验与评论——建筑研究的一种途径

建筑外部看，入口大厅仍是一个较为规则的矩形盒子，只是"绳结"部分规则地突出于屋面外，被处理成玻璃天窗，非常类似于悉尼歌剧院的凸窗。澳大利亚昆士兰大学约翰博士（John Macarthur）撰文认为，这是建筑师对悉尼歌剧院以示敬意的表现。然而有意思的是，这种凸窗恰是悉尼歌剧院备受争议的一个部分，而且它并非出自原设计者伍重（Jorn Utzon）之手[1]。

在入口大厅的临水一侧是一个可容纳1300人的露天圆形剧场，以当地石材围筑而成。大厅左侧是一个临时展厅，右侧则是永久性展厅。在永久性展厅之后便是折尺形的"早期澳洲"展厅，其富有戏剧性的折尺形令人联想到里伯斯金（Daniel Libeskind）的柏林犹太人博物馆（Extension of the Berlin Museum with the Department Jewish Museum, 1989–1998）。事实上它以这种形式象征早期土著人在澳洲的生活。

在建筑的形体组合方面，ARM 建筑师事务所采用了拼板玩具的方法，即每一个单体都非常简单，却能拼出许多不同的形态，既避免了单调乏味，又暗示出连续的变化，每一个碎片都暗示着这个整体。与此同时，他们又从类型学的角度唤起人们对文化的思考。

图 23. "入口大厅"室内之一
图 24. "入口大厅"室内之二
图 25. "早期澳洲"展厅外景
图 26. "早期澳洲"展厅内景：土著馆

隐喻与象征

事实上，澳大利亚国家博物馆一系列组成部分的构成关系隐含了许多建筑意义，例如，博物馆建筑沿基地周边临近湖面布置，暗指澳大利亚主要城市散落在周边海岸线的地理特征。又如，博物馆的主轴线一头指向隔湖相望的国会山，另一头是一条 6m 宽、称为"欧鲁露线"的红色长带，由基地蜿蜒指向欧鲁露地区，象征着澳大利亚的地理中心与国家政权中心之间的对话，暗示了一系列在澳洲历史上具有标志性意义的主题或事件，诉说着历史的延续。而在入口处，一条彩色"飘带"打成一个"结"，隐喻不同的种族、不同的故事、不同的分支共同构成了澳大利亚的文化。

中央的"澳之梦"广场由景观设计师斯塔（Vladimir Sitta）设计，平面是由不同的地图叠置而成，其中最主要的两个地图是标准的英语标注的澳大利亚地图和澳大利亚本土各种语言分区地图，以表明澳大利亚是一个真正的移民国家。广场的中央则是一片空无，完全裸露在阳光下，意喻澳大利亚人烟稀少的内地。

"早期澳洲"展馆通过一个修道院式的回廊把内院围合起来，其按节奏排列的墙面、锐角相交的梁柱、墙壁凸向内院的方式等等，均借用哥里芬为墨尔本纽曼学院（Newman College）设计的回廊式建筑的细节做法，寓意对哥里芬建筑师的敬意。

入口大厅的墙壁向外倾斜，使人感觉它像一艘船。而那些倾斜的墙面、屋檐以及内部空间，又使人想起埃罗·萨里宁 (Eero Saarinen) 的纽约肯尼迪机场 (the TWA Terminal at JFK Airport, New York)。此外，外墙铝板上的凸点让人想到布莱叶盲文，其中一些内容非常有趣或是令人困惑。

色彩与肌理

欧鲁露之旅使 ARM 建筑师事务所决定把色彩和肌理作为设计中两个重要的方面。而对于布展者来说，颜色更是联系澳大利亚不同历史发展阶段的关键要素。ARM 非常大胆地用色，我们在澳大利亚国家博物馆中看到了非常丰富而引人注目的颜色和材质，这在建筑外表面体现得尤为明显，紫红、金、银、黑、蓝、绿、棕……而且从不同角度、不同光线下看，还会有所变化。

在室内，色彩与装饰一反传统观念中的止于拐角或边缘等的做法，而是自由延续、伸展；一些曲面被漆成红色，而另一些却被处理成微红退晕的效果，仿佛是环境反射形成。

ARM 运用了多种材料（包括一些非常漂亮的预制混凝土），它们显示出一种动感——仿佛在闪烁、膨胀或收缩，并随着时间的流逝不断变幻，给人以感官的愉悦。而另一方面，它又将形式的意义这一问题提了出来。

简约与复杂

澳大利亚国家博物馆是喧闹的、不稳定的，也是新奇甚至是幽默的。那些认为建筑就应当是典雅的、严谨有序的人，会发现澳大利亚国家博物馆给出了一个完全不同的答案。因为它表面看似精神错乱般的疯狂、嘈杂，而在这样一个外表掩盖下，却是一个非常简单、明确、高效和考虑周到的建筑。它对于外部世界的淡然态度和人为堆叠的效果，很像巴洛克建筑。这不是指风格上的比较，而是指在具体的工作处理方法上，尤其是设计中体现的几何图形的重要地位，以及那种悲观厌世的情绪和不断赋予的含意 [1]。

与目前较为普遍的极少主义倾向不同，澳大利亚国家博物馆选择了一个看上去非常复杂的外表，包括它所用的话语、肌理、颜色、形态等。相比之下，那些现在正在建造的简约的新现代主义建筑的特点或许就在于它认为建筑师能够在动工之前就明确地知道将会建出怎样一个建筑，而澳大利亚国家博物馆的建筑师，就向巴洛克建筑师一样，他们在建造之前甚至十分怀疑它是否有可能被建起，或者说将会被建成怎样。它是一种狂喜的悲观主义，想要去判定它是否令人愉悦、是否好或正确都是没有意义的。澳大利亚国家博物馆的建筑师以自己的方式述说了国家的故事，并做出了一个"隐喻"丰富的建筑——尽管在今天已经很少有人这样做了。

澳大利亚国家博物馆是一个社会历史博物馆，它用表面形象的和抽象隐喻的双重话语，创造出一个情绪化地介入展览中的博物馆。令人惊叹的是，这样一个如此复杂、如此多元、充满隐喻、非常个人而又辉煌奇特的建筑，却正是澳大利亚的真实写照。

注释

① ARM 建筑师事务所，即 Ashton Raggatt McDougall，由 Steve Ashton, Howard Raggatt 和 Ian McDougall 三位建筑师合伙组成。
② RPvHT 建筑师事务所，即 Robert Peck von Hartel Trethowan。
③ 主创景观设计师是来自 Room 4.1.3 的 Richard Weller 和 Vladimir Sitta。

参考文献

[1] John Macarthur. Australian Baroque: Geometry and meaning at the National Museum of Australia. Architecture Australia, 2001(2): 50–59.

图片来源

本文图 1 摄影：Roger Liford，图 10 摄影：George Serras，图 13、图 15、图 24、图 26 摄影：John Gollings，由 ARM 建筑师事务所提供，其余照片由支文军摄影

原文版权信息

支文军，秦蕾.隐喻的表现:澳大利亚国家博物馆的双重话语.时代建筑，2002 (3): 58–65.
[秦蕾：同济大学建筑与城市规划学院 2001 级硕士研究生]

9

重塑场所：
马里奥·博塔的教堂建筑评析

Building Sites:
The Sacred Buildings by Mario Botta

摘要　宗教建筑是一种特别的建筑类型。本文介绍了近期博塔设计的五个教堂，从中揭示了建筑师对宗教建筑独特的理解、非凡的创造力，以及一贯严格忠于的原始精神和无处不在的建筑原型。

关键词　马里奥·博塔 重塑场所 宗教建筑 原型 创造力

当代的宗教建筑进展甚微。宗教衰落了，否认这个事实将是伪善的。但在过去的十几年中，马里奥·博塔 (Mario Botta) 一直在做出努力。他设计及建造的五座中小型教堂，在数百年古老传统中确立了强有力的地位，从而使贫瘠、衰退的宗教建筑领域重焕生机。

教堂建筑显示出人们对于历史的思考，唤起人们对于过去的回忆。教堂曾作为城市所有生活的中心，其地位远远超出了宗教的范围。而今天，崇拜性场所的含义已发生了很大的变化，教堂仅能担当起有关"精神"的使命。教堂的设计被重新诠释为一种对于"特殊"空间的需要，它让人们不再徜徉于使人精疲力竭的"功能化"的城市空间中，它为人们提供片刻的休息，让人们沉思默想并虔诚祈祷。教堂还使人产生崇敬之情，尤其是在近年发展的新区中，大部分教堂的空间和结构都为某一特定的功能而服务，对祈拜空间在精神上的意义作了重新定义，使教堂作为"休息场所"向城市居民提供了一种新的辅助空间。

博塔通过这五个蕴涵古老传统意味的中小型教堂的设计，充分体现了宗教建筑的地位，为这种日渐式微的建筑类型重新注入生命活力。由于博塔非凡的创造力，五个教堂各异其趣，但人们仍可清楚地感受到一种严格忠于一贯理念的精神，这种理念不仅源于罗马风，也源于从古至今的建筑类型。在这里，博塔运用他始终强调的、建筑应该"重塑场所"的原则，无论是地处闹市的奥德黎柯小教堂、艾维大教堂或是小村中的圣彼得小教堂还是几乎与世隔绝的新蒙哥诺教堂和塔玛诺山顶教堂，都展现出一种对场所进行空间、环境、文化等方面的积极改造，创造出一个供人祈祷、回忆、冥想的纯净的内部空间[1]。

博塔在对节奏、张弛、光影等关系的精到处理中塑造出令人过目难忘的形象。在设计这些教堂时，博塔把圆形作为最佳表达："这种形状固有的宗教性让设计者无视信仰。"强有力的几何原型：圆柱、圆锥以及方和圆的完美结合，使博塔的宗教建筑产生一种超越宗教本身的魅力。光是博塔作品中的主角，它以巨大的力量塑造空间，将活力注入其中，并赋予每个建筑独特的个性。这些建筑看似简单而实则不然，博塔从历史和记忆中寻求形式和寓意，从地方文化中寻求灵感和激情，建筑外观既折射出古典主义的影子，又散发出地方文化的气息。在这几个教堂中时时映射出古罗马建筑的纯净、巴洛克建筑的变幻，以及现代建筑的洗练。博塔以运用材料的非凡能力，让我们感受到他继承于一千年前诞生在同一地区的能工巧匠们的巨大热情与艺术魅力[2]。

图 1. 新蒙哥诺教堂室内光线
图 2. 新蒙哥诺教堂全景
图 3. 新蒙哥诺教堂室内入口
图 4. 新蒙哥诺教堂南立面图
图 5. 新蒙哥诺教堂西立面图

蒙哥诺圣乔瓦尼巴蒂斯塔教堂（New Mogno Church, Ticino, Switzerland, 1988/1996）

1986 年 4 月 25 日清晨，玛吉亚山谷中的小村蒙哥诺遭受了雪崩的侵袭。小村原先的圣约翰浸信会教堂（始建于 17 世纪）在这次雪崩中毁于一旦。为这个小村重建一座教堂的任务交到博塔手中，他赋予了新教堂两层含义：见证历史，并抵制尘世的喧嚣。建筑所用的石材采自村子附近的山上，它们无声地传递着这样一个信息：一切如常，教堂依旧庇护着村民，给他们迎接挑战和克服困难的勇气。

沿着入口平台漫步，给人留下深刻印象的是博塔自日常生活中提取元素，在设计中以连贯的手法表达出来。这体现在沿墙设置的长椅、低处开口的圆筒形纪念碑及呈几何形状的水池上。入口隐藏在两道石拱下，保持了体量的完整，更突出了整体形象的紧凑坚固。在进入教堂时，层层展开的入口两翼迫使人注意到这座建筑不同寻常的厚墙，体会它所表达的稳定性，进而解读博塔在设计和材料运用上的手法的连贯。

室内，小小的矩形平面反映出老教堂的痕迹，不同颜色石料的交替砌筑给空间带来强烈韵律感，而这种节奏又被两侧的壁龛和圆形天窗下巨大的混凝土拱所打破，不至于过分单调。观者的视线被引向上空，探索变幻莫测的光线来源，体验这个空间每时每刻给人的不同感受。博塔借助抽象的建筑语言完成了从变幻到永恒的转换，以惊人的空间效果解决了结构问题，表现了人与自然斗争的主题。

奥德黎柯小教堂（Church of Beato Odorico, Pordenone, Italy, 1987/1992）

该教堂的中央大厅设计得简洁紧凑，方形基座上的内切圆形式使它产生了强烈的向心性。从基地规划

中可以清楚地看到，建筑的主体不仅作为周边毫无特色、杂乱无章的环境中的焦点而存在，同时也是具有显著识别性和认同感的参照物。半封闭的方形庭院和强有力的截圆锥形的集会大厅形成了鲜明的对比，这种对比为教堂和城市环境间提供了一个柔和的过渡，拉开了二者的距离。它犹如空间的过滤器，或者说是精神上的过滤器，人们由此来体会教堂的神圣氛围。除了面对河流的半圆形后殿有所突出，整个建筑的外部形象完全由闭合的直墙所界定，并通过统一的表皮强调出来。教堂的主体以同样的手法表现了自身内部的空间关系。布道区以祭坛为圆心，通过三阶扇形踏步高出室内主要地坪，外侧走廊与它等高，同时教堂

主体圆形空间的地面由入口处向祭坛倾斜，更加强了内凹的感觉。大厅的地面铺装采用威尼斯本地常见的阶梯状图案，以粉红为底色，上嵌白色大理石。规则的纹理给人以强烈的视觉冲击，显示了神性的巨大力量。布道区背后的半圆形后殿被用作日常的小礼拜堂。底层的空间分布沿主入口轴线展开，上升到巨大的砖砌中心圆锥，光线通过圆锥顶部的天窗直泻而下。整个建筑可以在早期基督教和罗马风建筑中找到历史的参照。在这里，博塔通过对轴线和发散形式的精心组合，体现了现实和神秘的对比，以二元的手法表达出人性与神性之间的张力。

图 6. 奥德利柯小教堂内庭院和圆锥塔
图 7. 奥德利柯小教堂俯视外观
图 8. 奥德利柯小教堂底层平面
图 9. 圣彼得小教堂东侧外观
图 10. 圣彼得小教堂底层平面图
图 11. 圣彼得小教堂二层室内平台
图 12. 圣彼得小教堂室内空间
图 13. 圣彼得小教堂广场

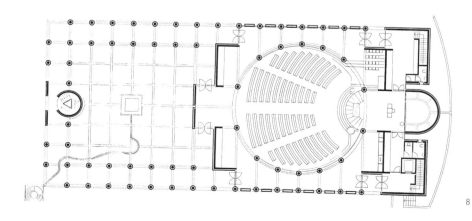

8

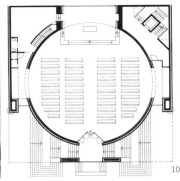

圣彼得小教堂（Church of St. Pietro Apostolo, Sartirana，Italy，1987/1995）

初读博塔会觉得他的手法很容易识别，他天生善用几何原型，因此也很容易抄袭。但如果超越了这个层面，人们将会在博塔的方案中清楚地发现他立足于分析的刻苦探索精神。严谨的几何构成原则和室内空间的塑造紧紧地联系在一起。这种关系在圣彼得教堂中得到清晰地诠释。严谨的平面构成一个基点，和相邻的古老小村的中心形成对话关系。平面的几何性源于两个规则体块的互相穿插，而外部立方体和内部圆柱之间则形成了经深思熟虑以后创造的空间效果，这种几何性同时也是一种对力量的诠释以及对不可企及的完美要求的拒绝。巨大的门廊标志出经由两个侧面梯段所到达的入口位置。内部，圆柱在立方体中升起，二者之间形成一个供小村妇女使用的两层高的画廊。整个教堂的外墙是封闭的，自然光只能通过沿立方体顶部外圈布置的天窗射入，光线沿墙倾泻下来，将美丽的砖红和墙体细腻的质感展现在人们的面前。建筑师格外精确地设置了光影的角度，以达到最佳的视觉和空间效果以及建筑功能性和精神性的统一。

另外值得一提的是屋顶的设计，采用井格梁的形式并与外围护结构脱开，在室内产生强烈的效果。富

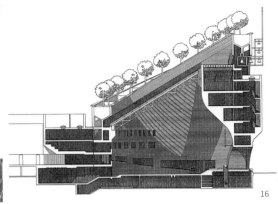

图 14. 圣彼得小教堂入口局部
图 15. 艾维大教堂西北向外观
图 16. 艾维大教堂剖面图
图 17. 艾维大教堂东南向入口外观
图 18. 艾维大教堂室内空间及屋顶采光

装饰感的砖材的运用也强调了整个建筑的简洁整体，这些优点明显地反映在每一个微小的细部所体现的优雅内敛的特征中。在这个方案中，博塔把对宗教本质的诠释转化为对建筑可以传达的力量的体验。

艾弗利天主教堂 (Cathedral at Evry, France, 1988/1995)

在这里博塔采用了一个巨大的城市尺度，将几何原型作为一种视觉象征和形象参照展现在众人眼前。几何性的外围界定了两个截然不同的世界：喧嚣多变的尘世和为信徒创造的用来祈祷和冥想的内部空间。建筑师在这里再次引入了统一的空间，主体圆柱从矩形生活区中拔地而起，在上部被切成斜面并以一个等边三角形屋顶收头。屋顶和圆形外墙之间形成三个巨大的天窗，阳光由此以不同方式漫射到内部的墙体上，在这里，对材料的精妙处理产生一种震撼人心的对古老的神圣空间的回忆。在大厅里可以感受到明亮的集会区与周围环形封闭走廊在空间等级上的区别。这里走廊被用作后勤服务和垂直向交通联系。

另外一条轴线与主体建筑后的八角形小教堂相一致，它和远端的祭坛形成对话。这条轴线方向也和屋面倾斜方向一致，建筑的外表面以红砖精心砌筑。外墙上开设的功能性出入口在特意设计的两个巨大的半圆形舷窗的协调下，变得不再性格模糊、可有可无。圆柱形的表面消解了立面的确切意义，随之产生的效果是，在入口处人们的视线只受屋顶斜面的引导。而屋顶种植的一圈大树，恰如一个绿色的光环摇曳在城市的上空。教堂的入口通过较高的广场地坪与居住区域相连，这个区域呈矩形，沿整个基地的周边展开。高耸的强有力的圆柱形教堂与低矮的生活区形成对比，产生了一种强烈的形象。这个为广场和住宅楼所环绕的巨型圆筒体，超越了宗教而返回最初理念，确证了个人价值观的需要，成为城市更新的象征 [3]。

塔玛若山顶小教堂 (Chapel of Santa Maria degli Angeli, Monte Tamaro, Ticino, Switzerland, 1990/1996)

该教堂位于 1500m 高的塔玛若山脊，参观者可由此俯瞰卢加诺。业主的目的一是纪念他的妻子，二来也可通过这个建筑增加该地区的魅力。因此，在它本质的宗教功能之外，这个小教堂也因创造新的旅游路线和其他吸引游客的因素而和塔玛若山更紧密地联系

在一起。

　　基地位于一条既存道路终端的突出的山脊上，这山脊向下延伸插入山谷。狭窄的石砌小径通过巨大的弧拱与地面脱离，它看上去像在空中往前延伸直至结束于圆柱形教堂的屋面斜坡处。沿斜坡向下可到达一个中间平台，再往下则是教堂的入口小广场。在这里博塔创造出一个崭新的、神奇的视点来欣赏山脚下展现的令人目眩的美景。

　　在这个设计中，博塔所运用的建筑语言有其深刻根源，它反映了重新探索当地描述人类活动印迹的古老规则的重要性。有意设计的凌空而起的狭长小径使人在漫步中得到美的享受，无论观者是在远眺连绵的山脉、仰望变幻的云彩还是俯瞰脚下的山谷——在那里，人类活动的印迹历历可见。在这个高山地区，生命显得尤为脆弱。这个教堂小径独特的双向楼梯设计将人引入静谧的洒满阳光的入口广场，更加强了它为人类遮风蔽雨的神圣氛围[4]。

　　博塔出生于罗马风影响深远的地域。伦巴第（Lombardy）是罗马风、事实上是整个新的建筑文化的发源地，而提契诺（Ticino）曾是伦巴第大区的一部分。在博塔的建筑中，有着一种似原始人的原始主义。

但是，博塔对基本形式的偏爱，决不能混同于在意大利流行多时的建筑哲学的简朴。对博塔而言，建筑起源于原生的形式，在每一作品中，博塔都以不同的语言陈述了这一事实，即常常是运用对空间、材料及形式的真实连贯一致的直觉。通过他设计的五座教堂中蕴涵的非凡力量，这种"原始"精神得以表达出来。

参考文献

[1] Mario Botta. Public Buildings 1990–1998. Skira，Milan: 1998.
[2] Mario Botta. The Complete works 1985–1990. Birkhauser, Basel: 1994 / Mario Botta. The Complete works 1990–1997. Birkhauser, Basel: 1998.
[3] 支文军，朱广宇. 永恒的追求：马里奥·博塔的建筑思想评析. 新建筑，2000(3).
[4] 支文军. 诗意的建筑：马里奥·博塔的设计元素与手法述评. 建筑师，2000(89).

图片来源

本文图片由马里奥·博塔事务所提供

原文版权信息

支文军，郭丹丹. 重塑场所：马里奥·博塔的宗教建筑评析. 世界建筑，2001 (9): 28–31.
[郭丹丹：同济大学建筑与城市规划学院 2001 级硕士研究生]

10

法国弗雷斯诺国家
当代艺术中心的新与旧

The Old and New of Le Fresnoy National Contemporary Art Center, France

摘要　通过介绍屈米设计的法国弗雷斯诺国家艺术中心，发掘作品设计构思理念，拓展了传统建筑保护利用的空间与概念。

关键词　屈米 灰空间 大屋顶 路径 传统建筑 保护 利用

　　虽然屈米（Bernard Tschumi）1997 年完成了弗雷斯诺国家当代艺术中心（L e Fresnoy , Stu dio National des Arts Contemporain，以下简称"艺术中心"），却没有像他过去设计的巴黎拉维莱特公园那样引起大家的极大关注，但"艺术中心"设计仍然反映了屈米的一贯理念。

　　"艺术中心"在原来的老建筑上罩了一个巨大的金属屋顶，原老房子基本完好地被保留并加以利用，与新增加部分和大屋顶形成新旧建筑的联系、共存与冲突，产生了许多新的空间与内容，并激发了人参与和创造的愿望……这些强烈地反映了屈米的设计哲学，在不断研究基地和任务内容的条件下，发展构思，对使用者深入了解并结合自己的经验，产生不同凡响的创作构思。

　　"艺术中心"基地是过去具有周末俱乐部性质的娱乐中心，包括电影院、舞厅、滑冰场、拳击场、转马游戏等，由三幢巨大的坡顶红瓦房子组成。

　　屈米通过竞赛获得了设计权。"艺术中心"包括入口、多媒体教室、小影视工作室、影院、展览厅、学校、酒吧、学生公寓、管理用房和工作室等内容。原来的建筑显然不符合新的使用要求，因此要重新组织内容，同时把使用设备（舞台设备、空调、管线等）加入，增加了"艺术中心"的相关内容，使之更结合当代艺术传媒发展的要求。

大屋面

　　"艺术中心"整体的改建首先是在老房子周边加了一圈实体建筑，一个巨大的金属屋面覆盖了整组建筑，并在北立面折下，完全封闭了北面，而其他三面是敞开的。我们可以看到新老建筑之间的共存关系：整个最上层，有近百米长的开放空间。这一层包含结构、技术管线、空调设备、为不同楼层服务的空中廊桥平台和垂直到各层内部的楼梯等。空间、技术处理的结果，很清晰地展示在外，这样一种理性的思考方式和直接的表达形式，与现代建筑思想、功能主义是相承的，也是使用建筑的本质。

　　巨大的新屋顶保证了老建筑在恶劣的气候条件下的完好。由于在北立面和东南角（原来的技术用房和门房）原建筑损坏太严重，拆除后新设计时增加了内容，以简洁的形式来配合老建筑。大屋顶罩住了几乎整组建筑，只留出了东立面的一部分老建筑的墙面，简洁的金属屋顶与传统建筑精美的山墙面的对比，突出了老建筑，也明确了"艺术中心"的文化含义。从北面看这组建筑，人们会觉得它像是一座工厂。封闭的金

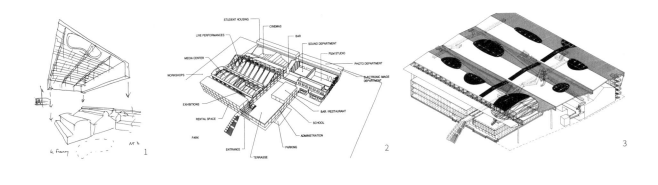

图 1 图 2 图 3

属面和横向长窗组成的北立面是整体建筑免遭雪雨侵蚀的关键。

在设计中采用了两套系统，有意突出老与新的冲突与相融。老建筑尽量保留原来的结构和空间关系，材料上以砖、混凝土为主，色彩上以黄色为主调，除必要的修复和调整外，更多地保留了原样。而新建设计努力结合使用功能的要求和当代艺术的个性和发展，更多的是关注使用等活动，提供更多的空间形式和场所为人们的交流提供可能。因此新建部分以金属结构、玻璃、金属杆件、板为材料，以蓝色为主基调。

灰空间

屈米创造出了一个他称为"之间"的空间。站在巨大的金属屋顶和瓦屋面中，是一大片通透的空间，视线穿过金属吊杆和周围二、三层高的老房子的屋顶，远处教堂的尖顶依稀可见。屈米就在这里组织了一些平台和横贯整个屋面的空中廊道，又用垂直的金属螺旋楼梯连接下部的工作休息空间。在南面有一宽大的台阶直接从室外通向屋顶花园；在酒吧和餐馆前有一大片风景平台；"露天"电影平台也组织进此环境中。

图 1. 建筑构思草图
图 2. 建筑总体轴测关系图
图 3. 建筑鸟瞰图
图 4. 建筑东入口保留的黄色建筑与大屋顶、天窗的对比
图 5. 建筑一角
图 6. 建筑楼梯

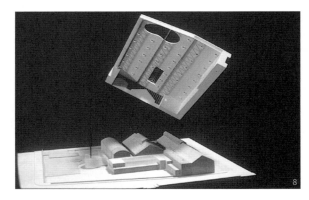

图 7 . 建筑南面外景
图 8 . 建筑模型
图 9 . 建筑局部透视图
图 10 . 展览大厅内景

于是这里成了充满活力的场所，学生和游客能在此享受到别样的景色，在建筑的室外与室内间漫步。空中廊桥和平台激活了"灰空间"，它是多功能的交流空间，同时也能进行小型电影晚会、展览等其他艺术活动。

这些路径成为建筑空间中的重要元素，强化了空间的流通和视线的起伏，为人们的相遇、交流提供了场所。

路径在空间中的多样化、平面展延和立体的扩散，是对整体空间的全面体验与认识，更是全面感悟空间和利用空间的开始 [1]。

路径

我们看到屈米对"路径"——坡道、空中廊道等的重视，在美国纽约哥伦比亚大学的兰那学生中心也有很多金属坡道暴露在建筑的主要立面上，同样在拉维莱特公园中也能看到"路径"的作用。在"艺术中心"里，那些坡道、空中天桥、台阶在引导人们感受空间的路径，大量平台、坡道、天桥的运用除本身的交流、沟通意义之外，还有一种过程的追溯和时间的含义。

历史的积淀

传统建筑的保护与利用有历史经验的积淀，屈米在艺术建筑方面的创造也是有先例可循的。1923年，恺撒（Frederick Kieslet）设计的凯克（Karel Capek）多功能剧院包括了剧院、电影院和许多图片信息系统，1930 年他在电影院的项目中把天花和屋顶作为电影银幕……

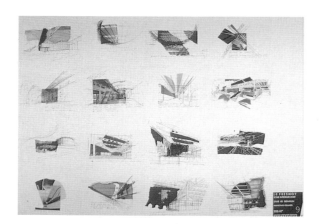

体验与评论——建筑研究的一种途径

图 11. 屋顶内的透视图
图 12. 屋顶间的空中廊道、平台与楼梯

同样，屈米在"艺术中心"设计创造了一个"灰空间"，尽管此空间不在项目的任务书之内，没有额外的投资费用，但在设计中他还是给予了充分的研究与考虑，使它不仅仅是对结构和空调管线的技术满足，最终还提供了一个舞台。人们能看到不同于一般的市镇风景。这一空间学习交流不是在原来的学校中进行的，是人们自然融入现实的空间中产生的，这也就是建筑的过程 [2]。

结语

"艺术中心"场地不是空白的，而且不是单纯设计，是一种历史的连续。基地上已经充斥了相当古怪的、废弃的娱乐中心（在法国北部，这里是第一家影院）。屈米创造的灰空间包含了很多内容，为当代艺术创作提供了空间与机会。也许这正是屈米对使用深入研究后结合自己经验的总结，是对当代艺术创作与交流的注释。

（感谢法国兰德（Francoise Ged）女士，艾德蒙（Frederic Edelmann）先生和韩贝尔（Francis Rambert）先生为我们的访问提供帮助；也感谢屈米建筑设计事务所的支持及提供的资料和图片）

参考文献

[1] Philip Jodidio. Contemporary European Architects(VI). Taschen.
[2] 单黛娜，粟德祥．法国当代著名建筑师作品选．北京：中国建筑工业出版社，1999.

图片来源

本文图片由屈米建筑设计事务所提供

原文版权信息

徐洁，支文军．法国弗雷斯诺国家当代艺术中心的新与旧．时代建筑，2001(4): 48–53.
[徐洁：同济大学建筑与城市规划学院 编辑]

二

品评中国当代建筑
Interpretation of Contemporary Architectural
Works in China

11

田园城市的中国当代实践：
杭州良渚文化村解读

Contemporary Practice of Garden City in China:
On Liangzhu New Town, Hangzhou

摘要　良渚文化村是位于杭州近郊余杭区的一个大型复合式社区，从 2000 年开始由地产公司开发，毗邻良渚考古遗址，占地逾 6.67km²，规划人口 3 万 ~5 万，建设至今近 20 年，境内除了各类住宅及配套设施之外，也有不少受人瞩目的公共建筑与文化设施，环境宜人，并形成了独特的社区文化。文章简要介绍了良渚文化村的规划理念和开发模式，并通过良渚文化村与田园城市学说的平行阅读，重申城市乌托邦在当代中国新城镇建设中的价值。

关键词　良渚文化村 田园城市 新城镇建设

霍华德与田园城市

"田园城市"学说的提出者埃比尼泽·霍华德（Ebenezer Howard，1850—1928 年）出生成长于一个变革的时代，工业革命之后英国社会从农业经济进入工业经济，大量农村劳动力涌入大城市寻找工作机会，但是城市的基础设施和住房无以应付快速增加的人口，很快出现了贫民窟、环境污染与大量社会问题；与此同时，乡村也面临人口流失与农业危机。霍华德在少年时代即辍学谋生，对当时各种社会危机有着切身体会。

霍华德在青年时期曾经前往美国，在芝加哥从事速记谋生。在这期间，他广泛接触新思潮，也经历了芝加哥大火之后的城市重建。五年之后，霍华德回到英国，作为速记员报道政治活动和议会辩论。美国之行开启了他的眼界与城市思考，速记工作虽不起眼，却使他近距离直击公共政策的决策过程，从而在较深层次上理解各种社会问题及其背后的复杂关系。

霍华德利用业余时间写作。当时许多有识之士提出了社会与政治改革的见解，霍华德融合了各种观点①，在其著作《明日：一条通向改革的和平之路》（1989 年）（该书更广为人知的名字是第二版《明日的田园城市》）中，针对维多利亚时代英国大城市的弊病与乡村的衰败，提出一种社会改革构想：用城乡一体的新社会结构形态（"城市—乡村"，town-country）来取代城乡对立的旧社会结构形态，并希望借由建设一系列新城而形成区域性的"社会城市"，疏散大城市人口，重组城市结构，最终实现和平渐进地改良英国社会的理想（图 1—图 3）。

霍华德在书中不仅描绘了田园城市的理想图景，还详细探讨了田园城市的实现路径——社团以贷款方式低价购买 6000 acre（24.28 km²）农地，其中 1000 acre（4.05 km²）是城市中心区，周围 5000 acre（20.23 km²）为农业用地，田园城市的总人口是 3.2 万，其中农业人口 0.2 万，城市人口 3 万。城镇建设带来的土地价值增长可偿还贷款，利润主要用于城市维护、市政建设和提高社会福利。

当一个城市人口达到 3.2 万人以后，可以跳过乡村另建一个新的城市，随着时间的推移全面实现田园

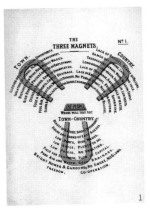
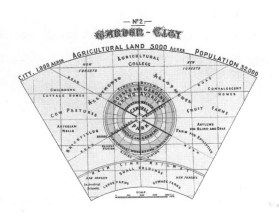

图 1. 《明日的田园城市》插图：三磁铁图
图 2. 《明日的田园城市》插图：田园城市
图 3. 《明日的田园城市》插图：没有贫民窟和烟尘的城市群

城市网络结构，通过城际快速公共交通，最终实现社会城市——霍华德称其为"城市增长的正确原则"（城市群的容量是 25 万人，中心城市 5.8 万人，外围城市各 3.2 万人）。

霍华德不仅是一名伟大的梦想家，也是一名坚定的实践者，希望用实例示范来改造世界。他的学说获得英国上流社会与政治人物的支持，1899 年成立了田园城市协会（Garden City Association），1903 年该协会在距离伦敦 34 英里（54.72 km）的莱奇沃斯（Letchworth）开始建设第一座田园城市。雷蒙德·欧文（Raymond Unwin，1863—1941 年）和巴里·帕克（Barry Parke，1867—1947 年）被任命为建筑规划师。

然而项目启动之后，具体的问题接踵而至。由于新城建设需要大量资金，霍华德只得放弃在激进派内部筹款的方案，转而向大财团募资。实业家们并不赞成限制其盈利的行动纲领，霍华德及其主张遭到排斥。由于资金不足，建设迟缓，新城没有吸引企业入驻，居民也并非设想中的工人阶级，财务回报与人口增长都低于预期。直至第二次世界大战后，莱奇沃斯终于在政府的资助下建设完成，此时它却成为土地投机的牺牲品[1]。和大多数乌托邦一样，霍华德的"万能钥匙"没有解开当时社会的困局。

尽管如此，田园城市思想发展成了一场世界性的运动。除了英国的莱奇沃斯和韦林以外，在欧美都建设了以田园城市为名义或类似称呼的示范性城市。它影响了 19 世纪英国新城建设，并随着英国在全球殖民扩张传播到世界各地。田园城市被后人誉为"第一个比较完整的现代城市规划思想体系"，对现代城市规划思想起了重要的启蒙作用，有机疏散论、卫星城镇理论、区域规划理论等均承其衣钵，对城市形态和城市观念产生了巨大的影响。

霍尔在《明日之城》中写道，"几乎所有人都误解了霍华德。人们以贬损的方式把他称作'规划师'，然而他却是以速记为生；人们认为他提倡低密度的田园风格规划，实际上他的田园城市密度与伦敦内城相差无几；人们把田园城市与田园郊区及众多模仿者相混淆，实际上他设想的是拥有成千上万人口的集合城市（conurbations）的规划；人们指责他像移动棋子一样迁移人民，事实上他梦想一种自愿的自治社区。最大的误解在于，人们将霍华德视为一名物质性的规划师，却忽视了田园城市只是社会改良理想——将资本主义改造成无数个合作公社——这一持续过程的载体。"[1]

中国语境下的田园城市

中国古典文学中对理想世界的描述，无论是儒家的道德秩序或道家的出世思想，绝大部分都是以田园乡村为基础的。陶渊明在《桃花源记》虚构了农业社会田园乌托邦场景，"……复行数十步，豁然开朗。

图 4. 良渚文化村总体规划图
图 5. 各组团总体规划：白鹭郡鸟瞰图

土地平旷，屋舍俨然，有良田美池桑竹之属。阡陌交通，鸡犬相闻。其中往来种作，男女衣着，悉如外人。黄发垂髫，并怡然自乐。"与此同时，中国传统的城乡关系也不同于（中世纪到工业革命的）欧洲（与中世纪欧洲城乡壁垒森严"城为文明摇篮，乡为蛮夷之地"的情况形成鲜明对照），对此西方汉学界曾提出"城乡连续统一体"（rural-urban continuum）②的概念，即传统中国城镇和乡村关系是和谐的而远非对立。这个统一体在 19 世纪中期开始解体，城市和乡村渐渐成为两个对立而且差别巨大的范畴。近代化了的中国城市提供了前所未有的就业机会、致富前景、新潮文化和便利生活，而晚清以来的农村经济衰落则进一步加深了城乡差别。

近代历史上的乡村改革贯穿了中国历史进程的主线 [2]，乡村建设被视作社会改良与走向现代化的途径。20 世纪二三十年代乡村建设运动，不仅是农村落后破败的现实所促成，也是知识界对农村重要性的自觉体认，"乡村建设除了消极地救济乡村之外，更要紧的还在积极地创造新文化"（梁漱溟）。乡村改造的开端可追溯至 20 世纪 20 年代的新村运动。新派知识分子与爱国实业家如晏阳初、梁漱溟、陶行知、卢作孚等，

分别从乡村教育、传统文化复兴或经济建设为突破点推动乡村现代化。遗憾的是，共产主义革命的胜利却并没有带来城乡差距的缩小——1958 年户口制度建立后城乡之间冻结了的关系造成了中国有史以来最大的城乡鸿沟 [3]。

改革开放之后，中国在短短四十年间追赶着西方国家上百年才完成的城市化。城市化有两层内涵：一是人口从农村向城市迁移，二是产业从农业向非农业转换。2013 年颁布的《国家新型城镇化规划（2014—2020 年）》强调人口与经济社会活动在地理空间上的均衡分布，提出严格控制大城市的规模，合理发展中等城市和小城市，促进人口和生产力的合理布局。新时期的城乡一体化的探讨重点在于如何重建乡村和小城镇的人文和社会价值，培育自治和民主精神，削弱城乡对立，避免快速城市化过程中的资源分配不平衡。这也是今天重读"田园城市"的现实意义。

良渚文化村：一个乌托邦式的试验田

良渚文化村位于杭州市西北约 20 km 的余杭，因毗邻良渚文化遗址而得名。2000 年前后随着杭州城市

扩张，《杭州市城市总体规划（2001—2020）》提出"一主三副六组团"的城市新格局，良渚文化村即位于六组团之一的良渚组团的核心区，整体环境依山面水，西北侧为大雄山，东南为良渚港，北侧是良渚遗址保护范围的缓冲区，优越的生态条件赋予该地块丰富的植被形态。2000年浙江南都房产集团与余杭政府签订约10 000亩（666.67hm²）土地的合作开发协议，其中5000亩（333.33hm²）为可开发用地，5000亩是山林保护地。整体规划历时四年，定位为杭州近郊以文化、生态和休闲旅游为特色的小镇。

2002年开发商邀请加拿大温哥华CIVITAS事务所为良渚文化村做总体规划。CIVITAS顺应地形将可开发土地划分为尺度适宜的八个组团（在总体规划文本中诗意地命名为"主题村落"），包括一个旅游核心区和7个居住区，村落间预留开放空间，像绿色手指一样，作为由山林到河滨的绿化连接，从而保持原有自然生态系统的完整性。每个组团以15分钟步行距离为原则规划了公共服务设施与社区中心，提供交往空间并赋予其场所精神。贯穿全区南北的景观大道以蜿蜒的路型和丰富的植被带来良好的通行体验。为了保证后续开发的连贯性，CIVITAS与当地规划院合作完成了三级规划文件的编制落地，并为地块内三个样板区做了更为细致的城市设计和控制导则（图4—图7）。2003年开发商又邀请大卫·奇普菲尔德建筑师事务所设计了良渚博物院，收藏展示良渚古文明的考古成就。在博物院南侧修建了五星级度假酒店，连接文化旅游区和周围的住宅开发，初步形成可居可游的格局。

2006年南都与万科合并成立浙江万科南都房地产有限公司，继续良渚文化村开发计划。初期由于交通不便、设施不足，虽有世外桃源的环境却一直没达到理想的人口密度，使后续开发陷入困境。自2009年开始开发商集中资源投入生活配套设施与服务，兴办"食街"和菜场，引进医院和学校资源，吸引常住人口，逐步提高开发密度。经过近20年持续建设，这里从城郊自然村发展为一个环境优美功能齐全的大型社区。开发者积极打造公共文化设施，修缮佛寺，兴建教堂，在基地西侧丘陵中开辟了首尾贯通的登山步道，将基

地南侧的废弃矿坑改造为富有特色的矿坑公园，改善了原始地景与人居环境。2010年万科邀请安藤忠雄设计了良渚文化艺术中心，提供图书馆、展厅、剧场等空间，通过积极运营成为文化地标，不断增加这个新兴小镇的吸引力。

在社区治理方面良渚文化村也走在时代前沿，这里的居民在积极行动中建立了社区归属感，他们谐趣地自称"村民"，有意识地创造社区文化。这里诞生了"村民公约"和各种自发的社群活动，开发商搭建了志愿者服务平台，协助各项活动的运营与拓展。社区居民通过积极参与公共事务培养了协商能力和议事机制，开启了社区自治的尝试。良渚文化村在不少地方与霍华德提出的田园城市不谋而合。

（1）选址与规模：田园城市在距离城市不太远的农地开始建设，兼顾城市的便利和乡村的环境，城市规模为3.2万人/6 000 acre（其中城市用地1 000 acre，容纳3万人，农业用地5 000 acre并容纳0.2万农业人口）；良渚距离杭州市中心19 km，规模逾一万亩（其中可开发用地5 000亩，周围山林保护用地5 000多亩）规划人口3万～5万人[3]。

（2）财务模式：田园城市公司以低价获取城郊农地，通过开发升值解决资金问题，绝大部分盈利用于提供地方性的公共福利和长远的改进；良渚文化村是一次性协议出让一万亩毛地，开发商代建基础设施，通过整体规划—分期建设的开发节奏，将所得利润陆续投入环境改善与公共服务。

（3）规划理念与城市形态：田园城市提出，居住邻里单元镶嵌在乡村山水之中，用景观大道把邻里单元与公共服务设施相连，设置城市中央广场和公园等城市配套服务设施，并用步行系统串联邻里单元与服务中心，围绕城市的环形铁路与通过该城市的铁路干线相连；在良渚文化村的总体规划与环境设计中可以看到这些观念的普遍运用，而随着市政建设的推进，发达的铁路、公路与城市轨道交通系统加强了良渚板块和杭州城区的联系，伴随周边西湖大学、中国美院良渚校区、电子商务与文化创意产业园的陆续开发，为持续的区域能级提升和区间合作创造了条件。

图 6. 各组团总体规划：良渚街道
图 7. 各组团总体规划：阳光天际

（4）行政管理：田园城市采用民间集体的自愿合作和社会自治的方式，避免刻板和垄断；良渚文化村通过线上与线下的社区营造激励业主居民的能动性，在公共事务中积极行动与发声，建构社区归属感与参与感，并形成基层政府、地产商、物业、业主共治的管理格局和社区精神。

（5）运营模式：田园城市由私营公司运营，政府指导，鼓励创新与合作，为居住在这里的从业人员提供新的、较好的就业保证手段；良渚文化村由地产公司开发并运营至今，以土地开发的利润承担环境维护与公共服务，并尝试引进和培育产业来促进在地就业，保证社区服务的可持续运营。随着人口增长与周边区域的开发，更强调职住平衡、区间联动、产城融合等趋势，这符合霍华德"社会城市"的主张。

距离霍华德的乌托邦学说已经过去一百多年，本文无意通过机械类比论证良渚文化村是田园城市的实现，但透过田园城市可以帮助我们了解良渚文化村的开发在当代中国新型城镇化及大型社区营造语境中的普世价值。

为什么重提田园城市？

田园城市开启了城市规划学科的价值体系和基本观点，譬如中央公园和林荫大道的设想如今发展为城市公园和城市公共绿地的系统规划，集中布局公共设施的观念发展为城市公共设施以及公共空间的体系化营造，居住地带启发了邻里单位、超级街坊、居住小区等组织形态，而田园城市中关于城市空间结构模式的探讨，影响了有机疏散、区域城市、紧凑城市、生态城市等理论与模型。尽管生产条件、技术手段及思想观念等发生了巨大变化，但追求更好的城市环境的目标并未改变，而且将始终引导城市规划和城市建设的发展 [4]。

在更深的层次上，田园城市对城乡关系的批判在今天看来仍然充满洞见，"三磁铁图"中对当时英国城乡结构性困境的描述与眼下中国不无相似之处。田园城市理论将城市和乡村的危机视作一体两面，提出城乡一体化的小城市网络 [5] 方案，不仅暗合中国历史上城乡连续统一体的传统，对目前新型城镇化的路径探索也有启发。

过去 30 年间，我们目睹住房体制改革对城乡地景和社会结构带来巨变，良渚文化村是同类开发案例中的佳作，这不仅得益于优越的环境资源，更有赖于建设者的专业态度与深耕，坚持科学理性的规划，坚持建筑品质与场所营造，积极投入服务设施与公共空间的建设维护。在社区管理方面，良渚文化村在物业客服体系之外，由多样化的社区营造手段激发社区居民的能量与参与意识，得以形成社区自治的格局和独特的社区文化。

身为从市议会辩论场走出来的思想者和行动家，

体验与评论——建筑研究的一种途径

霍华德很关注城市实际运作的机制与可持续发展（尽管未能在最初的田园城市试验中获得成功）。在社区运营方面，良渚文化村的开发者借助环境资源和地缘优势拓展了文旅和养老产业，并将社区服务（包括文化艺术中心"大屋顶"和教育培训机构）经营为文化品牌开枝散叶，从某种意义上超越了传统地产开发的范畴，以开放的心态和长远的眼光积极探索社区和企业可持续发展的路径。伴随着 2019 年良渚文明申遗成功和大遗址保护开发计划的推进，这片土地的发展前景更值得期待。

良渚文化村在当代城郊大型复合住区开发（以及新型城镇化建设）的谱系中无疑是一个独特而值得研究的案例，它带有乌托邦色彩，也在现实中获得成功，从中可以看到田园城市遗产与中国人文传统的契合，对当前现实问题的创造性回应。

霍华德与田园城市是 20 世纪现代城市乌托邦思想和实践的主要代表。城市乌托邦是一种希望通过设计和建造理想城市来解决现实城市问题和社会问题的思想观念，在城市发展史中，城市乌托邦始终伴随着现实城市，同时又与现实保持着适当的距离，因此城市乌托邦既保持了对现实城市的评判性，又具有未来的指向性。

追求完美、构想希望、坚持正义、关注整体构成了城市乌托邦的本质特征，这种本质特征决定了它的非现实性。对现实城市的批判性、未来指向性，维持城市规划中的价值理性是城市乌托邦对现实城市的主要作用，城市乌托邦也因此与现实城市相关联。

从乌托邦的角度看待当代中国城市规划现象，表现为城市乌托邦的缺失与异化，我们需要拥有乌托邦观念并建构乌托邦精神，才会使我们不被当下的功利性所操纵，并利于城市的长远发展。

注释

① 《明日的田园城市》第十章"各种主张的巧妙组合"列举了田园城市的思想来源，其中包括空想社会主义，宗教改革与新教主导的社会改良运动等。

② 城乡统一连续体的概念最早由学者们在施坚雅（G. William Skinner）所编《中华帝国晚期的城市》（The City in Late Imperial China）一书中提出。见该书的导言及 Skinner, Mote, van Der Sprenkel 等人的章节（卢汉超）。

③ 田园城市图示中 1 000 英亩城市用地折合 6 070 亩，与良渚文化村的建设用地规模十分接近，相应的人口与密度也接近。按照 3 万人居住在城市用地计算，田园城市的人口密度达到 7 407 人 /m²，所以它绝非（从字面上容易联想到的）低密度城市。

参考文献

[1] 彼得·霍尔 . 明日之城：1880 年以来城市规划与设计的思想史 . 童明，译 . 上海：同济大学出版社，2017: 83.

[2] 侯丽 . 亦城亦乡、非城非乡——田园城市在中国的文化根源与现实启示 // 支文军，戴春 . 当代语境下的田园城市 . 上海：同济大学出版社，2012: 46.

[3] 卢汉超 . 非城非乡、亦城亦乡、半城半乡——论中国城乡关系中的小城镇 . 史林，2009（05）：1–10+188.

[4] 孙施文 . 田园城市思想及其传承 . 时代建筑，2011(05): 18–23.

[5] 金经元 . 我们如何理解"田园城市". 北京城市学院学报，2007(04): 1–12.

图片来源

图 1—图 3 为《明日的田园城市》插图，图 4—图 7 由 CIVITAS 提供

原文版权信息

支文军，凌琳 . 田园城市的中国当代实践：杭州良渚文化村解读 . 时代建筑 . 2019(5): 42–45.

［凌琳：《时代建筑》杂志 特约编辑］

12

新乡土建筑的一次诠释：
关于天台博物馆的对谈

An Interpretation of Neo–vernacular Architecture:
Dialogue on Tiantai Museum

摘要　本文记录了支文军与王路关于天台博物馆的对话，讨论了当代乡土建筑的相关问题。

关键词　天台博物馆 新乡土建筑 现代主义 传统类型 地形

编者按：天台博物馆地处天台山特定的人文环境和自然景观，建筑师以一种积极的态度应对传统、文脉、地域环境、空间、流线、材料等问题，建筑一建成就引起了业内人士的关注。作为中国新乡土建筑的一次尝试和有益的探索，天台博物馆有其一定的学术地位和影响。为此，《时代建筑》杂志主编支文军教授专访了天台博物馆及主创建筑师王路，就建筑创作相关的一些问题进行了对话。

天台博物馆位于浙江天台县城通往国清寺的国清公路西侧，南望佛教城，西依赭溪。基地北窄南宽，地势东北高西南低。总用地面积 17 406m²，博物馆建筑面积 5073m²。

天台山历史悠久，风光秀丽。儒道释文化的交融铸就了具有浓郁本土特色和丰富内涵的地域文化。作为天台山历史文化的缩影，天台博物馆集展览、研究、教育、休闲为一体，既是弘扬天台山文化的一个窗口和天台县重要的标志性文化建筑，也是天台山一个新的人文景观。

支：传统与创新一直是建筑界关注的大问题，您在设计天台博物馆时是无法回避的，而且基地正处特别有历史传统的地方，但建筑并没有表面化的民族风格作为标签，对此您是如何取舍的？

王：天台博物馆是天台县集展览、研究、教育、休闲为一体的综合性博物馆，它既是弘扬天台山历史文化的一个窗口，也是天台山一个新的人文景观。虽然天台博物馆的建筑形态是结合基地而生发的新的构形，但它也包含着对过去的记忆，延续着当地传统佛寺建筑与民居因地制宜的优秀传统：结合地形、注重生态环境与景观、运用地方材料等。天台博物馆不是那种带着"乡愁"情怀对传统形式的挪用与拼凑，而是基于对功能及空间体验的挖掘；它也不是"舶来品"，可以随意地"迁徙"，而是植根本土的特定地段的特定产物。所谓根植本土并不意味着对传统形式的模仿描画，而是通过现代建筑这一净化器提取场所和文化的特质，去拓展我们已熟识的世界，充实、延续和发展我们的传统。

传统的经验无疑是我们探索新的建筑表达形式的基础，但建筑的传统有多方面的内涵，而不仅仅是一个形式问题。传统不应是一个风格的发生器或"引言箱"，而是一种方法或途径，是一种思维方式。传统的形式形成于特定的历史时期，也是当时对特定的功能或意义的表达。新的功能与意义需要有相应的新的

图 1. 体积展室外观
图 2. 广场南望
图 3. 国青寺入口

形式，而这一新的形式应是结合基地、满足此时功能要求及空间表达的直接结果。因此，我们在天台博物馆设计中没有刻意地在风格和形式上做过多的追求。建筑创作不应该复古，应该是从基地自然和人文的背景因素中的创新。但创新不是胡乱发明，而是对既有关系的发现和调整。我们是在传统与未来之间嵌入当时当地的一个特定的层面，而不应该像"佛教城"那样用如此"耀眼刺耳"的言语或画像式的布景来混淆过去和现在，误导未来。重要的是把握基地的特殊情状，地理的、历史的、人文的，通过建筑的手段在基地中嵌入这一小块"流动"的历史，一片不可替代的属于我们这个时代的历史层面。

支：当地最吸引您的传统文化是什么？它们是以何种形态呈现出来的？在天台博物馆的设计中，哪些是比较直接对传统的借鉴？

王：天台山是历史悠久的国家级风景名胜区，儒道释文化的交融铸就了具有浓郁本土特色和丰富内涵的天台地域文化。位于天台山南麓，创建于隋开皇十八年（公元 598 年）的国清寺，五峰环抱，双涧萦流，是我国第一个汉化的佛教宗派——天台宗的发祥地，影响波及东南亚许多国家，并且是日本和南韩等国佛教天台宗的祖庭。其他如松竹掩映的智者塔院，水绕山回的高明寺等，它们都巧借天然，因地制宜，在"尘

世"中营建一个经"过滤"的世界，一片"净土"，一个文化和沉思的场所。

天台山传统的寺院建筑成为我们设计天台博物馆的一个重要参照。我们在设计中通过赞美本土传统寺院建筑中体现的那种因地制宜的人对自然的亲和与敏觉，运用现代技术所能提供的可能性，结合地方传统工艺和技术，应用地方材料，创造一个具时代精神和文化真实感的新的场所。

支：您是具有国际留学背景的建筑师，而项目又处在特别的地域中，怎么来理解建筑的本土性与国际性的问题，天台博物馆是如何应对的？

王：建筑的国际性和本土性之间的关系实际上也是建筑的共性与个性，普遍性与特殊性，或者说类型（typo-）与地形（topo-）之间的关系。我认同舒尔茨（Norberg-Schulz）的观点，认同在规划设计中类型、地形和构形（morpho-）的重要性及其相互关联。所谓类型即理想化或普遍性，是建筑学中的重要原则，它构成秩序，呈现结构，适宜于重复和批量生产，可以移动，自由传播，与其他观念交流；地形则是指所有该地对建筑产生影响的因素，它不仅仅指自然地形，还包括历史人文因素。类型与地形这对范畴贯穿在整个建筑史的发展中。类型关注记忆，解决是什么的问题（what）；地形关注定向，解决在何处的问题（Where）；

图 4. 南入口庭院及佛教城　　图 8. 面积展室意向图
图 5. 南入口庭院　　　　　　图 9. 体积展室北部外观及水池
图 6. 鸟瞰意向图　　　　　　图 10. 内庭院景观
图 7. 北部入口庭院

构形关注识别，解决如何建造的问题（how）。因而是什么、在何处，如何建的问题是规划设计中要关注的基本问题。

我对建筑的本土性与国际性问题的理解也是基于以上的观念。我们正面临着经济全球化的挑战。中西方文化由相互冲突转向互为参照和融会。虽然二者的文化理念和价值取向等有所不同，但其优秀的具有普适性的成果和经验无疑是可以共享的。因而在类型的层面，我们颂扬国际性，吸纳任何有益、先进的技术及理念。但建筑又不是手提电脑，可以随处移动，建筑有它的环境和根基，与环境的关系又是建筑的灵魂之一。因此，天台博物馆的设计，运用现代技术所能提供的可能性，结合地方本土的建筑传统和基地特定的自然环境，关注的是建筑的基本品质、简单的几何形体和秩序、空间与功能的关系、材料和光影等等，并反映时代精神。我理解的建筑的本土性是把握基地的特殊情状，地理的、历史人文的。好的建筑应当时当地的，结合基地的，不可移动的，不可替代的，而无所谓是否像当地传统的本土建筑。

支：我比较欣赏您通过建筑及其内部庭院空间的处理，有机地从喧嚣的国清公路过渡到秀美宁静的赭溪，这是新乡土建筑自然性特征最本质的体现。我想知道您是如何解读最初的基地环境的？

王：天台博物馆坐落在连接天台县城与国清寺景区的国清公路西侧，基地北窄南宽，地势东北高西南低。公路东侧是在当今城市化背景下的郊区随处可见的底商楼居，基地南侧是"佛教城"，北端是另一栋制造佛像的工场"五峰楼"。只有西侧紧邻赭溪。博物馆所在的位置可以说是三面受敌，唯有西侧面向自然风景：赭溪、稻田、果林、山景，远处的赤峰山顶还有梁妃塔，作为博物馆天造地设的借景。

基于博物馆所在的基地条件，怎样在喧嚣混杂的建成环境和优美的自然风景之间营造一个新的展现天台历史人文的场所，重整被破坏了的国清寺暨天台山景区的入口环境，确实是该博物馆设计的重点和难点之一。

明代计成早就说过："佳者借之，俗者屏之。"实际上这也是传统寺院建筑在现世中塑造"佛国净土"的原则，也是天台博物馆结合基地、闹中取静的布局特点。我们通过墙、廊、建筑实体、院落和高差的变化等对基地四周的环境做出应答，并把建筑群各部分组成一个富有层次的和谐的整体。

博物馆朝东面向国清公路的是大而封闭的实体，而朝西面向风景的是较小的和通透的体量，并由平台向赭溪过渡。沿公路一侧另有一堵贯穿基地南北的石墙把博物馆从喧闹的交通和业已形成的杂乱的城市环

境中隔开。下沉的入口广场南部是专家楼，这一个狭长的 2 层体量，也是一片被赋予新的内涵的"照壁"，在博物馆主体和"佛教城"之间构成一道屏障。在博物馆的北端是表演馆，该"L"形的亭式建筑一方面提供良好的观景场所，另一方面也构成对基地北部"五峰楼"的视觉屏障。

支：您对博物馆建筑有过专门的研究，也出版了《德国当代博物馆建筑》一书。您认为博物馆建筑最关键的问题是什么？天台博物馆有无类似普遍性的问题？

王：博物馆是一种重要的建筑类型，也是一个非常复杂的课题。除其空间布局和形态，它还涉及展品保护、游线组织、展示方式、采光照明等一系列专业技术问题。当代博物馆的发展又越来越重视博物馆的社会功能和多元化的展示方式。当然作为建筑，它还要关注与所处环境的关系，天台博物馆也是如此。

支：空间依然是建筑的根本所在，尤其是博物馆这样专门用来展示的建筑，室内空间更显重要。天台博物馆的室内流线组织和空间形态很有特色，并和地貌的结合也十分的得体，您对此有什么特别的心得？

王：根据其展示要求的不同，博物馆的主体即展厅分为两部分，并在空间形态上给予了明确定义。临近公路一侧是 4 个大小不同的"体积展室"。它们层高较高，顶窗采光，为立体的展品如雕像等提供动观的空间。较为封闭的"体积展室"空间界面明确，呈内向性格；朝向赭溪风景的一侧是"面积展室"，外部以当地的灰砖砌筑，内部白色粉刷。通过由筒体构成的"房中房"，在为面状的展品如书法绘画、织物等展品提供尽可能大的展览面积的同时，也为较珍贵的馆藏提供特殊场所。"面积展室"顶部的光带除了采光或划分展示区域外，还是展厅空间路径的一个引导。在相对开敞的"面积展室"中，一侧是自然风景，另一侧是内部庭院。"体积展室"和"面积展室"之间有 3 个大小不同的庭院和长短不一的廊道连接。

博物馆的流线组织充分考虑使用的灵活性。4 个"体积展室"可分可合，有展廊彼此相连。"体积展室"和"面积展室"之间连接的廊道作为"快捷通道"，给参观者提供可自由选择的参观路径。"面积展室"随地势起伏，错落在南北向几个不同标高的台地上，构成富有深度的空间层次。

支：我们曾一起参观了卒姆托 (Peter Zumthor) 设计的瑞士瓦尔斯温泉浴场 (Thermal Bath at Vals)，内部的用光给我们留下了深刻的印象。我注意到了天台博物馆体形转接处屋顶条形光带的处理，二者有异

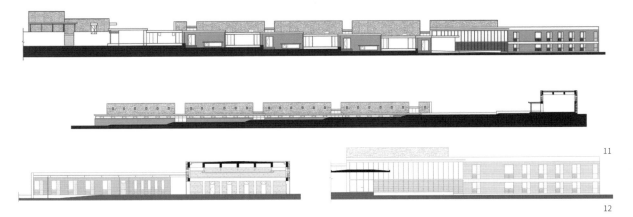

图 11. 临溪西立面图（上）沿广场北立面图（下）
图 12. 办公楼东立面图（左）与西立面图（右）
图 13. 面积展室
图 14. 面积展室室内
图 15. 体积展室

曲同工之妙。展厅屋顶周边也利用了天窗直接采光，加强了室内光影效果。请问您具体是如何考虑光的？有否卒姆托的直接影响？

王：有的。卒姆托是我喜爱的瑞士建筑师。我们一起参观的他设计的瓦尔斯温泉浴场也给我们很大的启发，尤其是其筒体结构及其顶部光带所营建的光影效果和空间气氛。然而在天台博物馆的设计中。之所以在"面积展室"部分采用类似的结构体系，一是出于展示的需求。通过采用这种筒体形态，可以尽可能大地为书法、绘画、织物等面状的展品提供展览面积，同时，筒体内部即"房中房"也为展品提供单独陈列的可能性；其次，天台博物馆不是一栋整一的建筑，而是一个供人丰富空间体验的历史城市的缩影。在其中，有简洁的形体，作为空间构成的基本单元，还有广场、街巷、廊道，有台地、有高差、有亭塔，有墙有院。"面积展室"的空间形态也是对天台城依山就势的传统街巷空间的写意。

支：从完工的博物馆中，这次很可惜没有看到展品的展示和陈列效果，但从您设计分析图中，有这方面的充分考虑，您能否给予一些说明？

王：初始的任务书要求有表演馆、民俗馆、文物馆、宗教馆、名人馆、书画馆等六个展室。这六者之间存在三种相关的秩序：① 展品特性上：由对动态行为场景（表演馆）的展示到对静态行为场景及具象历史展品（民俗馆）的展示直至抽象的艺术作品（书画馆）的展示；② 心理行为上：由生动的物质情景向内在的精神意境的转变；③ 空间组织上：由对展览空间体积的需求向对展览空间面积的需求的转变。天台博物馆设计正是基于这方面的考虑和分析。但最终在体积展室的布展上有所改变，没能完全按照原有的设计意图。

支：天台博物馆用了一些当地的自然材料，它们在体现地域性的同时是如何反映现代性的？

王：在天台博物馆设计中，我们使用了石材和灰砖这种长年来对当地建筑产生深远影响的地方建筑材料。运用这种便宜的地方材料，同样能营建现代建筑并使其能"与时俱进"。现代性不是所谓的现代材料的专有属性。

支：天台博物馆的设计以谦逊的姿态，平和真诚地对待自然环境，从而构成一个内省、闹中取静的既

可供人漫游又可静思的场所。这种态度值得肯定，一方面也是建筑师个性特征的写照。但天台博物馆同时近邻尺度巨大且丑陋的"佛教城"建筑，博物馆平展的体量以及运用过分类似的当地建材——灰砖，二者缺少距离感，时常会产生博物馆属于"佛教城"这样的误会和尴尬。是否存在既尊重自然环境又凸显与"佛教城"的对比度的可能性？

王：是的。巨大尺度的"佛教城"确实是影响天台博物馆设计的一个极大的负面因素，也决定了博物馆放弃高大，而结合基地选择水平向铺展的布局，以强化与"佛教城"的对比。但同时又要尽量避免博物馆成为佛教城的裙房。因而临国清公路一侧"城墙"般的院墙和"体积展室"外墙上都选用了石材，而且是尺寸较大的石块，试图以此营建一种较为厚重的实体感，来抗衡"佛教城"的逼压。

支：天台博物馆石材的运用及石墙的铺砌借鉴了国清寺及当地的传统做法，这是作为新乡土建筑地域性特征的体现，也是建筑吸引人的亮点之一。但就我个人感觉而言，博物馆只有一层高，因墙面石块尺寸偏大，建筑尺度感相应变小了。此外，也由于尺度感

的问题，似乎觉得石墙仅仅是完整建筑的基座，还有待在上部砌墙，就像国清寺类似的石墙只是作为基座一样。您对石墙的尺度感是如何认为的？

王：是的，天台博物馆石材的运用借鉴了当地的传统做法，墙面石块尺寸也偏大。主要是施工时考虑省料以及当地施工的适宜性。天台博物馆造价很低，5000多平方米的建筑造价加设备才1200万元人民币。外墙的石块用的都是当地开采的边角料，并没有过多的再加工。另外，为抵抗"佛教城"的逼压，我们也有意以这些现成的尺度较大的块材来营建一个有历史感的、锚固于基地的基座般的"城墙"意象。

支：对石墙砌作的形式上，是否也有超越当地传统做法的可能和必要？

王：完全可能。原有设计时我们考虑的是横向的而不是现在这样自由斜向的石墙砌作形式。后因为考虑与"佛教城"外围石墙的条块状横向砌筑有所区别。

支：天台博物馆布局很有条理、关系简练、立面处理也干净，这是您设计个性化的特征吗？与您在德国学习有什么样的联系？

王：可以这样说。我和我的设计团队在设计中关注的是建筑的基本品质，空间与功能的关系，材料和光影等等，关注怎样结合基地，以简单的几何形体，建立秩序，并反映时代精神。在德国近六年的学习确实让我受益匪浅。

支：我特别喜欢原同济大学葛如亮教授的一批新乡土建筑，它们均分布在浙江各地的山山水水上，从中可体会到葛先生对浙江故乡的热情，而这正是构成建筑师创作基础的原动力之一。您曾长期生活在浙江，您的硕士论文研究的是浙江的寺庙建筑，不知您是否对浙江的地域有特别的认同感？天台博物馆的设计有否这样的流露？

王：我硕士生期间跟随导师汪国瑜先生，研究的是浙江地区的山林佛寺建筑。可以说跑遍了浙江的山山水水。当时去天台山调研时我就参观过葛先生扩建的方广寺茶楼，也是非常喜欢。你说得很对，对故乡的热情，是建筑师创作的原动力之一。我是浙江人，对浙江的山水人文有很深的感情，也在温州、永嘉、金华、台州、临海、绍兴等地做过项目。浙江人杰地灵，各地还有自己鲜明的人文特点，天台亦然。我想，人们可以在天台博物馆中感受到我们对天台山秀丽的山水和深厚的历史人文的赞颂。

支：天台博物馆是我看到的您第一个完整的设计作品。在您其他的设计中，相互间有无关联性？在天台博物馆的设计和施工配合中，有无控制不尽意的地方？我认为走廊上的钢柱就偏大一些。

王：前面已经提到，对我来说，建筑是理想与现实的交织，是普遍性与特殊性的结合。任何建筑都有其共通之处，但随基地、类型、秩序及设计意图等的不同呈现个性。建筑的形态虽各有不同，手法各异，但思路是一样的：发现关系，融入或调整关系。

在天台博物馆的设计和施工配合中，当然有不尽意的地方。比如你认为的钢柱确实偏大，设计断面是 20cm×20cm，但最终实现的是 30cm×30cm。结构设计偏于保守，使博物馆的一些节点不够直接和简练等。另外由于工作在北京，也不能及时在现场修正出现的问题。

支：回顾总结自己设计的作品，您有无值得反思的地方？

王：很多，但主要有两点。一是有关自己的工作状态。因为在学校，务虚多一点，当然这也有必要。带来的问题是工程经验的缺乏。天台博物馆从设计到建成的整个过程因而也成为我学习的过程。二是关于业主。深刻体会到建筑仅仅依照设计者的主观意图是不可能成就所谓好的建筑。成功的建筑除了创意，拥

图 16. 面积展室室内
图 17. 展廊意向图
图 18. 展廊
图 19, 图 20. 国清寺甬道与博物馆连廊意向图

图 21, 图 22. 国清寺庭院与围墙
图 23. 华顶寺外廊与博物馆外廊之关系
图 24. 南入口售票亭一角

有一个能沟通有交流的业主也是关键因素。这里要特别提到天台博物馆的张健馆长，一名有成就的当地画家，是他对设计人员的信任及对艺术和文化传统的理解使得博物馆最终能基本按照原设计意图得以实现。

支：您本人对乡土建筑有所研究，您还为自己的工作室取名"Locus"，您认同我把天台博物馆作为中国新乡土建筑的一个例证吗？谈谈您对世界新乡土建筑发展的看法？

王：我和单军老师有一个工作室名叫"Locus"，即"地方"的意思。这与我们两个人相近的研究方向有关。单军老师研究地区建筑学，我则跟随单德启先生从事当代乡土建筑和村落更新方面的研究。天台博物馆可以被认为是当代乡土建筑领域的一次尝试，但它也是在经济全球化倾向冲击下，中国当代建筑所做出的一个应答。世界新乡土建筑的发展显示：他们放弃了形式上的"祖传秘方"，不再在大众喜闻乐见的地方风格中徘徊。而是以一种现代主义者的敏感，去唤醒地方文化的基本精神，并把它与当代生活相联系。

我们只要稍微关注一下像 Stephan Atkinson, Caruso St John, Soutu Moura, Valerio Olgiatti, Renzo Piano 等一批建筑师近来的作品，就能把握当代乡土建筑这种基于世界文明来塑造和拓展地方文化的价值观念和开阔的胸襟。

支：作为《世界建筑》杂志的主编，我相信杂志给予了您广阔的知识源泉和研究的素材。杂志对您的创作带来什么样的积极作用？

王：是的。可以跳出井坑，拓展视野，知己知彼。

图片来源

本文图片由王路与支文军提供

原文版权信息

支文军，王路. 新乡土建筑的一次诠释：关于天台博物馆的对谈. 时代建筑，2003 (5): 56–64.

[王路：清华大学建筑与城市规划学院教授，《世界建筑》主编]

13

A楼·B楼·C楼：
同济校园新世纪建筑评述

Building A, B and C:
Buildings of New Century in Tongji Campus

摘要 同济大学校园在几十年发展过程中出现了各种形式的个性建筑。从20世纪50年代的文远楼到80年代的建筑城规学院明成楼再到21世纪的建筑城规学院新楼，代表了三个历史时期的建筑特色，并共同坚持着同一种精神，那就是勇于创新、紧跟潮流的时代精神。
关键词 同济大学 校园建筑 特色 个性 创新 时代精神 务实作风

坐落于同济大学四平路校园①东北角的建筑城规学院新楼（2004年建成）的出现，无疑为平静的校园掀起一阵小小的波澜。它那完全不同于校园内其他建筑的风格，吸引了人们的目光。新楼西侧紧邻的是现有建筑城规学院明成楼（1987年建成）。而在明成楼的南面，是即将从土木学院归还的原建筑系馆文远楼（1954年建成）。学校将上述这三幢建于不同历史时期的建筑分别命名为C楼、B楼和A楼。ABC在英文里只是三个连续的字母而已，然而在这里A楼、B楼、C楼的称谓，不仅仅表示它们的建造年代的顺序，更是体现出它们内在的逻辑性：三幢不同时期的建筑具有不同的性格，反映了不同时代的特征，但它们所有的精神却是相同的，即是一种勇于创新、勇于探索的时代精神。

背景

同济大学建筑城规学院作为中国建筑教育和建筑学术的重镇，是国内最有影响力、最具实力与活力的建筑院系之一。在其成长过程中逐步形成了一种同济特色，这也在很大程度上表现在同济校园内的各种建筑中。这些不同年代建造的、不同类型的建筑大都是由同济人自己设计建造的，它们各有特色和风格，形成了同济校园独特的极具魅力的个性。

在20世纪50年代所建造的作品中，有些在今天看来好像平淡无奇，却在当年是真正的创新之作，即使对于今天的人们也是富有启示意义的。建于1953年的和平楼，运用了现代建筑设计手法，体现出一种江南传统建筑的意境；1954年的文远楼，是现代建筑的经典之作，体现了"包豪斯"现代建筑风格，从建筑理念到建筑空间、功能布局、构件和细部设计都贯穿了现代建筑思想，显示了设计者对于现代建筑精神的深刻理解和把握；而1955年的南北教学楼和图书馆老馆是学院派代表作，建筑外貌简洁匀称，具有中西古典建筑韵味；1957年建成的同济大学教工俱乐部又是一个经典之作，着力于对空间的塑造，并把民间的建筑特征融入其中，同样贯穿着现代主义精神；1961年建成的大礼堂，则在结构形式和造型上体现出相当的创造性、先进性和科学性。富有同济特色的建筑风格开始在这一时期出现[1]。

20世纪80和90年代又是同济校园建筑的一个发展时期。1986年竣工的图书馆改建工程，在其保持和尊重校园环境的整体性和历史延续性方面进行了有益

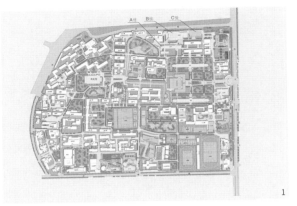

图 1. 同济大学本部校区平面图
图 2. 和平楼（1952）
图 3. 北教学楼（1954年）
图 4. 文远楼（A楼）（1954年）

图 5. 教工俱乐部（1957年）
图 6. 大礼堂（1960年）
图 7. 图书馆改建（1986年）
图 8. 建筑城规学院明成楼（B楼）（1987年）

图 9. 逸夫楼
图 10. 校门改建

的探索，特别是在结构技术上具有独特性和创造性；1987 年建成的建筑城规学院明成楼，体形简洁、富于雕塑感，具有现代建筑特征；20 世纪 90 年代初期建成的逸夫楼在设计手法上继承发展了同济建筑的风格和传统，空间的塑造再次成为创造的核心；1997 年进行的同济大学校门改建工程，更是意味深长：旧校门作为同济历史的一部分，得到保护和尊重，而新校门通过后移留出椭圆形广场。这种做法既解决了功能问题，增加了空间层次感，又保护了校园的整体环境和历史文脉；1998 年底落成的经济与管理学院大楼又是同济建筑空间特色的延续与发展，大楼内部围绕着三层高、近三角形的中庭空间，结合自然光，展开不同层面、形状和功能的公共空间，为师生提供了一个有

趣味的交往空间。这一时期的建筑继承、延续和发展了同济建筑的特色，强调功能，创造丰富空间，并且尊重历史[9-15]。

新建筑解析

步入 21 世纪，同济校园建筑的发展又迎来了一个重要的时期。短短的四五年时间内，同济校园内又出现好几幢具有不同风格的建筑，从研究生院大楼、中德学院、医学院大楼的落成到一二·九礼堂和图书馆的改建，再到建筑城规学院 C 楼的出现，我们将对这些个性鲜明的建筑进行比较研究，试图发掘在它们各具特色的外表之下蕴含的建筑之道。

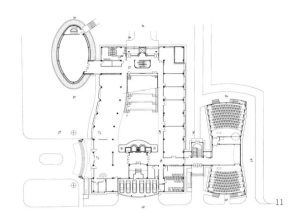

形态和空间的塑造

　　研究生院（2000 年）、中德学院（2002 年）和医学院大楼（2003 年），延续了 20 世纪 90 年代的逸夫楼、经管楼的建筑特色。作为功能相对简单，造价力求低廉的教学办公楼，建筑师们并不只是满足于对基地环境和使用功能的回答，还追求个性的外部造型和独特的空间体验。

　　首先，它们作为校园建筑都关注着整体校园环境的协调，力求将自身作为校园的一个元素，和谐地融入校园中，却又不失个性的塑造。三幢建筑建造在校园不同的场所，但都和校园规划新出现的南北轴线即爱校路和校园南门入口或多或少地发生关系。它们对于校园的尊重是共同的，而在具体的策略上运用了不同方法：研究生院大楼位于爱校路北端，正对校区南门入口，成为南北轴线的一个收头[2]；中德学院位于爱校路的西侧，使用大墙面强调建筑与环境的分隔但又不失空间的联系性，同时与经管楼之间的广场面向爱校路逐渐打开，成为发生在轴线上的一个节点[3]；医学院则位于爱校路的东侧，为了能使校区南门入口有个宽敞的入口空间，所以将建筑退后，形成一个种植绿色的广场[4]。

　　其次，它们共同注重形态和空间的塑造。形态和空间历来是建筑的主要方面。建筑的目的就是创造空间，建筑师用空间来造型，除了满足功能要求之外，还力求通过空间手段，使身处其中的人们在某种空间体验的感染下产生某种情绪。而形态的产生就是空间的如实再现，并满足人们审美的要求。这三幢校园建筑都讲求造型的丰富和个性化。研究生院大楼主楼南面采用的正反曲线

体验与评论——建筑研究的一种途径

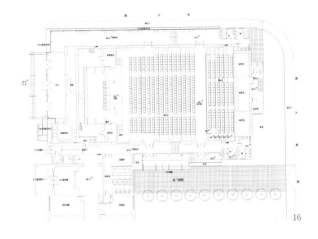

图 11. 研究生院大楼一层平面
图 12—图 15. 研究生院大楼实景
图 16. 一二·九礼堂改造后平面
图 17, 图 18. 一二·九礼堂实景

凹凸相接的体态和界面形成柔和灵活的趋势，产生一种行云流水的气势；中德学院主楼南立面肌理产生强烈的阴影效果，统领全局的"L"形混凝土折板更是加强了建筑的整体感和力度感；医学院的形体穿插和主楼的架空，使得建筑形体造型活泼、有趣。同时对于空间的塑造上，它们均力求创造层次丰富而又流畅的空间，并且各自内部空间的性格和气氛都不相同：研究生院大楼主楼内部空间的聚焦点是一个通高达八层的宽敞而又大气的中庭空间；中德学院更注重其入口空间个性的塑造和室内公共空间的舒适性和趣味性的营造；而医学院的二层架空空间，通过色彩对比和不同形式的叠加，产生一种戏剧化的效果。

历史和环境的关注

一二·九礼堂改建（2001 年）和图书馆再次改建（2004 年）都是非常成功的项目。它们进行改建的原则都是尊重校园历史、尊重校园环境，体现了同济人的历史观和环境观，这也与同济在 20 世纪 80 年代实施的图书馆老馆改建和 90 年代进行的同济校门改建的思想一脉相承 [5][6]。

改造过程中新建筑作为"现时"的东西插入历史建筑所有的"记忆"中去，历史元素和改造部分的结合方式成为建筑造型和空间功能的关键，新的空间元素与原有空间的联系，新的设计手法和技术与原有建筑风格的关系成为设计者所关注的重点。这两个历史建筑的新建部分都是采用轻盈的钢结构和透明玻璃的组合，同时尽量保留原有建筑的历史风貌，通过新

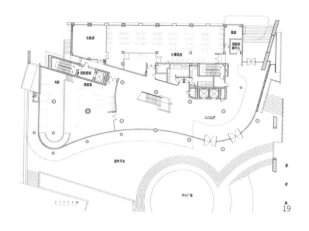

旧建筑间的对比，以年代的反差来激活各自的活力，塑造了融合着现代和历史的校园建筑的独特个性。一二·九礼堂通过改建，将历史建筑的保留部分作为新建筑的一个组成部分，改变了建筑的外观和人们阅读建筑的方式——原来的外立面通过修葺后成为改建后的内立面，充满戏剧性。同时内部改造所进行的钢木屋架暴露、墙面的处理等都能在满足特殊功能要求的同时也力求创造一种舒适的美感。图书馆的再次改建有所不同，它保留了主立面外观的历史风貌，在内部插入了椭圆形的玻璃大厅，横跨于大厅的玻璃天桥将人流引向阅览室，新的空间独立完整地存在于建筑内部，展现着"现时"的个性，而历史建筑仅作为外观存在，延续着校园历史的记忆。同时经过改造的图书馆，一改几十年来的功能和空间混杂无序、没有方向感的

面貌，创造了明亮宽敞的内部空间，使用率大大提高，深受学生的喜爱。

表皮与材质的凸显

2004年，在建筑城规学院老系馆的东侧出现了一个极受人注目的新建筑——C楼。它是建筑师在独特的现代建筑设计理念指导下进行理性"推导"而得到的产物。传统建筑学偏重于建筑形态的构成，而将材质仅作为形态表达的附属要素。但从另外角度而言，材质也是重要的建筑元素。客观上某些基地环境和规范限制等因素，约束了建筑形态的多种可能性，在极端条件下建筑在形态上可能无可选择。这时，材质的工作就显得非常重要，甚至是设计的出发点。当然，现在也有很多建筑师是将材质作为设计理念的直接表达

手段。在这里，设计者由于基地的限制性，经过形态和材质这两个不同设计元素进行比较后，所得到的结论是在这块基地上建筑的表皮和材质的重要性大于形态的操作。设计者打破传统设计思路，不关注建筑形态和比例关系，而是基于自己所定的三个具体原则（不同使用空间相对独立性；交通空间和交往空间的复合；休闲空间中的景观与生态环境的创造）的控制下，并着力于表皮和材质的操作，从而诞生了这么一座有别于校园其他建筑风格的建筑[7][8]。

表现和手法的实验

在一二·九礼堂的东侧，即将出现和 C 楼同为一个建筑师设计的极具个性的建筑——中法中心大楼。但它和 C 楼有着极大不同的风格。在这里，建筑师关注的是

建筑形态所具有的表现力，并运用熟练的手法进行形态操作，创造出个性鲜明的建筑形态。而在校园的东北角、西邻同济设计院的空地上，也将有一栋高达近 100m 的高层建筑出现，为同济教学科研综合楼。综合楼外形简约，但是建筑师运用先进建筑理念，运用手法在其内部空间方面做了有益的探索，塑造了丰富多变的趣味性空间。这两幢建筑，通过表现和手法的实验，又将很不同于校园内其他的建筑，是校园建筑的又一次创新和突破。新一代年轻建筑师身上传承着老一辈同济人的精神，继续在建筑创作之路上探索着。

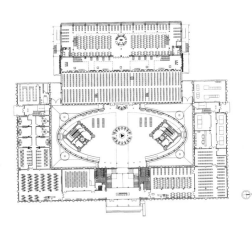

图 19. 中德学院一层平面
图 20—图 23. 中德学院实景
图 24—图 26. 医学院实景
图 27. 图书馆一层平面

建筑作品简述

1. 研究生院大楼 (主创建筑师：戴复东、吴庐生；竣工：2000 年)

研究生院大楼位于主校区中部。从校园整体环境考虑，将研究生楼主要入口朝南，正对南门口。平面布局分为南北两部分，南部是呈曲线形的教学办公部分；北部为直线型的教研科研部分。二者之间以八层高的中庭相联系，形成完整的主体。西南角椭圆形平面的会堂建筑和东北角蝴蝶形平面的阶梯教室分布在主体斜对角，更丰富了建筑总体造型。研究生院大楼的中庭空间的设计是建筑的最大特色。中庭西侧底层是半地下室，其顶部做成了跌落状梯台，两侧设有不断跌落的花坛，为气势宏大的中庭空间增加了层次感和趣味性。中庭有很高的利用率，可以用作展览，庆典，集会等，是个多功能的交流场所。中庭东端的观光电梯更为空间注入了一丝活力。

2. 一二·九礼堂改建 (主创建筑师：吴杰、王建强；竣工：2001 年)

一二·九礼堂原建于 1942 年，由日本建筑师设计。礼堂改建的出发点既是一次功能的整合，又要表现自身的建筑美感和历史价值。礼堂北部加建了钢和玻璃的入口大堂，恢复原山墙柱廊式结构。门廊的细圆柱意在与对面羽毛球馆门廊的混凝土柱形成某种有趣的对话，并通过二者间的纪念园的入口空地，形成对景。并拆除了原来粗重的侧廊，改为钢和玻璃。礼堂外部

的改建通过新建部分的通透性和对位性融入了历史环境。在其内部改建中，将钢木屋架进行了暴露，使得内部空间顿觉得开阔；空调系统也采用了暴露风管的做法。改造后的舞台三幕（天幕、多媒体投影幕、电影大幕）合一，大大提高了其使用效率。礼堂内部墙面的改建也是重要之举，前后墙采用漆上清油的条板，色泽与木质屋顶极其相似，增加了内部空间的整体性。一二·九礼堂的成功改造，融合了历史和现代感，具有独特魅力[5]。

3. 中德学院 (主创建筑师：庄慎、胡茸；竣工：2002 年)

中德学院坐落于校园南校门西首，东临爱校路，南对经管学院。主楼的架空处理和立面分隔使得经管楼和中德学校底部复杂的形体得到统一，同时讲堂和门厅的边界构成一条逐渐向爱校路打开的连续曲线。在场所和校园整体环境关系的表达中，设计者通过爱校路边上的上升至 12 层屋顶的大墙面，强调了室内外空间、广场和校园环境的分离，同时门厅和大墙面之间的空白空间，为广场打开边界，使视觉开阔。大墙底部开设的两层高的斧形大洞更加强了建筑、场所和校园环境的沟通。在对室内空间的塑造上，设计者将承重构件和围护构件分离和并置，通过光线的引入，来刻画空间，创造出流畅的、富于阴影变化的舒适空间。但中德学院和经管楼之间的圆形广场给人的感觉太内聚性，平常学生们很少会选择经过广场、通过大墙面

图 28. 图书馆实景
图 29—图 31. C 楼实景

　　　　　体验与评论——建筑研究的一种途径

和门厅之间的大台阶而进行南北穿越，从而使得这个原本精心处理的过渡空间失去其公共性的意义而只是成为闲置的景观[3]。

4. 医学院 （主创建筑师：周建峰、陈屹峰；竣工：2003 年）

医学院位于校园南入口附近，爱校路的西首。建筑实体采用"L"形形体，东西向布置的由三单元体组成的五层高裙房穿插在 12 层南北向布置的板式主楼的架空层内。架空层的存在，使得视线能从南门口沿着南北轴线，通过架空层被引向纵深处，开阔了视野，避免了这一区域的封闭感。而架空层这一空间处理也是吸引人目光的地方，如倒锥台型的报告厅和展示厅、北侧的坡道、突出于北立面的玻璃体门厅、玻璃体和报告厅间之间的天桥等。这样的空中平台既是一个室内外交汇的场所，供人穿越或停留，又是一个容纳各种活动的容器，供人交往休憩，为建筑带来了鲜明特征。这座建筑也存在着一些问题，如建筑所半围合的广场，只是起到了视觉效果的作用，并没有起到广场应有的吸引人流的作用，使得偌大的室外空间缺乏人气。建筑尺度和比例上也有些地方欠妥，比如突出于北立面的玻璃盒子的尺度及内部钢结构的设计。同时也有材料使用和细部处理上的不够恰当，致使设计构思的表达有一些损失。主入口架空层在冬天的穿堂寒风也会产生使用上的一些问题[4]。

5. 图书馆改建 （主创建筑师：吴杰、顾屹、闻一峰；竣工：2004 年）

图书馆改建同样基于对历史的尊重和对环境的尊重。其改建采用了类似的策略：保护和修缮 20 世纪 60 年代的清水砖墙；拆除并重建 80 年代加建的目录大厅，在新建的目录大厅中使用椭圆形的玻璃体，结合两侧的坡道和中央天桥，使老图书馆内庭院在曲面的引导下融为一体，并在二层天桥处可看到主楼悬挑结构，突出了主楼在结构方面的创新之处；将原三层钢结构的书库重建为有四个层面的阅览空间，在它和老书库之间插入玻璃廊形成通高空间，视线能通达南北教学楼和图书馆老楼，将外部环境成功地引入室内空间中。图书馆改建部分同样采用大量钢和玻璃，试图用新型轻质材料，与老建筑的凝重感和历史感形成对比，渲染出安静舒适的阅读空间，为校园内创造了一个充满活力的精神场所[6]。

6. 建筑城规学院 C 楼 （主创建筑师：张斌、周蔚；竣工：2004 年）

C 楼的出现给人以耳目一新的感觉。它独特的风格，成为一段时期大家议论的焦点。作为与环境的互动，设计者所采用的策略是回避外在形式统一及形体操作，进而寻求内在空间的可视性及表皮性质的潜力。新楼内部空间所追求的是一种流动的连续感，新楼核心部分是贯穿东西的连廊，其中的从二楼到顶楼的直跑景观楼梯，使得空间产生强烈的戏剧感。北侧连续

叠加的室内下沉榕树园，三层的竹园及屋顶室外榉树园，丰富了内部空间，同时虚实的套叠，使得建筑成为整个环境的过滤器。上述中德学院的策略是弱化材质的表现力，用光线来塑造形体和空间。而在这里，C楼是一座形态退后于材质感觉的建筑，采用了大量的工业化材料。C楼对于光线的态度也有别于传统做法。它没有试图来产生光影效果，而是将光线作为一种强化视觉效果的催化剂来控制着空间给人的氛围和调子。光线和材质在这里代替了传统的空间透视，占据了建筑的主导地位。

C楼也是一座颇受争议的建筑。作为一座校园建筑，它所采用的形式是否适合于学校的环境，是否与学校的建筑氛围相协调还是有不同的看法。同时建筑中所遇到的节能问题也值得讨论。建筑内公共空间的不断穿插和转换形成丰富多变的内部空间的同时，有没有注意到空间变化尺度的舒适性，以及建筑理应给人的安全感在这里是否被忽略了等等这些问题都应该被关注[7][8]。

7. 中法中心（主创建筑师：周蔚、张斌；竣工：2006年）

受人瞩目的中法中心已破土动工，其用地位于校园的东南角，西临一二·九礼堂和一二·九纪念园，北临逸夫楼，南侧为运动场，东侧紧靠四平路。中法中心的方案从中法文化的"交流"入手，提出了一个"双手相握"的图解，这也是中法中心建筑形态操作的出发点，即按功能所分成的三个独立而紧密联系的部分，

通过不规则体量的转折和穿插，体现出"交流"的理念。同时三个体量还采用不同的材质和构造做法来建构，试图用一种潜在的"对立统一"结构来组织一个"和而不同"的整体。相信在不久的将来，它的出现又将会引起大家关注的目光。

8. 教学科研综合楼（主创建筑师：Jean Paul Viguier、张鸿武；竣工：2006年）

在校园东北角，西临同济设计院的空地上将矗立起一栋高达98m的高层建筑——同济大学教学科研综合楼。建筑主体平面呈正方形布局，楼层功能平面以L形为主，每三层对应形成竖向基本功能单元，竖向单元在相邻处呈90°旋转，形成螺旋形上升的大型中庭，并在每个基本单元顶部楼面嵌入异形大空间功能区，构成外形简约、内部空间丰富多变的建筑体。综合楼将以其独特的风格，再次展现同济对创新的探索和适应潮流的时代精神。

结语

同济校园建筑在几十年发展的过程中，出现了具有各种特色的建筑：从20世纪50年代文远楼（A楼）的现代主义精神，到80年代建筑系老馆（B楼）典型的现代建筑特征，再一直到今天受到当代建筑理念思潮影响的建筑城规学院新楼（C楼）。如果将它们五

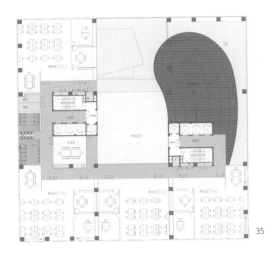

35

图 32，图 33. 中法中心效果图
图 34. 中法中心模型照片
图 35. 教学科研综合楼一层平面

光十色的外表皮揭去，其实它们所有的内在精神仍然
是从老一辈同济人身上代代继承下来的同济"精神"。
这种精神简单地说，就是一种海纳百川的开放性和包
容性，一种兼收并蓄、博采众长的多元性，一种锐意
改革、勇于探索的创造性和实事求是、顺应潮流的时
代性。正是由于这种思想和观念的引导，同济建筑的
风格呈现出多元化的趋势，但都具有注重空间塑造、
重视功能、表里一致的时代特征。然而，在同济校园
建筑欣欣发展的景象中，不能忽略另一方面的问题。
我们认为校园建筑的差异性是校园的一种个性所在。
同济校园建筑一直没有统一风格，这也形成了校园有
趣的复杂性，构成了迷人的校园气质。同时校园里所
呈现出的各种不同的建筑，也反映了当代大学生的创
造精神和时代精神。但是当新建筑进入校园时，我们
必须关注到原来校园历史环境的保护和历史文脉的延
续。一个有悠久历史的校园，所给人的感觉应该是延
续的、持久的。而新建筑的插入，一旦忽略了周围历
史环境的保护，就会破坏了这种历史感[9-13]。

注释

① 同济大学校园由同济大学四平路本部校区、沪西校区、沪北校区、
沪东校区、嘉定校区组成，本文仅局限于四平路本部校区。

参考文献

[1] 徐千里，支文军 . 同济校园建筑评析 . 建筑学报，1999(4).
[2] 戴复东，吴庐生 . 行云流水、峡谷梯台、冰肌玉骨、闲雅飘逸——
同济大学研究生院大厦建筑创作与实践 . 建筑学报，2002(4): 8 – 11.
/ [3] 华霞虹 . 同济大学中德学院 . 时代建筑，2003(5): 112 –117. / [4]
周建峰 . 校园入口空间的塑造——同济大学医学院设计 . 建筑学报，
2004(5): 56 – 59. / [5] 左琰 . 彰显建筑的历史风采——同济大学一二·九
礼堂的保护性改造 . 时代建筑，2001(4): 38 – 41. / [6] 吴杰 . 建筑之
"间"——同济大学图书馆改建实录 . 时代建筑，2004(2): 114 –119. /
[7] 张斌，周蔚 . 具体性策略——同济大学建筑与城市规划学院 C 楼设
计 . 时代建筑，2004(4): 114 – 118. / [8] 王方戟，杨一丁 . 同济大学建筑
与城市规划学院 C 楼之双重阅读 . 时代建筑，2004(4): 119–123. / [9] 董
鉴泓 . 同济建筑系的源与流 . 时代建筑，1993(2). / [10] 李精鑫 . 同济"建
筑风格"巡礼——从校园建筑说起 . 同济报，1997-0 5–08. / [11] 罗小
未 . 上海建筑指南 . 上海：上海人民美术出版社，1996. / [12] 戴复东 . 同
舟共济 永攀高峰 . 时代建筑，1997(2). / [13] 支文军 . 精心与精品——
同济大学逸夫楼及其建筑师吴庐生教授访谈 . 时代建筑，1994(4).

图片来源

本文图 1 由王伯伟提供，图 2—图 5、图 29—图 31 摄影：支文军，图
11—图 15 由吴庐生提供，图 16—图 18 由左琰提供，图 19—图 23 由
华霞虹提供，图 24—图 26 由周建峰提供，图 28 摄影：张嗣烨，图
32—图 35 由张斌提供

原文版权信息

支文军，宋丹峰 . A 楼 · B 楼 · C 楼：同济校园新建筑评述 . 时代建筑，
2004(6): 44–51.

[宋丹峰：同济大学建筑与城市规划学院 2004 级硕士研究生]

14

现代主义建筑的本土化策略：
上海闵行生态园接待中心解读

Strategies of Localization of Modernism:
Interpretion of the Reception Center of Minhang Ecological Garden, Shanghai

摘要 由缪朴教授设计的"上海闵行生态园 接待中心"，是现代主义建筑在中国本土化的一次实验。文章在建筑本体意义上分析了建筑师所采取的本土化策略，从建筑的庭院、组景、室内外空间、材料技术、建构以及地域特征等方面进行了深入的解读。

关键词 传统 建筑 现代主义 本土化 庭院 空间 视线通道 体验

在全球化大趋势的背景下，当下中国建筑的一大挑战，是如何创建既具有国际化品质又有本土特色的现代建筑。由夏威夷大学建筑学院缪朴教授完成的近作"上海闵行生态园接待中心"，可谓是现代主义建筑本土化的一个实验。现代主义建筑本土化，就是把现代主义建筑的普遍原理与地域特征相整合，充分考虑当地的历史文化传统、审美价值观念、结构材料技术及施工工艺手段等独特的地方特色。缪朴教授早年在同济学建筑，后赴美国深造并获博士学位。1994 年起在夏威夷大学任教，主持建筑和城市设计理论课程，主讲"园林设计"。得益于夏威夷的地理优势，缪朴教授潜心于东西方建筑文化的比较研究，一方面系统吸收西方的建筑理论，另一方面始终关注亚洲地区的建筑发展。除在教学和研究上卓有成效之外，他以一种良好的创作状态，通过在中国一些小型建筑的设计实践，探索一条现代主义建筑本土化的途径。

"上海闵行生态园接待中心"（以下简称"接待中心"），坐落在上海近郊闵行开发区新建的大型公园"生态园"中，集公园管理、会议、接待等功能于一体，由一栋办公楼和两组分别称"苇庄"和"幽避处"的建筑群组成。缪朴教授在该项目设计中所采用的本土化策略，在建筑本体的多个方面进行了尝试。

庭院与空间

庭院空间是中国传统建筑最具特征的地方，通过庭院空间，使建筑与室外环境融为一体。"接待中心"由于地处公园之中，游人众多，视野开阔，但内部功能却要求安静、私密。这一矛盾促使建筑师拒绝了业主提出的西式小别墅的模式。这种模式大多不能摆脱"绿地中孤立的城堡"的格局，将室内外空间分成各自为政的两大体系，而所有室内空间被缩聚在一个独立在开敞空间中的实体，因此造成实体四周的界面必须向基地外开放。显然，如果建筑师这样做不仅会使室内空间受到游人视线的干扰，限制了业主合理使用基地内的绿地，同时"城堡"式的建筑也容易产生与公园相对立的关系。

为此，建筑师借鉴了中国传统建筑中的庭院模式，一二层小尺度的建筑分散布置在基地内，通过建筑物和围墙把基地围合起来，使整个基地对外呈半封闭状态，对内是层层叠合的内部庭院。由于庭院式的布局在平面向度上展开，使建筑的体量分散、尺度变小，

体验与评论——建筑研究的一种途径

图 1. 封闭为主的西立面外貌　　图 4. 一层平面图
图 2. 西南向建筑外观　　　　图 5. 二层平面图
图 3. 剖面图

以谦逊、内敛的姿态与公园和睦相处，因此建筑表现力不再需要像"城堡"式建筑主要靠外部形态的魅力那样，而是通过各个庭院空间的体验来展现。从外在物化的夸张形式走向内在空间的表情，正是建筑师追求建筑本体价值、对当下中国建筑普遍过度包装倾向的一种抗争。

组景与意境

"接待中心"建筑和内庭院相互交错、互为因果的庭院式布局，需要良好的空间组织，这包括建筑与基地外公园的关系和基地内部的组景关系。建筑师采用的具体组景手法，主要是通过"视觉通道""墙""水

道"等中国传统的语汇。

"接待中心"不能像传统建筑那样对外完全隔绝，这样不仅使现代人感到闭塞，也不符合建筑的性质，同时也浪费了基地外公园所提供的景观。为此，建筑师在办公楼南立面这个不可能封闭太多的地方，尝试了"双重外墙"的处理手法。"外墙"上对应"内墙"的玻璃窗户是一些有规则的洞口，它不仅产生了一定的封闭感，同时又成为室内的景框及遮阳板。双墙之间是局部设置阳台的过渡空间，之间产生的光影效果以及水池上倒影效果变幻莫测。

建筑师在解决私密与空间景观之间矛盾所采用的办法，是聪明地沿基地南北中轴线开辟一条贯穿整个建筑群的小河，使用者通过南立面围墙的洞口沿此视

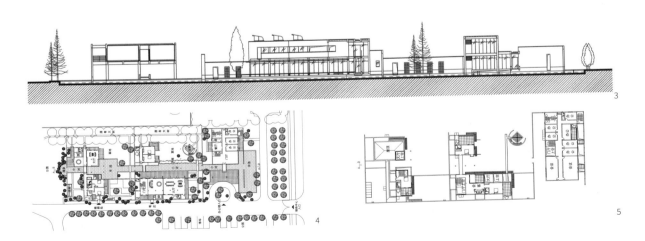

图 6. 办公楼双重外墙的过渡空间　　　　图 10. 天桥及内含凉亭的圆弧墙
图 7. 办公楼南立面上的视觉通道　　　　图 11. 小河北端涌泉
图 8. 木格栅屋顶的光影效果　　　　　　图 12. 作为东西向次要视觉通道的层层门洞
图 9. 从"苇庄"的北面天桥向南望　　　　图 13. 从办公楼入口向北望的视觉通道

觉通道可以有组织地被看见水道穿过其他庭院中的门洞小桥，向"无限"延伸。但同时，步道路径与视线系统分置布局，观众并不能沿视觉通道直接进入远处的空间，视觉与路径相矛盾所产生的空间悬念，不仅扩大了各个庭院的空间感，并使人联想到古典园林建筑中那种独特的"重重"意境。

　　建筑师还在西墙上开启多个狭窄的豁口，由此沿东西方向引入次要视觉通道，横穿整个基地，并延伸到基地外西侧的公园。这些视觉通道不仅是组景的手段，也是隐性的结构关系，有助于将建筑群中零散的体块组合到一个整体中。

　　建筑师还充分利用"墙"作为组景的要素，尝试用各种墙在狭窄的基地造出不同的分隔，如带豁缝的外墙，"半透明"的花格墙或磨砂玻璃墙，里面包着凉亭的弧形实墙以及上述的"双重外墙"等。它们在提供多样私密性的同时也创造出丰富的空间悬念。建筑师还在组景中借鉴"小中见大""步换景移""空间渗透流动""借景""景观互动"等中国传统造园语汇，手法上应用自如 [1]。

室内与室外

　　兼含室内外空间的环境在西方建筑体系中往往被结构性地忽视了，但这种环境模式至今仍被现代中国

　　　　　　　　体验与评论——建筑研究的一种途径

图 14. 由花格墙分隔出的"苇庄"内的小院
图 15. 墙与"重重"庭院空间
图 16. 南望"苇庄"的小河与内院
图 17. "苇庄"内的天桥与大厅

人所喜爱，完全有理由猜测这一模式可能更符合人类对环境的深层需求。"接待中心"庭院式的布局，要求建筑师在基地内将室内空间打散成多个小体块，与庭院中的室外空间掺和在一起形成配对，为使用者提供室内外相结合的生活场所。这种配对关系根据不同的生活功能而取多样形式，如在开会用的大厅外设置宽敞规整的临水平台，而门厅则配以令人曲径探幽的竹院。为了充分利用这些配对关系，室外空间的设计也力争用有限的几个元素创造出丰富的体验。

借鉴传统包含着对传统的发展及批判。例如，在现代高密度城市环境中不可能照搬传统庭院全部是低层的形式，对于二层的房间建筑师因此尝试了使用屋顶花园，并设法将其与地面绿地相接。另一个挑战是如何改进中国庭院建筑为了配对室内外空间而产生的建筑整体形象涣散无力的固有弊病。对此建筑师一方面充分探讨简单几何形体对满足室内外配对的最大可能性，一方面尝试用天桥、混凝土构架、木格栅屋顶等将原来分散的建筑体组合成一个整体。

普通材料与传统技术

现代建筑本土化的另一个主要途径，是建筑材料与技术的本土化，也就是充分利用中国本土特有的、普遍的、因地制宜的结构体系、材料和施工技术。建

图 18. "幽避处"内的水池与清水混凝土框架
图 19. "苇庄"大厅室内
图 20. 二层屋顶平台与遮阳木格栅
图 21. "苇庄"客房建筑与小河两岸
图 22. 办公楼入口

筑师在"接待中心"设计中，在这方面做了有益的尝试，整栋建筑完全只依赖上海建筑工业目前仍大量使用的"低技"手段，如钢筋混凝土框架与砖承重墙的混合结构、木装修、铝门窗、涂料等。选用的植物也是当地最常见的，如荷花、芦苇等。不仅如此，建筑师还复活了一些被人认为"过时"但实际上价廉物美的传统做法，像砖花格墙、混凝土砌块等。建筑师把这些极其普通的建筑元素精心组织和合理使用后，达到整体上的技术要求和艺术效果。

建筑气质与地域特征

上海本土文化的底色是江南文化。在建筑实体形态处理上，建筑师表达出传统江南民间建筑的那种"气质"，因为今天的江南市民文化仍然折射出这种倾向[2]。而这样做的前提是建筑师对地域文化的深刻理解和恰如其分的把握。具体来说，建筑师通过 4 方面的努力来塑造建筑的"江南气质"。首先是"精细"，无论是整体造型还是细部构造，无不体现出经济技术发达地区所孕育的精巧、细致的品质；其次是"轻灵"，主要表现在 南方气候中建筑构件特有的尺度及视觉份量；

"凝练"指的是江南建筑传统中暴露结构（如少用顶棚）及强调材料本质（如少用粉饰）的特点；"淡雅" 延续了江南建筑 "非官方" 的色彩体系。总之，建筑造型用白色粉刷墙、强调"线"型构图的清水混凝土框架、本色木格栅，及不锈钢攀藤钢丝，外加深灰色铝窗框及金属配件来表达了这种江南气韵。

建筑师的理想与现实

笔者在建筑师陪同下参观建筑时，所有房间是空的，还是未建成状态。在愉悦地体验建筑之余，笔者是有一丝疑惑的。"接待中心"既不是商业性建筑、又不是文化性公建，它的功能性要求并不高，仅是政府所属开发区内部使用的服务性建筑。笔者的疑惑是来自对建筑师的理想与现实使用之间可能存在的差异的担忧，因为建筑师已赋予建筑太多内涵。某种意义上讲，它已成为一栋"贵族"式建筑，如何合理使用建筑对建筑意义的实现至关重要。笔者总觉得建筑师太看重了它，有一点错位的感觉，它更应该是"书院"一类的文化建筑。从室内空间来看，有些房间如"幽避处"的大厅，也存在在空间和形式上过度雕琢的倾向，

体验与评论——建筑研究的一种途径

功能性空间已转变成"典礼性"空间。使用者是否能理解空间的意义并得体地使用，已关系到建筑的生命力的问题 [3]。

　　这是一栋弥漫着建筑师理想和激情的建筑，一栋需要使用者亲身体验才会领悟其奥妙的建筑，一栋需要使用者兼具传统和文化内涵才能感受其江南地域特性的建筑。

参考文献

[1] 郑时龄 . 上海近代建筑风格 . 上海 : 上海教育出版社 , 1999 .

[2] 罗小未 . 上海建筑风格与文化 // 罗小未 . 上海建筑指南 . 上海 : 上海人民美术出版社 , 1996 .

[3] 盛邦和 . 断裂与继承 . 上海 : 上海人民出版社 , 1987 .

图片来源

本文图 17、图 19 摄影：缪朴，其余均由支文军摄影

原文版权信息

支文军 . 现代主义建筑的本土化策略 : 上海闵行生态园接待中心解读 . 时代建筑 , 2004(5): 126–132.

15

形与景的交融：
上海新江湾城文化中心解读

Combination of Form and Landscape:
Reading New Jiangwan Cultural Center

摘要 在 21 世纪初建筑学与其他学科日益融合的背景中，文章针对上海新江湾城文化中心的设计特征，从地形探索、大地艺术、景观性、生态、可达性、表现性、流变、散点透视、第五面、空间内外等几个关键词出发，对 RTKL 事务所的新作进行多方位的解读，试图以此理解其设计与理论的深层意义。

关键词 地形探索 大地艺术 景观 生态 散点透视 流变 第五面

新江湾城原为废弃的军用机场，地处上海中心城区东北部，是上海市一片最接近城市中心的、成规模的建设用地，目标定位为 21 世纪上海的花园城市和生态居住社区。中央公园位于新江湾城的核心，是服务于整个新江湾城居住区的综合用途公园，占地约为 17hm²，其中水体面积约为 5hm²，其水体与新江湾城整个水系相互沟通。新近落成的由美国 RTKL 事务所设计的新江湾文化中心位于中央公园西南角，占地约为 3hm²。东面是中央公园内自然形态的人工湖面，西、北临街，具有新江湾城特有的人工与自然相交融的环境特征。

新江湾城文化中心（以下简称"文化中心"）特殊的环境地理位置、不规则的建筑形式[1]、人工与自然的巧妙融合，演绎出了一组形景交融、个性鲜明的建筑。本文针对文化中心的设计特征，试图从地形、景观、自然、生态、大地艺术、散点透视、流变、第

五面等几个关键词出发，试图对其设计与理论的深层意义进行多方位的解读。

地形探索

地形（topography）指包括地势与天然地物和人工地物的位置在内的地表形态。在建筑设计中，人类对于地形探索的脚步从未停止过，在不断的地形探索中诞生的这一类建筑可称为"地景建筑"[1]。

山体、丘陵等地貌形态是人类远古崇拜的偶像，也是历来建筑设计灵感的源泉。传统做法是在建筑的外部空间上，模仿山的体量或地貌，或通过庭院、中庭、空中花园、架空层等真实引入自然，同时也可通过借景、对景等方法虚拟地引入自然景观，从而与周围环境对话。在信息时代，建筑师在使用这些传统方法的同时，比较重视把来源于自然的灵感运用到现代建筑的空间中，将自然意向融入建筑的灵魂，用虚拟数字技术在较深层次上探索和表现建筑与地形的关系。

在文化中心的设计中，建筑物与地形的密切关系成为建筑最主要的特征。建筑师采取建筑和地形环境一体化的设计，以景观设计的方式将建筑与地形、水面、植被融为一体，使其成为整体环境的一个有机组成部分。建筑师的具体方法是通过 9 条根须状的线性通道（坡道和踏步），使建筑物根植于环境大地。其中 3 条线性形体从西北方向升起延伸至东南方向，在

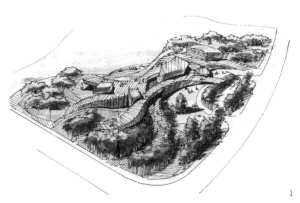
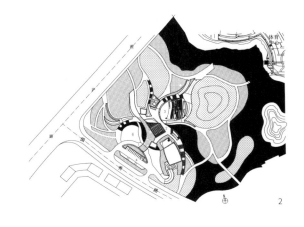

图 1. 构思草图
图 2. 总平面图

中间部位融为一体；最西南一条至南端成为整体建筑的主要入口的雨棚；其余两条分开最后成为降至地面的坡道；另一条从西南角以略低于前三条的高度向东北角方向插入形体的中心，与其中最北的一条共同限定出一个室外剧场。游人可以沿着根须状的建筑支脉爬上屋顶，然后再从另一端支脉漫步而下进入公园，颠覆传统屋顶的建筑带来如同翻越丘陵般的自然体验。以"根"的意象表现出来的基本建筑形体在大地上自由伸展，显现与自然湿地环境相契合的原生状态。

大地艺术

大地艺术又称"地景艺术"[2]，它是指艺术家以大自然作为创作媒体，把艺术与大自然有机结合创造出的一种富有艺术整体性情景的艺术形式。首次"在地作品艺术展"于 1968 年在美国纽约的杜旺画廊举行，由此宣告了一种新的现代艺术形态——大地艺术的出现。大地艺术可以说是中国庄子的"天人合一"哲学思想的具体实践物。大地艺术家认为，艺术与生活、艺术与自然应该没有森严的界线。在人类的生活时空中，应处处存在着艺术。让人们在自然与艺术相融同构的时空中"幸福"地生存。所以，不少的艺术家便把艺术发现与艺术创造的目光从画布等创作载体上转移到了室外美丽的大自然中，进行了大胆地探索和创造。

新江湾城中央公园的自然环境与这栋文化建筑所承载的社会功能恰恰暗合了大地艺术家的期望。在这座展示人类文明的建筑之根与自然互相交织的同时，处处存在艺术与自然同构的时空并构成了文化中心的室内外空间。作为与土地发生亲密关系的建筑，文化中心匍匐于大地上的自由形态，与自然融为一体互相依赖，已成为新江湾城中央公园地表形态不可分割的大地艺术的一部分。

景观性

中国艺术思想中"景"并非单指景物，"景"有其特殊的含义，先辈们将中国园林可观、可游、可居的风景哲学融进建筑设计中，实现了人在画中游的理想。这也是中国造园不同于西方的一个重要区别。这里的"景观性建筑"在景观意义上具有双重特性。首先这类建筑是美丽动人的，与整体的景观环境融为一体，并具备"可观"的价值；其次，这类建筑又是观景的场所，达到"可游"的境界，人们由于身临其境反而把建筑物消解在整体的景观环境之中。

文化中心正是具有中国园林可观、可游特征的"景观性建筑"。在方案草图中，可以看到建筑师以根为原型采取了动态建筑[3]的设计方法，通过逶迤起伏的屋面和形体，将室外标高与建筑的屋顶结合为一个连续的整体。建筑与景观的界限被打破，建筑通过一个"灰"的空间（延伸至屋顶的坡道和绿化）过渡将自

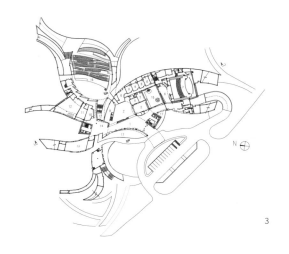

3

4

身融入了自然，也将自然渗入了建筑，从而创造出了一个更加连续和可操作的都市景观系统，并带来了场所体验的相关性和视觉经验的连续性。建筑在这里完全以园林中建筑与自然的关系来存在，在观景的同时也是景观的一部分。但是相对传统园林的外向私密而内向开放的特点，为了体现现代文化建筑的人本、生态性，建筑师以坡道将城市公共活动引导至内部，建筑成为了城市空间与自然环境的过渡，选择了完全开放的姿态。于是在设计的最终成果中，已经不能说是景观在为建筑而存在，从建筑所处的位置和建筑师的设计初衷来讲，也许更应该说在这里建筑是为景观而存在的。建筑在选择放弃突出自我与自然结合的同时却意外地获得了更意想不到的标志性。建筑的有机变化形成了建筑与自然密不可分的夹缝空间，形体间的交织、空间的开合，为以园林式的手法"理景"创造了无数可能的景观意趣。在这座景观建筑中传统的园林思想与摩登的现代建筑不谋而合，体现了"制度时因，搜妙创真"的意境[4]。建筑的绿化设计服务于空间划分和氛围的创造。在沿街地带布置了浓密的竹林，形成一道面对城市道路的自然屏障。在到达建筑前穿越清风竹影的经历有助于带来安静的心情。在面对东侧对岸极限运动场一侧，布置了大量的阔叶树木，同样作为一道深厚的绿色屏障。而在面对湖中心的南侧则以草地和低矮灌木为主，为建筑提供开阔景观视野。

可达性

文化中心不仅是景观性的，更是功能性的。作为一个社区中心，服务公众是设计的主要目标。文化中心开放的公共空间为周边的居民提供了良好的休闲、娱乐和社区活动场所。其交通组织体现了建筑开放的社会性，强调了建筑的可达性。

文化中心本身作为公共场所，与中央公园融为一体。一方面人们可乘车直达建筑入口；另一方面，建筑物周边有多条步道、栈桥与其他岛屿和地块相连，行人可沿多条道路进入基地。特别是以和缓的坡度与地面相连的四通八达的开放通道，把行人引向园林化的屋顶，建筑屋面作为公共空间的一部分，成为一个良好的欣赏中央公园美景的观景平台。

表现性

文化中心是一座表现性极强的建筑，而且有点过度张扬。这也体现 RTKL 公司一贯的风格特征。

文化中心建筑外观设计体现自然、生态的主题。建筑师通过 4 条线性的形体及 5 个玻璃体块创造模拟自然地形的整体形式。源于"根"的基本形式构思，建筑墙面和屋顶采取连续的自由形体，表面全部以再生的木质板材包覆，体现了建筑的生态特征。立面开窗形式如植物细胞排列，错落而有序。与之形成对比的是"石"的外部形态，突出于屋面的玻璃体与舒展、

体验与评论——建筑研究的一种途径

起伏的基本建筑形体形成对比。5 个玻璃体块镶嵌在盘根错节的形体之中，其中两组楼、电梯组合交通筒以半通透的玻璃围合，形成两个灯笼式的发光体。其他 3 个较大体量分别是多功能放映厅、中央展厅和艺术教室。发光玻璃幕墙的做法被引入室内，使人进入室内后明确感知到"石"在"根"内的存在，强化包容和共生的意象。"根"与"石"两种基本形式元素构成了一个矛盾的统一体，借助相互间对立而错综的关系获得动态的平衡和内在的张力，而非单纯的一致。有机体和无机体之间的碰撞、对比、转化和共生，表达出自然界永恒的变化状态。玻璃体与自由交错的形体共同构成有机的整体形象。

流变

　　流变语义上指随着时间的推移而变化[5]，而在建筑学范畴倾向于它的英文 Fluid 意义，指的是一种流动性。这个从前多用在物理学科的词语，由于计算机的运用，今天越来越多地出现在新锐建筑设计领域中。高迪 (A. Gaudi) 曾说：直线属于人类，而曲线归于上帝。而今横滨码头设计竞赛的胜利宣布了新一代工程的诞生，文化中心逶迤盘错的"树根"把建筑与景观融合在一起。21 世纪这个图像至上的时代里，上帝的曲线终于假借计算机和人类的直线结合在了一起，最接近自然界形态的流变必然成为最具冲击力的一种表现形式。

第五面

　　"既不也不"的时代产生了这样的结论：随着新的生活方式和城市生活结构的发展，建筑正在被同化，被强行赋予各种混合的功能，变得越来越复杂。混合与复杂化的趋势带来了屋顶功能的重新确立，于是建筑立面本身产生了第五个元素——朝向天空发展的第五立面[6]。简单屋顶平台的时代已经成为过去，屋顶现在也是一个积极的成分，是有人居住或使用的空间。

　　当城市的街道被汽车的废气污染的时候，屋顶成为拥有阳光、雨水与空气的城市处女地。巴比伦的城市花园重新回到建筑物的平台上来，甚至还有城市广场、游泳池、运动场等。第五立面的发展是建筑学的发展，也是人类对城市生态环境，人与自然关系协调发展的探索。文化中心的屋顶立体绿化不但提供给游人一处观景平台，也是建筑对被破坏的自然的一点补偿与尊重。

散点透视

　　文化中心印证了中国园林中模仿自然的视线组织的理景策略，也暴露了眼球经济时代图像至上的本质。文化中心的设计者提到，建筑为欣赏周围的美景提供了一个观景平台。这种"可观"的作用与传统园林中的高台建筑不谋而合，它提供了俯瞰的效果。和园林

中的台观类似，这种高视点的观赏建筑，从视觉活动特点来说有两种基本的观察方式：一是仰眺与俯瞰。空间景象随着视线在时间中由远而近的运动，这就形成了后来山水画的"三远"的画法，"高远"和"深远"的透视和章法，在这座建筑中，顺着逐渐高起的屋顶，人的视线随着运动，抬头可以看到屋顶形成的抬高的地平线和蓝色的天空，低头时看到近处的景物，这种空间运动体验类似于观赏条幅山水画的视觉活动方式。在到达屋顶最高点时，视线突然打开，完成最终俯瞰的效果。在如今城市的大部分景观趋向于平面化的趋势下，模拟自然地形的立体化屋顶绿化为城市景观增添了新的视觉体验。二是游目环瞩。空间景象随视线在时间中左右水平向的运动，这就是"平远"之景，从而产生横幅手卷画的透视和章法，横批长卷式的画面构图。中国画取景的这种特殊构图的画幅比例，正是来自独特的观察方式。

文化中心以横向展开形体，结合景观环境自由灵活变化，自由的开窗、开门方式为观景提供了丰富多样的透视角度。当在建筑内部游览时，把每一个建筑开口的景观以各自的视角拼接起来，就构成了一幅中国画的长卷。在张永和早年在美国对"窥"的空间的研究中[7]，这种特定的观察方式被作为理解环境的一种方法。动态的建筑在这里已经不再是传统的空间的物质"容器"，由于和人的身体运动发生了互动，引导了新的感知环境的方式。正如立体派绘画的表现，这种新的方式恰好与中国传统绘画的散点透视相契合，证明了未来科学的发展将日益向古老的东方文化所靠拢。

空间内外

文化中心的室内设计和建筑设计在形式和意义上都是一个完整的统一体和连续的过程。相较于外部的"原生"状态，内部空间更侧重于由人的活动而催生的内在生命力。

这座建筑方案源自某一具体的意象。空间的设计不是出发点，而是结果。在建造实体间剩余的缝隙空间恰恰印证了老子关于空间的"无以为用"的说法。在这座建筑里具象的形之间以及与大地虚的"缝隙"成为建筑的"无"（空间）。设计者从"根"的意向出发，交错的形体由聚而散，犹如树木根须的生长，而空间作为养分由缝隙的通道及实体输送至中央的大厅，随着透明的天窗冲向天空，完成"聚"的最终升腾。室内空间由一系列缝隙连通，随着建筑形体的自由流动，紧贴外部的空间随着外形变化的特征，将景观、光线引入室内空间，各种不同的内外因素共同变幻着不同室内空间的氛围。而另一部分内部独立的空间（如观演厅），因为与外界脱离，空间失去定位特征，成为游离在"根"内部易使人迷失的漂浮空间。

体验与评论——建筑研究的一种途径

图 7. 西南角看主入口
图 8. 从成人教室外坡道看室外剧场
图 9. 展厅
图 10. 从主门厅看展厅
图 11. 西立面
图 12. 南立面

文化中心又有相对独立的空间和性格特征。总的基调是具有现代感的简洁、质朴、自然，强调整体感和动势。在沉稳而略为含混的背景环境中，借助光影、形式、材质以及色调的对比，主要采用"植物"与"土石"两色，表现新生的意象。木材质被延伸用来加强"根"的表现意向，尤其是在剧场的室内设计中，木板被划分成树林丛生的形状，从墙面脚下生长蔓延至吊顶包裹了整个观众厅，仿佛树林中的一处静谧之地。

结语

现场漫游文化中心时刚好是雨天，蒙蒙细雨中人与自然的关系在流动的建筑形体中更加温润与感动，远胜于图片精美中的冷漠。2002 年横滨国际客运码头建成，FOA 首先提出了地景建筑的概念。他们从自然的地貌中，探索建筑空间新形态，标志着数字化技术来进行建筑地形探索的新阶段。整个建筑如同被建筑材料包裹的地貌景观一样，建筑物塑造的屋顶空间向城市延伸并共享，同时也塑造了连续但不统一，具有混沌特征的第五立面。近期张永和设计的东莞松山湖工业设计大厦 [8] 以及马达思班的青浦浦阳阁都在挖掘模拟自然地形的变化上大做文章，与自然地形呼应的楼板形成了内部的功能空间，同时也使自然延伸到建筑里来。人造地形层的屋顶将人引入不同标高的建筑

中，第五立面屋顶化为交通空间的同时也成为绿化景观。因此，东方传统文化中的精髓，尤其是中国园林中人与自然共处的哲学与审美情趣，也将在新的技术形式下焕发新的光彩。

参考文献

[1] 李小海，曾坚．不规则建筑的自然意．世界建筑，2006(04): 110–113.
[2] 佚名．大地艺术在现代景观设计中的实践．www.cndxs.net．
[3] 施国平．动态建筑——多元时代的一种新型设计方向．时代建筑，2005(6): 126–131.
[4] 张家骥．中国造园论．太原：山西人民出版社，1991.
[5] 中国社会科学院语言研究所词典编辑部．现代汉语词典．北京：商务印书馆，2002.
[6]Francis Rambert. Architecture Tomrrow. Edigroup/Terrail. 2005.
[7] 张永和．作文本．上海：三联书店，2005.
[8] 张永和．东莞松山湖工业设计大厦．时代建筑，2006(1): 80–83.

图片来源

本文图片摄影：傅兴

原文版权信息

支文军，段巍．形与景的交融：上海新江湾城文化中心解读．时代建筑，2006 (5): 104–111.
[段巍：同济大学建筑与城市规划学院 04 级硕士研究生]

16

时间与空间：
同济大学建筑与城市规划学院建成空间的演变

Time and Space:
Evolution of the Built Space of the College of Architecture and Urban Planning, Tongji University

摘要 同济大学建筑与城市规划学院建筑空间经过了60年拓展，基本形成以 A、B、C、D、E 五座大楼为代表的集群规模，并以此为载体构建了庞大的学科平台体系。建于不同年代的大楼有各自鲜明的特征，其呈现的多样性和差异性也正是同济"锐意创新，开拓进取"精神的写照。

关键词 建筑空间 教学街区 综合实践 同济精神

建筑空间资源是高校学科建设最重要的硬件基础之一。同济大学建筑与城市规划学院（以下简称"建筑城规学院"）自 1952 年"全国高等院校调整"建立同济大学建筑系，到 1986 年发展为建筑与城市规划学院，至今已经走过整整 60 年，其教学空间规模也由最初的 A 楼（文远楼）逐步扩大到如今以 A 楼、B 楼（明成楼）、C 楼、D 楼（基础教学楼）和 E 楼（同济规划大厦）为代表的教学建筑集群，同时在空间结构上形成了街区式的教学环境[1]。

历史

1953 年 A 楼建成，这是建筑城规学院的第一栋教学楼，设计者是当时的青年建筑师黄毓麟先生和哈雄文先生。该楼最初是为测量系设计，后因"全国院系调整"，测量系迁往武汉成立测量学院，建筑落成后，暂由建筑系使用，直到 2005 年底正式划归建筑城规学

院使用，并接受了生态节能更新。与同时期国内教学建筑崇尚对称、围合等学院派设计手法相比，文远楼则对现代主义风格进行了本土化尝试，成为中国早期现代主义建筑的代表作品，相继获得"中国建筑协会优秀建筑创作奖""新中国 50 年上海经典建筑"等诸多殊荣[2][3]。

1985 年学院设计建造了院馆 B 楼（设计时是建筑系系馆），由时任建筑系主任的中国工程院院士戴复东先生主持设计。B 楼是全国各大建筑系中建造最早的系馆之一。由于经费问题，该楼分成两期建造，整个项目于 1997 年竣工。2004 年，B 楼重新进行了装修，增加了南立面金属百叶，同时修建了 1000m² 左右、当时全国建筑院校中规模最大的院系图书馆和可留存学生作业 20 年的大型档案馆。在建筑设计上，B 楼以现代建筑的设计手法融入较多的人文元素。由于建筑立面采用赭红色面砖，它也被大家亲切地叫作"红楼"。

至 2004 年 5 月，作为对院馆的扩建，在 B 楼东侧建成了 C 楼，供研究生教学使用。这栋 7 层的建筑由同济大学建筑设计研究院的建筑师张斌、周蔚主持设计。C 楼通过二层空中走廊与 B 楼联系，建筑内部包括研究生教室、学生作业展厅、设计院、咖啡厅和书店。建筑师力求创新的设计态度和娴熟的设计手法使 C 楼一度成为当代国内建筑院校教学楼设计的"风向标"。

近几年，随着学院三大学科、四个专业基本构架

体验与评论——建筑研究的一种途径

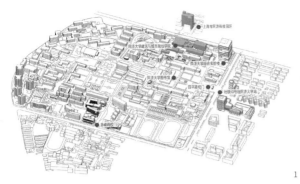

图 1. 鸟瞰区位
图 2. 鸟瞰照片
图 3，图 4. 学院 A 楼

的成形，作为对教学空间资源的补充，学院通过改造旧建筑相继增加了 E 楼和 D 楼。E 楼位于同济校园北侧的上海市同济科技园区内，由原上海绣品厂厂房改扩建而成，主持建筑设计的是建筑城规学院章明教授。通过扩建，建筑从原来的 12 层增加到 15 层，总高度达到 70m，是一座集教学与办公的综合大楼。改造维持了原有的结构体系，重新进行功能、文化和艺术定位，实现了建筑从无序到有序、从随机到有机的转变，建筑师用批判性的态度对城市改造与更新进行了深入思考与探求。D 楼位于 C 楼南侧，改造前是同济大学原"能源楼"，为 5 层框架剪力墙结构、预制梁与现浇混凝土柱整体装配式结构。该楼建成于 1978 年，建筑材料有不同程度的磨损，且室内布局无法满足建筑学教学需要。2010 年，以建筑城规学院张建龙教授、谢振宇副教授为首主持的设计团队对其进行了改建设计。D

楼现主要用作一、二年级的基础教学和基础实验使用，一层的部分空间还可作为学院的国际设计暑期学校或国际联合设计的教学场所，建筑空间上具有功能复合的特征。改造后的 D 楼对周边的环境采取了积极回应的态度，最终与邻近的 A 楼、B 楼和 C 楼共同形成街区式的空间结构 [4][5]。

群体特征

60 年来，随着学院不断发展、设施不断完善的需求，学院的五栋教学楼在没有事先统一规划的背景下陆续建成，不同的时代背景和设计条件使建筑呈现出较大的差异性。无意形成的建筑群室外空间经过梳理，成为教学空间的重要组成部分，与教学楼一起形成学科高速发展所依托的物质载体。

图 5，图 6. 学院 B 楼
图 7，图 8. 学院 C 楼
图 9，图 10. 学院 D 楼
图 11. 学院 E 楼

学科平台建设的空间布局

建筑城规学院主要由教学机构、研究机构、配套机构、管理机构、学术刊物和国际机构组成。除了建筑系、城市规划系、景观学系三个一级学科及其日常教学与管理外，还设有教育部重点实验室、教学创新基地、信息中心（包括图书馆、图档馆、院史馆）、住建部干部培训中心、联合国教科文组织亚太地区世界遗产培训与研究中心、《时代建筑》编辑部、《城市规划学刊》编辑部、规划院、都市院等相关机构。学院现以"三学科＋四专业"为基础，以近 56 000m² 的教学空间资源为依托，建立了庞大的学科平台体系。其中包括 A 楼内多个实验室组成的实验平台，B 楼图书馆、档案馆、院史馆为基础的信息平台，C 楼《时代建筑》与《城市规划学刊》编辑部形成的学术平台，围绕 D 楼建设的建筑基础教育平台，以 C 楼都市院、E 楼规划院为依托的实践平台，以及在其他相应空间上搭建的管理平台、文化平台、国际交流平台、激励机制平台和培训平台，等等。如今的学院已经成为国内同类院校中学科建制最齐全、本科生招生规模最大，世界上同类院校中研究生培养规模第一，并且具有全球影响力的建筑规划设计教学和研究机构，同时也是本学科重要的国际学术中心之一。

建筑集群

在建筑城规学院的五栋建筑中，除了 E 楼因受

到科技园内环境影响，建筑体量相对较大，A、B、C、D 四栋建筑高度均在 30m 以内，南北间距也在 24m~26m 之间，有较好的采光条件和舒适的室外空间。虽然设计和建造的年代不同，但都拒绝了符号化和模仿的套路，运用现代的设计语言，强调建筑形体对内部功能特征的表达和对空间及材料工艺的研究。例如，A 楼通过立面开窗的变化体现报告厅与普通教室的差异；B 楼运用不同体量高度的对比和造型独特的楼梯间暗示教学区、行政管理空间和交通节点的位置；C 楼"三明治"形体特征，清晰地反映了室内交通空间与功能空间的逻辑关系；D 楼通过立面凹凸和材料的虚实对比，表达室内复合功能的特征和公共空间的形态；E 楼则使用了不锈钢材料区分结构上的原有部分和扩建部分。由于五栋建筑使用了不同的立面材质，建筑群的色彩也不尽相同，形成活跃的视觉效果。在建筑室内空间的设计上，由于它们都采用了框架体系作为主要结构方式，空间的划分也十分灵活。使用过程中，五栋建筑经过局部功能的调整后，满足了作为教育建筑在内部空间使用上的特殊要求[6]。

街区型外部空间

相对集中的 A、B、C、D 楼在空间布局上两两平行，通过东西两个广场彼此联系，这也是建筑城规学院教学街区的主要室外空间。两个广场既承担了出入各教学楼的交通功能，又扮演了日常教学活动公共空间的角

色。其中西广场由 A 楼、B 楼和 D 楼的西山墙围合而成，也叫"学院广场"。该广场占地面积约 2800m²，东西长约 110m，南北宽约 26m，通过"弹格石"铺地和休闲花池的设计，使原本动态交通空间具备了广场静态空间的特性。同济大学"百年校庆"时很多活动都是在学院广场举行的，同时这里还兼作各类学术论坛的室外会场和学生教学实验及课外活动的场所。D 楼改造完成后在西山墙增加了"讲台"和 LED 显示屏等元素，完善了该广场的礼仪功能。东广场由 C 楼、D 楼和 A 楼部分形体围合形成。广场占地 1800 m²，虽然其 24m 的南北进深作为广场相对局促，但 C 楼下沉空间的处理和 D 楼"座席厅"的设计策略实现了空间在竖向上的延展，同时营造了与学院广场截然不同的空间效果，形成学院特殊的室外剧场及展示空间[9]。

东西两个广场通过 D 楼转角架空处理以及与 B 楼形成的曲面呼应关系得到自然的衔接，并在整体上形成了"8"字形的布局。广场上集中了四栋教学楼的主要出入口，并与诸多的教学模型、植被、景观雕塑一起形成便利且富有趣味性的室外公共环境。

设计探索

作为培养建筑、规划及景观设计专业人才的同济大学建筑与城市规划学院，其教学楼的设计不仅承担了影响学校建筑风貌建设的责任，更重要的是提供了一个熏陶学生的环境，同时反映学院的教育理念。从 A 楼到 E 楼，60 年里学院在教育建筑设计领域进行了一系列综合的探索和实践，并将成果作为教材的重要

组成部分，C 楼陈列的构造详图展板和 A 楼内设计的墙体解剖橱窗就表明了这一教学理念。

中国现代建筑的萌芽

文远楼设计于"整理国故"复古思潮和学习苏联"社会主义内容、民族形式"的社会背景下，是中国探索现代建筑道路上的重要里程碑。整座建筑的设计充满了典型的现代主义特征：顺应环境的"L"形布局和平面功能的灵活布置显得形体组合丰富多变，体量的纵横虚实处理也极为得当。阶梯教室临近主入口布置，充分考虑到疏散的便利，其主立面上的开窗直接反映了教室地面起坡的特征。大面积玻璃窗显示了无承重墙的框架结构，简洁平整的立面突出了玻璃、钢材与混凝土的材料特点。内廊式布局使得室内流线简洁流畅，同时也串联起各功能空间，是典型的现代主义建筑手法。

然而文远楼的现代建筑探索之路是复杂和矛盾的，它不仅渗透了多重西方古典建筑语言，同时也受到了中国传统因素的诸多影响。钱锋副教授在 2009 年《时代建筑》上的文章《"现代"还是"古典"？——文远楼建筑语言的重新解读》中，从西方学院派的"主从轴线系统""严谨的西方古典建筑美学比例""西方古典建筑原型的隐喻""巨柱式和双重柱"等方面清晰地阐述了文远楼与西方古典建筑之间的惊人联系；同时，也揭示了造成这一现象的本质原因。当年同济学子一方面受到学院派教学和现代建筑思潮的双重影响，另一方面同济大学建筑系 "兼收并蓄"的办学理念也为建筑师提供了开放的创作平台。文远楼在多处

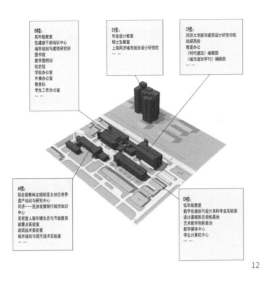
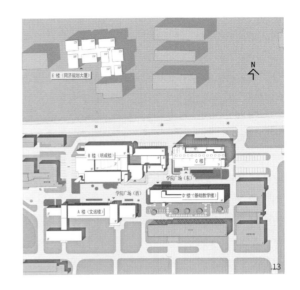

图 12. 学院 5 座大楼的功能布局
图 13. 总平面
图 14– 图 16. D、E 楼之间广场

建筑细部处理上还尝试了将中国传统建筑语言与现代建筑形式的结合。例如，通风孔的盖板图案取自中国的勾片栏杆，壁柱顶端的纹饰如传统云纹，暗示中国古建筑鸱尾的女儿墙压顶转角，反复使用的小方块母题像中国传统建筑的榫头，等等。正如文远楼门厅石碑所写："直承包豪斯风格……融现代主义理性精神与中国传统意境。"这一切都使得文远楼不单是一座有形的建筑遗存，而且是中国建筑师熟练掌握现代建筑手法的有力例证，同时也是一个蕴含中国建筑学文化脉络的建筑学教学环境。

空间意义

早在 20 世纪 60 年代初，冯纪忠先生就提出"以建筑空间为纲"的教学体系，之后空间设计就一直是同济建筑教学的重要内容，并且在学院教学楼设计中得到实践。

B 楼将空间设计与集会、展示、文化、自然景观等元素结合。例如，位于建筑室内西侧的钟庭，利用一楼图书馆的局部升高，形成台阶状，沟通了三楼与二楼的教室走廊。这里既可以用作师生交流和学生作业展览空间，也可在活动时兼作剧场，一举多得。钟庭内还刻有取自王羲之、米芾、智勇和尚和孙过庭等笔迹的"兼收并蓄"四个字，以及由当年学院老师设计的"双睛图"，充满人文气息。此外，B 楼门厅空间的设计也别具匠心。刚进入建筑就有一个种了竹子的露天内院作为对景，两层通高的空间使大厅与楼上的陈列回廊形成互动，门厅还将钟庭和办公区的多功能厅串联在一起，形成一个流动的交往空间系统[10]。

后来建成的 C 楼更是将交往空间作为建筑的主角。建筑师从空间光影、庭院景观及可视性体验等具有实验性的角度对空间进行设计。交通空间占据建筑的核心，交往空间与功能空间以灵活的方式组合，不仅使建筑内部成为一个流动的连续空间，同时也使建筑本身成为一个吸收自然光线的"海绵体"。8 层高建筑（地面 7 层，地下 1 层）中的每个空间都可以感受到光影变幻。这里成为师生的交往场所，并且容纳了各种使用可能性。庭院空间逐层分布在不同的建筑高度上，打破了服务空间与被服务空间的静态关系，同时使交往空间成为建筑中的重要元素。横向和竖向均质分布的空间带来崭新的建筑体验。视线在这里不受阻碍，可以从底层穿越到顶层，也可以从建筑东侧穿越到西侧，还可以看到室外景观[7][8]。

材料表情

基于不同的时代背景和不同建筑师的个性及设计手法，五座教学楼选择了不同的外立面材料。B 楼针当时对经费紧张的问题，选择了当时校建材系与某厂利用废铁屑与陶土烧制出的赭红色面砖。创新的拼贴工艺体现了建筑师对材质的驾驭能力。色泽浑厚的材料质感，使建筑表现出一种雄健飒爽的阳刚之气。

C 楼在设计上将"形态"退至"材质感觉"之后，着重强调表皮材质的表现力。运用不同材质表达不同的室内空间类型，同时对周边的环境做出适当的回应。例如，考虑到南立面研究室的私密性和周边视线的局促性，建筑采用半透明 U 玻与透明清玻的凹凸组合回应私密与开放、远看与近观的需求。面对城市道路的北立面则使用透明的玻璃和光亮的抛光不锈钢板，使得建筑与围墙边的水杉林及室内和屋顶的绿化形成叠印的虚幻效果。高耸的楼梯间用印花玻璃装饰，强化体积感的同时成为信息传递的媒介。诸多工业材料的直接使用和最直白的连接原则，实现了简洁理性的构造。

在最新改造的 D 楼中，针对工期短的特点，外立面设计采用了"规格标准化、组合多样化"的策略。便于裁切的铝合金方管框架并单面覆 2mm 冲孔铝板，

框架两面包边，同时表面做深灰色氟碳烤漆处理。这一选材不但具有控制建筑室内光线、抵御寒风等节能作用，又以灵活的开启方式和材料本身的独特质感实现了立面造型的多样性、不确定性和时代性。同样经历改造的 E 楼则以"竹制"为母题，研究了现代建筑材料与传统"编织"工艺的关系，并且通过这一手段有效地整合了原建筑混乱的立面状况[9]。

旧建筑更新

在建筑城规学院的五座教学楼中，有两座（D 楼、E 楼）是通过老建筑再利用、再建造而成，还有一座（A 楼）是采用"历史保护建筑的生态节能更新"策略进行修缮。这一现象反映了学院对中国快速城市化背景下城市更新问题的关注，并试图通过自身的实践为城市改造提供有借鉴价值的范例。

作为"现代主义在中国的第一栋"建筑，文远楼生态节能更新的最基本要求就是不破坏、不改动其原来的建筑立面和空间结构。在当时我国尚无保护建筑改造与生态节能技术相结合的案例背景下，文远楼的生态节能更新开创了此领域的先河。整个研究过程围绕"态度更严密、手段更小心、技术更缜密、专家更多元"的"四个更加"原则，组建了以建筑、结构、机电、水暖和智控等强大的专业技术梯队协同工作，同时还邀请了德国生态节能建筑技术专家参与，并运用先进的节能建筑设计方法和生态节能产品，应用了地源热泵、内保温系统、节能窗及 Low-E 玻璃、太阳能发电、雨水收集、LED 节能灯具、屋顶花园、内遮阳系统、智能化控制、冷辐射吊顶与多元通风等十项生态节能核心技术，对历史建筑的绿色节能技术运用的途径和方法进行了探索[11]。

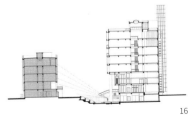

15　16

图 17，图 18.学院教学活动

D 楼和 E 楼则通过对内部空间的调整和外立面的二次设计达到改造预期设定的目标。D 楼保留了原建筑主体结构与围护结构，从环境出发重新组织了建筑的内部与外部空间。外观设计上采用双层立面的设计策略，第一层是保留下来的原有建筑立面，增加了外墙保温板，并选用断热铝合金窗框和 Low-E 双层中空玻璃替代原来的普通钢窗；第二层立面是带有人工开启功能的穿孔铝板，既可以调节室内光线的强弱也可实现夏日遮阳和冬天抵御北风的作用。院长吴长福教授形象地将其比喻为"保暖内衣"和"清凉纱衫"。E 楼是针对高层建筑改扩建的一次深入思考和探求。设计从"功能性改造到理念性改造""单一空间到复合空间""无序形态到逻辑形态""无联表皮到深层表皮"四个方面入手，通过编织的立面逻辑，在高层建筑密集、城市道路嘈杂的环境下，强化了单体与城市背景的关联性。建筑的内部空间也由原来内向、单一的格局调整为开放、复合的模式，尤其是扩建后的建筑顶层，形成尺度宜人且具有聚落特征的高层开敞空间。

空间与事件

空间是事件的载体。随着学科建设的不断完善，建筑城规学院教学空间逐步扩大，教学事件也更加多元化，逐步形成"空间激发教学，事件引导空间"的互动模式。

空间激发下的教学

设计基本功训练是建筑学教育的关键门槛，早在20 世纪 70 年代末至 80 年代初，同济大学建筑系已在全国高校建筑系中率先实行这方面的革新实验，引入了"形态构成"训练，并形成一套有特色的建筑设计基础教学系统。时至今日，这项革新还在继续向前推进，并致力于将对材料、构造和建筑空间的真实体验与操作训练更好地衔接。基于这一教学传统，学院丰富的教学空间也就发挥了作为课程设计、创新活动、展示活动等教学事件的场所空间的作用。例如，B 楼与 C 楼之间的空中走廊区域是一年级学生每年进行"鸡蛋坠落保护装置设计"测试的地点；学院广场与 C 楼、D 楼之间的广场举办的"建造节"；C 楼下沉广场每年举行的建造实验"桥结构设计与建造"活动以及景观照明活动；D 楼二层开放式平台的空间实验"超级家具"，以及每栋建筑中若干大小的学生课程成果展示空间，等等[12]。

事件中的空间意义

除了教学，大量对外交流和学术活动也使学院的空间资源在使用上具有更深刻的意义。学院地处上海，拥有持续广泛的国内和国际交流。目前已经和亚、美、欧、澳的一大批著名建筑院系建立相对稳定的国际联合设计教学机制，并短期"柔性"引进一批国内外专业人士加入日常教学活动。结合国际联合建筑设计教

体验与评论——建筑研究的一种途径

学体系，学院还主办或联合主办了一系列的国际会议和展览，国内外学者讲座也已经达到了平均每周三次以上。此外，学院拥有的两大学术刊物——《时代建筑》和《城市规划学刊》也正积极地发挥着学术平台的作用。例如，曾举办的世界规划院校大会、国际建筑环境大会、时代建筑 "建筑中国年度点评""社区营造"论坛等活动，都是引起业内外广泛关注的重要学术事件。

以这些对外交流和学术活动事件作为引导，学院在空间资源利用上也更有针对性。例如 C 楼地下一层整层 800m² 可作为联合设计教学空间，并能够同时接待 6 个客校联合设计组。学院有 7 个大小不等的报告厅、若干个研讨室和展厅。学院广场、钟庭的半室外广场空间和 C 楼、D 楼间的露天剧场空间，均可承担大型的集会和观演活动。所有这些空间资源及其设备环境为师生提供了可与国际知名大学媲美的学习工作环境，同时也吸引了一流大学的师生前来交流。

结语：基于时间流变中的空间再造

教育建筑的形态首先取决于教学模式和办学理念的选择。现代建筑学教育向结构多样化、教育职能多样化、教育终身化发展；人才培养模式由单纯传授专业知识向培养具有广博基础知识的复合型人才转变；教学的方式已远不限于单向的知识灌输和讲授，而是更加强调综合性和人性化的取向。面对这样的变化，教育建筑的形式也需要相应的调整，以适合时代发展的需要。从同济大学建筑与城市规划学院 60 年的建筑空间发展中不难发现，由于建筑学、城市规划、景观学等专业具有较强的包容性，交叉学科的研究和丰富的教学手段日益增多，传统的单栋建筑在功能上已不能满足使用需求，建筑集群是未来学科空间资源发展的趋势之一。人性化的交往空间和注重学生的直接体验仍然是营造建筑学教学环境的核心问题。同时，电脑的普及、数字化教学空间的形成，使学生摆脱了传统工具的束缚，学生与学生、学生与教师之间可通过多种途径进行交流，相应的教学空间形式也变得更为灵活。此外，建筑城规划学院在办学初期作为国内同时期唯一一所引入包豪斯"基础课程"及现代主义建筑教育思想的院系，在教学空间的发展上也突破了学院派的束缚，反对墨守成规和模仿，强调自由、开放的创新精神。经过 60 年的发展，同济大学建筑与城市规划学院教学建筑集群所呈现的多样性与开放性特征，正是同济人"锐意创新，开拓进取"的真实写照，也是"同济风格"的真正含义。

参考文献

[1] 支文军，宋丹峰 . A 楼、B 楼、C 楼：同济校园新建筑评述 . 时代建筑，2004(6).
[2] 钱锋 . "现代"还是"古典"：文远楼建筑语言的重新解读 . 时代建筑，2009(1).
[3] 宋戈，王方戟，孙志刚 . 同济大学"文远楼"设计分析 . 时代建筑，2007(5).
[4] 吴志强 . 同济建筑规划设计精神的起源与发展 . 时代建筑，2004(6).
[5] 邹德侬 . 文化底蕴 流传久远 . 时代建筑，1999(1).
[6] 戴复东 . 交流·自然·文化：同济大学建筑与城市规划学院院馆建筑创作 . 建筑学报，1999(5).
[7] 张斌，周蔚 . 具体性策略：同济大学建筑与城市规划学院 C 楼设计 . 时代建筑，2004(4).
[8] 王方戟，杨一丁 . 同济大学建筑与城市规划学院 C 楼之双重阅读 . 时代建筑，2004(4).
[9] 张建龙，谢振宇 . 同济大学建筑与城市规划学院基础教学楼改造设计 . 时代建筑，2011(1).
[10] 伍江 . 兼收并蓄，博采众长；锐意创新，开拓进取：简论同济建筑之路 . 时代建筑，2004(6).
[11] 钱锋，魏崴，曲翠松 . 同济大学文远楼改造工程：历史保护建筑的生态节能更新 . 时代建筑，2008(2).
[12] 常青 . 同济建筑学教育的改革动向 . 时代建筑，2004(6).

图片来源

本文图 3—图 6、图 14 摄影：吕恒中，图 17、图 18 由学院设计基础教学部提供，其余图片由同济大学提供

原文版权信息

支文军，王斌 . 时间与空间：同济大学建筑与城市规划学院建筑空间 60 年 . 时代建筑，2012(3): 58–63.
[王斌： 同济大学建筑与城市规划学院 2011 级博士研究生]

17

建筑师陪伴式介入乡村建设：
傅山村 30 年乡村实践的思考

Architects' Involvement in Rural Construction with Companion–approach:
Thoughts on 30 Years Rural Practice in Fushan Village

摘要 在中国就地城镇化语境下的乡村建设实践中，建筑师的介入与身份的定位该如何伴随着乡建的渐进式发展？文章通过同济大学设计团队在傅山村持续 30 年的建筑实践，对其持续与村庄互动中形成的身份定位和"共同体"模式下的工作方式进行研究和探讨，并对此过程中建筑师如何能够将设计理想与乡村营建进行有机结合并最大化地对村庄形态的塑造做出专业性贡献，以及获得建成作品品质的同时实现社会建构等，进行了全景式呈现。在一个强调乡村振兴的时代背景下，这一基于具体实践案例的研究审视了建筑师的身份和实践的模式，提供了一个基于当下乡建的未来视角。

关键词 乡村建设 现代化 就地城镇化 建筑师 介入 身份 陪伴式 共同体

前言

中国是一个具有悠久乡土文明的国家。数千年的农耕生产传统，使得乡村地域一直主导着中国社会文明的进程，构成了支撑整个国家经济和社会结构的基本面。改革开放 30 多年来，快速城镇化的发展，对乡土血缘的社会结构造成了极大冲击，许多当初作为传统聚落的乡村个体，伴随聚落经济发展和生活方式的急剧变化，已逐步向城市的业缘社会关系过渡，同时也伴生出一系列严峻的社会问题。从某种意义上而言，乡村问题构成了中国城镇化与现代化问题的基础与核心。在城镇化与工业化所定义的"现代化"语境下，城乡关系处于不断的变动之中，中国乡村的发展总体呈现出一种不断追赶城市的"线性转型"逻辑[1]。

近年来随着国家乡村建设政策的实施，乡村建设变得红火起来，政府和社会资本以不同的方式向乡村地区聚集。包括建筑师在内的各类专业和社会人士深入乡村第一线，介入乡建已成为热潮，如欧宁的碧山计划、王澍的文村、徐甜甜的松阳故事 [2-4]、张雷的山阴坞村、吕品晶的板万村和杨贵庆的黄岩乡建等等，呈现出建筑师们不同的路径和姿态，以及独特的乡村实践的可能性。

同济大学设计团队以乡村为主体的陪伴式的协作共建的姿态，介入傅山村乡村建设 30 多年①，提供了一个助力乡村现代化和在地城镇化的鲜活的乡村实践案例。本文以我们在傅山村一线的乡村实践为线索、以一手资料为基础，从乡村特征分析、建筑师介入乡村的身份认定、建筑师乡建工作方式和内容剖析等方面，尝试进行初步的梳理和研究，算是一次我们乡建工作的阶段性总结。

傅山村——一个就地城镇化的样本

傅山村位于山东省淄博市高新区东北部（图1），总占地面积近 7 km，现户籍人口近 6000 人，拥有企业职工 10 000 余人。30 多年前，傅山村还是个远近闻

图 1. 淄博市高新区傅山村区位示意图
图 2. 1984 年前的傅山村聚落肌理示意图
图 3. 1984 年前的傅山村路网及民宅系统示意图

名的贫困村，经过 30 多年的砥砺奋进，昔日贫穷落后的小村落已奇迹般地发展成为社会主义新农村、名企业和大集团，在产业兴旺、生态宜居、乡风文明、治理有效、生活富裕的乡村发展总目标上都有显著的成效，在经济与社会的各项事业中实现了平稳、健康和谐、持续的发展。傅山村先后被授予"全国文明村""中国十佳小康村"等众多荣誉称号。

乡村类型特征

中国的乡村是丰富多样和错综复杂的，不存在一个简单而普适的乡建模式。在《乡村振兴战略规划（2018 － 2022 年）》中[②]，国家首次提出了要顺应村庄发展规律和演变趋势，根据不同村庄的发展现状、区位条件、资源禀赋等，按照"集聚提升""融入城镇""特色保护""搬迁撤并"的思路，分类推进乡村振兴，不搞一刀切。根据傅山村客观条件和现状，兼具"集聚提升类"和"城郊融合类"村庄的特征，这两种类型的乡村占中国乡村的大多数，也是乡村振兴的重点。长期以来，傅山村在摸索中发展和演进，基本遵循了科学的村庄发展方向，如，在原有规模基础上有序推进改造提升，激活产业、优化环境、提振人气、增添活力，保护保留乡村风貌，建设宜居宜业的美丽村庄；鼓励发挥自身比较优势，强化主导产业支撑，支持农业、工贸、休闲服务等专业化村庄发展；如充分认清傅山村作为城市近郊区具备成为城市后花园的优势，也具有向城市转型的条件；综合考虑工业化、城镇化和村庄自身发展需要，加快城乡产业融合发展、基础设施互联互通、公共服务共建共享，在形态上保留乡村风貌，在治理上体现城市水平，逐步强化服务城市发展、承接城市功能外溢、满足城市消费需求能力，为城乡融合发展提供实践经验。说到底，今日的傅山村，是乡村现代化与就地城镇化的一个优秀样本。

集体主义

集体主义是傅山村发展最重要的特色，这种格局的形成主要源于两个方面的历史演变：一是通过村办企业使集体经济得到壮大并为傅山做出了极大的贡献，集体主义在傅山的经济领域起到至关重要的作用；二是旧村改造的实施使原居民宅基地真正转化为村属土地，使村集体组织拥有了村属土地的统筹使用权，集体的土地作为村庄最重要的生产资料和资源同样发挥了关键的作用。

从工业兴村到多元发展

强大的集体经济实力是傅山村得以发展的最基本因素，然而这种实力是傅山村依托工业化开拓创新、脚踏实地、锲而不舍地一步步干出来的。30 多年前，傅山村还是个建立在自给自足的农业经济基础之上的远近闻名的贫困村。20 世纪 80 年代，村两委（指村党委和村委会）依靠"宜分则分、宜统则统、统分结合"

图 4，图 5. 1984 年前的傅山村旧貌
图 6. 旧村改造后的村落肌理仍然是细密连续
图 7. 在村落中心拆除旧民房建起来的幼儿园和小学
图 8. 拆除旧民房建公共建筑并逐步形成的村落中心
图 9. 今日整齐划一的傅山村
图 10. 正在从乡村向小城镇转型的傅山村中心区村貌
图 11. 老彭与支文军在蟠龙山顶上的畅想

的联产承包政策解决了村庄温饱问题，并提出"科教兴村""退一进二"，以工补农发展工业，创办了一系列村办企业，走向了一条以"苏南模式"为主要特征的"乡村工业化"道路[3]。在经历 90 年代中后期中国乡镇企业大洗牌后，傅山村仍然保存了雄厚的经济实力和集体力量，建立了村镇经济集团——傅山企业集团。刚刚进入 21 世纪，傅山村采用"低消耗、高效率"的循环经济模式构建工业企业内部的产业链，逐步走上了以能源产业为产业链基础、以循环经济为纽带的多元化发展道路，并提出"继二进三"和"调整、整顿、规范、提高"的发展战略。近年来，傅山村优先发展第三产业。此外，傅山在科技创新领域实现新突破，实现产业战略性质变。傅山连续多年跻身全国 500 强。2017 年，傅山集团更是实现总产值 150 余亿元。

内生力量型乡村建设

中国基于参与角色的乡村建设模式主要有政府主导型、社会推动型、内生力量型三种，这三种模式在模式内涵、参与机制、乡村建设特征等方面各不相同。

傅山村属于"内生力量型乡村建设"，这种实践类型以农民自身创造力作为推动主体，促进乡村建设发展[5]。该模式的前提是村民主体地位的确立，即由村民或者在村两委带领下通过成立集体组织，集聚村庄内部的土地、资金、人力等集体社会资本，制定乡村共同的行为规范，根据生活以及经营性需要自发建设，形成乡村社会共同体，推动乡村自身造血，健康可持续发展。这是一种利用自身优势促进乡村自主发展的由内而外、自下而上的建设模式。

具体来看，傅山村主要以村庄内部工业化带动的自下而上的内生力作为发展的主导动力。村两委依托集体经济的力量，以发展经济为核心，优化村庄的资源配置，调整村庄功能布局，统一开发建设村庄农宅、基础设施等，新建学校、医院、博物馆等公共设施，完善村庄公共服务。与此同时，淄博市区域影响引领

体验与评论——建筑研究的一种途径

的"自上而下"外推力则作为宏观的区域背景，为傅山村提供各项支持和方便，二者相得益彰。也正是由于村集体作为村庄建设的主导，傅山村主要的建设资金均来自村级财政，因而更关注村民的生产生活需要和村庄持续运营的经济和社会效益。

旧村改造与村落肌理

1984 年以前的傅山村，还是一个内向、自足的传统乡村聚落（图 2—图 5）。面对破落杂乱的民房村貌和逼仄狭隘的路网系统，村集体班子在发展乡村企业的同时意识到旧村改造的必要性，决定花 10~15 年时间推行傅山村首个村庄规划建设方案（由淄博张店区建设局乡村科规划设计）及旧村改造计划。1993 年随着旧村改造主要阶段结束，规整的棋盘式路网取代了原先相对自由的街巷格局，但村落肌理依旧呈现细密连续的特征（图 6）。与旧村改造同步进行的，在村落中心所建的村公共建筑如幼儿园、小学、服务大楼、村委办公楼、医院及娱乐中心等，都是在旧民房拆除的基地上建起来的（图 7，图 8）。20 世纪 90 年代中后期至今，傅山工业化迅速发展，笔直宽大的现代道路开始出现，新村外围大量现代住区与工业、仓库建筑群的建设，其尺度远远超过传统村镇街区和建筑。从村域整体来看，各片区成为断裂的碎片并进入高度混杂的状态；从居住片区范围来看，基本维持了原有连续的街道空间，村落肌理没有发生根本性的转变，

最终形成了今日整齐划一的傅山村（图 9）[6]。

"超级村庄"与"就地城镇化"

根据区域、条件和发展模式的不同，不同村庄的形态演化会走上完全不同的道路。传统乡村聚落在工业化的作用下向这种特殊现象演化，是 20 世纪 90 年代以来中国城镇化进程中出现的特有现象。"超级村庄"一词，最早出现于 90 年代的社会学科研究中，针对改革开放以后出现的这种特殊现象进行了定义。考察傅山村的发展现实，基本符合"超级村庄"的相关特征：① 已经形成以乡镇企业为主体的经济结构，工业产值和非农产值已占村庄全部产值的绝大多数，成为产值过亿的发达村庄；② 已经形成稳定的可用于村政和公益事业的"村财"收入，具有初步的经济的、村政的、福利保障的结构和职能；③ 村社区的经济组织开始采用现代公司的模式，迅速向村庄以外扩展，经济的触角已经伸向城市、海外，甚至以参股的方式渗透到大中型国营企业；④ 村社区的人口成倍增长，聚集大量的外来劳动力、在有的社区里已超过村民人口总数的几倍；⑤ 社区内部已形成以职业多元化为基本特征的社会分层结构；⑥ 村政设施和建设发展迅速，村民的生活方式和文化价值观念已经发生了变化，新的生活方式和价值观念正在形成。在一些地方，这类村庄的发展已经有超过乡镇的趋势，正在成为周边地区新的经济和社会文化中心，等等[6]。其实，傅山村及所在

图 12. 老彭在蟠龙山顶上的凝视
图 13. 老彭在旧村改造现场
图 14—图 18. 傅山村幼儿园（1988 年）

的卫固镇，早在 2003 年就被纳入淄博市高新区的管辖，除了在行政和产权等方面保留着名义上的"乡村"头衔，其在产业发展、土地利用、基础设施等方面实际上与城镇无异，政企关系从过去的"村庄型公司"转变为"公司型村庄"，并且正在从乡村向小城镇转型。傅山村在从传统乡村聚落向"超级村庄"转变的过程中，依靠自身强大的集体经济实力和有效的社区组织机制，为村民就地提供就业、福利、住房和配套设施，村落形态实现了类似"城市单位"式的整体变迁，以不同于一般农村城镇化的方式，做出了"就地城镇化"的实践示范（图 10）[6]。

乡村能人与强人治理

乡村"能人"在中国传统乡村中扮演着先锋与领导的核心角色，傅山村党委书记、全国劳动模范彭荣均就是这样一名能人。自从 1982 年被推选为傅山村党支部书记，年仅 32 岁的"老彭"（大伙对彭书记的昵称）就开始为这副担子操心（图 11）。他是一名有理想和梦想，意志坚强又有责任心，敢闯敢干，一心扑在集体上，一直在琢磨傅山村的路该怎么走的当家人。在 30 多年的风风雨雨中，他的努力为傅山村的发展做出了卓越的贡献，也赢得了村民的心。

乡村自治是一项基本的国策，既体现在村民选举领导，也体现在民主管理制度的执行。傅山村作为脱胎于改革开放初期以村办企业起家的明星村庄，其发展轨迹也与村庄的强人治理有密切的联系。老彭作为傅山村的领头羊，带领村党委、村委会和村集团公司三套班子的领导集体，在 30 多年"摸着石子过河"的发展大潮中，始终坚持党的领导，保持领导班子的稳定性，在制度和组织上坚持政策的连续性与一致性，充分发挥强有力的领导力，引领傅山村全面、可持续的发展。特别值得一提的是，也正是稳定的村领导班子才会与同济大学设计团队建立稳固的合作关系和深厚的感情纽带。

建筑师介入乡建的语境、身份与模式

1986 年作为研究生刚毕业留校任教的年轻教师，笔者（文中的"笔者"均指支文军）有幸参与傅山村幼儿园的建筑设计任务[④]，开启了 30 多年乡村建筑师的故事。在傅山村村域西南角有一座神奇的小山"蟠龙山"，约 70 m 高，既有深厚的民俗宗教文化历史，又可俯瞰傅山村的全貌，是傅山村的风水宝地。每次来到傅山村，笔者总是要登高望远，与老彭及村班子一起，心潮澎湃、思绪万千，畅想着傅山村可能的未来（图 12，图 13）。在过去 30 多年间，笔者持续介入傅山乡村建设，多次往返上海与淄博之间（平均每年 2~4 次），不仅为傅山村几乎所有的公共建筑项目提供了专业设计服务，也为傅山乡村建设和整体发展在思想、观念、方法和价值判断上提供力所能及和适当的帮助。不管是事先无意识还是过程中有意识，一名大学教师要能扎根一个乡村几十年，显然要在创作语境、身份界定和合作模式等方面有所思考和总结。

语境：乡村现代化

上海大都市与傅山乡村存在巨大的反差，特别是与当时傅山村贫穷落后的状态相比，反差更大。一名刚步入工作的大学年轻教师面对那样的乡村建设环境，其实是无所适从的，也缺乏宏观和整体上对中国乡村现状及其发展可能性的认知。面对乡村现实，任何建筑师都需要回应，通过自己的设计创作，乡村公共建筑需要呈现什么样的姿态？需要传播什么样的价值观？笔者冥冥之中来到这样一个蕴含着勃发可能性的傅山村，同样要回答这个问题。

"四个现代化"是中国改革开放的先声。它指的是工业、农业、国防和科学技术的现代化，到1978年，"四化"已成为改革开放的主旋律。"现代化"是那个时代也是我们这代人的梦想。从贫穷落后的状态走向繁荣富强的现代化，当然是傅山村领导及全体村民的梦想，也成为笔者乡建工作根深蒂固的目标。其实这种努力改变乡村落后面貌，使它走向现代化强烈的意愿和决心，笔者每一次到访傅山村都能深刻地感受到，即使是发展到今天，这种意愿仍然是持续和明显的。对于贫穷落后的傅山村而言，城市现代文明显然具有巨大的物质和文化优势。从介入第一个公共建筑——傅山幼儿园开始（图14—图18），通过专业设计的途径使整体建成环境意象能够表达出傅山村对未来、城市文明和现代化的向往，让这样的建筑表达与村民对未来乡村现代化的向往相匹配并被认同，是笔者一开始的认知目标，也是同济设计团队乡建工作持之以恒的使命和核心价值所在。

乡村现代化体现在我们所介入的乡村公共建筑设计上，首先表现在项目决策和定位的科学性，我们会根据村委会的项目建设意向，遵循国家和地方相关的规范和规定，帮助制定因地制宜的项目策划和设计任务书；其次是我们以现代建筑的设计理念和方法，在设计中注重建筑功能、倡导简洁形体、运用现代技术、凸显空间魅力、传递现代美学。

身份：陪伴式的专业服务

在傅山30多年的乡建历程中，建筑师上百次深入村庄，完成了一系列的规划与建筑设计工作，为村庄带来了高品质的建筑空间和形象，形成了村庄独有的建筑性格和建筑文化氛围，提高了村民的文化自觉性。但是，必须承认的是，乡村发展和建设是极其复杂和艰难的，建筑师不可能包揽所有方面，对很多问题建筑师是没有办法说，没有能力做的，只能在专业的建筑和规划设计方面发挥应有的作用。在建筑师个体本身对乡村、对地域、对社会有特别的见解和认识的基础上，借用建筑学的某些策略，充分发挥和利用建筑师自身的专业修养和素质，也是建筑师介入乡村建设比较容易见效的关键所在[7]。

在工作方式上，笔者的乡建工作是业余性质的，其主业——学术期刊和教学科研工作繁忙，且两地路

图 19. 傅山村小学（1990 年）
图 20. 傅山村服务大楼（1992 年）
图 21. 傅山村医院（1993 年，2004 年已拆除）
图 22. 傅山村娱乐中心（1994 年，2004 年已拆除）
图 23. 傅山村委办公楼（1994 年，2004 年改为傅山医院）
图 24. 傅山村中学（1994 年）

途遥远、长期以来交通不太便利，只能在傅山村需要的时候利用节假日赶往乡村第一线。随着深入地了解和相互认可，双方建立起了稳固的信任和长期的合作关系。大部分情况下，傅山村会把乡村有关建设公共建筑的意向和设想与笔者协商，并委托笔者进行策划、研究和设计，这种合作模式在没有签署过任何固化长期合作关系文书的前提下，至今已有 30 多年。这些乡村公共建筑项目的建设意愿来自乡村自身的需求，所投资金主要来自村级财政，也由村级组织来实施和运营管理，因而项目的主体性是显而易见的，建筑师主要在专业领域提供专业服务。如果要对这样的合作关系框架下的建筑师及其工作进行描述的话，"以乡村为主体的陪伴式系统乡建"的定位是比较恰当的[7]。

与"政府主导型"和"社会推动型"乡建模式中建筑师所起的主导角色不同，我们在傅山村所扮演的"陪伴式"角色，可以从几方面理解。一是主被动关系：一般来说，我们在村委会有需求和发出邀请的前提下才会介入乡建工作。二是主从关系：我们遵从乡村的需求，充分考虑乡村的在地条件，摆正自己专业服务者的位置。三是长期合作关系："陪伴"意味着长期的、互信的、认同的关系，已超越常规的项目合作与合同关系。在这样的合作氛围下，傅山村给予我们足够的创作空间，我们则负责任地去创作独特而有品质的公共建筑作品。四是项目全过程陪伴：傅山的乡村建设往往是随着自身条件的积累逐步推进的，也经

常面临功能的变化和置换，如原傅山幼儿园是 9 年内历经两次扩建才最终完成，目前又面临幼教中心的功能转型；傅山小学搬入新校园后原校舍需要变更为一座特色艺术中学，我们正在进行更新改造的设计研究；随着傅山便民农贸市场项目的兴建，临近的服务大楼也需配套整体改造等等。我们希望陪伴每一栋楼，在她的全生命周期中都能发挥最大的作用。五是乡村与建筑师共同成长：如果这也是解读"陪伴式"的一种角度的话，我们双方均见证了对方完整的成长过程，一方是一个乡村从贫穷落后到繁华发展，另一方是一名大学教师从毕业新手到资深教授。特别有感慨的是，照相机那时是很稀罕的，笔者从到傅山村第一天起，就开始拍照留影，用图像资料生动而直观地记录下傅山村 30 多年的变迁，很多珍贵的历史照片被选用在有关傅山村的各类展览活动之中。

模式：乡村建设共同体

在傅山村 30 多年的乡村建设的演化历程中，存在着由村两委、村庄规划基建办和同济设计团队三方共同构成的乡村建设共同体，村落形态的最终呈现，与各方之间的互动协调密不可分。

村两委领导班子一方面代表着村民的集体意志；另一方面，他们来自农民群体，生于斯长于斯，深谙村庄的社会结构、生活方式以及文化习俗，了解村庄发展历史和现实情况中的优势和问题，同时又有着一般农民没

有的前瞻性和视野。从 1984 年至 1995 年，村两委作为旧村改造运动的发起者、管理者和协调者，决定了村庄结构关系和走势，并在住宅风貌控制、施工进程监督和建设流程调控等方面起到了重要作用。村落中心及公共项目的立项、选址也与村两委的决策密切相关，在这些项目中村两委均扮演了主导的角色[6]。

村庄规划基建办是傅山乡村建设的实施者，下设基建、安装、筑路等部门，特别是在 21 世纪之前，差不多所有的建筑项目的结构设计都是由村庄规划基建办的技术人员配合笔者完成的，而土建施工都是由村里民建队担当的。村庄规划基建办和民建队的技术人员熟悉当地的施工技术和规范，是建筑设计在村庄的最有力执行者，基本能确保建筑和规划设计得到落实。

同济设计团队先期以笔者为主（后期有研究生介入），了解国内外城乡发展最新动态，掌握着先进的建筑设计和城市规划理念和知识。在某些阶段和节点，我们从专业上对村庄建设给予专业性的引导，全面介入公共建筑的设计，而且在设计工作之前，还会承担更多前期策划的功能角色。这种以专业知识为特征的外部力量的介入对傅山的乡村建设是极其有价值的。

30 多年来，在村落现实的语境之下，傅山村两委邀请相关专家学者参与进来，分析问题，制定发展策略。在这个过程中，村两委和以同济设计团队为主的"智囊团"，已经形成了一个"乡村建设共同体"[8]，各方人员通力协作，共同参与制定并践行合乎村庄实际情况的发展规划和建造计划，在良性互动中推动着村落形态的演变。

从 2004 年起，随着傅山村公共建筑项目的规模和要求的大幅度提高及城乡建设管理的规范化，村基建办和建筑队已不适合担当项目的设计与施工，为此，改由当地的设计院⑤承担施工图设计及现场施工配合工作，成为我们稳定的第四方合作伙伴。这种优势互补的工作模式，能够遵循建筑施工规范与标准，且及时有效地解决村庄迫在眉睫的问题，对其他村庄来说，不失为一种良好的借鉴。

建筑师介入下的傅山村乡村实践

同济设计团队在傅山村 30 多年的乡建实践中，以乡村为主体的姿态和陪伴式的专业服务模式，摸索着先后为一个村设计了 20 多栋公共建筑。乡建工作十分复杂，每个阶段、每一个项目都要处理很多现实问题和矛盾。以下是基于我们长久经验的积累从 6 个方面进行的梳理归纳和初步阐述。

建筑师如何发挥乡村公共建筑作为整体空间营造的价值引导作用

乡村是一个活体，其间蕴含着自然地理与人文社会之间的种种联系，而乡村公共建筑作为村落文化传播的重要载体，肩负着历史信息记录与乡土聚落文明

图 25. 傅山集团办公大楼（2007 年）
图 26. 傅山村青少年活动中心（2013 年）
图 27. 傅山保税物流园区办公大厦（2014 年）
图 28. 傅山村博物馆（2014 年土建封顶）
图 29. 淄博市高新区幼儿园（傅山村新新幼儿园，2018 年）
图 30. 淄博市高新区第八小学（傅山村新小学，2018 年）

对外推广等双重功能。由城市建筑师介入乡村营造并与乡村本土诉求共谋而成的作品具有外延性，不仅对村落自身的民俗信息和历史脉络进行了梳理，更为重要的是这种做法增强了乡土世界与城市文明的交流性与传播性[9]。

一般而言，乡村公共建筑与城市公共建筑的主要区别是建筑所在的环境以及受众。乡村公共建筑数量少而尊贵，村民往往对功能和形象都有特别的期望，新时代与新形象是他们的期盼；同时，乡村公共建筑往往与周边背景形成强烈对比而具有标志性意义；另外，因受各方面条件限制，乡村公共建筑比较倾向于就地取材和传统的施工工艺。因此，乡村公共建筑设计上需同时兼顾时代性与地域性的特征[9]。建筑师在介入乡村公共建筑的设计过程中，首先要思考如何使乡村公共建筑作为整体空间营造的价值引导发挥最大的作用。

傅山村原生状态下具有公共建筑性质的有村办公室、村卫生所、村综合商店、村幼儿园等建筑，都是传统的一层平房，主要表现为一种"内治"的状态，即其营造方式、服务对象和事务管理都聚焦于村落本身的封闭环境。

1986 年，随着村集体经济和社会的整体发展，傅山村委决定在极其有限的村级财政中划拨一部分建一座幼儿园，这是傅山村第一座真正意义上的公共建筑。对笔者而言，不仅要考虑建筑的使用功能，更重要的是如何通过一座公共建筑的形象及其空间，对乡村特别是下一代人产生积极和向上的价值引导意义，这是笔者作为一名建筑师，初次面对一个鲁中地区开始走向发展的传统村落时必须要思考和回答的。显然，建筑师当时被国家改革开放的大背景所感召，为傅山村勇往直前的精神所感动，也为儿童教育的未来指向所驱动，其设计定位直接奔向建筑的时代性和城市文明的表达，而没有从村落的传统风貌与人文乡愁的怀念中去寻找根基。在傅山幼儿园入编《中国 80 年代建筑艺术》图书的项目介绍中，建筑师清晰表达了上述理念[10]。

傅山幼儿园首次以现代建筑的形象耸立在传统村落中心，以乡村现代化和城市文明的价值导向指向傅山村的未来，无意之中为傅山村后来的乡村建设奠定了方向。无论是 20 世纪 90 年代的村服务大楼、村医院设计，还是 21 世纪的集团办公大楼、村博物馆和新幼儿园设计，其整体思路和价值导向是一脉相承的（图 19—图 30）。

傅山村的乡村面貌和形象主要靠村公共建筑来塑造，主要包括教育、文化、服务及办公等类型。村公共建筑都坐落在村落中心和主干道上，投资和体量规模较大，建设质量较高，特别是因其高度的公共性和开放性而被村民频繁使用，当然被媒体和大众传播的概率也高。我们在傅山村公共建筑设计过程中，努力让建筑立足于当下，却又能面向未来。正如王路说的，

体验与评论——建筑研究的一种途径

建筑师有责任在呵护地方文化的真实性的同时，以当代建筑的方式来拓展地方文化的内涵，而不是在正在消亡的传统建筑样式的幽灵中徘徊。我们一方面注重塑造公共建筑的外观形态，努力呈现现代、明快、简约、理性的风格，并努力展现出一种积极的姿态，在材料、色彩、光线设计上传播现代的美学趣味；另一方面在建筑布局和空间处理上表达开放、民主、公平的现代思想（公共建筑尽量不设围墙、注重可达性和开放性），使乡村公共建筑的公共形象深入人心，努力使之成为乡村民众的公共活动中心。

这批乡村公共建筑集群中建成时间最长的已30年，无论是具体的功能使用还是整体形象塑造上，都为推动乡村的文化建设、丰富乡村的文化生活、促进乡村自身的建设与发展做出了巨大的贡献。这些乡村公共建筑的设计，也是城市的先进文化向乡村输送的纽带，为傅山乡村现代化转型发挥了积极的作用，有助于村民家园认同感和凝聚力的提高，实现了村庄公建效益的最大化。

建筑师如何通过乡村规划来完善乡村布局

1984年前的傅山村还是一个内向、自足的传统乡村聚落，没有过多的人为且统一的规划思想介入，村内路网依托蟠龙山脚下的平原地形自发形成并保持着相对的稳定。村落路网层级较为简单，为"街—巷"构成模式，包括11条纵横街道和39条小巷，街道狭窄、弯曲且高低不平。村落的建筑体量、尺度，街道街区的形态，都是以人和步行的尺度建立的。由高度聚集的民居组成的街区是傅山村的肌理单元，具有高度的均质性和一致性。肌理单元沿自由随意的街巷体系重复组合，形成连续的村落街道空间。此时的傅山村肌理，具有细密、连续的形态特征。

1984年傅山村首个村庄规划建设方案——旧村改造规划方案出台（图31），确定了以纵横四条街道垂直相交形成村庄内部道路骨架的建设方向，傅山村内部道路开始重新修筑，与新村住宅和公共建筑建设同步进行。1990年，在同济大学陈保胜老师等的帮助下，村庄规划中存在的主要街道宽度不足、无绿化空间、住宅格调单一、造型呆板、公益设施预留地基不足等问题得到了调整 [11]。在近15年的时间里，村两委作为旧村改造运动的主导者，针对村庄形态的各个层面，做出了相应的规划和调控，决定了村庄结构的主体和格局。

以村两委主导的村庄自我调节机制，作为自下而上的一种方法，存在自身的局限性，村庄的形态、用地功能和布置在发展过程中出现了一定程度的混乱和问题，较为明显的便是雨后春笋般建设的工业建筑混杂在村庄的农田和生活区中，破坏了村庄原有的细密肌理，割裂了道路连续界面。同时，过境道路无序聚集的车流量不断增加，且严重影响村民出行，村政基础设施等的缺失导致生活垃圾任意投放，其造成的污

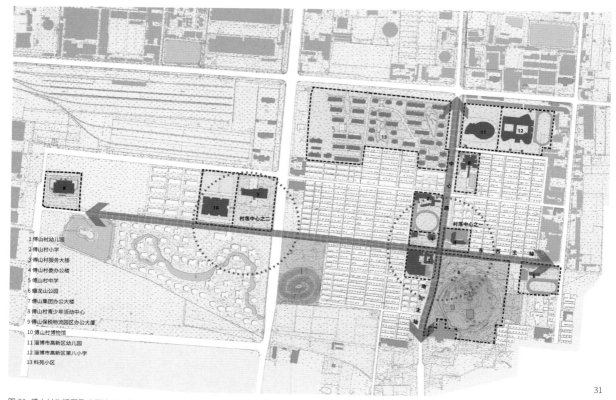

图 31. 傅山村生活区及由同济设计的公共建筑位置示意图

染也使村区的空间与环境质量大打折扣。因此，专业规划人员的适时介入，对村庄的自然发展进行科学有效的干预，控制并引导村落形态用地空间布局走向合理，便显得十分必要。于是在 1997 年，应村两委的提议，包括笔者、鲁晨海在内的同济大学设计团队对傅山村城镇化发展趋势、产业构成、功能配置、市政公用基础设施、居住环境品质等进行综合评估和深入研究，对村庄的用地性质和规模、总体布局、道路交通、景观绿化、公共服务与市政基础设施系统等形态要素进行了全面的梳理调整和重新规划布置，以此为基础并依据国家和地方相关法律法规以及上一级城镇经济发展、土地利用等规划文件，编制了《淄博市张店区傅山村总体规划》（图 32）。最为明显的举措便是通过用地功能的置换，将村庄工业建筑不断北迁，将过

境公路外移至村庄外围，使村民生活区与之逐步分离，从而减少噪音、污染和外来过境车辆的交通干扰，打造宁静而舒适的村居环境。

建筑师如何在"镶牙式"发展过程中注重整体性建构

回顾傅山村 30 多年的发展过程，特别是前半阶段，在整个中国都在"摸着石头过河"的大背景下，存在许多不确定和偶然因素，产业格局、经济发展和人口规模均在发生着动态的变化，任何人均难以对远期情况做出精准的预测。因此，村两委在傅山村形态的建设中较好地遵从了"过程性"的思路，经历了一个长期渐进的过程。一方面村两委基本遵循 1984 年和 1998 年两轮乡村总体规划；另一方面，村两委立足于当下村民迫切需要解决的问题，关注村落近期的发展，

体验与评论——建筑研究的一种途径

在专家团队的协同帮助下，及时作出适当的调整。如傅山村公共建筑和公共空间的建设，并未经过严格意义上的详细规划，多是在村两委的主导下，根据村庄不同时期的具体需要，进行项目决策和选址，由同济大学设计团队完成功能策划和方案设计。因而傅山村的公共建筑建设存在类似为村庄"镶牙"的渐进式发展过程，但也正因此，确保了村庄形态演化契合村庄的实际情况（图31，图33）[6]。

偶然性和渐进式发展是内生式乡建的基本特征，但有时会对乡建整体性形态塑造带来一些困难。在傅山村乡建实践过程中，我们既关注项目的阶段性、个体性特征，同时也尽可能考虑公共建筑的统一性、连续性所呈现的整体性对乡村形态塑造的价值。如傅山村落中心是经过10多年的演变发展而来的，当时的幼儿园、小学、服务大楼、医院、娱乐中心及村委办公楼等公共建筑，都是结合旧村改造在原有旧宅的土地上的"插入式"建造。为了加强这些公共建筑在视觉特征上的连续性和统一性，我们在建筑布局和造型处理上对不同几何形采取相似的组合方式，在体量上追求协调一致，从而传达出整体的视觉信息。尽管各建筑并未在空间上形成连续界面，但在人们的观感和心理上形成了连续统一的整体（图34）。

在傅山村南北主干轴中心路上，在30年的跨度里逐步布置了近10栋公共建筑。在沿街立面的设计上，我们有意识地通过造型、颜色、材料等方法与住宅区形成反差，塑造村庄界面的整体形象。如幼儿园在保证多数教室朝南的基础上，主入口以拱门的形式朝向东侧主干轴，形成了最初的街道界面。处在道路转角的服务大楼和村委办公大楼，二者分别临转角压线布置，还做了折线退让和弧线迎合的处理，既控制和建构了街道的宜人尺度，又凸显了公共建筑自身开放的姿态。村委办公大楼西侧会堂入口还与幼儿园东侧主入口建立了轴线对位关系，从公共建筑的群体关系上加强整体性的效果。

在傅山村的乡村建设中，由于道路还停留在作为交通基础设施的阶段，对街道能够发挥哪些公共性作用认识不深，尤其对如何通过公共建筑的建设促进乡村街道空间的塑造的理解还不深。所以从总体而言，傅山村街道界面普遍缺乏整体设计，由我们设计的一系列公共建筑，在沿街立面的设计上也多是具体问题具体分析，并未纳入一个整体的界面形象控制体系中。当然由于傅山村庄建设中的渐进性和不可预知性，建设中的偶然性、随意性因素也助长了这种现象。

我们刚完成的傅山村便民农贸市场的设计，是一个新的"镶牙式"公共建筑（图35）。项目位于村落中心区，它与原服务大楼一起，促进地块整体开发建设和旧建筑的改造利用，在功能配置和建筑布局上都起到完善和提升村落中心的作用。

建筑师如何基于乡村现实条件做好乡建

傅山30多年的乡建实践，可以根据发展条件和项目本身分为两个阶段，我们在这两个阶段中所采取的工作方式、策略和合作模式是有所区别的。

1987—1998年这12年是傅山乡村建设现代化的初步发展阶段，傅山村基本完成了旧村改造计划，同济设计团队也配合承担了13个公共建筑项目的设计与建设。除了傅山村幼儿园的全部设计由同济设计团队承担外，其余的项目都是同济与傅山村规划基建办公室合作完成的，即由笔者承担项目策划及建筑方案设计，结构及其他工种设计由从同济大学进修学习后回乡工作的周荣军[6]担任，如遇到较为复杂的结构问题，由当地淄博建筑设计院和同济专家给予指导和把关。鉴于当时公共建筑规模小（4000 m²以内）、要求低（最高4层），建筑大多采用施工方便和省钱的砖混结构，而且全由当地村民临时组成的施工队负责施工，采用最普通的村办企业自己生产的黏土砖、预制混凝土楼板和钢窗配件。所以在设计过程中，建筑师既要运用有限度的设计技巧去适度表达一个乡村公共建筑的品质和空间意味，又要充分考虑建筑布局的简洁性、结构逻辑的简明性和施工工艺的可操作性。由于施工人员并不具备专业素质，在施工阶段有时会出现各种误读图纸的问题，又因上海与淄博之间路途遥远，建筑师一年两三次的现场施工配合无法跟进整个过程以保证施工质量。

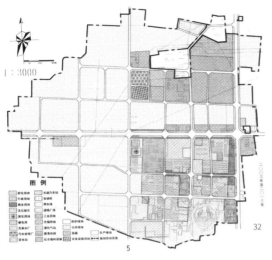

图 32. 傅山村总体规划土地利用规划图
图 33. 傅山村总体布局现状示意
图 34. 2004 年前的傅山村公共建筑与村落中心
图 35. 傅山村便民农贸市场（正在建设）
图 36. 傅山村幼儿园的室内共享空间（1988 年）
图 37. 傅山村青少年活动中心的室内共享空间（2013 年）
图 38. 淄博市高新区幼儿园的室内共享空间（2018 年）

在设计创意层面，傅山村公共建筑项目相较于城市建设项目规模小、层数低、技术规范约束少，而且乡村集体土地限制少，还没有纳入政府职能部门的管理范围，再加上村两委对同济大学专家的信任，为我们的设计创作提供了较大的创作自由度，我们的设计往往一次性被认可。这个阶段的公共建筑都是由笔者的设计方案为主。总体而言，虽然项目投资造价偏低、施工质量不高，但大部分建筑设计的实现度和使用效率非常高，充分发挥了乡村公共建筑的价值。

从 2003 年起，傅山村所在的卫固镇被纳入淄博市高新区管辖范围，在某种意义上讲，傅山村除保留郊区农村的特征外也具备了新型小城镇的特征[12]。为了打通村中心道路向南的交通接口并与高新区更方便地对接，2004 年原傅山医院和娱乐中心两座公共建筑被拆除，这可以视作傅山村迈向城镇化的一个标志性事件，从此，乡村建设管理也逐步走向规范化。那一年，笔者开始带领自己的研究生一起设计傅山集团办公大楼。从这栋楼开始，我们的乡建实践进入一个新的阶段。傅山集团办公大楼规模大、功能多样、结构复杂（1.2hm^2、10 层高、配有一个 600 座的会堂），

显然套用原来的土办法已不适合了。为此，我们在项目管理上接受淄博市规划和建设等职能部门正规、严格的管理、审批和监督；在工程设计上增加当地设计院做施工图设计及现场施工配合；在建造上采取公开招标方式由具有资质的专业公司施工，并聘用工程监理公司负责施工质量的把控；在合作方式上也步入契约和合同关系。这个阶段发展至今已有 14 年，同济设计团队承担了 14 个项目的设计，有 8 个项目建成或在建。这些乡村公共建筑规模大、要求高，在设计和建造标准上必须全部符合国家和地方标准和规范，基本上是在农村的土地上建设一个城市标准的乡村公共建筑。有些项目很复杂，如傅山村博物馆是在我们做了 8 轮设计方案后才定稿，已历时 8 年才进入内部装修和布展阶段。随着淄博高新区管委会职能的强化，新建的傅山村级公共建筑项目设计，除了老彭和班子集体要认可外，还要获得淄博市规划局和淄博高新区管委会的批准。当然，由于这阶段的大部分公共建筑项目的投资均来自村级财政，在面积指标特别是公共空间面积指标上限制得不是很严格，这为我们的设计创作提供了较好的条件，成为傅山村近几年的公共建筑最出彩的地方。

1 傅山村幼儿园
2 傅山村小学
3 傅山村服务大楼
4 傅山村委办公楼
5 傅山村医院
6 傅山村娱乐中心
7 蟠龙山公园

乡村文化的传承与在地性应对

傅山乡村文化在村庄建设特色和历史积淀上是薄弱的，特别是经过 1984 年启动的旧村改造，原有的村落肌理和夯土旧宅已荡然无存，也基本不存在乡村公共建筑遗产。但乡村的生活方式、宗教信仰、礼仪习俗等传统文化是根深蒂固的。尽管傅山村民的文化观念存在面向现代化的崭新变化，但依然无法全面摆脱传统文化的影响。所以如何在现代化指向的公共建筑设计创作中恰当呼应和融入地方文化传统，是建筑师不可回避的问题。

在傅山村幼儿园设计中，建筑师试图去寻找地域的历史根基，即以齐国古城的意象去表达幼儿教育场所的文明启蒙属性；用耐火黏土砖饰面的主入口砖墙体现了与当地乡土的关联；白色主体墙面的红色装饰色更是当地村民日常喜欢的颜色，我们经常会看到女学生穿着大红的衣服，节庆期间红灯笼也很常见。在随后的公共建筑设计中，红色和砖红色系时常被运用，如老小学、中学、青少年活动中心、新幼儿园和新小学等（图 36—图 38）。在傅山村博物馆的设计中，傅山村蟠龙山顶上的巨石群是我们创作立意的源泉，也

图 39. 傅山乡村建设共同体在欢呼新幼儿园的落成
图 40. 傅山村便民农贸市场施工现场
图 41. 2004 年首批研究生跟随导师到傅山村
图 42, 图 44. 更多批次的学生深入傅山乡村第一线
图 43. 讨论傅山小学的更新改造问题

正好贴合将傅山村所收藏的奇石作为未来展览主题之一的设想。此外，傅山村博物馆以"串联＋并联"的空间单元布局方式，应对博物馆展览功能定位模糊和未来功能使用灵活性的乡村现状。

　　充分考虑当地的气候条件，是建筑在地性的重要因素。鲁中地区冬季寒冷且漫长，差不多有 3~5 个月的时间不适合户外活动。为此，我们在新旧两个幼儿园及青少年活动中心设计中，都特别注重室内活动空间的塑造，而且室内空间都成为主要的建筑特色，全天候地为青少年学生提供趣味性的活动场所。

　　随着傅山乡村现代化的演进，乡村文化的失范是一个不可忽视的问题。这表明村庄在面对城市文化时的无条件屈从。摆在村民面前的多元而混杂的城市文化，难免使得他们迷茫与困惑，旧有乡土文化已经被自己打上了落后的标签，渐行渐远，而新的乡土文化尚不见影踪。对于傅山村来说，他们正面对着一场无法逃避的、极为艰难的选择，一种在城市文化重压下寻求转型的乡村文化。当下，应该思考在未来新的乡村公共建筑设计中更注重从地域性和乡土性上做出应答，无论是形式、空间、材料均可作为切入的视角。如在我们新近完成设计并已施工的傅山便民农贸市场的建筑中，我们关注从蟠龙山上看到的建筑体量关系，尝试把大体量的屋顶分解成小体量的建筑群，在二层形成一条尺度宜人的商业步行街，试图植入新的生活方式和公共性，为村民提供公共活动的日常性场所，并在外墙采用一些质感粗糙朴素的当地传统建筑材料，这样的处理会使新建筑比较有机地融合在山脚下的绿树景观和周边小尺度民宅的肌理之中。

如何把乡建作为教学实践与知识生产基地

乡建实践已越来越频繁地成为专业实习和大学学生培养的基地。在傅山乡村实践 30 多年的经历，可以从几个层面来总结。首先，像笔者这样当时刚从大学研究生毕业的年轻教师（24 岁），其实在建筑设计、工程建造等方面的能力和经验都是有限的，还处在起步阶段，对乡村的发展状况和乡建存在的问题认知也不够充分。在乡村的设计实践对一名年轻教师来说是一个很重要的学习和实现梦想的机会。随着十几年内一个个设计作品的建成，建筑师的设计能力在提高，处理工程问题的经验在积累，逐步在走向成熟。可以说，傅山的乡村实践是笔者专业技能成长过程中很重要的经历，也是职业生涯重要的组成部分。

随着专业技能和阅历的提高，年轻教师也逐步成长为资深的教授建筑师，一方面对傅山乡村现代化有了更深刻的理解，另一方面开始有能力实现更高层面的设计表达。在随后十几年的乡村实践中，事实上傅山村已逐渐成为笔者及设计团队实现设计理想、探索设计理念的实验基地，诸如建筑象征性、场所塑造、建筑形态、空间趣味性和体验性、功能灵活性、空间公共性和开放性、光的魅力等方面，在集团大楼、青少年活动中心、博物馆、新幼儿园、新小学及便民农贸市场的项目设计中，都做了有益的探讨和尝试，使乡村公共建筑在乡村现代化过程中发挥尽可能大的作用。

2004 年开始，笔者逐步认识到为乡村建设服务也是大学学生培养的重要实践机会，可以作为日常设计教学的补充，丰富设计教学形式，有助于学生深入地方、从实践出发掌握建成环境营造的智慧。为此，笔者带领硕士生和博士生深入乡村第一线，全面参与乡村建设实践，至今已有十几批次的学生在傅山村留下足迹，这样的机制一直延续至今（图 39—图 44）。学生们介入的程度深浅不一，其中王斌博士生已跟随导师近 10 年，作为主创设计师参与多个公共建筑的设计创作，是同济设计团队新生力量的代表。傅山村非常欢迎我们这样一支师生组成的设计队伍，老彭每次看到新的学生来到傅山村显得特别兴奋，总是表示出由衷的热情和感叹，因为从学生身上看到了他们的导师当初的

身影，所以他总是有无数的乡建故事要讲给学生们听。特别值得一提的是，硕士研究生王轶群在导师指导下开展对傅山村的研究，经过一年多的调研和长驻现场考察，完成了《从传统乡村聚落到当代"超级村庄"——傅山村形态特征与演化机制研究（1984—2014）》的论文并获得硕士学位。这是一篇聚焦一个村庄 30 年形态演变的专题论文，其丰富的资料、深入的分析和启发性的建议等内容作为原创性成果，开拓了乡村实证研究的一个新领域。

审视与思考

针对傅山乡村建设及建筑师介入的共建模式，我们有以下的思考和建议。

重视乡村文明和历史在城镇化中的文化作用

在傅山村从传统乡村聚落向现代化转变的过程中，依靠自身强大的集体经济实力和有效的领导力机制，村落形态实现了整体变迁，完成了"就地城镇化"的转型。同时，这种整体变迁不可避免地具有自身的局限性——面对城市文化的强力冲击，乡村文化在乡村建设过程中的体现是比较欠缺的。如何在向城市文明学习的过程中保持优秀的乡村传统历史文化，是一个值得研究和关注的课题。另外，改革开放 30 多年来的傅山乡村建设成就也是值得重视的一笔当代遗产，这提醒人们在未来村庄发展过程中，一方面要加强基础性研究，另一方面要有相应措施对重要的公共建筑等给予充分保护和维护。譬如我们不赞成有人提议把所有住宅的屋顶瓦片全部更新的做法，因为这样一来傅山村历史发展的时间痕迹会被抹平。我们从蟠龙山上看到的傅山村不同时期建造、不同颜色和质感的屋顶瓦片正是最真实、最丰富并具有时间意义的当代傅山历史画卷，一旦将其统一更新，就会抚平傅山村历史发展的时间痕迹。对于傅山村来说，目前村中历史最久的住宅单体当属 20 世纪 80 年代中后期旧村改造时建成的小康住宅。虽然其与传统民居相比，并无太多建筑学科上的价值，但是作为村庄集体经济大发展遗

图 45，图 46. 傅山乡建实践在继续

留下的产物，与城市盛行的现代多层住宅明显地区别开来，承载着村庄的集体记忆。因此，建议尽可能减少对小康住宅的拆除，转而对其进行"渐进式"改造，不断对内部基础设施进行升级优化，提升居民的居住品质，将其作为村庄的时代印记，持续地保留下来。

公共环境改善和治理

无论从土地规模还是人口规模来看，今日的傅山村应该已是一个名副其实的小城镇。随着淄博高新区全域城市化自上而下的推进，2017 年已有两条淄博市公共汽车交通线延伸到傅山村，交通信号灯系统也已覆盖傅山村主要干道。显然，乡村的城市化或城镇化是多层面和多维度的，其中很重要的方面是乡村建设中公共环境的品质问题。傅山村虽然在公共建筑和公共空间上有很多建设，但在街道氛围、商业设施、公共活动空间、人行步道、绿化环境、灯光照明、艺术作品等方面还有很大的改善和提升余地。

从农村住区到城镇社区的转型

傅山村作为全面发展的标杆村，在文化活动、村民生活、敬老爱幼、传统习俗等方面都有出色的表现，为下一步发展打下了坚实的基础。就像城市发展的高级阶段是社区营造一样，傅山村下一步的关键也是如何从农村住区向城镇社区转型和提升，而村民变居民是核心要素。傅山村的集体主义精神是重要的地域和文化的体现，但同时，如何提高村民个体的独特性和

创造性，发挥村民个体的参与性与能动性，以及激发乡村社团文化的活力等，都是值得尝试的方面。

与高等院校建立更紧密的乡村发展智库

傅山村的发展与尊重科学、尊重知识和尊重人才的认知是密切相关的，至今已与全国多家著名高校、科研机构和企业建立密切的战略合作关系。基于同济设计团队 30 多年傅山乡建实践的积累，更受到国家"乡村振兴"战略和政策的鼓舞，我们在主动谋划更深和更广的乡村振兴与乡村共建计划，如成立乡村营造研究机构、举办乡建学术研讨会、举办乡建联合设计营、设立乡建研究课题和系列图书出版计划、策划乡建展览等。通过高层次和制度化的建构，从长远的角度出发，推进乡村振兴事业向前发展，共同培养扎根乡村的未来乡建生力军。

结语

本文主要总结同济设计团队在傅山村 30 多年的乡建历程和特征，鉴于乡村的独特性、历史发展的阶段性和人的个体因素等原因，并没有简单的乡建模式可循。但我们希望从傅山村这个乡建案例中，能给大家一些有意义的经验、启示和帮助。特别要说明的是，由于我们的乡建工作时间跨度较长，短短的文字已大大压缩了时间意义上的过程性、模糊性和复杂性，时间线索在这里被弱化了。此外，对于我们这个以乡村

体验与评论——建筑研究的一种途径

设计实践为主的团队而言，对乡建的系统研究还是初步和肤浅的，有待进一步的深入研究。

傅山村乡村现代化和在地城镇化 30 多年的成功经验是中国乡村发展具有典范性意义的样本，其内生型发展动力、综合全面型发展成就、可持续性发展潜力等等均值得我们深入研究和关注。

30 多年的傅山乡村实践启示我们，为乡村服务必须以乡村为主体，必须拥有对乡村足够的热爱和责任，过程必然是循序渐进的，方法肯定是因地制宜的。我们担心和不倡导那些大规模运动式的、自上而下强加式的、以某个模式生搬硬套的、以"美丽乡村"为幌子做表面文章的以及一夜之间大变样的乡村建设。

作为大学教师，为社会服务特别是为乡村服务，是履行现代大学四大功能的具体体现，我们有这样的责任和情怀。同济设计团队的傅山乡村实践继续在探索中前行（图 45，图 46）。

（致谢：笔者能持续 30 多年参与傅山村的乡村实践实属不易，关键是得益于方方面面的领导、合作伙伴、朋友、同事的支持和帮助。首先要感谢傅山村的彭书记及班子集体和全体村民长期来对我的信任和给予的创作机会；感谢和怀念王英奎老师，感谢陈保胜老师，是他们两位把我带进傅山乡村；感谢一批又一批的学生们以不同的方式参与傅山乡建；感谢淄博规划与建筑设计研究院的精诚合作；也要感谢淄博市政府和规划局及淄博高新区管委会等职能部门对同济大学参与乡建工作的大力支持。最后要感谢同济大学规划系李京生教授对我们初次梳理和总结乡村实践及论文写作过程中的帮助）

注释

① 同济大学与傅山村的关系最早可上溯到 1984 年。经熟人介绍，傅山村与原同济大学建筑系办公室主任王英奎老师（傅山邻村的老干部）、副主任陈保胜老师对接并牵线建立关系。1984 年傅山村选送 4 名学生到同济大学委培进修；1985—1987 年同济大学连续 3 年在傅山村举办建筑技术人员培训班，陈保胜、赵连生、赵子敬等 10 余名建筑及结构专家教授先后到傅山村教学。
② 2018 年 9 月 26 日，中共中央、国务院印发《乡村振兴战略规划（2018 — 2022 年）》。
③ 通常指江苏省苏州、无锡和常州（有时也包括南京和镇江）等地区通过发展乡镇企业实现非农化发展的方式。由费孝通在 20 世纪 80 年代初率先提出。
④ 陈保胜老师是笔者毕业留校工作后设计实践的引路人，在陈老师主持下，笔者开始了傅山村第一个项目的建筑设计。
⑤ 当地的合作单位是淄博市规划与建筑设计研究院，十多年来二所王琳所长及团队已完成 8 个项目的配合设计。
⑥ 周荣军是 1984 年傅山村选送到同济大学工民建专业进修学习的 4 名学生之一，从傅山小学以来的项目均由他配合结构设计。

参考文献

[1] 张京祥，申明锐，赵晨. 乡村复兴：生产主义和后生产主义下的中国乡村转型. 国际城市规划，2014(05)：1–7.
[2] 支文军，何润. 乡村变迁：徐甜甜的松阳实践. 时代建筑，2018(04)：156–163.
[3] 王冬. 乡村融入与品性的淡然：徐甜甜的松阳实践评析. 时代建筑，2018(04)：144–149.
[4] 徐甜甜. 平田农耕馆和手工作坊. 时代建筑，2016(02)：115–121.
[5] 靳晓娟. 基于角色参与的当前中国乡村建设模式研究. 北京：北京交通大学，2018.
[6] 王轶群. 从传统乡村聚落到当代"超级村庄"——傅山村形态特征与演化机制研究（1984–2014）. 上海：同济大学，2015.
[7] 赵辰，李昌平，王磊. 乡村需求与建筑师的态度. 建筑学报，2016(08)：46–52.
[8] 王冬. 乡村聚落的共同建造与建筑师的融入. 时代建筑，2007(04)：16–21.
[9] 谭人殊. 浅析当代艺术视野下的本土乡村公共建筑营造：记华宁县碗窑村陶文化展览馆设计. 艺术教育，2017(Z1)：216–217.
[10] 萧默. 中国 80 年代建筑艺术（1980–1989）. 香港：经济管理出版社，1991.
[11] 傅山村志编纂委员会. 傅山村志. 济南：山东人民出版社，2001.
[12] 傅山村志编纂委员会. 傅山村志（2000–2010）. 济南：山东人民出版社，2012.

图片来源

图 4、图 5 由傅山村提供，图 13、图 25、图 27—图 30、图 36—图 38 摄影：吕恒中，其他图片均由作者摄影并提供

原文版权信息

支文军，王斌，王轶群. 建筑师陪伴式介入乡村建设：傅山村 30 年乡村实践的思考. 时代建筑，2019(1)：34–45.
［国家自然科学基金项目：51778426］
［王斌：同济大学建筑与城市规划学院 2011 级博士研究生；王轶群：同济大学建筑与城市规划学院 2015 届硕士毕业生、美国南加州建筑学院前沿建筑研究中心建筑学硕士研究生］

三

个体及群体建筑师研究

Research on Groups and Individuals of Architect

18

葛如亮教授的新乡土建筑

Neo–vernacular Architecture of Prof. Ge Ruliang

摘要 在 20 世纪 80 年代改革开放的中国，"新乡土建筑"已成为当代中国建筑创作不可缺少的一个方面。文章探讨葛如亮教授作为最早一批从事新乡土建筑实践的中国当代建筑师在故乡浙江的山水间所设计建造的一组优秀作品，充分体现建筑的自然性、地域性和民俗性等乡土特征，特别表现出他设计的建筑中所包容的"自然"的富有——自然中的形式、空间、材料、结构，以及建筑与大自然的有机结合。
关键词 葛如亮 当代中国 建筑师 设计 新乡土建筑 自然 有机

自 20 世纪 70 年代末期开始，葛如亮教授（图 1）的建筑研究与创作重点从卓有成效的"体育场馆建筑"转到了注重与自然山水结合的"乡土建筑"。但谁也不清楚他这种转变的确切原因。曾有人做过种种猜测，还有人为之惋惜过。然而，十年耕耘，在这一领域他为后人留下一批成功的作品，很值得我们研究、学习。本文就他在 80 年代中的主要建筑创作特征做一探讨。

葛先生从 1980 年开始，负责浙江富春江新安江国家重点风景区的规划、设计工作，完成了瑶琳、灵栖、碧东坞、桐君山等景点的开发，随后又承接了天台山石梁瀑布风景建筑、缙云仙都风景区旅游中心及绍兴大禹陵规划设计等许多项目。这中间多项设计获各级嘉奖，其中灵栖"习习山庄""瑶圃""新安江体育俱乐部"被选为浙江省新中国成立以来十八个优

秀建筑中的三个，"缙云电影院"荣获 1984 年全国影剧院设计创作奖及 1992 年首届"建筑师杯"全国中小型建筑优秀设计奖。在这些优秀作品中，尽管各项设计各具特色，但它们均有一个共同的创作个性，即"新乡土性"特征。

何谓"新乡土建筑"（neo-vernacular architecture）？这一概念来自"乡土建筑"（vernacular architecture）。"乡土建筑"是以当地的自然环境、地方风格和民俗文化为主要特征的一类建筑，它与"城市化建筑"形成对比。可以说，在农业文明时代，"乡土建筑"是人类主要的建筑形态。然而，随着近代城市化进程的加速，"乡土建筑"受到了严重冲击，特别是由于当代国际风格的"城市化建筑"的迅速扩散和蔓延，迫使"乡土建筑"的民族特征和地域特征日趋淡化，独具个性和地方风格的建筑日趋减少，建筑世界正在走向大同。难道这就是文明发展的必然结果吗？人们不得不进行这样的反思。21 世纪 60—70 年代的西方世界经历了科技进步和机器美学主宰一切而人们的情感世界日趋失落的危机阶段[1]。在这种态势下，人们渐渐萌生出某种重温历史、归回自然、追求乡土风味的怀旧之情。这种感情在建筑上的体现之一，就是重新重视那些具有自然情调、地方风格的"乡土建筑"。这种倾向虽在外表上与过去的"乡土建筑"大同小异，但它们在内涵上已存在"无意"和"有意"的差异，即过去的"乡土建筑"，完全囿于当地的自然条件及物质技术手段；而现代的"乡

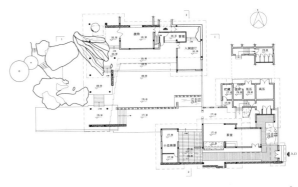

土建筑"已经不是直接的物质手段和自然条件支配下的结果，而是升华为符号、净化为审美对象了。为便于区别，现代这种追求"乡土性"的建筑创作称之为"新乡土建筑"[2-4]。

在80年代改革开放的中国，像其他许许多多建筑创作流派和倾向一样，"新乡土建筑"已成为当代中国建筑创作不可缺少的一个方面。"新乡土建筑"创作倾向有其三个方面的特征，即表现建筑的自然性、地域性和民俗性。当然，各个建筑其特征各有偏重，或互相重叠交叉。

葛先生的建筑创作体现出"新乡土性"的倾向并不是偶然的。首先，改革开放的今天，东西方文化交流频繁，谁也不能排斥外来文化的影响，自然葛先生

也不例外。然而，我觉得更为重要的，是葛先生本身所具有的内在特征。大家知道，人类用建筑阐发着自身对于自然的理解与态度，倾诉着人类对于自然的敬畏、对峙、顺从与反抗的复杂心理。建筑与自然之间的这种对话，正是人类在协调与自然的关系时的外在表述。葛先生在建筑创作中所表达的对自然的崇敬思想正是其个性及生命哲学的反映。

葛先生出生在山清水秀的浙江奉化的一个乡村，父亲是小学校长。他在故乡度过了整个儿童少年时代。这段重要的人生经历使他自幼偏爱自然山水，对那里的一山一水一草一木有着特别深厚的感情，对那里的地域特征有着特别的认同感。平日里，葛先生虽不言于溢表，但情感丰富，尤其在晚年曾多次流露出思乡

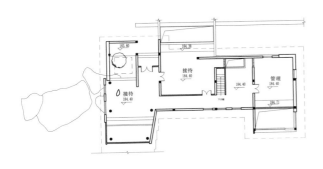

图1. 葛如亮在习习山庄门前
图2. 习习山庄底层平面
图3. 习习山庄二层平面
图4. 习习山庄屋顶平面

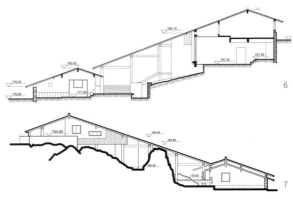

6

7

之情，这种感情无不是他事业进取的动力，无不是他创作激情的爆发点。踏上浙江这片土地，见到脚下秀美的山山水水（这是浙江普遍的一种自然风貌），他就觉得自己回到了故乡，由衷产生一种亲切、轻松和踏实的感觉，这使他心境舒畅、激情奔腾。在他眼里，故乡的地域意义已不仅仅局限于"奉化"地区，而是浙江整片土地。对建筑的地方风格的认同也是以黛瓦、粉墙、坡顶为特色的"江南民居"这一较为宽松的地域特征为原型的。正是他对浙江地区整个自然条件、地方风格、风土人情的深刻理解，促成了他建筑创作的内在基础，另外，葛先生自幼受到良好的启蒙教育，对中国传统文化推崇备至，了解甚深。尤其是后来师从梁思成教授，对中国传统建筑思想和特色有了进一步的研究。他深信，建筑与音乐一样，它的国际性根植于它的民族性。在他主持设计的新安江富春江的一

组建筑中，人们从中体会到的是"一种中国山水诗意蕴，在疏密得宜，错综变化的建筑形体中，映现的是形尽意中的神韵、自然的情致和谦和平淡的气度。"[5]

1982 年建成的灵栖"习习山庄"（图 2—图 12，主要设计合作者：龙永龄），是葛先生在富春江、新安江风景区第一个设计和完工的"新乡土建筑"。山庄包括接待室、洞前室、小卖部、茶室、办公室等用房。从山庄大门到洞口，建筑由四组方向转折、感受变换的序列空间构成。建筑外形采用当地民居形式，白墙、灰瓦、坡屋顶、青石板。屋面坡度与自然山坡相同，沿山坡水平等高线延续跌宕，其中曾引起争议的长尾巴坡顶，覆盖着与等高线垂直的入洞路线所需空间。其内巨石嶙峋，内外绵延，六个界面各具特色，步换景移，从杂乱中组织出秩序。建筑就地取材，封面和屋顶采用当地丰富的卵石和毛竹，使之与自然环

8

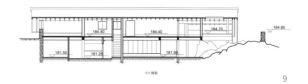

1-1 剖面

9

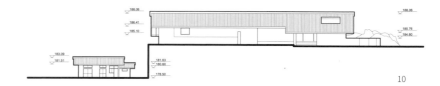

10

图 5. 俯瞰习习山庄长尾巴屋顶
图 6，图 9. 习习山庄剖面
图 7. 习习山庄西立面
图 8. 习习山庄南立面
图 10. 习习山庄北立面

境相配。建筑布局和地形结合巧妙、处理融洽，表面看似漫不经心，实则天衣无缝、惊心动魄、感人肺腑。正如设计者所言："与自然山岩结合，不是仅仅一个简单的观念（这非常容易得到）。创作者必须具有对这片土地的感情，保持创作时的兴奋情绪以及具体处理方法上的创造"。记得他连贯七次到实地现场放线，并根据实情修改图纸。其中有一外露地表层的小石，经挖掘后才知是一块巨石，于是调整定位以巧取天工之美，让其成为支撑屋顶的天然石柱，真是用心良苦、妙不可言。更为奇妙的是，洞中风被引到山庄的每个房间里，只要打开预留的木板洞，夏天洞中凉风就会吹进每间卧室，犹如天然的空调设备。

葛先生在他的"习习山庄"中最佳地实现了建筑与环境所密不可分的"牢固性"。在"习习山庄"中，我们所能得到的最强烈的感受是什么呢？是它所拥有

的"有机共生"特征。这座建筑形态是如此自然地生长并依附于所在环境，以至于它已成为那个地方不可分割的一部分，它与环境共生存，并通过这种共生存而获得了某种生命。

葛先生在富春江、新安江风景区的另一个系列作品是瑶琳洞外宾接待室——瑶圃（图13，主要设计者：龙永龄）。建筑临近瑶琳洞口，基地自然环境平淡，精彩之处是景色如画的北向远景。设计者于是在创作构思上一方向强调借景，通过北向窗框将自然景象缩成构图精良的天然画幅，使人在建筑中也能与自然取得联系；另一方面强调向内遮蔽的庭院空间的运用，造就一含蓄凝重、暗示象征的自然缩影，使人在有限的空间里感受自然万物的勃勃生机。建筑外形采用江南民居风格。考虑到游客出洞后需休息的心理，建筑内外空间平和处理，用材朴素大方，却小巧精细，具

图 11. 习习山庄入口敞廊
图 12. 习习山庄长尾巴屋顶下长廊
图 13. 瑶圃南侧外观

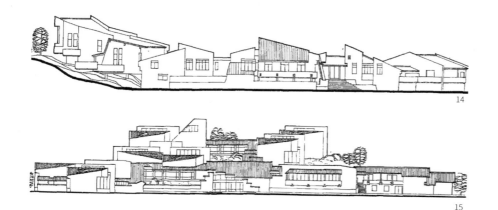

14

15

图 14. 好居西南立面
图 15. 大禹陵博物馆设计方案北立面
图 16. 天台山石梁瀑布风景建筑
图 17. 缙云电影院底层平面

有浓厚的乡土气息，实现了设计者不突出自己而随遇而安的创作意境。

1983 年建成的新安江水上旅游旅馆（主要设计者：龙永龄），与其说是设计者为吸引游客的一种创举，不如说是体现设计者对自然的一种态度。该旅馆由并列的双船组成，宽 12m，长 24m，内设 3m×4.5m 的客房多间。旅馆不用征地、不需基础，旅客直接、便捷地贴近自然江水，满足游客尽可能地从属于大自然的心理。旅馆还尝试了随时更换停泊点、自由游划的可能，使游客平添情趣。这种"可变"与"可动"的性质正是自然界最本质的特征所在。

与"习习山庄"同期建成的天台山石梁瀑布风景建筑（图 16，主要设计合作者：朱谋隆、黄仁），作为一个在宗教氛围下的世俗建筑，其建筑形态借鉴于当地的民居建筑，同时掺杂了一些宗教建筑特征，反映了设计者对地域文化（宗教）及民俗文化（民居）的体验和认同。

浙江缙云仙都风景区旅游中心——好居（图14），是葛先生精心指导的学生的毕业设计经深化后的设计作品（笔者是同济建筑 83 届毕业设计小组组长）。该建筑地处幽美、宁静的仙都风景区，基地依山傍水。设计采用依山而坡的单坡顶造型，既与自然环境协调一致，又造型新颖富有特色。由于建筑使用功能复杂，以化整为零、组团布局的方法，减少尺度，增加亲切感。缙云是多山地区，盛产一种"凝灰岩"的石材，它在山体中质软易采，但外露经氧化后质地

变硬，是极好的建材，当地的建筑大多是这种石材建造的。"好居"正是选择了这种就地取材、加工方便、价廉物美的石材作为主要的砌筑和装饰材料。由于投资问题，该建筑没有得以实施，但作为一个未完成的创作作品，其影响在葛先生以后的创作道路中是深远的，特别是单坡顶的建筑形态，自"好居"的设计以来，一直成为葛先生体现其"乡土性"特征的"原型"而多次被衍变后再现，如碧东坞风景建筑设计、大禹陵博物馆建筑设计方案（图 15）等。因这种形态，往往与山峦的起伏等自然轮廓线之间存在着某种暗合，因此，常常能够使建筑物与其周围的自然环境浑然而成为一个视觉上的整体。

1986 年建成的"缙云电影院"（图 17，主要设计合作者：龙永龄、钱峰），是一座石头城中的石头影院，一座城市中的"新乡土建筑"。该建筑采用当地出产的青、红、紫三色凝灰岩条块石砌筑而成，充分显露了条石的自然色彩和质地的美妙，反映了设计者尽量就地取材、使所取之材与环境相匹配的思想，从而使所造之屋具有一种对于所处之地的归属感。在这座建筑里，设计者除保持强烈的个人风格的一面，又有与现代建筑潮流相同步的一面。如庭院空间的运用、内外空间的流通、水池的处理均有独到之处。影院内的楼座呈单角不对称形模式也是国内首创。在这里，设计者娴熟的设计技巧和热情使每一块石头均表达了某种意义。

在上述葛先生的"新乡土建筑"中，我们最能体

体验与评论——建筑研究的一种途径

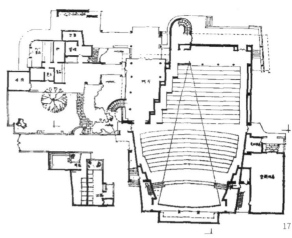

17

察到的是他建筑中所包容的"自然"的富有——自然中的形式、材料、结构，以及建筑与大自然的有机结合。这种与大自然相安默契、悠然共处的态度，正是中国传统文化的精华所在。葛先生的"新乡土建筑"，尤其是迄今使我最为感动的"习习山庄"，总会使我联想到 F.L. 赖特的"有机建筑"和"流水别墅"。难道说它们真有什么共同之处吗？不错，作为西方人的 F.L. 赖特，却对东方哲学有着特别的厚爱，因而东方精神是他们探寻一种归向自然的表现手法的共同基点，他们表现出一个共同的特征，即建筑与自然的"有机共生"[6]。

葛先生对故土的一片深情、对浙江地区"老乌柏树"的理解及其倔强个性的认同，我们可看到他的个性的影子。这又使我联想起 F.L. 赖特对故乡威斯康星热爱之情的表白，那里的草原、河流、山脉，那里的红色牛马房、绿绿的山丘和黄灿灿的田野，是那样使赖特冥冥难忘，情意浓浓，其情景真是感人肺腑。这些都会使我想到建筑师自身创造力的构成基础问题。从葛先生的"新乡土建筑"中，我感觉到，成功的建筑师的创作激情，总要根植于他的创作哲学之中，而创作哲学来自他的生命哲学，生命哲学则在很大程度上是由建筑师所处的环境、从幼年就开始积累起来的生活经历所决定，它们构成了建筑师最生动、最持久、最有启发性和最有创造力的创作基础。

葛先生 1926 年 7 月出生于浙江奉化，1948 年毕业于上海交通大学土木系，1956 年在清华大学建筑系研究生毕业，1957 年起历任同济大学建筑系讲师、副教授、教授之职，1986 年起兼任华侨大学建筑系主任、教授。葛如亮教授因患病于 1989 年 12 月 8 日逝世，终年 64 岁。

（作者在写作过程中曾得到沈福煦、刘仲、龙永龄等老师的帮助。在此谨表谢意）

参考文献

[1] 王路 . 人·建筑·自然 . 建筑师，1991(31).
[2] 王贵祥 . 建筑如何面对自然 . 建筑师，1992 (37).
[3] 沈福煦 . 人与建筑 . 上海：学林出版社，1980.
[4] 林媛 . 根植于自然 . 世界建筑，1992(03).
[5] 胡菲菲 . 我所认识的葛如亮教授 . 中国城市导报，1990-04-05.
[6] F.L. 赖特 . 我爱威斯康星 . 杨建觉 译 . 时代建筑，1990.

图片来源

原版文章所用葛如亮教授的有关文字和图片资料均由贾方同志提供。由于原文发表时间较早，图片质量欠佳，部分图片在本书中有所替换，其中，图 1—图 3、图 6、图 8—图 10 来自论文《中国现代建筑的一个经典读本——习习山庄解析》（彭怒、王炜炜、姚彦彬，2007），图 4、图 5、图 7 来自论文《"同济风格"——20 世纪中后期同济四个建筑作品评析》（华霞虹，2004）。在此向两篇论文作者表示感谢。

原文版权信息

支文军 . 葛如亮的新乡土建筑 . 时代建筑，1993(1): 42–47.

19

乡村变迁：
徐甜甜的松阳实践

Rural Transitions:
Xu Tiantian's Rural Practice in Songyang

摘要 文章通过《时代建筑》杂志编辑团队与建筑师徐甜甜在浙江松阳考察期间的交流，记录了关于松阳乡村近几年的发展与变迁，以及建筑师在其中所起到的积极作用。访谈以松阳乡村复兴的整体策略为出发点，探讨了关于传统产业的升级与传统文化的延续，同时也关注乡建过程中政府职能部门、建筑师、当地工匠与村民的共同参与所带来的机会与挑战。而作为建筑师，徐甜甜依然坚守着本分的情怀，对空间的组织，对光的营造。我们看到了建筑师对松阳乡村的热爱，更看到其背后的社会责任感。

关键词 松阳 乡村复兴 乡建共同体 建筑师 社会实验 建筑创作

浙江松阳，这座田园牧歌式的桃源胜地有着 1800 多年的建县历史，至今仍保留着百余座格局完整的传统村落，更被称赞为"最后的江南秘境"。近几年，松阳按照"活态保护，有机发展"的理念，复活乡村整体风貌、复活乡村民居的生命力、复活乡村的经济活力和传统文化[1]。在这里，建筑师徐甜甜以积极的态度应对当地的传统、文脉、地域环境等问题，以"中医调理、针灸激活"的策略唤醒沉睡的乡村资源。作为乡建的一系列实践和有益的探索，更是将松阳推向了世界的舞台，德国柏林 Aedes 展览、威尼斯双年展，其后还将在维也纳和巴塞尔向欧洲展现"松阳故事"。

《时代建筑》杂志近年来持续关注建筑师徐甜甜在松阳的乡建活动。同时《时代建筑》杂志团队于 2018 年 4 月与建筑师徐甜甜共同在松阳展开了实地考察，领略松阳美丽而古朴的自然风光，体会其传统文化与技艺的传承，感悟建筑为松阳带来的改变。在此期间，我们与建筑师徐甜甜就松阳乡村复兴与建筑创作等相关问题展开了深入的对话。

松阳策略

针灸激活

《时代建筑》（以下简称 "T+a"）：在松阳乡村振兴的实践中，您通过"针灸疗法"来激活传统村落[2]。面对诸多不同的村落，找准"穴位"、深入"病灶"才能疏通经络。您是如何把握"穴位"，拿捏"入针深度"的？

徐甜甜（以下简称"徐"）：过去四年多时间我们集中参与了松阳的一系列建筑实践，这些散落在不同村庄的小体量的改造或者新建建筑，都是通过深入调研分析各个村庄的历史传统工艺业态和生活需求，选取当地最具代表性的文化或产业元素，以村庄公共功能为载体，用类似中医"针灸"的方式介入乡村。比如四都乡平田村农耕馆是对村口废弃的一组小体量建筑的修缮改造，兴村红糖工坊是特色产业和生产空间，石仓的客家契约博物馆强调特有的客家契约文化，

图 1. 参观平田农耕馆
图 2. 松阳县政府组织讨论会

横坑村风景优美利用竹林剧场拓展自然景观资源，而处于工业园区的王村则通过历史名人王景纪念堂重塑人文景观。

有别于大规模拆建的城市化进程，乡村不是简单地注入资金对村庄进行商业开发，而是以村民为主体，公共空间为载体，提升当地传统文化元素或者产业，并增添公共功能和文化空间。

传统产业升级

T+a：樟溪乡红糖工坊让我们看到如何升级传统产业作为村落的激活点[2]。建筑要融合这片土地的传统基因和发展密码，才能有机地植入乡村经济体系之中。建筑为原有产业的组织模式带来了怎样的变化？未来是否会以此方式为触媒，带动多种产业联动发展？

徐：樟溪乡兴村位于大木山茶园附近，至今保留着古法工艺制红糖的传统，已有上百年历史。由于业态活跃，农民经济收入良好，现有常住务农人口稳定，很多村民新建了三四层的楼房，对整个村庄传统风貌的破坏较大。与传统民居仍然保留大量夯土墙不同，兴村这样的水泥楼房和夯土墙民居并置的村庄，不具备评选传统村落的风貌条件，却保留活跃的传统业态和稳定人口，可能是更具真实生活内容的中国乡村[3]。

传统红糖工艺和业态作为兴村特色产业，传承了村庄内核的文化传统元素，但是原有的红糖家庭作坊，基本是由简陋的轻钢棚架搭建，卫生条件不好，也成为村里的火灾隐患。

针对兴村的建筑策略是，将现有的几家红糖家庭作坊整合，成立生产合作社，统一管理种植加工，统一品牌销售；在离村庄一定距离的地方重新选址建设红糖工坊，消除村里火灾隐患，和村委办公村里老人赡养等功能合并，兼具红糖生产厂房、村民活动和文化展示功能，外来游客也可在此停留，体验田园诗意、村庄生活。

红糖工坊投入使用后，改善了传统小作坊脏、乱、差的生产条件，使传统红糖加工走向产业化加工的道路，带动相关产业；红糖价格从以前的 8 元一斤上涨到现在的 25 元一斤。非生产季节时，工坊也成了村庄的公共文化场所，已经举办多场木偶戏演出及体验传承活动，这也体现了拓展工坊功能作为剧场空间的设计意图。这样一个小型乡村工坊，既是基于传统工艺的新型乡村工业，也是农工贸文旅的综合体。

从红糖工坊开始，松阳县已经在不同村庄计划建设一系列的乡村工坊。目前在施工的三个工坊中，横樟村的油茶工坊是一个废弃传统工坊修缮改造，蔡宅村的豆腐工坊和山头村的米酒工坊都是新建工坊，根据各村特色产品，以集体经济模式集合家庭作坊，改善生产条件同时也提升产品品质：工坊的产品通过食品认证和冷藏技术，可以让山区的传统农家食品进入杭州超市销售，提升销量。

竹林剧场
主创建筑师：徐甜甜（DnA_ Design and Architecture 建筑事务所）
项目地址：浙江省丽水市松阳县横坑村
设计时间：2015.05
项目完成年份：2015
业主：松阳旅游发展有限公司

文化培育

T+a：推动村落传统文化的发展，让人们重新认识文化的价值也是乡村振兴非常关键的一环。建筑在其中起到了怎样的作用？

徐：对于乡村来说，文化是一个广义的概念。从村庄形态（体现村庄历史发展脉络）、自然山水、传统建造到特色农耕和技艺、历史人文等，是统一的文化概念。建筑可以是有效的载体，尊重不同村庄历史和发展脉络，综合反映强调属于村庄的特有文化元素。

平田农耕馆通过对品质最差的村屋修缮改造，强调村落形态，过程中始终关注左邻右舍之间的协调以及整体村落风貌维护，植入新的公共功能，也提升对传统建筑建造和村庄文化的认识[4]。

兴村的红糖工坊，不仅仅提高村民收入，还在当地形成"吃——品红糖、住——红糖特色民宿、游——甘蔗田风景、购——传统红糖产品、娱——体验红糖加工"的红糖旅游和红糖文化。

王村作为一个工业区内的村庄，过去村内满是消极破败的场景，受到王景纪念馆强调的对先祖王景的纪念性和荣誉感的感染，村民开始积极修缮村里祠堂道路老屋，逢年过节王家后人聚集在纪念馆朗读并讲解族规家训，王景纪念堂成为一个凝聚人心的现代祠堂。

松阴溪上的石门廊桥串联起位于两岸的石门和石门圩两个村庄。"石门圩"原来是石门村的农田，过去村民过河种田，后来慢慢就在河对岸建房建村，形成新的石门圩村。连接两个村庄的石门大桥建于1974年，为无筋无肋混凝土双曲拱桥，全长263 m，曾经是松阴溪南北交通的重要通道。桥旁边的午羊郾是松阳著名的古郾坝。廊桥是将废弃的石门大桥改造再利用成为共享公共空间，也是对松阴溪自然景观和地方历史的尊重。

乡建共同体

政府职能部门的引领

T+a：乡村振兴是一个需要不断探索、逐步论证和完善的过程，这需要由上到下的共策、共建与共治，逐步实现有组织且有效的发展[5]。当地政府在其中扮演着怎样的角色？

徐：松阳县一共有400多个行政村，从2013年就开始着手乡村建设，我们于2014年1月参与松阳项目后，通过前期一些小项目研讨逐渐确立以公共建筑作为"针灸疗法"的乡村策略：当地政府主导，建筑师和村民共同调研，针对不同村庄特定情况，制定相关的建筑策略和功能，政府投入小量建设资金，发动乡镇和村集体以及村民的积极参与，点位激活，串点连线，带动县域乡村系统发展。政府在这个过程中积极引导，尤其是和村民沟通方面的工作。松阳政府对

平田农耕馆
主创建筑师： 徐甜甜（DnA_ Design and Architecture 建筑事务所）
项目地址： 中国浙江省丽水市松阳县四都乡平田村
设计时间： 2014.10–2014.11
项目完成年份： 2015
建筑面积： 308 m²
业主： 松阳县四都乡人民政府
照明设计： 清华大学建筑学院张昕工作室
该项目曾发表于《时代建筑》2016 年第 2 期（P115–122）

乡村建设也有独到的策略：和过去常见的集中整体打造一个村庄的耗资庞大的工程不同，松阳的乡村实践里每个村庄有所控制地小量投入建设资金，不仅是针对各个村庄的特有问题寻求最有效对策的"最小干预"，也是为了保持一种可持续的有机发展的社会模式。

工匠介入

T+a：王景纪念堂、石仓契约博物馆，我们看到当地工匠的传统技术与您带来的新技术之间的融合，这其中设计的要点有哪些？

徐：松阳的这一系列项目，都是建筑师和当地工匠共同合作而成的。建筑设计重点在于建筑逻辑和空间，而建造则尽可能采用当地最熟悉的方式。比如王景纪念堂的夯土墙和石雕，契约博物馆的石墙等，都是当地传统做法。红糖工坊的轻钢结构，也是地方常见的厂房形式，由当地的专业施工队按照他们熟悉的方式作业。每个项目所采用的材料和建造方式都是根据建筑逻辑出发的，结合空间设计，获得村民认同感又提供创新的空间体验。松阳的这些项目，都尽可能采用地方传统建造工艺，既是文脉延续，也是受限于实际造价的结果。

矛盾冲突

T+a：乡建共同体涉及实践的不同层面，从设计、施工到后期的经营和维护，过程中面对政府、工匠和村民的介入，难免会遇到观念上、审美上或是技术上的冲突，您是如何平衡"坚持"与"妥协"的？

徐：乡村建设是很综合的统筹工作，有很多实际条件约束，造价、政府项目的规范要求、地方文化既定的观念等，因此需要有一些相应的策略，比如在每个项目里都尽量使用当地熟悉的施工建造工艺技术。这时候的建筑以社会介入方式参与进来，不是单一的艺术创作，也不是通常意义上对立面的坚持或妥协，而是以建设性的态度积极寻求共识和认同。从审美角度来说，最早确实会碰到当地人以杭州、上海等大都市为标准的审美趣味，需要反复沟通，而且项目建成后也让村民看到了属于自己村的美学效果并以此为荣，这样后续的项目就顺利多了。我们选择在松阳持续数年的乡建，也是经历过早期的磨合阶段，包括我们自己也有一个深入了解松阳地方文化的阶段。

建筑师的转变

身份的转变

T+a：松阳实践其实更是一场乡建的社会实验，我们看到的是建筑背后的社会变革[6]。在此过程中，您的身份是否也发生了转变，从建筑师到社会学家？

红糖工坊
主创建筑师：徐甜甜（DnA_ Design and Architecture 建筑事务所）
项目地址：中国浙江省丽水市松阳县樟溪乡兴村
设计时间：2015.06–2015.12
项目完成年份：2016
建筑面积：1230 m²
业主：松阳县樟溪乡人民政府
照明设计：清华大学建筑学院张昕工作室
该项目曾发表于《时代建筑》2017 年第 1 期（P78–83）

徐：我们的参与方式不仅是从专业设计，而是从项目前期就全程参与社会调研，对项目可行性进行研讨，包括功能内容确立，地方生产技术提升和建筑的关系，项目施工管理，施工流程优化，后期运营维护等。此外，还要考虑如何通过一个小体量建筑激活村庄，改变村民观念，带动产业发展。这种工作方式并不是一开始就有的，而是在合作一系列小项目过程中，和松阳充分沟通、取得共识，对松阳有一定了解后培养起来的。我们这几年在松阳走过的村庄不下百个，也不断加强对地方乡土文化习俗的了解。整个过程的深度参与，也让我们对建筑设计有一个重新审视的角度，有更综合的认识，或者可以说我们是具有建筑师技能的社会工作者。但是建筑设计是这个过程中不可缺少而且是连贯的一部分，不是独立出来的环节。

共同成长

T+a：在 4 年里，您往返松阳 70 余次，可以说这是您与松阳"共同成长"的几年。从宋庄美术馆、鄂尔多斯美术馆的积淀[7]，到松阳大木山茶室[8]、茶园竹亭[9]、黄圩驿站这一系列的创作，您个人对设计逻辑与诠释建筑的方法是否产生了新的思考？

徐：松阳的乡村经验是不可再得的学习历程。过去我们更多地把文脉和功能这二者区别开来，因为通常情况建筑师接受的项目其功能是既定的，而且往往

是植入场地的一个新功能。但是通过松阳的一系列实践我们开始有不同的看法，尤其是在乡村的建筑功能植入，可能更加需要对场地或文脉的深度理解，包括历史、时间的纵深、人的因素等，在此基础上衍生的建筑功能，既反映传统又满足当下乡村需求，本身就是文脉的延续。这种功能和场地文脉的一体，也会深度延展到建筑设计的逻辑里。另外在松阳设计建筑也更加综合，比如设计初期就要预设好后期的运营和维护的各种可能，以及如何在设计中导入时间的纵深，如何区分不同村庄的微妙的差异性等。

社会实验

社会影响

T+a：建筑作为一种载体促进社会变迁，请您谈谈松阳故事的社会影响。

徐：松阳的这几年建筑实践，都是就地取材因地制宜的低技低价建造。这种过程让大家看到地方建造的潜力和丰富性，也加强对村庄价值的认识和信心。这些公共建筑通过提升当地特色文化元素或者产业，改善村民生活条件，增添公共功能和文化空间，促进产业转型和经济结构重组，增加地方对村庄的价值认知和自信。

松阳的"针灸"策略，不仅是指每个村庄里点位

石门廊桥
主创建筑师：徐甜甜（DnA_ Design and Architecture 建筑事务所）
项目地址：中国浙江省丽水市松阳县望松街道石门村
项目完成年份：2017
业主：松阳县公路管理局
照明设计：清华大学建筑学院张昕工作室

介入的小体量建筑，也包括项目资金控制，投入小量建设资金，鼓励乡镇和村集体筹资，加强各方参与度，改变观念，引导村庄后续的持续发展等等，意在探讨一种可持续的有机发展的社会模式。松阳模式并非仅限当地，可以广泛推广到其他乡村地区。

城乡互动

T+a：城市和乡村是不可分割的共同体，松阳乡村振兴实践的经验是否会对城乡互动起到积极的促进作用，也许未来会呈现出新型的城乡关系？

徐：城市和乡村是一个统筹命题，乡村发展通过重塑乡村身份，可以促进城乡平衡和互动。这几年有不少松阳人开始从大城市返乡创业，比如平田村的织染工坊，西坑村的云端秘境民宿等，都是由返乡的年轻人通过互联网运营的创业模式。乡村的田园生活，传统农耕文化也吸引城市人群短期旅游或定居。城市和乡村正逐渐形成互补互惠的方式，提供不同的居住模式。而基础设施和互联网等现代技术条件也在模糊城乡地域界线和经济界线，打破乡村小农经济的闭塞状况，将原本单一的农业经济演变成为农业和农产品加工、休闲旅游和文化创意产业相融合的新型经济业态，促使城乡资源双向流动，城市和乡村经济交融共生发展。

建筑本体

场地

T+a：在您的设计理念中，文脉和功能及这二者之间的作用是决定设计、诠释建筑的基本元素。这几年里在松阳的不同村落展开设计，您是如何挖掘场地的能量的？

徐：松阳的乡村实践中，建筑功能本身就是村庄文脉的延续。这种前提下对于不同村庄的场地理解就更加重要。场地的内容包括：所处地点和村庄的关系、村庄的地形地貌、周边自然环境、村庄发展和人文历史、村里人口构成、传统特色产业、非遗文化、经济条件等；另外还包括动态因素，比如村里的邻里关系平衡，还有些村民从刚开始对项目持否定态度，到逐渐希望自家住房可以作为项目一部分等。这些内容都是构成场地的既理性又感性的重要条件。在不同村庄的项目，从一开始的"把脉"，捕捉分析关键的线索，才可以"对症下药"[10]。

石仓契约博物馆场地上的水渠成为贯穿空间的指引，水流的声音，利用水渠的喷雾装置都给空间和契约内容带来更多层次。

王村这个被工业区包围的平地村，更需要一剂强心针，村落空间被王景一生的 17 个节点舞台所占据，以空间的爆发力扭转外部环境的破败。

王景纪念堂
项目地址：中国浙江省丽水市松阳县王村
设计时间：2016.05
项目完成年份：2017
建筑面积：406 m²
业主：松阳县望松街道王村村民委员会
照明设计：清华大学建筑学院张昕工作室

竹亭
项目地址：中国浙江省丽水市松阳县大木山骑行茶园
设计时间：2014.07–2014.09
项目完成年份：2015
业主：松阳县旅游发展有限公司

位于古市镇下黄圩村外一片松树林的黄圩驿站，沿着堤坝线性展开，既结合松树林的疏密有致，又通过玻璃墙面上采集松脂制作松香的图像和松树叠加，多维度的表现下黄圩村和松阳的松香文化。

公共性

T+a：王景纪念堂有时成为宗族聚会的场所，红糖工坊季节性地变为村民舞台[2]，平田农耕馆必要时可成为研讨空间[4]。乡村中公共建筑的功能性是不断生长的，那么您对建筑的"公共性"是否有了更深刻的理解？

徐：过去村庄的公共建筑就是祠堂，平时可能空无一人，但是重要的事物比如祭祀先祖、宗族集会、婚丧嫁娶等，都在祠堂里举行。有别于城市里各类功能明确的公共建筑，祠堂是村里唯一的多功能公共活动空间。随着生活方式变化，乡村开始要求有更多的公共空间，比如村民休闲、孤寡老人赡养、集体生产空间、文化活动空间等等，而且一直保留对于空间能灵活应对多功能使用方式的要求。所以对于乡村公共建筑，从设计初期就需要引导且预留"公共性"的多元化。王景纪念堂将展览浓缩在空间转角形成"纪念角"，就是为了尽可能腾出室内空间，为村里各种公共活动提供场地。去年春节前王氏家族聚餐，对面的王氏祠堂和王景纪念堂就都利用上了，仅王景纪念堂

里就摆上了 15 桌圆桌容纳 150 人在此用餐。平田农耕馆的艺术工作室由两位从杭州回乡的年轻人承租使用，作为开放的织染工坊，也可以随时举办研讨活动。红糖工坊的使用则更加多元，非生产季节时这里可以成为公共电影、木偶戏、广场舞的文化大礼堂。

空间组织模式

T+a：石仓契约博物馆和王景纪念堂从定义到空间组织模式，都有别于城市中的博物馆。村落里的文化建筑似乎要更多一些"留白"，才能更有效地激活周边建筑、调动村民参与。

徐：松阳的乡村博物馆系列是广义的博物馆：把通常集中在都市的大体量博物馆化整为零，分散到各个村落乡野场地，既还原到原属文化中，又可以作为乡村的综合公共文化空间，而且带动整个村庄作为活态博物馆，整合起来形成县域博物馆概念。乡村博物馆是外来者和村民交汇共享的场所，结合各个村庄特点，呈现不同形态，比如石仓的客家契约博物馆，王村的先祖王景的纪念堂，而兴村的红糖工坊既是红糖生产的活态展示空间，平常也是村里举办多种公共活动的场地。有别于城市里的管理严格的博物馆，乡村里的这些文化和公共空间更开放，既可以用于文化展陈，又是灵活使用的休闲空间，村民可以随意进出休憩纳凉，节庆时又可以举办民俗表演和祭祀活动，类

大木山茶室
主创建筑师：徐甜甜（DnA_ Design and Architecture 建筑事务所）
项目地址：中国浙江省丽水市松阳县大木山骑行茶园
设计时间：2014.12–2015.01
项目完成年份：2015
建筑面积：478 m²
业主：松阳县旅游发展有限公司
照明设计：清华大学建筑学院张昕工作室
该项目曾发表于《时代建筑》2016 年第 1 期（P75–82）

似过去的祠堂。对展陈内容和物品也有特定要求，比如王村以纪念角的石雕展示王景一生时间轴，契约博物馆则以契约文书的复制品结合表达村庄历史的固定木雕，都是希望尽量减轻管理要求，最大限度地向村民开放。而通常意义上博物馆的服务配套设施，则是尽可能利用周边闲置村屋，有效激活村庄闲置村屋资产，也可以吸引外来投资，带动村里的产业发展。

光的营造

T+a：红糖工坊的灯光效果让我们感受到制糖的仪式感，王景纪念堂的天光让我们感受到空间的神圣感，而契约博物馆您通过引进自然光营造出很多趣味性。您对光（包括自然光和人工光）是如何把控的？

徐：针对每个村庄的建筑"针灸"也会产生不同的建筑逻辑和空间营造。光线是空间氛围营造的手段之一。不同空间会有不同的光线条件，亮度或暗度。

红糖工坊是热气腾腾的熬制现场，本身作为一个开放的舞台空间，灶台烟囱和熬制设备等的布置，都强调生产的仪式感，屋顶的顶光和照明设施则是根据空间逻辑布置，光线和生产过程中的水汽互相作用，进一步加强这种仪式感和剧场舞台感。

而契约博物馆的文书展览则浓缩了客家村庄百年历史沧桑，空间参照当地的多天井民居形态（村里最多的一座民居有 18 个天井），参观者在暗处，展览设在顺墙的亮处，由亮暗的强烈对比拉开空间张力，结合传统石墙营造时空纵深。人在暗处时，除视觉外的其他感官敏锐度会有所提升，夏季的穿堂风，石墙围合空间内外的温差，穿越空间的水渠的流水声，都会进一步渲染空间氛围。特别需要提及的是，水渠上屋顶有一道排水沟，女儿墙的高度和角度可以对进入空间的光线有所控制，也就是说，一天的大部分时间里只有漫射光可以通过这道天沟进入室内，只有正午前后半小时时间，直射阳光可以垂直切入落在水渠上，这时候结合隐藏的喷雾设施，在夏季炎热的天气里，可以在室内制造出彩虹般的光学效果。这样一个简单的介入既形成趣味互动装置，也再次强调对契约文化的解读。

由于王村处在工业区内，村里传统风貌破坏较大，所以建筑策略重点在于通过室内空间重塑人文景观，提升村庄的荣誉感。建筑通过舞台情景剧的方式，将重要景观节点沿时间轴展开，和建筑的结构转角叠加放大为类似"龛"的角空间，通过石雕画面成为贯穿室内的 17 个纪念角；石雕上各个不同时期的真人大小的王景人像，混凝土结构形成的"龛"的空间形态，纪念角顶部天光照明，等等，一系列的空间氛围营造都是为了强调对先祖的尊敬。夜间照明通过暗藏灯具仅仅打亮这 17 个纪念角，成为空间里的 17 个灯柱。

石仓契约博物馆

主创建筑师：徐甜甜（DnA_Design and Architecture 建筑事务所）
项目地址：中国浙江省丽水市松阳县大东坝镇六村
设计时间：2015.06
项目完成年份：2017
建筑面积：675 m²
业主：松阳县大东坝镇人民政府
照明设计：清华大学建筑学院张昕工作室

世界关注

全球问题

T+a：乡村问题是全球性问题，松阳故事是中国故事的组成部分。在欧洲比如德国有着很多乡村被"遗忘"的现象。在您看来，中国与欧洲的村庄的差异性存在于哪些层面？

徐：目前在德国也有一系列针对乡村地区的策略，比如在大城市周边的村庄，闲置的房屋可以为城市工作人群提供低价住房，前提是每天路上需要有数个小时的往返交通时间。而中国的传统村落有紧密的宗亲关系，松阳很多村里可能全村居民就是一个数百人的大家族，也有很多既定的观念，很难成为大量外来工作人群的常住地。

持续关注

T+a：将松阳推向国际化的舞台，意味着松阳的文化交流步入了新的阶段。接下来您还会带着松阳故事到维也纳和巴塞尔。随着时间的推进，展览的地域在变化，松阳本身也在不断变化，您是否考虑为未来的展览拓展原有的主题？

徐：这两年松阳故事会在不同国家和城市展览，也期待和不同地区的乡村展开对话。我们一直把松阳作为一个整体项目来看待，建筑是促进区域发展的有效手段，目的是激发地区文化和经济业态发展，每一个点位的建筑都不只停留在空间塑造或地方建造的浅层讨论，而是希望带来后续持续的发展和振兴。所以展览题目松阳故事，意在通过建筑载体呈现地方的社会发展。这是一个持续进行的项目，所以在不同地点的展览也会呈现不同的阶段进展，柏林作为第一站，提出整体概念；威尼斯双年展替换两个新项目带入城乡互动的内容；而维也纳展览可能更多讨论目前在进行的乡村工坊和乡村经济方面的进展。

总结

乡村是人类文明的发源地，在城市化和经济全球化的背景下，如今乡村扮演着越来越重要的角色。近年来，中国正在以空前的速度和规模进行乡村建设，更是受到了世界的关注。第 16 届威尼斯国际建筑双年展中，中国国家馆主策展人李翔宁教授以"我们的乡村"为主题，透视当代中国乡村的图景；世界著名建筑师库哈斯也将目光聚焦于中国的乡村建设，2018 年乌镇国际建筑论坛中，他发起了"乡村马拉松"对话。实际上乡村建设不仅仅是技术问题，更是复杂的社会问题，其关乎于乡村的经济、产业、文化、建成环境等多元化内容。作为"乡建共同体"中的重要一员，建筑师的角色亦是多重性的 [11]。

13

黄圩驿站
主创建筑师: 徐甜甜 (DnA_Design and Architecture 建筑事务所)
项目地址: 中国浙江省丽水市松阳县古市镇黄圩村
设计时间: 2016.09
项目完成年份: 2017
建筑面积: 197 m²
摄影师: 王子凌
业主: 松阳县河道堤防和水库管理处

拥有灵动自然风光和深厚历史文化底蕴的松阳,坚持"活态保护、有机发展"的原则,通过一系列实践探索出一条文化引领乡村复兴的道路。"松阳故事"是当下中国乡村文明复兴的样板,作为中国乡村建设中成功且具有代表性的案例,松阳正在逐步发挥其国际影响力。目前,"松阳乡村振兴国际论坛"正在筹备之中,来自全球的著名建筑师、策展人、社会学家和相关学者将参与论坛,松阳将向世界展现其贡献与智慧。

参考文献

[1] 胡卫亮. 松阳县历史文化村落保护发展的实践与思考. 新农村, 2014(07): 14–15.

[2] 王维仁. 村落叙事空间再思考: 从浙江松阳樟溪红糖工坊谈起. 时代建筑, 2017(01): 99–104.

[3] 徐甜甜, 汪俊成. 松阳乡村实践: 以平田农耕博物馆和樟溪红糖工坊为例. 建筑学报, 2017(04): 52–55.

[4] 徐甜甜. 平田农耕馆和手工作坊. 时代建筑, 2016(02): 115–121.

[5] 史明, 李佳颖. 浙江松阳"乡建"实践基本模式的分析. 创意与设计, 2017(04): 99–104.

[6] 赵辰, 李昌平, 王磊. 乡村需求与建筑师的态度. 建筑学报, 2016(8): 46–52.

[7] 王铠, 吴非. 理性和意外的碰撞: 徐甜甜的宋庄艺术公社设计. 时代建筑, 2009(05): 90–97.

[8] 徐甜甜. 大木山茶室. 时代建筑, 2016(01): 75–81.

[9] 徐甜甜. 茶园竹亭, 松阳, 浙江, 中国. 世界建筑, 2015 (02): 38–41.

[10] 翟辉. 乡村地文的解码转译. 新建筑, 2016(04): 4–6.

[11] 何崴, 陈龙. 当好一个乡村建筑师: 西河粮油博物馆及村民活动中心解读. 建筑学报, 2015(9): 18–23.

图片来源

图1、图2、图11 由时代建筑团队摄影;图3—图10,图12—图13,由 DnA_Design and Architecture 建筑事务所提供,王子凌摄影,其余图片由《时代建筑》编辑部提供

原文版权信息

支文军, 何润. 乡村变迁: 徐甜甜的松阳实践. 时代建筑, 2018(4): 156–163.

[国家自然科学基金项目: 51778426]

[何润: 同济大学建筑与城市规划学院 2017 级硕士研究生]

20

"解码"张轲：
记标准营造 17 年

"Decoding" Zhang Ke:
Seventeen Years Practice of ZAO/standardarchitecture

摘要 文章以中国当代建筑师张轲为样本，从"数据分析"的角度切入，对张轲及其所带领的标准营造进行分析与解读。应用计算机编程语言和信息可视化工具，突破以往仅通过对建筑师的设计作品或写作文章展开感性解读的研究方法，文章将透过数据与文本的挖掘，以更加理性和科学的方法来整合张轲的创作话语。综合其设计项目、出版物、展览、演讲、奖项等，在多维度展示其 17 年的收获与成果的同时，挖掘其成功背后的影响因素。

关键词 张轲 标准营造 文本分析 信息可视化 时代教育 媒体 社会支持网

2017 年 9 月 12 日，张轲成为首位获得阿尔瓦·阿尔托奖[①]的中国建筑师，这也是他继 2016 年 10 月 3 日以"微杂院"斩获阿卡汗建筑奖[②]后摘得的又一项国际大奖。张轲出生于 20 世纪 70 年代初，他和他所主持的标准营造（ZAO/standardarchitecture）从 2001 年扎根于中国展开实践以来，一直坚守着建筑信仰，尊重历史与传统，融合自然与文化，代表着新一代中国建筑师的视野与担当。

从融入西藏自然景观和人文气息的西藏娘欧码头、雅鲁藏布江边旅社，到探索北京旧城有机更新新模式的微胡同、微杂院、共生院，张轲以当代性、精神性、地域性的建筑观，逆中国商业化建筑潮流而上的努力，反映着中国当代建筑师的独特视角。笔者对

张轲的"解码"也将从新的角度切入，突破传统的解读方式而采用数据分析[③]的方法，从采集数据、整理数据、挖掘数据再到数据的可视化，逐步建立张轲的"个人数据库"，也是对标准营造走过 17 年的阶段性总结。

采集"张轲 / 标准营造"

标准营造非标准

谈及"标准"一词，有衡量事物的准则之意。而张轲选择"标准"作为事务所的名称是因为他认为"标准"一词中性而朴素，或严谨、或随意，并不关联到具体的风格与形式。[1] 就如他的建筑理念中有三个不感兴趣，即"对追随风格流派和大师流派不感兴趣，对任何国外嫁接到中国的东西不感兴趣，对把中国的东西挖出来到国际上卖弄中国文化不感兴趣"。而当"标准"结合"营造"，我们感受到的是建筑回归到更本质、更朴素的建造层面。正如标准营造的缩写为"ZAO"一样，张轲关注的是建筑纯粹而本质的内涵，要除去任何附加的内容。"standardarchitecture"而非"standard architecture"映射的是与"标准"恰恰相反，张轲要做的其实是打破"标准"，突破标准而关注于建造过程中的新发现，在新的时代背景下，去重新思考标准意义上的建筑，抑或说是不断更新和建立新观念的探索。[2]

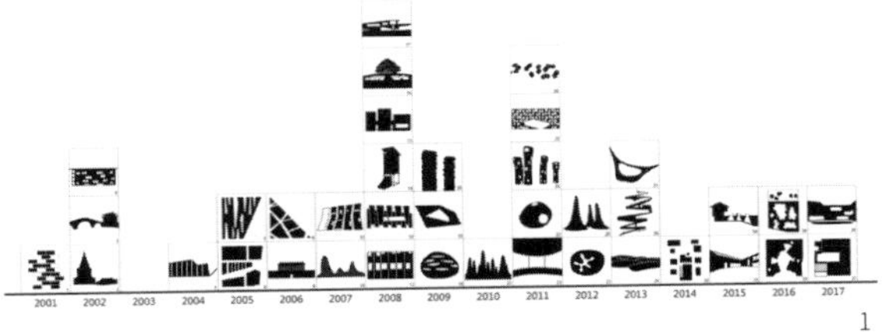

图1. 项目 – 时间轴
图2. 建成项目地图 – 修改

标准营造 "38+"

　　"标准营造"最初于1999年在美国纽约注册。2001年"东便门明城墙遗址公园设计竞赛"的中标是标准营造的一个重要转折点，从那之后，标准营造开始投身于中国的项目实践。回顾这17年，标准营造在不同地域条件下完成了38项涉及建筑、规划与景观领域的设计，其中也包括如"城市下的蛋""和谐北京""树宅"等概念设计，有21项已建成项目分别位于北京、上海、江苏苏州、西藏、四川成都、广西桂林和湖北武汉。从最初的北京白塔寺商业街规划设计，到上海浦东 "疯狂小三角"社区公园设计，再到近期完成的苏州园博会主题馆建筑设计，标准营造的项目实践超越了传统的设计领域划分。此外，标准营造的实践还涉及室内设计与产品设计，这个多元又灵活的团队不断用建筑话语突破传统的"标准"，这也是"38+"的含义所在。

　　"icon"（图标）是对事物特征的展示，笔者对多年来标准营造所积累的各项设计进行整理并抽象提取出属于每个项目的"icon"，在时间与地理两个维度上展示其设计进程与建成项目地图（图1，图2）。38个"icon"从不同角度映射出张轲在设计中对历史文脉、自然环境以及建筑空间的关注，也反映出其关于社会问题的独立思考。张轲／标准营造的作品不以新奇的造型为吸引点，而是摒弃一切既定的风格流派和自我标榜的具象文化符号，从物质层面到对功能的解读，再到对社会性的理解，在他的作品中都能读出"和谐"。

张轲 "230+"

　　回顾走过的17年，在"38+"项设计之外，张轲／标准营造的作品及论文刊登在国内外超过70个出版物上，包括专业期刊、专业书籍、杂志报纸等，共计140篇文章。以作品"阳朔小街坊"参加2005年深圳双年展起，张轲与标准营造的个展及参与展览达30场，遍布全球12个国家。此外，张轲在2010年至2012年期间，于意大利、德国、荷兰、芬兰、英国展开了10场主题演讲，张轲的国际影响力不断扩展，从亚洲到欧美，其国际话语权可见一斑（图3），这也是他能够在近年收获多项国际建筑大奖的助力因素。笔者统计了从2001年标准营造扎根于中国起，到2017年为止，张轲参与的所有活动，包括项目设计、出版文章、相关展览、主题演讲与所获奖项在内，共达230余项，并建立活动与时间轴之间的联系。根据时间与活动对应的连线图可见，2008年到2013年是张轲／标准营造最活跃也是收获最多的几年（图4）。

文本挖掘，读懂张轲

　　当前我们正处于数据分析的黄金时代，数据挖掘（data mining）与自然语言处理[④]（natural language processing）技术的出现充分发挥了计算机自动处理数据的能力。同时文本可视化中的信息采集、视觉呈现等过程，有效综合了机器智能和人工操作。"用数

表1. 项目列表
Table1. Project List

序号	时间	地点	项目名称	团队合作者
1	2001	北京	北京东便门明城墙遗址公园	张弘、袁路平、张冲、洪金聪、Claudia Taborda、Vinita Sidhu 、曾宏立、霍晓卫、岳峰、张轲
2	2002	北京	白塔寺历史文化保护区商业步行街规划	张轲、张弘、齐宏海、卜晓骏、李路珂、Vinita Sidhu 、Bruce Parker
3	2002	浙江余姚	余姚古城历史街区保护规划	张轲、张越、卜晓骏、齐宏海、霍晓卫、赵扬、李长乐、Claudia Taborda、张冲、赵星华
4	2002	沈阳	大连亿达幼儿园	张轲、卜晓骏、李路珂、袁路平、朵宁、陈辉、尹凤、张冲
5	2004	北京	武夷小学礼堂	张轲、张弘、卜晓俊、李长乐
6	2005	广西桂林	阳朔小街坊	张轲、张弘、Claudia Taborda、齐洪海、王文祥、梁华、韩晓伟、秦颖、郝增瑞、刘新杰、杨颖、杜霄敏、盖旭东
7	2005	湖北武汉	华润凤凰艺术馆（武汉华润中法艺术中心）	张轲、张弘、郝增瑞、韩晓伟、杨欣荣、刘新杰、李琳娜、经杰、林磊、韩立平
8	2006	西安	西安古城墙景观整合	
9	2006	上海	疯狂小三角公园	张轲、张弘、侯正华、郝增瑞、杨欣荣、李琳娜、李明芳、孙伟、Chris Tina
10	2007	香港	城市空隙Urban Void Hong Kong	
11	2007	四川	青城山石头院	张轲、张弘、郝增瑞、Carla Maria Freitas Gonc 、刘新杰、杨欣荣、张正帆、（合作）王安东、刘亚波、王彤
12	2008	苏州	苏州万科"本岸"新院落住宅	张轲、张弘、侯正华、黄狄、郝增瑞、赵扬、于春水、孙伟、王凤、杨欣荣、刘新杰、张正帆、杨帆、张诚、杨玲、张元玲、黄峥
13	2008	苏州	苏州万科"岸"会所	张轲、张弘、侯正华、赵扬、高飞、郝增瑞、杨欣荣、王凤、黄狄、张正帆、刘新杰、张诚
14	2008	四川	廉价生态移动厕所	张元玲、黄铮、邹丹曦、张诚、刘新杰、吴党森、赵扬、殷红、王安东、张轲、张弘、侯正华
15	2008	西藏	南迦巴瓦游客接待中心	张轲、张弘、侯正华、Claudia Taborda、Maria Pais de Sousa 、盖旭东、孙伟、杨欣荣、王凤、刘新杰、孙青峰、黄狄、陈玲
16	2008	西藏	大桑树冥想台	张轲、张弘、侯正华、Claudia Taborda、黄狄、陈玲
17	2008	西藏	雅鲁藏布江小码头（派镇小码头）	侯正华、张轲、张弘、Claudia Taborda、董丽娜、孙伟
18	2009	（概念设计）	城市下的蛋	张轲、戴海飞、黄探宇、邓敏聪、邓丹、蒋帆、郝志飞、邹佳乐、蒋其纯、许娟
19	2009	西藏	林芝尼洋河谷游客接待站	张轲、赵扬、陈玲、孙青峰
20	2009	湖北武汉	跳舞的书本双塔	张轲、张弘、侯正华、赵扬、孙伟、万雯莉、王凤、于春水、黄狄
21	2010	北京	和谐北京（"奥迪城市未来奖"展览）	
22	2011	北京	标准营造办公室扩建	
23	2011	（概念设计）	末日之蛋	
24	2011	（概念设计）	树宅 Tree Towers Housing	
25	2011	北京	剧院之上的居所	
26	2011	西藏	雅鲁藏布大峡谷艺术馆	张轲 张弘、侯正华、田耕、孙青峰、孙伟、陈玲、杨欣荣、王凤
27	2012	西藏	西藏格嘎温泉	
28	2012	（概念设计）	立体村庄	张轲、Roberto Caputo、杨欣荣、Cruz Garcia、付云、杨帆、吴党参
29	2013	西藏	雅鲁藏布江边旅社	张轲、张弘、侯正华、孙伟、 Guido Tesio、 陈玲、 杨帆、石倩兰
30	2013	西藏	西藏娘欧码头	张轲，侯正华、张弘、陈玲，Claudia Taborda，Embaixada(Cristina Mendonca，Augusto Marcelino)，孙青峰，戴海飞、盖旭东
31	2013	西藏	尼洋河观景台	
32	2014	北京	微杂院	张明明，方书君、池上碧、黄探宇、Ilaria Positano ，王平、常哲辉
33	2015	北京	标准营造新办公室	张轲、孙伟、Joao Dias Pereira, Margret Luise Domko， 孙青峰、戴海飞、赵晨、石倩兰、Nathalie Frankowski ，王凤、杨欣荣
34	2015	广西	广西龙脊小学	
35	2016	北京	微胡同	张轲、张明明、戴海飞、池上碧、张燕平、黄探宇
36	2016	上海	诺华园区5号楼	张轲、 Margret Domko, Leonardo Colucci, Johan Kinnucan, Alessandro Colli, Joao Dias Pereira
37	2017	北京	共生院	张轲，方书君，何况，池上碧，Stefano Di Daniel ，侯新觉、李雅伦
38	2017	江苏	苏州园博会主题馆	张轲、鲍威、Daniele Baratelli 、Margret Domkq 王翔翔、王醴迎、黄探宇、Martina Muratori 、葛炜

体验与评论——建筑研究的一种途径

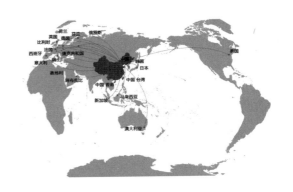

图 3. 国际影响范围扩展 （2010–2012）
图 4. 国际影响范围扩展 （2008–2013）

据说话"为人们更好地理解文本和发现知识提供了新途径。[3] 如今，对建筑师的探讨并不仅仅局限于对其作品或文本的感性解读。本次解码建筑师张轲，尝试通过"文本分析"⑤的方法，借助标准营造官方网站的所有信息来采集张轲 / 标准营造的中文全文本，再对海量的文字进行初步的挖掘。通过在中文全文本中抽取 "高频词"与"关键词"并进行量化的统计，再应用信息可视化工具将分析结果多样化地展现。

张轲文本分析

本次对建筑师张轲的解读主要应用基于词频统计的文本分析，面对其 17 年积累的 132 份中文文本（包括项目介绍、出版文章、个人访谈等），共计 140 934 个字符。将全文本字符视为词汇的集合，建立词袋模型⑥，利用"机器"进行自然语言处理。分析过程包括中文分词⑦（chinese word segmentation）、过滤"停用词"⑧、加入"分词自定义词典"，继而进行词频统计与排序。经过进一步筛选，最终得到 140 934 个字符中的 25 个高频词，它们共同映射出张轲在设计中的关注点（图 5，图 6）。

通过文本分析得到的高频词与词频分别为：空间（429）、城市（362）、西藏（241）、胡同（238）、庭院（236）、文化（214）、北京（213）、码头（162）、当地（151）、结构（147）、改造（146）、建造（140）、景观（135）、传统（128）、材料（121）、石头（109）、生活（92）、大峡谷（88）、自然环境（84）、艺术（82）、杂院（80）、公共（78）、旧城（75）、社会（70）、

社区（68）。

其中"西藏"的"大峡谷"和"码头"，以及"北京"正是张轲 / 标准营造这 17 年展开实践项目最多的地方。"结构""建造"体现的是张轲在设计中关注建筑更本质的建造层面，追求建构的真实性。张轲塑造的"空间"与"庭院"紧密相连，例如：青城山石头院中有一个"空院"、三个"茶院"和一个"居院"；苏州"本岸"住宅中将院落重新与居住空间结合；而"岸会所"则通过连续转折的白墙围绕成多个相对独立的院落。"胡同""改造""生活""杂院""旧城""公共""社区"让人迅速联想到他的微胡同、微杂院与共生院这一系列的微更新项目，从中映射的是张轲对于现存老城区、老建筑有机更新模式的思考。而"文化""当地""传统""自然环境"强调的是张轲面对在地建筑，尊重传统与自然环境，对待文化持"平视"的态度，不被"传统"束缚从而拥有更大限度的创作自由。"石头"是张轲的建筑作品中最常用的"材料"，从阳朔的条石、成都的青石到西藏的乱石，他在建造的细节和技艺方面展现了对当地建筑、街道肌理和自然环境的尊重。面对"材料"，张轲追求的不是越来越发达的材料带来的建造便捷，而是在于怎么发现一个材料所具有的未知的可能性，对他而言，没有哪一种材料是更现代或者更传统的，关键在于如何去运用。他追求的是，"可以转瞬即逝地带来一种感官上的、情感上的或是思想层面上的触动。"[4]

张轲专属的"词云"

每一名建筑师都有其独特之处，在探索张轲的

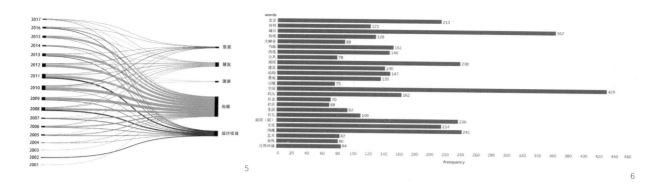

图 5. 总体活动桑基图
图 6. 全文本高频词与词频

独特个性时，采用"TF-IDF"⑨（term frequency-inverse document frequency）统计方法提取关键词。基于给定文本的总体 TF-IDF 算法用以评估某个词对于张轲全中文文本库中的单独一份文章的重要程度，字词的重要性随着其在文章中出现的次数成正比增加，但同时会随着它在全文语料库中出现的频率成反比下降，这种加权形式可以得到张轲独有的"关键词"[5]。总体处理后得到如"西藏""微胡同""文化""院落"等高频关键词。经过进一步筛选后，将张轲的关键词按照频度递减的顺序自动排序，采用最典型的可视化方式之一"词云"⑩来展示分析成果，其中文字的大小代表关键词的频度大小（图 7）。

与此同时，基于张轲的中文全文本做进一步地挖掘，应用"Text Rank"算法⑪提取出关键词，再加入时间的维度，由此得到了张轲从 2001 年创立标准营造起，至 2017 年在时间维度上关键词的变化与演进。最初，张轲关注于历史与历史建筑的保护，这反映在他早期的北京东便门明城墙遗址公园、白塔寺历史文化保护区商业步行街规划、余姚古城历史街区保护规划几项规划设计中；而随着项目的积累，他的关注点逐步扩展到地域、社会、文化与人等多个方面（图 8）。

张轲的"编程"

时代输入与输出

张轲出生于 20 世纪 70 年代。一方面，中国的"70后"是改革开放后受到现代化与城市化深刻影响的一代人，他们经历着由计划经济到市场经济的社会变迁，同时对教育的重视也更加突显，教育的改革特别是以高考为主导的教育形势逐渐深化，70 后体会到了竞争与挑战。而张轲正是一个喜欢挑战的人，原本对物理感兴趣的他，挑战了"最难考"的清华大学建筑系，迈出了他成为建筑师的第一步。另一方面，处于承前启后大时代的 70 年代生建筑师们虽然面对诸多挑战，却恰好也是处在机遇最多的时代，改革开放前的建筑设计更多地还停留在"工匠艺术"，但是随着中国的逐步开放与经济的快速发展，尤其是 1998 年住房制度改革与 2001 年中国加入世贸组织，为建筑师由"工匠"转为"艺术家"提供了充足的动力，也为 70 后建筑师打开了更广阔的设计空间[6]。

中国的 70 后建筑师面对的市场情况或许可以算作是建筑行业的"顶峰"，这为青年建筑师或新生事务所参与城市建设和挥洒才能提供了更多的空间。但西方建筑界流行着一个观点是"一个建筑师的价值往往不在于他做了哪些项目，而在于他不做哪些项目"[7]。70 后建筑师面对着巨大收益的吸引与实现个人价值的矛盾。张轲是一个敢于说"不"的人，有所为而有所

体验与评论——建筑研究的一种途径

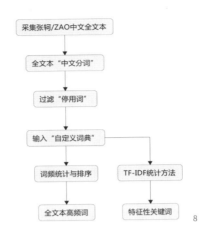

图 7. 张轲专属词云
图 8. 文本分析逻辑框图

7

8

不为，所以设计项目的选择权在他的手上，他在选择客户方面的要求极为苛刻，需要志同道合。张轲曾说："我们是建筑师，我们通过双眼发现问题，我们更希望创造新的城市愿景，而不是满足于在中国可以轻易就达到的经济成就。"正如阿尔瓦·阿尔托奖评委会对他的评价中所讲到的，"在中国城市急速发展的前提下，依然坚持建筑的'个体性'；在中国普遍标准化的商业主流中逆流而上，实现一种不同的视角。"

其实处于社会变迁中的 70 后也处于理想与理性之间，有学者从"理想"和"理想化"入手分析 70 后的状态，由于他们受到的社会影响和教育影响十分多元，也就影响了 70 后的"英雄主义情结"[6]。张轲的个人主义价值观中有着社会性情怀。他在参加第 15 届威尼斯建筑双年展主题展"前线报道"时，通过在北京旧城的三个改造实践，以充满自主意识和社会性的态度向世界讲述着他的"前线报道"，这代表着中国建筑界的一股新生力量，激发这种力量的正是在一部分中国建筑师群体中逐渐成熟并被践行的个人主义价值观。张轲曾说："当代中国的生活方式在设计角度的特殊需求，才是我最为关心的，这些都可能成就全新的设计，我宁愿称它为'中国性'。"社会性情怀为张轲带来的是一种社会性英雄主义情绪，也就是建筑师以发起者的身份主动介入社会矛盾之中，并以建筑为手段，以民意为基础，去寻求一种自下而上的路径和答案[8]。

教育输入与输出

1988 年考入清华大学建筑系的张轲，8 年后拿到清华大学建筑与城市设计硕士学位，随后他选择继续到美国哈佛大学设计研究生院（Graduate School of Design，Harvard University，简称"GSD"）攻读硕士。张轲曾说："清华教给我的是精神上的东西，那时候对精神性的追求是很高的。"而哈佛的教育对张轲来说意义更加深刻，他与国际接轨的叙事方式大都渗透着哈佛教育的影响。

教育对人的影响可以简单地归纳为对人的社会性影响与个体性影响。一方面，哈佛大学设立的目标是培养出探索新知识、推动世界变革的领导者。在哈佛，"追求真理"是唯一的主题，需要发现问题、分析问题、解决问题，而不是寻求固定的答案[9]。"追求真理"正体现了张轲所强调的标准营造并不遵循固定的风格，而是关心在设计中如何创造性地解决问题。另一方面，GSD 打破了专业之间的界线，建筑—城市规划—风景园林相互独立又相互融合，学者们多会跨学科选课，这也是张轲带领着标准营造突破传统的设计领域划分，在建筑、规划、景观、室内及产品设计等多方面展开实践的重要因素。

此外，GSD 的设计课题敏感地把握着世界发展的前沿问题并回应社会所需，从城市到景观，都强调设计与社会的发展互动。张轲的设计实践正体现着对当下社会问题的关注，尤其体现在其多项概念性设计

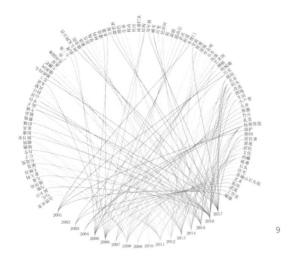

9

中。如"剧院之上的居所"（The "Social Theatre" Housing）结合了一些基本的小型住宅单元与大型的半露天式公共剧场型空间；"城市下的蛋"（Eggs of the City）以街边摊为蓝本，为年轻人设计了一个移动的"蛋型城堡"，回应了当下城市化中的"蜗居"问题；"立体村庄"（Vertical Village）计划是面对急速膨胀的城市空间与急速减少的耕地之间的矛盾，通过村庄立体化减小城市化的压力。这些设计凝结的是他在积极回应社会需求方面的深刻思考。而张轲不仅仅关注问题，更注重问题解决的结果，他曾说："在做设计的时候一定要对社会问题有意识，有意识你到底在为谁做设计。但最终要落实到设计本身的好坏上来"。这也是他所强调的建筑的"独立美"（autonomous beauty），也就是说如果实现的结果不精彩，再有"背景"也没有意义[10]。

张轲曾说："哈佛大学设计研究院的教育对我来说很重要，让我在学习建筑八年后真正开始接近建筑的本质"。哈佛大学的学习让他形成一种"自我意识"，那是一种在中国教育体制下很难形成的思维方式。突破工匠式的技能，形成一套严密的逻辑，越来越清楚自己的实践在社会层面上的意义是什么，也就是"思辨与逻辑"（reasoning），那是张轲在设计中最重要且理性的方法，用理性把感性的想法推到极致[11]。

媒体介入

如今建筑设计与建筑传媒的结合更加紧密，从过去到现在，从专业学者到大众，对建筑媒体的关注度逐渐升温。而建筑传媒与建筑师之间有着相互影响和促进的作用，一方面，建筑媒体服务于建筑师，第一时间对其作品和设计理念进行传播；另一方面，建筑师的作品与思想也体现着媒体的视角[12]。建筑师在空间中实现情怀，在文本中表达诗意。作为社会性服务行业，建筑师公众形象的树立很关键，建筑媒体的存在与传播为建筑师的职业发展提供了更多机遇，而建筑师与建筑媒体之间的互动则起到了关键作用[13]。笔者统计了张轲/标准营造在17年间所发表的所有文章，包括对标准营造团队和其项目的介绍、对张轲的访谈等，其文章所属的国内外专业期刊、专业书籍以及报纸超过70种。包括具有国际影响力的期刊，如意大利的 Domus、《域》（Area）、Interni，德国的《建筑细部》（Detail）、Topos、Weltbilder、Bauwelt，美国的《建筑实录》（Architecture Record）与《哈佛设计杂志》（Harvard Design Magazine）等。透过出版物，我们看到的是张轲不断扩展的国际话语权。实际上张轲始终与过多的媒体报道和时尚喧闹的作品宣传保持着一定距离，而是通过出版文字表达其个人思考，激发更多的设计者去关注社会问题，这也是用突破"标准"的方式让世界了解中国和中国的文化（图9）。

在中国所有建筑类专业期刊中，《时代建筑》是发表文章最多的专业学术期刊（图10）。《时代建筑》关注新生代独立建筑师对实验性建筑的大胆探索，积极介入他们的实践活动，提供了重要的话语平台[14]。从2004年第2期《北京武夷小学礼堂"WESA"的随想》一文中张轲对于建筑的存在、建造的本质等基本问题进行自我追问起[15]，《时代建筑》陆续对张轲/标准营造的作品和思想进行发表。2006年第2期《营造·墨戏——华润凤凰艺术馆》中张轲借水墨即兴展开的一个创作实验，探讨了艺术与建筑的边界[16]。2007年第4期《标准营造"青城山石头院"》中通过利用本地材料、结合传统建造方法探讨了中国建筑的"现代性"[17]。2008年张轲/标准营造开始了多项在西藏的设计实践，

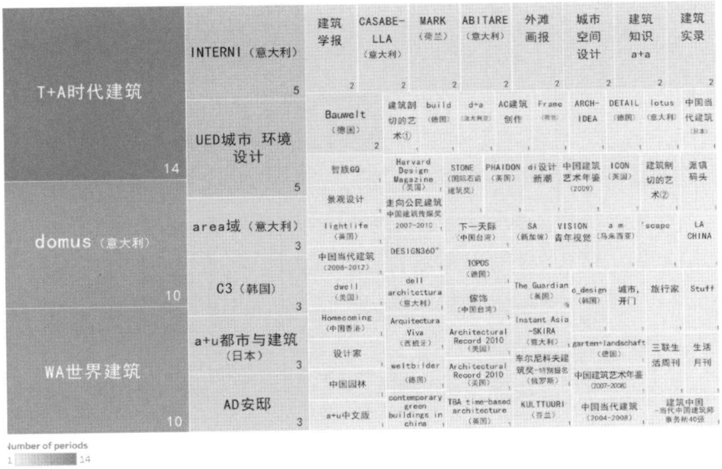

图 9. 时间—关键词
图 10. 出版物及发表文章频率
图 11. 教育的输入与输出

《时代建筑》在同年第 6 期中对其完成的"雅鲁藏布江小码头"进行了介绍，也是对标准营造作为新一代建筑师在拥有极为特殊文化的地区尝试地方建筑"当代性"的回顾 [18]。2009 年第 1 期中，标准营造对其为四川地震灾区设计和捐献的"生态移动厕所"小项目进行了简要介绍，通过一种简易、经济、环保的方式完成灾区的可推广建造试验 [19]；同期中也刊登了"西藏林芝南迦巴瓦接待站"项目，在这一篇文章中，张轲以新一代建筑师的视角讨论了"文化平视"的态度与地方建筑的"当代性"问题，他所持有的是既不仰视也不俯视西藏特有文化的态度 [20]。2011 年第 5 期和 2015 年第 3 期中分别发表了标准营造在西藏的"西藏雅鲁藏布大峡谷艺术馆"与"西藏娘欧码头"项目，探讨了在地域文化背景下建筑的当代性与精神性 [21][22]。2014 年张轲更加关注北京城市更新的问题，在第 4 期的《微胡同》一文中他通过这次改造实验提出了为胡同保护与有机更新提供的新方式 [23]；2016 年第 4 期的《共生与更新——标准营造"微杂院"》一文中，张轲与张益凡阐述了微杂院项目背后"共生式更新"的新思路 [24]。

此外，随着时代的发展，新媒体 [12] 为建筑知识、建筑师和建筑本身的传播带来了新的局面。从期刊等传统媒介到网络、微信等新媒介，新媒体环境下建筑知识和建筑人的传播更加纷繁多样 [25]。人们获取建筑知识的新方式与新习惯逐步形成。以新媒体之一——微信推送为例，当输入"张轲 建筑"的关键词进行搜索，出现最多的文章是关于张轲 2017 年获得"阿尔瓦·阿尔托奖"的报道，虽然网络媒体与学术期刊的关注点有所不同，却也让更多的人认识了建筑师张轲。

社会网络支持

一个项目的实现仅靠个人单薄的力量是不够的，张轲在"Let's Talk"第 62 讲介绍"苏州园博建筑的创新性"时说："任何一个项目如果没有好的合作者，没有真正想为城市做出好的作品的业主方，通常叫'合作者'，我们是不可能实现的。"这就联想到张轲的西藏系列项目得以实现，其中跟他有着相似意识取向的甲方起着关键作用，也就是面对西藏独有文化采取平视态度的意识。十几年中，张轲的合作者有很多，有作为业主的合作者，也有共同创立标准营造的合伙人以及在其中工作过的设计师。从社会学的角度来看，社会网络分析是人类关系特征的突出表现形式，集中体现了社会的结构属性。其中"社会支持网"是社会网络的一种形式，所体现的是一个人可能获得的各种资源或帮助，由具有相当密切关系和一定信任度的人所组成。[26] 在建立张轲的"社会支持网"时，再次利用全文本数据与统计得到的"设计合作者姓名词典"，分析并统计出在全文本中出现的设计合作者姓名（即图中的节点）与出现频率，并通过"Gephi"[⑬]将其可视化呈现。人名出现的频率越高，其权重越大，图像中节点的面积越大。再进一步根据文章中出现的人名关联进行连线，其中线的粗细与节点之间的距离代表着两个合作者之间联系的紧密度。17年来，曾经与张轲在项目设计上有过合作的人数近百，包括合作频率较高的郝增瑞、刘新杰、杨新荣等，而最初与张轲共同创立标准营造的张弘和来自里斯本的克劳迪娅·塔博达（Claudia Taborda，张轲哈佛校友），以及后期加入的侯正华，他们正是与张轲合作最为密切的人（图11）。

张轲是一个很"开明"的人，他不喜欢被标签化的身份束缚，尤其是被国籍、地域或者特定的文化所束缚。就如他的标准营造事务所，工作室里有来自世界各地的外国人，他们在这里共同探讨，发挥创意。而张轲的开明也体现在他非常乐意推荐事务所的人出国留学，得到他的推荐后，很多人都有机会去到美国的哈佛大学、耶鲁大学、哥伦比亚大学等名校继续深造，因为他认为："如果他推荐出国的 10 个学生中有 1 个人能够回国效力，也能够使祖国受益"[27]（图12）。

结语

笔者对于建筑师张轲的"解码"基于其 17 年来所经历的设计项目、出版物、展览、演讲与获奖等，通过新的角度与更加科学的数据分析的方法得到的分析结果，与专业学者对张轲感性的解读契合度相对较高。虽然个体建筑师或事务所的资料无法构成海量的、多维度且多形式的"大数据"（big data），但是随着人工智能领域突飞猛进的进步，期望未来能够实现构建"中国建筑师大数据"（图13）。与此同时，随着个体建筑师的数据资料不断地积累与更新，学者们对于中国建筑师的分析之视野也将不断扩展，抑或建立以代际划分的"中国建筑师代际大数据"，进而把握中国建筑发展的整体动态。

（本文应用的文本分析与可视化工具：1）文本采集与词频分析工具——Python 程序设计语言；2）信息可视化工具——Tableau，WordArt，Grasshopper，MindManager 思维导图，Gephi。数据来源：标准营造官网 http://www.standardarchitecture.cn；部分注释信息来源于百度百科。特别鸣谢清华大学工学学士曹东平对文中数据分析提供的技术支持）

注释

① 阿尔瓦·阿尔托奖设立于 1967 年，以芬兰建筑大师阿尔瓦·阿尔托名字命名，是国际重要建筑奖项之一。该奖用以表彰在建筑领域具有杰出成就，并秉承可持续及人性化设计理念的建筑师。
② 阿卡汗建筑奖是世界最著名的建筑奖项之一，由阿卡汗四世于 1977 年创立，每三年评选一次。阿卡汗建筑奖的评选视野从伊斯兰世界扩展到全球，关注转变与提升建成环境质量的所有建筑作品。
③ 数据分析是指用适当的统计分析方法对收集来的大量数据进行分析，提取有用信息和形成结论而对数据加以详细研究和概括总结的过程。
④ 自然语言处理（natural language processing）是计算机科学领域与人工智能领域中的一个重要方向。它研究能实现人与计算机之间用自然语言进行有效通信的各种理论和方法。
⑤ 文本分析是指对文本的表示及其特征项的选取。文本分析是文本挖掘、信息检索的一个基本问题，它从文本中抽取出的特征词进行量化来表示文本信息。
⑥ 词袋模型是忽略掉文本的语法和语序等要素，将其仅仅看作是若干个词汇的集合，文档中每个单词的出现都是独立的。
⑦ 中文分词（Chinese Word Segmentation）指的是将一个汉字序列切分成一个一个单独的词。分词就是将连续的字序列按照一定的规范重新组合成词序列的过程。
⑧ 停用词是指在信息检索中，为节省存储空间和提高搜索效率，在处理自然语言数据（或文本）之前或之后会自动过滤掉某些字或词，这些字或词即被称为"Stop Words"（停用词），如"是""的""我们""和""以及"等。
⑨ TF-IDF（term frequency-inverse document frequency）是一种用于信息检索与数据挖掘的常用加权技术。TF-IDF 是一种统计方法，用以评估某一字词对于一个文件集或一个语料库中的其中一份文件的重要程度。
⑩ 词云是对网络文本中出现频率较高的"关键词"予以视觉上的突出，形成"关键词云层"或"关键词渲染"，从而过滤掉大量的文本信息，

12

图 12. 张轲的社会支持网
图 13. 张轲的《时代建筑》关键词

使浏览网页者只要一眼扫过文本就可以领略文本的主旨。
⑪ "Text Rank" 算法，通过把文本分割成若干组成单元（单词、句子）并建立图模型，利用投票机制对文本中的重要成分进行排序，仅利用单篇文档本身的信息即可实现关键词提取、文摘。
⑫ 新媒体是人们一般理解的以互联网、手机为代表的网络媒体。美国《连线》杂志定义新媒体为"所有人对所有人的传播"。新媒体是一个快速滚动和随时推进的概念。
⑬ Gephi 是一款开源免费跨平台基于 "JVM" 的复杂网络分析软件，其主要用于各种网络和复杂系统，是动态和分层图的交互可视化与探测开源工具，可用于社交网络分析。

参考文献

[1] 李丹，陆燕君. 质疑，为了更多的可能. 建筑知识，2009(04): 67–70.
[2] 卜冰. 标准营造. 时代建筑，2003(03): 48–50.
[3] 唐家渝，刘知远，孙茂松. 文本可视化研究综述. 计算机辅助设计与图形学学报，2013(3): 274–277.
[4] 柳青，张轲：张扬在内. 城市环境设计 UED，2009(07): 15.
[5] 罗燕，赵书良，李晓超，韩玉辉，丁亚飞. 基于词频统计的文本关键词提取方法. 计算机应用，2016(03): 718–721.
[6] 张俊. 生于计划，长于市场：70 后经历的社会变迁及其影响. 时代建筑，2013(04): 11–13.
[7] 陆轶辰. 大时代下的抉择：简析欧美、日本、中国 70 后建筑师群体之异同. 时代建筑，2013(04): 15–16.
[8] 张益凡. 张轲的"胡同微更新". Domus 国际中文版，2016(07).
[9] 吴锦绣. 哈佛大学设计学院的建筑教育. 建筑学报，2009(3): 92–96.
[10] 赵扬，柳亦春，陈屹峰，张轲. 演进中的自我：柳亦春、张轲、陈屹峰、赵扬对谈. 时代建筑，2013(04): 44–47.
[11] 邱正. 张轲：做建筑有点像写小说. 智族 GQ，2012(08).
[12] 魏凤娇. 感受建筑媒体与建筑师面对面："建筑媒体服务建筑师 2006 年新春研讨会"侧记. 建筑创作，2006(02): 162–163.
[13] 王凯. 言说与建造：20 世纪初的公共媒体与现代中国建筑师 [J]. 时代建筑，2014(02): 145–146.
[14] 支文军. 固本拓新：对"时代建筑"的思考. 时代建筑，2014 (06): 64–65.
[15] 张轲，张弘. "标准营造"：关于北京武夷小学礼堂"WESA"的随想. 时代建筑，2004(02): 102–107.
[16] 张轲，张弘，茹雷. 营造·墨戏：华润凤凰艺术馆. 时代建筑，2006(02): 122–127.
[17] 张轲，张弘，侯正华. 标准营造"青城山石头院". 时代建筑，2007(04): 90–97.
[18] 张轲，张弘，侯正华. "标准营造"雅鲁藏布江小码头. 时代建筑，2008(06): 65–68.
[19] 张轲，张弘，侯正华. 四川灾区廉价生态移动厕所. 时代建筑，2009(01): 92–95.
[20] 张轲，张弘，侯正华. 西藏林芝南迦巴瓦接待站. 时代建筑，2009(01): 142–147.
[21] 张轲，张弘，侯正华. 西藏雅鲁藏布大峡谷艺术馆设计. 时代建筑，2011(05): 124–125.
[22] 张轲. 西藏娘欧码头. 时代建筑，2015(03): 68–73.
[23] 张轲. 微胡同. 时代建筑，2014(04): 106–111.
[24] 张轲，张益凡. 共生与更新：标准营造"微杂院". 时代建筑，2016(04): 81–84.
[25] 刘锦辉. 新媒体环境下的中国当代建筑知识传播（学位论文）. 北京建筑大学，2015.
[26] 林聚任. 社会网络分析：理论、方法与应用. 北京：北京师范大学出版社，2009.
[27] 李晶侠. 志在打造世界设计品牌：记美国标准营造建筑设计事务所创办者张轲. 国际人才交流，2006(05): 30–32.

图片来源

图 1—图 4、图 6、图 7、图 9、图 10、图 12、图 13 由作者自绘，图 5、图 8 由东南大学建筑学院硕士研究生郑运潮绘制，图 11 由清华大学工学学士曹东平绘制

原文版权信息

支文军，何润，戴春. "解码"张轲：记标准营造 17 年. 时代建筑，2018 (1): 94–101.

[国家自然科学基金项目：51778426]

[何润：同济大学建筑与城市规划学院 2017 级硕士研究生；戴春：博士，《时代建筑》杂志 责任编辑，同济大学建筑设计研究院（集团）有限公司 建筑师]

21

全球化语境下的中国当代建筑：
上海 10 名（组）新锐建筑师的实践与策略

Modern Chinese Architecture in the Context of Globalization:
Ten Young Architects from Shanghai

摘要 在中国当代建筑迅猛发展和日益受到国际社会关注的大背景下，10 名（组）中国当代年轻建筑师赴布鲁塞尔参展并参加国际交流活动。文章分析了参加布鲁塞尔建筑乌托邦 ARCHITopia 2 论坛及展览的参展建筑师们的总体特征、基本思考与创新性的应对策略。

关键词 中国 当代建筑 布鲁塞尔 乌托邦 展览

"布鲁塞尔建筑乌托邦 ARCHITopia 2 论坛——中国新锐建筑事务所设计展"（图 1），2008 年 4 月 10 日在比利时首都布鲁塞尔 CIVA 国际建筑与都市中心隆重举行，该论坛由上海同济城市规划设计研究院、比利时布鲁塞尔首都地区出口局（Brussels-Export）、布鲁塞尔 CIVA 国际建筑与都市中心联合举办，开幕式当天吸引了来自国内外建筑界、城市规划界约 300 多名专业人士到场和近 18 家国内外媒体的现场报道，影响甚为广泛（图 2—图 6）。活动由别开生面的展览形式揭开展览序幕，当今中国 10 家新锐建筑设计与城市规划设计事务所（大舍建筑、致正建筑、德默营造、麟和设计、标准营造、集合设计、山水秀、侯梁建筑、缪朴、上海同济城市规划设计研究院 6 所）的建筑师及规划师代表出现了本次活动的新闻发布会（图 7—图 16）。这次中国新锐事务所的参展作品，展示了当代中国建筑师从不同层面和角度对本土历史文化及现实条件的基本理解与创新性的应对策略，反映了其活力、创造性、

现代性和学术上的理念与特色。活动期间，"中比两国新锐建筑师对话"围绕"建筑乌托邦 ARCHITopia"为题探讨全球化背景之下建筑设计与城市规划行业所面临的共同问题展开。作为这次活动的前奏，"建筑乌托邦 ARCHITopia 1 论坛——比利时新锐建筑事务所设计展"于 2007 年 3 月同济大学百年校庆之际举行。本文对当代中国建筑的宏观背景、面临的困惑与问题、参展建筑师的个体特征及他们的应对策略进行了概览式的观察。

中国当代建筑的机遇与现实

当下的中国建筑界正日益受到国际社会的关注，中国问题的解决方法也成为国际学术界研究探讨的热点。以下的数据和现象构成了中国城乡建设大致的背景：1978 年中国开始改革开放以来的 20 年约有 4 亿中国人主要归功于城市化而摆脱困境，今后 20 年预计还有 2 亿人迁入城市；过去 20 年中国的城市化率从不到 30%上升到 50% 左右；目前世界建筑工地的 40% 在中国，中国每天新建房屋面积占到全球总量的 50%，中国每年消耗的建筑材料约占全球总量的 40%，中国 20 年建设量几乎重造了一个中国；中国目前是世界第六大经济体，中国有 13 亿人口，将举办 2008 年北京奥林匹克运动会和 2010 年上海世界博览会。

图 1. 中国新锐建筑事务所设计展
图 2. 参展的中外建筑师及媒体
图 3. 中国新锐建筑事务所设计展开幕式

建筑师的黄金时代

中国建筑师遇到了前所未有的大好机遇，几乎每一个建筑师都有做不完的项目，有时同时承接多个项目。刚刚离开学校的毕业生来不及任何培训直接上生产第一线工作。中国建筑界在没有任何准备的条件下，匆忙上阵。面对的项目规模之大、数量之多、所给时间之短，使得建筑师们天天加班加点，就像画图机器。而真正花在思考和建筑创作上的时间是极其短暂的。库哈斯曾调侃地说，中国建筑师是世界上最重要、最有影响、最有能力的建筑师，用最短的时间、设计了最大数量的建筑、挣得的设计费却是最低的，这意味着中国建筑师的效率是美国建筑师的无数倍。

向境外建筑师学习

从 20 世纪 90 年代末以来，国外建筑师大量进入中国建筑设计市场，他们通过国际招投标和其他途径，获得了中国大部分的高端项目，包括最大的、最高的、最重要的公共建筑项目，如北京、上海、广州的新机场，北京国家大剧院、奥运会主体育场，CCTV 大楼、上海金茂大厦及所有超高层建筑。他们的进入一方面带来了国际上新的思想、设计理念和技术，促进了中国建筑的进步；另一方面他们对中国建筑师施加了巨大的压力，在现存崇洋媚外心态比较严重的中国当代社会中，中国建筑师反而被边缘化。另一方面，中国建筑师在与国外建筑师合作的过程中，学到了许多先进的东西。部分中国年轻建筑师进入国际一流建筑师事务所工作，在获得一定的经验后，把良好的职业技能带回中国创业，其优势是显著的。

年轻一代中国建筑师的成长

年轻一代中国建筑师以第四代为主，年龄主要在35 ～ 45 岁之间。部分留学国外，特别是美国、日本和欧洲国家，在 20 世纪 90 年代末开始陆续回国创业。目前 80 % 的建筑学界从业人员已是年轻人，他们已是当今中国建筑业界的中坚力量，占据了各个部门技术、行政、学术等方面的主要职位，包括大部分的设计院院长、总建筑师，大学建筑院系主任、教授，民营设计公司的主管等。这一代中国建筑师的地位和作用比任何国家、任何时代的建筑师都要显得重要，主要原因是中国在 1968—1976 年约十年没有正常的大学教育，缺少合格的毕业生。机遇给了第四代建筑师。中国第五代建筑师正在涌现。

民营建筑师事务所的发展

从 20 世纪 90 年代末以来，中国的民营建筑师事务所逐渐成长，越来越多的年轻一代建筑师创立了自己的设计公司。除了大型国有建筑设计院外，民营建筑师事务所的作用和影响力变得越来越大。

建筑师职业化进程

中国建筑师作为一个"进口"的职业，与国际通行的建筑师标准相比，一直是不完整的半个建筑师，只完成了建筑设计全过程的一半左右的工作量，对合同管理、造价、时间与材料质量的控制基本不涉及，形成中国建筑师特殊的艺术家气质和单一的职业技能背景：建筑被建筑艺术所偷换，建筑生产及建筑设计的全过程及其职业化的操作方式未被重视，建筑师的中立性的职业精神被忽视。20世纪90年代引入西方职业建筑师制度后，中国建筑师的职业化进程向前跨了一大步，但仍然与成熟的职业建筑师体制和国际职业化服务存在极大差异。

进步中的矛盾共同体

中国持续而迅猛的经济发展震惊了世界。但是，中国经济的市场化和政府的集权化则成了有关中国的最富争议的话题。美国学者帕伦勃认为，中国大而复杂，要对中国的发展趋势做出客观的评价就不能按照西方的标准，而要深入了解中国的具体国情。

中国当代建筑的困惑与思考

全球化与地域性：建筑师的自我定位

全球化对中国的城市规划和建筑界产生了重大的影响，自20世纪80年代以来，中国建筑又重新融入世界建筑的大潮，可以说国际上有什么样的建筑思潮，中国的建筑界就会有所反应。

对于中国来说，全球化有其特别之处。面对全球化和中国深厚的民族文化根基，中国建筑师面临着自我定位的问题。我们遇到了正面临着从不发达状态升起的民族的一个关键问题：为了走向现代化，是否必须抛弃使这个民族得以生存的古老文化传统？这是一个复杂的、充满着矛盾的发展过程，它对不同文化之间的交往提出了一系列新的课题。我们在思考如何在全球化和地域性中找到平衡。中国的建筑师在建筑和规划设计时时常要提醒自己两方面的问题：一方面是保持清醒的"地域主义"意识；另一方面又必须确立一个广阔的跨文化视界。

西方标准与中国话语

随着中国经济的快速发展，中国吸引着越来越多的目光。在建筑界，"中国制造"成为时髦话题。西方许多建筑杂志都推出了中国特辑。可以料想，随着2008奥运会和2010世界博览会在中国的召开，中国将聚集更多的目光。

来自西方的目光习惯于使用西方的标准来看待中国的建筑，对于中国本土建筑师来说，我们是否拥有自己的话语权呢？什么东西才是真正属于我们自己的？也许这些问题的答案还要从中国自身的文化传统以及中国当下的现实状况来寻找。

普适性与当下现实

现代主义建筑高效而具有普适性，这一特点使现代主义建筑很快遍布世界。在中国，现代主义建筑也占据着重要地位。现代建筑的普适性解决了很多在快速城市化过程中遇到的问题，提高了建筑设计效率。但是，现代主义建筑在具有普适性的同时，也牺牲了一部分建筑的个性。如今的中国建筑师的目光逐渐转向了当下，越来越注意每个建筑所处环境的特点，更多地去思考对具体条件的应对策略。中国建筑师开始从英雄主义的宏观视角逐渐转变为一种对于个体项目的有针对性的思考。

理想主义与实用智慧

从柏拉图的《共和国》到托马斯·莫尔的《乌有乡》(Utopia) 直至今日，人类心中始终有着对乌托邦的理想主义情怀。但是极端理想主义的乌托邦不具有实践意义上的普适性。建筑师要思考如何让理想与实践结合。在今天这个全球化的大环境下，要实现建筑师和城市规划师的理想，必须要有实用智慧。

如果对于中国建筑师来说，能在全球化背景下实现建筑的地域特性，保留传统的建筑"方言"是当代中国建筑师的理想之一的话，那么从本地域、本民族的历史文化流韵中寻找符合自己特色的建筑风格、建筑艺术、建筑材料，现代与传统融合可以说是一种建筑的"实用智慧"。中国建筑师只有熟悉本土文化，

才能够赢得全球化带来的竞争。体现本土审美情趣的地方文化，是我们在全球化影响下的建筑与文化的切合点，是应对全球化挑战的实用智慧。

在今天提出中国传统建筑的实用智慧，并不是提倡今天的建筑师去抄袭古代的建筑形式。在过去二十多年的时间里，中国社会发展速度惊人，现代化程度已经开始达到了很高的程度。在这样的背景下，如果中国建筑师还是在固有观念上思考问题，片面地想要恢复所谓的"传统"，那么结论肯定是危机，一种重复过去的危机。当代语境下"中国性"的提出应该和城市文明和文化发展相关，和人们的生活相关。

来自上海的 10 名（组）新锐建筑师

这次参展的 10 名（组）中国当代建筑师基本来自建筑设计工作室而非大型建筑设计院。在中国，大型设计院仍是主力军。从这个角度来说，这 10 名建筑师及其所依托的设计机构只能代表个别的存在，他们的作品只是中国大量建筑产品中的极小部分，而非中国当代建筑的主流，是体制外的个案。

他们的思考和实践不再仅仅是对如何折中东方、西方感兴趣，不再对向国外贩卖中国传统建筑感兴趣，更不会再简单拷贝西方建筑，不再对追随或者效仿名家感兴趣，甚至不再有兴趣定义某种中国的新建筑；对他们来说，关注的焦点已不只是停留在建筑的形式

图 7. 祝晓峰（山水秀）
图 8. 侯梁（侯梁建筑）
图 9. 缪朴
图 10. 庄慎（大舍建筑）

或者风格，他们追求自己独立的全球视野。在这里提及他们不仅仅是因为他们代表了中国当代建筑，而是因为代表了这么一群建筑师——他们在全球化背景下对中国建筑发展之路进行思考和探索，并给出了各自的答案。从这批小众建筑师身上可以看到中国建筑师寻求自己建筑道路的努力，以不同的方式、不同的角度，回应中国建筑的现实。

教育背景：本土＋国际

中国大学建筑院系从 1965 年的 22 所发展到目前的 120 多所，每年的毕业生数量越来越多。年轻一代中国建筑师比前 3 代建筑师获得更多的教育机会，很多具有硕士和博士学位，部分留学国外，在 20 世纪 90 年代末开始陆续回国创业。

这次参展的 10 名（组）建筑师几乎都拥有硕士学位，其中有 3 位（缪朴、童明、李麟学）拥有博士学位。他们有的是在中国本土接受教育的建筑师，如童明以及大舍的 3 位主要建筑师，也包括有去海外进修经历的张斌、李麟学。有的则是在海外求学多年，并拥有多年海外执业经验的建筑师，如缪朴（Pu Miao 设计工作室）、候梁（候梁建筑）、祝晓峰（山水秀）、陈旭东（德默营造）、卜冰（集合设计）和张柯（标准营造）。不论他们是在国内接受教育还是拥有海外游学经验，他们都具有深广的国际视野。

创作背景：研究＋实践

在这次参展的 10 名（组）建筑师中，有相当一部分人游刃于高校教师和职业建筑师的身份之间，他们一手执教鞭，一手做设计。缪朴、童明、张斌、李麟学都是拥有自己工作室的高校老师。他们在设计的同时还在做着学术研究，而这些研究会自然而然地体现在他们的作品中。其他几位建筑师始终把设计与研究作为建筑实践的两翼，互为支撑和依存。

执业状况：工作室＋小型事务所

这次参展的建筑机构基本属于民营建筑师事务所，以工作室或者小型事务所的形式存在，且都是由建筑师自己创立。这十家机构中最早从事建筑实践的是缪朴设计工作室（成立于 20 世纪 90 年代初），其余 9 家都是成立于 21 世纪 00 年代初。他们从业的这段时间正是中国建设量最大的一个阶段，在中国的建设大潮中，他们获得了许多实践的机会，并在实践中积累经验，在实践中检验自己的创作理念。

项目特质：小规模公建＋城市边缘

这次参展的建筑多为小规模的公共建筑。小规模公建是比较适合建筑师施展才能的设计领域，它既有公共属性，可以被公众关注；而且规模小，易于控制建造过程和成本，风险也相应降低。这些作品较少在市中心地区，大多处于城市边缘地带，这

体验与评论——建筑研究的一种途径

为建筑师留有较为自由的创作空间，较少受商业利益的约束。

上海 10 名（组）新锐建筑师的实践策略

从项目矛盾中寻求答案

建筑设计的过程往往也是一个解决矛盾的过程。建筑的功能、尺度、流线、建设经费、基地环境等等，多种条件的限制和矛盾给建筑师提出各种挑战。而这些矛盾有时也是设计的起点，建筑师从矛盾中寻求答案。

张斌的同济大学中法中心基地内散落着九棵古树和一片水杉林。这些树木使基地的情况变得复杂，给设计带来了约制和矛盾。最简单也是最粗暴的方式就是将他们砍伐掉，但张斌没有这么做。相反，这些树木成为设计的开始。建筑师利用一个"双手相握"的图解来组织整个建筑的相关系统。不规则的体量转折和穿插使古树和水杉林得以保留，同时创造了多变的室内外空间，使巨大的体量消解于细腻的环境中，互相耦合的空间体量与环境的互动形成了丰富多变的外部景观。保留的水杉林被办公单元、公共交流单元及旭日楼围合后成为建筑的入口庭院，并与一二·九纪念园一起，形成校园中一个重要的公共开放空间。基地九棵保留的古树与建筑穿插呼应，明确这一建筑的场所特性。张斌从项目的矛盾中找到了答案，使矛盾从消极因素转变为了积极的因素。

城市整体性与建筑逻辑性

城市是一个有机的整体，建筑师的设计不是天马行空的，而是要考虑城市的肌理、基地的文脉。但是每个建筑又有其独立性，有自己完整的一套建筑逻辑。在如何应对城市整体性与建筑逻辑性问题上，中国的建筑师有着独立的思考和解决方式。

童明在水乡苏州十全街设计的"苏泉苑"茶室，位于一处南宽北窄的基地。茶室基本尊重原有建筑基地尺寸，外观成光滑纯净的长方体；东侧为通高实墙，其余除结构框架都透空；在表皮处理上，实处贴青砖，虚处皆为铁红色木隔扇，花格双层重叠，内侧大六边形与外侧小六边形叠错出富于变化的纹样，从街面观察，十分醒目。室内空间也呈现出与外观同样的纯净，不见诸如空调室内机等设备的踪影。"苏泉苑"采用了"多米诺"式的结构原型。这种结构条理清晰——独立柱网支撑水平楼板，柱网从外墙面向内退进的结构形式解放了建筑的平面和立面，是现代建筑理性的结构的经典成果。"多米诺"是建筑本身的结构逻辑，但"苏泉苑"要表达的不仅是清晰而理性的结构，它还要回应基地以及周边的环境。这种理性简洁的结构给立面和平面的表达留下了很大空间，使建筑师有表现的余地。对周边城市环境的回应，在这座建筑上，更多地表现在表皮上。双层木隔扇一方面可用标准化的方式制作，另一方面还与苏州的传统隔扇相呼应。

图 11. 同济城市规划设计研究院
图 12. 德默营造陈旭东
图 13. 致正建筑张斌和周蔚
图 14. 集合设计卜冰
图 15. 标准营造张轲
图 16. 策展人

现代性与中国性的思考

建筑的现代性往往意味着新的材料、新的结构形式、新的空间逻辑。现代性在全球化的今天还带有普适的意味。中国性则突出了民族性和地域性，同样可以表现在建筑的材料、结构、空间或者某些元素。有时中国性甚至不是具象的某个建筑部件，而是体现在建筑设计的思维方式上。

标准营造在苏州的万科中粮别墅区，在设计的开始，进行了大量的前期研究。他们对苏州水乡的总体环境进行梳理，从建筑之间、建筑与河道之间，以及建筑与窄巷的关系入手，抽象出标准营造所理解的水乡特色。在这个项目中，标准营造以自己的方式将环境进行分析和提炼，既不是简单截取水乡符号，也不是复制周围建筑形式，而是一种经过思考、消化和创新的现代水乡建筑。

祝晓峰在 2004 年到上海后所完成的第一个建筑"青松外苑"位于上海往朱家角的 A9 高速公路上。建筑师通过材质的运用和新旧墙体之间的加与减，非常巧妙地隐藏并同时转变了旧的外墙立面，使得改建后的建筑透出一股既现代又传统的气质。祝晓峰在这里使用了青砖这一中国江南地区传统而又普遍的建筑材料。青砖的用法实现了建筑师尝试与传统对话的强烈意图，强调了建筑材料和细部的中国性。但是建筑形体和功能又完全是现代的。它造型感极强，功能明确，结构也是钢筋混凝土的现代形式。

建筑本体要素的探索

这些中国当代新锐建筑师的思考和实践有时体现在对建筑本体要素的挖掘和探索。

缪朴在上海闵行生态园接待中心设计中，在建筑成本有限、施工技术水平较低的情况下，充分利用中国本土特有的、普遍的、因地制宜的结构体系、材料和施工技术。使用钢筋混凝土框架与砖承重的混合结构，木装修，铝门窗，涂料等常见的建筑材料。建筑师还复活了一些被人认为"过时"但事实上价廉物美的传统做法，像砖花格窗，混凝土砌块等。经过精心组合和合理使用，这些传统技术和廉价材料焕发出了新的魅力。

情感与个性特征表达

建筑的语言是丰富多彩的，而每个建筑师最终都会有自己最擅长的一种。面对同样的基地和建造条件，不同的建筑师会有不同的感受和应对方式，呈现出不同的个性。

上海青浦新城区夏雨幼儿园是大舍建筑于 2004 年完成的作品。他们感到，在这样一个边上有河的水乡环境中，适合塑造一种与江南园林有关的空间形式。江南园林往往比较内向，相对城市而言，它的边界清晰，然身在其中却又不容易感觉到边界的存在。事实上，园林的空间作用很多时候正是试图消除某种边界感，而这种作用经常也需要借助边界得以完成。一般的园

林边界多为围墙，围墙闭合便形成一个容器，容器内的物体是受保护的，这是由它的内向性决定的。而大舍感到这种"受保护"的特性又与幼儿园的功能相贴切。于是大舍将这种想法与一幅马蒂斯的《静物与橙》的油画进行了联想。那是一幅在方案设计阶段用来表达建筑作为容器概念的参考图，画中陶制的果盆里盛满了还带着绿叶的红和黄的橙子，它一方面被用来暗示幼儿园作为一个被保护的容器的性质，另一方面也带来了画作本身愉悦的色彩和鲜活物体所能揭示的活跃性格。最后建成的幼儿园被包围在一圈曲线柔和的围墙内，不同班级的二楼卧室相互独立，并在结构上令其楼面和首层的屋面相脱离，更是突显了其漂浮感和不确定性。这些卧室被覆以鲜亮的色彩，其红、黄、绿三种配色，正如马蒂斯画中果盆里的果与叶一般，只是选色更为亮丽了。

结语

中国建筑师的探索是多方面的，他们在国际舞台的呈现只是某个侧面的一个缩影。显然，中国当代建筑在过去 20 年的进步是令人瞩目的，中国在改革开放中不断地试验和摸索，以经济取得巨大进步的事实，初步证明了"走中国特色道路"的可行性和必要性。但是，中国城市和建筑的当代发展是"中国模式"成功的演绎吗？中国当代建筑能给我们多大的自信？在全球化的今天，如何面对日益开放的市场而不被全球化浪潮所淹没，寻找与地方性呼应的结合，积极探索中国当代新建筑的发展方向是值得我们思考的。

图片来源

本文图片由布鲁塞尔建筑乌托邦 ARCHITopia 2 论坛组会提供

原文版权信息

Zhi Wenjun. La quatrieme generation/Dix bureaux d'architectes de Shanghai (Young Generation/Ten Architects from Shanghai). A+ (Brussels, Belgium). 2008: 82–92.
（原文是法文，本文以原供稿中文为基础改编而成）

22

永恒的追求:
马里奥·博塔建筑思想评析

Eternal Pursuit :
On the Philosophy of Mario Botta's Architecture

文摘 本文从五个方面评析了博塔建筑思想的特征。博塔博采众长、兼容并蓄,他把理性原则和经验传统结合起来,创造出很多有批判地域主义倾向的作品,他利用建筑强化地域特征和环境气质,强调"重塑地段"。

关键词 理性和经验 批判地域主义 建筑与环境 形式与内涵 重塑地段

瑞士建筑师马里奥·博塔(Mario Botta)在提契诺(Ticino)的一系列住宅设计中获得知名度后,现已在欧、美、亚一些国家设计了一些重要的公共建筑,对世界建筑产生了重大影响。

博塔成名后,很多人总想冠以某某主义的"桂冠",更有甚者,称博塔和提契诺的建筑师们为民俗建筑师……其实博塔摒弃了所有"主义",反对将建筑风格同历史相混淆。博塔是一个有想象、有激情、有创造力的实践家,是个"积极行动主义"者,"追求永恒"是他创作的座右铭。博塔力争将创作贯穿始终,不让竣工后的作品与初衷有所偏离。博塔总是这样总结自己的设计:"我的目的是……""我的追求是……""我已经取得的是……"[1]。博塔从历史中抽出样本并根据自己的经验以当代艺术任意创作,博塔的表达法则看来简单、平常,却集中了现代思想和乡村智慧。

博采众长,兼容并蓄

博塔有着不同凡响的经历。他师从卡洛·斯卡帕(Carlo Scarpa),又有幸在勒·柯布西耶(Le Corbusier)、路易斯·康(Louis Kahn)手下工作。他研究阿尔多·罗西(Aldo·Rossi)的新理性主义,邂逅詹姆斯·斯特林(James·Stirling)并与之交谈。他批判地吸收各种建筑文化和思潮,博采众长,兼容并蓄,结合提契诺的地域特色创作出令世人瞩目的作品。

提契诺位于与意大利接壤的瑞士南部,其特殊的地理位置形成了特定的文化认同和地方心理,同时当地还拥有一种优雅的地方手工艺和技能的习俗。博塔在中学毕业后至蒂·卡洛尼(Tita Carloni)的设计室当学徒,受到了关于提契诺建筑文化方面的早期的熏陶。

1964—1969 年,博塔在威尼斯大学建筑学院受教于卡洛·斯卡帕等。毫无疑问,卡洛·斯卡帕对建筑的特殊感知能力,他偏爱历史环境中的创作,善于解决历史文脉与多元文化等难题,他对材料的洞察和表达能力,他对建筑细部的精确和老道的设计,无不对年轻的博塔产生深远的影响。博塔对混凝土、金属材料、石材和砖的应用,对建筑细部和家具的精雕细凿,无不青出于蓝而胜于蓝。

1965 年夏,博塔至勒·柯布西耶在威尼斯建造的

图 1. 源自卡洛·斯卡帕、勒·柯布西耶、路易斯·康的文化继承
图 2. 艾维大教堂——古典理性主义的文化继承

展览室里工作。勒·柯布西耶对图形的伟大直觉,对古老城市的洞察和向现代建筑艺术的演化,对威尼斯问题的敏锐注视和精辟分析都给博塔留下了不可磨灭的印象。此后博塔的建筑作品中不时折射出勒·柯布西耶的影子,博塔对基本几何体的钟爱沉淀着深情的怀念和铭刻的记忆。

1969 年,在威尼斯会议中心设计中,博塔与路易斯·康共同工作了三周。路易斯·康教导博塔:"或许你有可能成为一个好的建筑师,但是必须记住你将不得不工作、工作、再工作。"[2] 路易斯·康的浪漫主义和诗一样的建筑等等都对博塔产生了重大影响。博塔的建筑作品具有很强的封闭感,强调建筑与外界的界定,在体型和材料方面皆隐现着自路易斯·康的文化继承(图 1)。

理性与经验的契合

博塔的建筑思想显然受了理性主义的影响,大多作品既折射出古典理性主义的特征,又打上了新理性主义的烙印。

博塔的建筑作品具有较强的古典理性主义特征。在方法上,博塔以古典几何原型及其组合作为形式构成的主要法则,讲究主从关系、轴线关系、对称关系、比例关系等;在立面上,构图中心极其强烈(很多采

用对称型),并且以几何性天窗统率全局;在建筑语汇上,运用古典建筑的语言:建筑物边角的保守,中央的空壁,倾斜而稀少、准确的窗洞,类似古典建筑的拱门等等;在材料的使用上,发挥材料的质感和表现力,在建筑构造和细部上,以砖和石构成了简洁、完整、精美的图案。在构图上,博塔钟爱几何原型,特别是圆形,强调建筑的纪念性,这与部雷(Etienne Louis Boullée)的既符合美学法则、又符合人文主义者的古典理性主义思想的建筑何其相似(图 2)。

在威尼斯大学建筑学院所受的教育不能不对博塔的建筑实践产生影响。在建筑思想上,博塔同意大利是相通的;尤其 1985 年以前,在城市、地貌、历史技术等相互交错的层次上,博塔的建筑作品大都打上了新理性主义的印记。

在独家住宅设计中,博塔贯彻着新理性主义者所赞赏的原则,这主要表现在选择地段时表现出的对地貌和历史的敏感性以及带有理性的用建筑"塑造地段"的用意;在城市的公共建筑和旧城改造中,博塔的建筑总是想适应地段,而又对现代建筑无秩序的膨胀作出限制和整合,即重新"塑造地段"。早期的斯塔比奥独家住宅(Single-Family House, Stabio, Ticino, 1980–1982)、英佛里奥里学校(Junior High School, Morbio Inferiore, Ticino, 1972–1977)等建筑明显地注入了新理性主义类型学的观念。

博塔卓越的实践被新理性主义认为是其理论不可缺少的实证。

　　博塔并非新理性主义的忠实信徒，相反却对类型学持批判态度。博塔曾这样评价类型学："作为一种既定要素，我对它持批判态度。类型并非不可变的，我想它是可以改进的。我认为这个充满了矛盾的时代，谈论类型毫无用处。当我最终选择时，故意忽略了一些类型的变化，批判地回应城市。"[3] 博塔并不拘泥于理性原则，而是有意识地使形式表现出较强的地方性和民族性，成功地将理性主义和经验主义契合起来，把历史和记忆创造性地融进了自己的建筑中。罗桑那独家住宅（Single-Family House，Losone，Ticino，1987-1990），卧室设在二层，起居室位于其上，焦点放在凉廊的设计上，简单的45°斜线的转换，切口尺度增大使部分墙面几至虚无，同样的圆形主题，手法却更洗练（图3）。这说明博塔并不相信什么主义，他只相信建筑本身，相信建筑的个性和所表露的传统与地域文化。

批判的地域主义倾向

　　以博塔为代表的提契诺建筑师们及提契诺建筑引起了全世界的注目，一方面是对当地特征的维护；另一方面是对普遍文明发展的一种抵制，"建筑，是对战后消费者的蠢行以及战后工业革命社会抵制的一种

形式"[4]。博塔为代表的提契诺建筑师们追求自己的形式规则，这不是从别的世纪，或别的原则借来，而是在特定情形下建筑的适当插入，是设计原理的探求而不单是表现手法，是创作理念的升华而不是建筑的凝滞与庸俗，从而开辟了一条独特的批判地域主义道路。

　　首先，这与博塔数十年来扎"根"于地理环境这一地域要素是不可分割的。博塔设计作品的形体（立方体、圆筒形、塔形）、材质（红砖、混凝土、金属），以及有关的象征性，总是将观者带回到提契诺的自然风貌中去，体验着乡村环境和高雅形式的美妙结合。提契诺的地理环境的巨大差异形成土壤分化，提供了丰富材质。北方民居呈同一、掩饰风格；南方异于自然界、独立，长方体宅体成塔形，凉廊和阳台使住宅充满了生气，钟楼和瞭望塔等直插云霄。从优美的山地住宅原型中，博塔提炼出"瞭望塔"（Belvedere）、"干粮仓"等主题形式，重新诠释、新颖使用了传统砖石，厚重、封闭的墙体映射出托斯卡纳（Toscana）主义传统，天窗的形式适应了高纬度气候。

　　其次，博塔以强烈的寻"根"意识对地方文化和历史传统进行再发掘，并赋予普遍的意义，于建筑作品中注入了多样和持久的生命活力。处于地中海与中欧多种文化习俗的交汇处，提契诺的古教堂大多为罗曼式或巴洛克式，因而博塔的作品中时时映射出古罗马建筑的纯净、巴洛克建筑的变幻以及现代建筑的洗

　　　　　　体验与评论——建筑研究的一种途径

图 3. 罗桑那独家住宅
图 4. 新蒙哥诺教堂
图 5. 旧金山博物馆
图 6. 西雅尼大街住宅办公综合楼

练。与圣卡罗（San Carlo）教堂（1638–1667）相似，在新蒙哥诺教堂 (New Mogno Church，Ticino，1986—1994) 设计中，来自巴洛克教堂的椭圆形平面在顶部以倾斜的圆形天窗而告结束，博塔借助抽象的建筑语言完成了变幻到永恒的转换，以惊人的空间效果地解决了结构问题，表现了人与自然斗争的主题（图4）。住宅设计似乎建立在帕拉第奥（Palladio）方式重新阐释的基础上：据场所和项目将一种类型转换成多种几何秩序的形式，同时又深受勒·柯布西耶和路易斯·康的影响。于是，随着对住宅原始功能形式的探究，博塔超越了传统山地住宅与环境的协调，并由现代的方式获得了强烈的象征意义。

此外，博塔在经济、技术这一影响建筑地域性因素方面的探索颇具启迪。博塔认为结构文化应当是使当代技术发挥及至，建筑师应现实地应用这些既有要素，如对建筑地点、建筑物和时代的深刻理解等。在比陀·奥德黎柯教堂 (The Church of Beato Odorico，Pordenone，Italy，1987—1992) 设计中，通过强大的几何形式——截圆锥体，博塔使建立在工人有限技术上的结构文化达到了最佳表达。

建筑与环境

近几十年来，人与环境、建筑与环境成了建筑界讨论的热点，回归自然、创造优美的人文环境、居住环境成了建筑师追求的目标，有机建筑、生态城市、生态环境和生态建筑的概念应运而生。

瑞士是个风景秀丽、环境幽雅的国家，环境保护工作十分出色。市区很少污染，城市噪声也控制得很好；在城镇中，五六层的公寓式住宅是居住建筑的主体，大片的草坪、树木环绕四周，别墅则多建于郊外连绵起伏的山坡上。高质量的管理、优雅的地理环境和高度文明的地域文化必然对建筑和环境的关系提出更高的要求。因此，博塔对建筑与环境的关系的处理也就可以理解了。

博塔很注重建筑与环境的构成关系。"每一件建筑的艺术作品都有自己的环境，创作时的第一步就是考虑基地。"[5] 博塔认为，"关于建筑，我喜欢的并非建筑本身，而是建筑成功地与环境构成关系。"[6] 卢加诺的朗西拉一号办公楼（Ransila 1 Building，Lugano，1981–1985）就是在街道的转角处嵌入原有城市结构并构成关系的，面对广场的塔形处理使建筑与广场形成明确关联。法国昌伯瑞戏剧和文化中心（Theater and Cultural Center，Chambéry，1982–1987），利用旧营房之东翼作为文化中心的入口门厅，营房之方形内院作为开敞式休息厅，创造了一个新旧建筑相结合的新空间。巴塞尔的琼·蒂恩戈佑勒博物馆（Jean Tinguely Museum，Basel，1992/1993–1996）因地制宜，公园水面一侧采用玻璃曲面的处理手法，使得室内外空间通透、流畅；临道路

一侧，则以极富雕塑感的实体界定空间。

博塔在主张建筑与环境构成关系的同时，更强调建筑的"重塑地段"作用。博塔明确地表明了建筑不仅要参与环境、与环境构成关系，而且更重要的是建筑对场所进行空间、环境、文化等方面的积极改造，建筑师必须阅读场所的逻辑性和可能性，最终塑造出作为一个整体的新景观。博塔的建筑哲学完全不同于有机建筑学，博塔认为建筑应是对自然的抗争和控制，并成为环境的重要组成部分。因而在城市扩建、社区规划和众多的设计作品中，博塔力图隔离、限制和改造原有环境。圣维塔莱河独家住宅，一个强调与外界界定的封闭性强的建筑：灰色厚重的混凝土墙，几何形镂空和隐入其中的平台、窗、鲜红纤细的铁桥，而这种界定、对比却使建筑融为自然的一部分。旧金山现代艺术博物馆（Museum of Morden Art，San Francisco，1989-1995）位于旧金山公园附近，临第三大道和商业街，处于三座摩天大楼之间，高度上无法和周围建筑相比，但它却以最具象征意义的纪念物似的丰碑而备受瞩目（图5）。

西雅尼大街住宅办公综合楼（Apartment and Office Block Via Ciani，Lugano，1986-1990）有意建成圆筒形，以求与路旁方形的街区似的建筑形成反差，其主体、材料选择以及细部似乎都在传达一种信息：即使一个很普通的工程，也是一个表达自我、重塑环境的有效机会（图6）。

形式与内涵

路易斯·康提出"形式启发功能"的思想，并采用将主次空间分离的构图手法，打破了"形式追随功能"的清规戒律。由于提契诺是地中海和中欧文化的"活结"，博塔便自然而然地向历史记忆和地方文化寻求建筑形式和塑造内涵。博塔批评后现代主义只在立面上寻找解决方法是表面文章，他说："如果一个身体的骨头和内部都是健康的，那么表皮也应是健康的。人们不能把表面的问题与还未解决的内在问题相分离。关键问题不是在外表，而是在结构上。"[7] 博塔主张将历史、记忆、梦想、丰富的想象力联系起来进行积极的创作活动，这种创作始终要坚持以人为中心，而且需要对记忆、对远古产生联想、对谜一般的形式、对表现人与宇宙间价值冲突、对过去伟大思想等的极大的热情和激情。

20世纪70年代初之前的作品显现出理性主义的影响和功能的制约，70年代中期起，博塔更加注重环境对建筑的影响和建筑塑造环境的积极作用，对现代主义的抵制及创新、重视传统、恢复历史记忆成为主格调。在博塔设计的住宅中，一般底层是服务房间，二层是起居，三层是卧室。然而，随着形式的变化，房间的位置、尺度发生变化，甚至出现了功能屈从于形式的现象。达罗·贝林佐纳独家住宅（Single-Family House，Daro-Bellinzona，Ticino，1989-

図 7. 塔玛山顶小教堂
图 8. 比陀·奥黎柯教堂

1992）的起居置于卧室之上，形成的开敞凉廊与弧形天窗合为一体，再现了一玻璃顶的太阳神庙；曼诺独家住宅（Single-Family House，Manno，Ticino，1989-1992）底层做了较大洞口，和原有住宅形成对景，加强了与环境的联系。

博塔熟练运用古典几何原型，从中取出、修改一些形式，产生无穷无尽的变化。西雅尼大街住宅办公综合楼、斯塔比奥独家住宅、新蒙哥诺教堂、艾维大教堂（Cathedral at Evry，France，1988-1995）等的圆形建筑和欧瑞哥利奥独家住宅（Single-Family House，Origlio，Ticino，1981-1982）的对折立方体使人追忆起古罗马建筑，尤其塔玛若的山顶小教堂（Chapel at Monte Tamaro Ticino 1990-1994）更具远古的神秘色彩（图 7）。在比陀·奥德黎柯教堂设计中，博塔指出，教堂应提供一个"特别"的供人"暂停"、祷告或礼拜的场所，同时应是一个多种内涵的场所。这一方形的步廊和截圆锥形的教堂，令观者似乎置身于天地间的单个容量的中心空间内（图 8）。

综观博塔的建筑作品，其形式的内涵和源泉是理性原则、地方传统、历史记忆、社会心理和自然环境等因素的综合，是先于功能的。功能，作为现代主义建筑形式最核心的因素，在博塔的形式中变得隐现或可塑了。这种形式与功能的适当脱节并不意味着形式内涵的贫乏或枯竭，而事实上，为形式提供了更加丰富、重要的内容。因为功能是可塑的，是随着政治、经济、文化、情感等的变化而改变的（例如教堂过去是礼拜的地方，现在是礼拜、冥想、举行婚礼等的公共场所），而形式一旦确定就失去可塑性。通过对内涵的洞察，对历史、记忆、自然、社会、情感的把握，博塔逐渐形成了特有的形式原则和建筑语汇，恰当、准确地把形式和内涵的关系表现出来。

参考文献

[1] Jacques Gubler. Building Sites// Botta·The complete works (1985—1990). zurich: Artemis Verlags—AG, 1994: 6.
[2] Emilio Pizzi. Botta·The complete works (1960—1985). zurich: Artemis Verlags—AG, 1993: 230.
[3] Mirko Zardini. Interview: Mario Botta. a+u, 1989(01): 118.
[4] Jacques Lucan. The Lesson of Ticino. Passage, 1996(20): 37.
[5] Emilio Pizzi. Botta·The complete works (1960—1985). zurich: Artemis Verlags—AG, 1993: 235.
[6] Jacques Lucan. The Lesson of Ticino. Passage, 1996(20): 36.
[7] 支文军. 乡土与现代主义的结合：世界建筑新秀 M·博塔及其作品. 时代建筑, 1989(03): 28.

图片来源

图片由马里奥·博塔事务所提供

原文版权信息

支文军, 朱广宇. 永恒的追求：马里奥·博塔的建筑思想评析. 新建筑, 2000(3): 60-63.
[朱广宇：同济大学建筑与城市规划学院 1996 级硕士研究生]

23

追求理性：
瑞士建筑师马里奥·堪培教授专访

In Search of Rationality:
Visiting Mario Campi's Architecture

摘要 本文以提契诺地域和文化传统为背景，对马里奥·堪培的建筑思想作了剖析，并总结了其作品风格简洁、形态清晰、细部精致的设计特征。
关键词 马里奥·堪培 理性 本土文化 传统 简洁

[编者按] 提契诺学派重要代表人物之一的马里奥·堪培教授，以其作品的清晰形态和精美语言而受到广泛青睐。作者为此于 1999 年 10 月赴瑞士采访了堪培教授并考察了相关一些作品。本文以上述考察成果为基础改写而成。

概述

20 世纪 70 年代中期,被"国际风格"(international style) 遗弃的地方特色和建筑传统获得整体回归和认同，使人们开始注意到瑞士提契诺（Ticino）的建筑。提契诺位于瑞士与意大利相邻的南部地区，伟大的巴洛克建筑大师波洛米尼 (Francesco Boromini, 1599–1667) 就出生在这片充满奇妙的建筑传统的土地上。至今，这些富有活力的传统获得了新生，一小批意大利裔的瑞士建筑师开始耀眼夺目，并逐渐形成"提契诺学派"（Ticino School），成为瑞士当代建筑的一个重要部分。

现代的提契诺建筑是意大利理性主义、瑞士独特的富有诗意的自然风貌和当地工艺水平三者的完美结合。换句话说，提契诺学派解决了他们的本土文化与现代建筑之间的矛盾，从而走向了"地域传统的合理再创造"阶段，在本土文化和景观背景下创造出了与地域和传统相符合的经典建筑。

在提契诺学派中显得日益重要的建筑师包括马里奥·堪培（Mario Campi，合伙人为弗朗哥·贝西纳（Franco Pessina）），他的作品由于形态清晰和建筑语言精美而受到广泛的好评和关注。

堪培 1936 年出生在瑞士苏黎世，毕业于苏黎世联邦高等工业大学（ETH），于 1962 年在提契诺成立"堪培·贝西纳事务所"。1978 年至 1984 年间，堪培先后在美国哈佛、普里斯顿等大学任客座教授，1985 年聘为苏黎世联邦高等工业大学建筑与城市设计的教授。在 1988 年担任该大学建筑系的主任。现为该系资深教授。堪培设计了众多的别墅、学校、办公楼等建筑，涉及历史建筑保护、城市设计等领域。

堪培的设计思想

作为提契诺的建筑师，堪培深受来自南、北方文化的双重影响。北方文化是以苏黎世为中心的瑞士德语区的文化，它们崇尚理性，讲究建筑的精美，追求细部的明晰。而南方意大利文化更是与作为瑞士意大利语区的提契诺一脉相承。这些影响具体讲来自包括赛维（Bruno Zevi）、斯卡帕 (Carlo Scarpa) 和 60 年

图 1. 菲尔得住宅东北立面
图 2. 女修道院体育馆入口外观

代后的罗西 (Aldo Rossi) 等意大利建筑理论家和建筑师。赛维在 1950 年发表了当时对年轻建筑师就像"圣经"一样重要的著作《建筑空间论》，该书从历史的角度阐述了"现代建筑"发展历程和特征。斯卡帕的设计从未从环境和历史中割裂出来，他对文化多元特征的关注及细部节点诗一般的整合，切切实实唤起了现代建筑的场所精神。罗西的影响更是显而易见，他在米兰的住宅作品、他的理论著作"建筑与城市"及类型学思想影响了一代人。

堪培曾在美国任教多年，也深受美国文化的影响，特别受益于 20 世纪 80 年代以后在美国盛行的新理性主义 (Neo-Rationalism) 以及"纽约 5"(New York Five) 成员之一的迈耶 (Richard Meier)。堪培把美国的新理性主义与欧洲传统的理性主义相结合，特别是溶入了意大利新理性主义思想后，找到了肥沃的土壤和发展的空间。语汇清晰、逻辑严谨、文脉延续、重视城市设计是堪培作品的特色所在，反映了他对建筑风格、建筑历史和城市的态度。

堪培所使用的建筑语言来自本地域，这儿房屋被定义为"体形"（volume），墙体、屋顶、地面和楼板都被定义为围合体或分隔空间的水平或垂直的构件，窗的概念则被"开启"（openning）所取代。从建筑材料的角度，他的作品自 1962 年来可分为三个阶段：初期暴露混凝土的建筑，随后的白色建筑，近期的灰色金属板材墙建筑 [1]。

堪培的建筑风格十分简洁，带有"新简约主义"(New Simplicity) 的倾向，追寻一种可能的秩序以对抗混乱、不定的城市。他在追求简洁形式的同时，也力求反映建筑历史文化，同时包含微妙的对比。在这里简洁绝不等同于简单，而是一种自律控制。

堪培的设计特点与作品分析

几何体的辩证法

凡尼尼住宅（Vanini House, Muzzano, 1962 年）位于风景优美的小山峰上。这栋别墅包含了时为年轻建筑师的热忱、渴望、雄心和爱，因它是堪培的第一个作品。我们可从该设计中清晰地了解到那个时代的建筑思潮，既有本地区的又有国际的，尤其是来自康（Louis Kahn）的影响。在这里，一组独立的几何体围绕一个核心空间布置，每一个几何体都附有特定的功能，如起居、餐饮、睡眠、服务。服务空间和被服务空间被明显地区分开来，并通过联系空间连结起来。于是就产生一明亮与阴暗交替的系列。这些选择看似明确，事实上单个建筑几何体在设计中明显地受限制，目的在于产生周围自然环境与建筑内部空间的互动。堪培在建筑设计中的严谨态度，反映在几何体间的相互作用、在几何体的间隙中、在戏剧性的表情上、在不同材料的对比中（例如加强混凝土与木材的对比）。在内部空间功能安排上，几乎没有留有装修的自由空

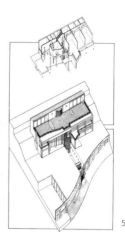

图 3. 玛格住宅正立面外观
图 4. 波尼住宅外观
图 5. 波尼住宅轴测图

间。换句话说，功能组织显得硬朗，但是在特定空间方面则精确和严格控制。卧室里的沙发、书房内的家具都通过建筑元素予以限定，从而导致这类特质空间的出现。

统一的复杂性

堪培设计的菲里皮尼住宅（Filippini House, Muzzano, 1964 年），距凡尼尼住宅并不远，但带有明显的新建筑和象征性的主旨，建筑不是停留在单个几何体上，而是由简洁的建筑形体（正方的，长方的，窄的，平行于陡峭的山坡）构成，这种选择是基于基地的形状，把各种功能集于一个几何体作法的同时，把墙体与内部空间拆散为单个的形式与空间。这种做法带来了统一的复杂性，在这里基本几何体被打散，正立面的构筑首先包含特别功能的要求，立面是否建成墙体或大门都是应内部功能的需要，实与虚的选择不再是出之于形体的对比。

在凡尼尼住宅墙体是形体设计的一重要的元素。在这里，墙体再被细分成基本结构，例如：梁、柱、墙板。通过强调单一构成元素的自律性，在整个理念的逻辑中加以配置。这种把建筑形体拆散成基本构筑的元素并重新整合的做法，使清晰的建筑语言第一次在此建筑显现出来 [2]。

与理性主义的关联

在菲尔得住宅（Felder House, Lugano, 1978 年，图 1）中，建筑材料似乎非物质化了，销声匿迹了。这儿的各种材料都被涂上白色，包括石膏墙、铁或混凝土的柱、金属窗门及栏杆。他的意义在于砖、混凝土及铁这些缺乏外向型物理特性的材料，通过涂上白色涂料使它们变得都相似起来，材料的选择不再加以特别强调。相反建筑的每个部分在表面上不表示材料的特性，意味只作为建筑的基本要素，整体性地来表达建筑。全涂上白色还意在产生抽象效果，用必要的语言要素去创作。建筑减少成三个要素：墙、柱、洞。很明显这种行为是带有理性的行为与选择，完全排除了建筑的表现主义，有益于加强单个元素的设计，有益于建筑意义、空间和建筑形式。更进一步来说，这些墙、柱、洞在复杂结构逻辑内部重新定位，在一个简洁的几何体内重新组织。在菲尔得住宅中有一天井，它是作为一个象征性元素，实际上建筑每一个部分都是围绕它来组织。立面上的三个立柱，界定了院子空间，它不仅是自然边界，而且使得内墙和立面均朝外。建筑被放置在地面上，对周围环境明示自己的规则，同基地的有机关系不存在了，对建筑材料的表达也不存在了，菲尔得住宅是堪培第一个深入研究理性主义的作品。

体验与评论——建筑研究的一种途径

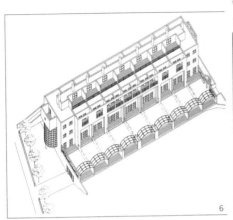

图 6. 卡比奥内联立公寓东轴测图
图 7. 卡比奥内联立公寓立面
图 8. 贝罗山古堡考古博物馆内院

双立面——转变

在女修道院体育馆（Gymnasium of the Convent, Neggio, 1980 年, 图 2) 朝南正立面的洞口后，堪培设计了一个第二空间层次的楼梯间圆柱体，以加强作为公共建筑的入口的庄严，而且强调了空间的深度、并向外展示了内部建筑空间的复杂性。一个几何体附加在另一个上，实际上是一个包含了另一个，暗示在不同形态之间存在联系的空间和产生的张力。在同一年由堪培设计的玛格住宅 (Maggi House, Arosio, 1980 年, 图 3) 中，它的意义不仅在于正对山谷的立面有暗示历史的成分，因对面是一座山村教堂，而且在于双立面的构想。很明显这是形式主义的做法，但它构成了另一个概念：背景，双立面 [3]。

空间与背景

波尼住宅 (Boni House, Massagno, 1981 年, 图 4, 图 5) 的特征在于一个接一个背景设计。第一背景是面对街道带有螺旋状的由大理石砌成的立面，起到暗示和限定街道公共空间的作用。第二是由七块板材构成实际的立面。第三是由被划分成方格的内部玻璃墙。这些面不仅打断了建筑内部空间的相互联系，而且展示了自己。这样一来，原简单和理性的最初框架，通过一系列的设计，暗示了建筑的不同部分，并反映和

赋予了个体以特性。阳台从方形的四周边伸出，目的是为了使内部空间向外延伸。立面上三块板集中起来暗示了卧室的二层空间，基轴的改变是为了打破最初的框架的严肃性。换句话说，建筑的理性不再是每个元素需要依此来解决的依据。柱子的节奏、实与虚的对比、附加双墙的深度感、阳光下的表面与阴影的黑洞等等，都展示了空间与背景关系。

共性与个性

卡比奥内联立公寓（Rowhouse Via Cabione, Massagno, 1985 年, 图 6, 图 7) 坐落在繁华的城市卢伽诺（Lugano）的近郊，是一个比较高档次的公寓住宅。其设计特点一方面平面简洁、单元清晰，可视作经典现代建筑之范例；另一方面，建筑端部处理丰富，造型富有个性，比例精美，功能组织和内部空间设计流畅，充分体现设计者娴熟的技能。卡比奥内联立公寓的独立居住单元联排而置，其复合的几何体显然对周边典型的市郊环境是排斥的。面对街道的交叉点（即面对城市）是长长的立面，其居住单元并没有特别强调，而是服从于整体造型。另一朝西立面因面对公园，只有密实的墙体和方形的小洞，则处理得较地域化和个性化，在此又重现了双立面的主题。建筑两端立面处理得到特别强调。该建筑两端的表现，不仅暗示体

图 9. 贝罗山古堡考古博物馆入口处理
图 10. 波罗尼住宅内院立面
图 11. 帕拉齐奥联立住宅外观
图 12. 苏黎世 IBM 总部外观
图 13. 贝尔契米纳公寓模型
图 14. ETH 化学馆模型

量并清楚限定其长度，而且强调其形式单元的一致性，在这里共性超过个性。在城市层面上来说，这些立面也强调了与城市不同地段的关系。

少即多

立面洞口的韵律、窗带的次序、立面的几何深度、微妙的对称和附加的轴线，不用说，这就是堪培精妙的理性主义手法。从第一栋建筑开始，他的理性主义也在发展。建筑元素的精炼并不意味着失去，丰富的建筑空间被保留下来了，建筑元素有活力地并置在一起并得到特别强调。丰富的空间可通过理性手段、通过构成单位的精确来达到，如辅助体系的韵律，细柱的竖线条与板的水平线条之间的和谐，更进一步说，通过墙面的实和空间的虚来达到目的。

对比

贝罗山古堡考古博物馆（Archaeological Museum in Montebello Castle Bellinzona，1974 年，图 8，图 9）坐落在瑞士南部的历史名城贝林佐纳东南角的贝罗山上，由一中世纪的古堡改建而成。设计立足于尊重历史，并以现代的手法去表现历史、用现代的理念去看待历史。新与旧巧妙的连接与对比，是该古堡翻新中最大的特征。改建以钢结构为主，结合钢

筋混凝土的铺地。古堡的塔楼是展览的主空间，堪培设计了两组多层钢结构架子，搁置在塔顶的钢架上，并在每层钢架上铺木地板，构成了多层展览空间。新设的金属楼梯和楼板与旧建筑表面保持一定的间隔，表现了新建筑与老建筑之间时空的缝隙。

在波罗尼住宅（Polloni House, Origlio, 1981 年，图 10），我们可领会到独特的和连续的对比：为了在房屋前设置一院落，建筑从入口处后退，这就形成了正立面与入口围墙之间的对比。在前院还存在另一对比，即建筑正立面入口周围四个方洞与前面的白墙形成对比。当人们走进房屋时，四个方洞的微妙的变化令人陶醉。另一方面，前院起到了过渡空间的作用。在正立面的右边，一个小圆窗和三个细长的洞口与基本对称的总体形成反差。通向卧室的半公共空间由于自然光的引入而显得明亮。

建筑与城市

在堪培许多近期工程中，例如帕拉齐奥联立住宅（Via Praccio Row Houses, Massagno, 1989 年，图 11）、苏黎世 IBM 总部（IBM Headquarters, Zurich, 1995 年，图 12）、贝尔契米纳公寓（Via Beltramina Apartments, Lugano, 1995 年，图 13）和 ETH 化学馆（Chemistry Building, ETH, 2000 年，图 14）等，一种水平飞檐作为

体验与评论——建筑研究的一种途径

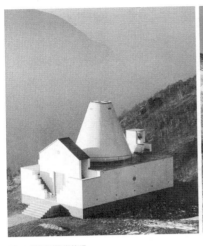

图 15. 芳提玛教堂外观
图 16. 考莱苛台阶式住宅
图 17. 阿诺得住宅外观（Arnold House，Lugano）

新的构成要素而频繁使用。在苏黎世 IBM 总部建筑上，水平飞檐的使用形成了优美的连续的正视图，它通过表面与突出物的内在关系反映了建筑与城市的联系（图15—图 17）。

贝尔契米纳公寓位于卢伽诺的边缘，在阿尔卑斯山脚下，紧邻卢伽诺湖。建筑在东、北、西方向有很好的视觉景观，南侧布置了 80m×60m 的庭院广场。它在尺度上完全压倒临近的公寓和办公楼。公寓的一二层是办公及公共功能，以上五层供居住。每个单元有两重门，房客可通过外廊进入。广场由建筑限定，也可认为是一扩大了的建筑。生活在贝尔契米纳公寓的人们和它的邻居都体会到广场的存在是为了重构社区。

堪培所设计的 ETH 化学馆是他的一个转折点，事实上，这是他第一次直接同城市郊区和当代城市发生关系。堪培的早期经历都是为了基在清晰、简单、理性的基础上重构建筑。但在这些建筑上反映了对现代不同建筑思潮的关注，包括瑞士 20 世纪 30—40 年代的建设经验，斯堪的纳维亚历史的经验，而不再只关注意大利的理性主义。同样，堪培的设计领域逐渐从建筑走向对城市的关注。近期在四个地方做的城市设计显示了他的新的发展，即通过不同的和可能的次序片段，对看似无序的、混沌的当代城市做出反应[4]。

结语

在多年之后，人们认识到现代主义建筑没有死亡，而是走了一个完整的圈，并达到一个新的起点——经典现代主义（classic modern）或新现代主义 (new modern)。后现代主义和解构主义是现代主义建筑发展历程中的完善和补充。经典现代主义建筑的今天，简练的审美原则又重新得到了认可和尊重。堪培所创作的建筑作品体现了他的建筑观，也预示着当今世界建筑发展潮流。

参考文献

[1] Kristin Feireiss. Campi·Pessina. Berlin: Ernst & Sohn , 1994.
[2] Mario Campi. Design Connotes the Realistic Thought. Plus, 1996(02): 132–135.
[3] Kenneth Frampton. Mario Campi·Franco Pessina Architects. New York: Rizzoli. International Publications, INC, 1987.
[4] 丁沃沃，张雷，冯金龙. 欧洲现代建筑解析. 南京：江苏科学技术出版社，1998.

图片来源

本文图片摄影：Eduard Hueber

原文版权信息

支文军，章迎庆. 追求理性：瑞士建筑师马里奥·堪培教授专访. 时代建筑，2000(2): 61–65.

[章迎庆] 同济大学建筑与城市规划学院 1998 级硕士研究生]

24

诗意的建筑:
马里奥·博塔的设计元素与手法述评

Architecture in Poetic Flavor :
On the Design Elements and Methods in Mario Botta's Works

文摘 通过博塔设计作品的分析和解读，本文归纳总结了其设计元素与手法的众多特征。他的作品充满对比和冲突，但又取得诗意般的平衡；他对基本几何形的运用炉火纯青，对体量、体积的掌握老道精明；他用光影的变化塑造空间，细部处理独具匠心；他是墙建的大师，留给我们的是赞叹与启迪。

关键词 墙 圆形 自然光 诗意象征 对比与平衡

瑞士建筑师马里奥·博塔（Mario Botta）是从提契诺（Ticino）走出来的建筑大师，是在建筑文化发展大潮中应时而生的有着独特历史、文化和哲学思想的建筑大师。30 多年来，他设计项目无数、著述颇丰；他想象力丰富、设计手法严谨。审视博塔的建筑、他的哲理、他的诗意、他浓厚的地方情趣、他取之不尽的表现手法，都是值得我们借鉴的宝贵财富。

墙的运用

作为博塔建筑生涯的启蒙者，蒂塔·卡洛尼（Tita Carloni）指出：“博塔是墙建的大师……”[1] 博塔以墙体限定空间、变换形体、处理细部，几趋完美。

博塔在墙体上精心切口和开设小窗，在角部保持墙的完整，而描绘出建筑的坚固性、内向性，使城市和乡村变得整洁而优雅。20 世纪 80 年代之前切口比较狭小，里格纳图独家住宅（Single-Family House,

Ligornetto，Ticino，1975–1976）如条形厚墙般形成界定，局部作了切口和枪眼似的小窗而保持了长墙的完整性。自 80 年代开始，切口的数量和尺度都有所增加，罗桑那独家住宅（Single-Family House, Losone, Ticino，1987–1990）的墙体几乎镂空了一半，更有利于光的组织和变换；曼诺独家住宅（Single-Family House, Manno, Ticino，1987–1990），中部有着巨大拱形及炮眼似的开缝的长墙矗立于基地边缘，限定了空间。

博塔的墙体是一种“基本形式”，否定了平面的层叠和差异，限定、包含了其他形式——天窗、切口等。80 年代起，住宅大都采用了双层墙，内层混凝土墙起结构作用，外层砖或混凝土饰面起维护和装饰作用，既满足了防水和结构上的要求，又为造型提供余地。

博塔认为建筑具有纪念性，常以减法使建筑具有雕塑感。室内常设有几层连通的空壁，墙体倾斜、开洞少且准确，光影变幻，再现了历史记忆。哥塔多银行办公楼（Banca del Gottardo，Lugano，1982–1988）的立面“定整”形象，恰似一座古代宫殿；比陀·奥德黎柯教堂 (The Church of Beato Odorico, Pordenone，Italy，1987–92)，方形空中步道和高耸的截圆锥形成对比，限定了一独特空间。

拱是广为应用的另一要素，建筑物、桥、楼梯由现代技术做成低且宽的拱形，维持了墙体的完整性，画龙点睛。瓦卡罗独家住宅（Single-Family

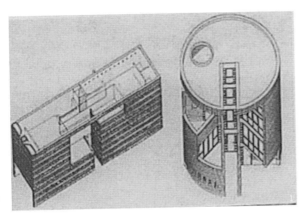

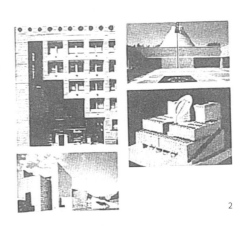

图 1. 里格纳图至罗桑住宅的切口变化、曼诺住宅轴测图
图 2. 富有雕塑感的建筑处理

House，Vacallo，Ticino，1986–1988）入口处应用了交叉双拱，塑造了从历史中升腾出来的生机盎然的文化新形式。

在细部处理上，博塔以砖的不同组合和砌法编织成精美图案，变幻着斑驳的阴影，隐喻着古典形式，同时又散发出现代气息。色彩相间的条纹在麦萨哥诺独家住宅（Single-Family House，Massagno，Ticino，1979–1981）、旧金山现代艺术博物馆（Museum of Modern Art，San Francisco，1989–1995）等建筑中展现出来；80 年代起，45°错台组砌法应用在达罗·贝林佐纳独家住宅（Single-Family House，Daro-Bellinzona，Ticino，1989–1992）等之上；柏林的办公、公寓综合楼（Office and Residential Building，Berlin，1985–1991）的砖的形式带有视觉颤动的变化。此外，石材、钢铁和玻璃广为应用。博塔正是这样通过基本几何形的运用、对墙的理性触觉、方言化的凹入和突起，赋予形式和结构活力，再发掘过去记忆而进入现代。

圆形主题

圆形要素在建筑中的运用可以追溯到文艺复兴、古罗马，以至史前时代。20 世纪 60 年代起，人们开始注重精神需求，千篇一律的方盒子不再成为时尚。有着批判地域主义倾向的博塔以不同的艺术处理强调

了室内外环境的重塑。"从构成观点看，博塔的作品更像雕塑家而非建筑师的作品：它不是构筑建筑，而是雕凿建筑。"[2] 于是，一个限定的长方形广场，带有横线的半环形或圆筒体，应不同功能而提炼、变化，或是不同功能相应抽象几何形式的诠释，或与环境对比、表达自我，或强调"返回原点"，成为纪念性对称构图手法的主题表达。

博塔曾应用半圆形于大型厅堂，但更多的是采用"方—圆—方"的形式，引入方向轴而否定圆的中心性，定位、定向并具有模糊性和向心性。80 年代起，住宅平面由长方形演变为：圆形、半圆形、方 + 圆弧、矩形 + 圆、方 + 曲线、三角形等，布局、造型更加生动活泼。公共建筑中，博塔据功能不同而采用了相应的圆形及衍变形。新蒙哥诺教堂（New Mogno Church，Ticino，1986–1994）等应用了完整的圆形，源自巴洛克教堂的椭圆体上部斜切，平面在顶部变形为圆形，这一以圆形结束的椭圆体实现了动态变化的同一。

在西雅尼大街住宅办公综合楼（Apartment and Office Block Via Ciani，Lugano，1986–1990）设计中，外观上弯曲形体与方形的街区建筑群形成反差，主体、材质及细部暗示着表达自我、重塑环境的契机；内部空间，博塔主张对功能复合体的选择，确保人与建筑的紧密关系，通过空间组织表达自我，围绕中庭沿对称轴组织空间，圆桶形穹窿为加强方向轴的天窗所强调，产生令人愉悦的富有张力的不和谐。

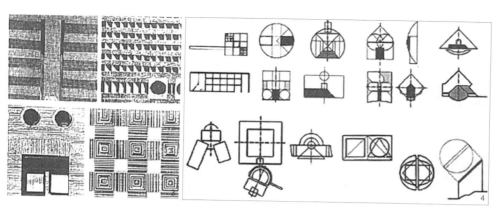

博塔对原始和现代信息的捕捉与综合似乎比路易斯·康的建筑"原型"走得更远。博塔的独家住宅大都呈"穴"状，体现了对原型和起点的探求，对生存的渴求、"家"的原始意象的发掘。公共建筑中，瑞士同盟九百周年纪念帐篷，博塔抓住了作为游牧民族庇护所的帐篷的原始和现代的信息，"人类存在的标记，为主题或事件而聚集的团体……人们所需集体价值观的外部表达"，与古城堡形成对话，赋予新的价值和意义。博塔认为城市是人类之家，不仅是生活、工作和交流的场所，而且是面对历史和过去记忆的共享空间。博塔把圆形作为最佳表达："这种形状的、固有的宗教性让设计者无视信仰。"[3] 艾维大教堂（Cathedral at Evry，France，1988–1995）设计为广场和住宅楼环绕的巨型圆筒体，超越了宗教而返回最初理念，确证了个人价值观的需要，成为城市更新的象征。

光影变幻

博塔认为："光线是空间的缔造者……光线和微风一样微妙、多变、非真实可触，连续变化而塑造出空间效果。"[4]

博塔采用设计灵巧而可调整的条形天窗引入阳光，以堡垒式塔楼的封闭、内向映衬，描绘了一幅幅天然画卷。早在麦萨哥诺独家住宅中，封闭的圆形"堡垒"中，阳光由玻璃围合的楼梯井上空直泻而下，在抽象的玻璃构架、铁及木质的梯段、内敛的弧墙之间激荡；同样，夜幕下的哥塔多银行三角形中庭显现为美丽的图案；运用旧金山市"不寻常的清纯日光"，博塔成功地设计了旧金山现代艺术博物馆。

博塔把光作为空间、氛围的唯一缔造者，综合运用天窗、边角窗、空壁、小的缝隙及洞口、渐变的中心采光厅等元素，结合装饰细节的处理为观者展示了一个风采多姿的世界。

在独家住宅设计中，博塔运用光线塑造出外部空间的精确尺度，映射出地域精神；凉廊是内部空间中最具生命力的结点，天窗丰富了层次。公共建筑的造型多为简洁、抽象的基本几何形体，雕凿出巨大的洞口及嵌入小的缝隙，在阳光下形成变幻的形象；中庭中，由天窗而入的阳光成为空间组织者，条形天窗设计灵巧而可调整，天井开口逐层渐变，使层状排列的空间关系清晰明了。博塔借鉴了古西亚的饰面处理手法，使用砖作为主要词汇，45°层叠排放、窗内陷、特殊的砖图案、交错的凉廊系统、黑白相间，产生光的原始振动；室内，大理石地面与浅色木天花并置，在有图案的墙面上光影波动。此外，博塔还极力塑造出精神意向和空间氛围。新蒙哥诺教堂顶部是易碎而发光的盘状天窗，反映了人类与山体原始抗争的主题；旧金山现代艺术博物馆中，博塔借鉴了哥特教堂的方法，将亮度和高度相结合来表达精神意向。

博塔常于建筑角部或斜劈圆柱体顶部种树，他认

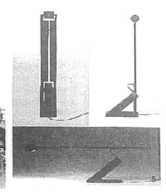
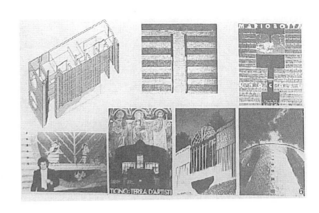

为："这些树用隐喻的方式将生命带入，还可以展现变化着的风的存在，给鸟儿提供一个家。"[5] 于是，树及其光影变化的巧妙运用加强了与自然的连接，增强了建筑的表现力并赋予新意义。由于植于弧形外墙行道上的一圈树，阳光下艾维大教堂的外形变得更不寻常。

在强调自然光的同时，博塔以人工光线塑造出另一多彩世界。在灯具设计中，博塔常以金属网为屏，将光投射到幕景似的墙面上，形成变幻的几何图案；光线可随意调节，反复折射，成为唯一的空间塑造者，同时限定了人与空间的关系。

诗意的象征

"城市需要一个象征，建筑师越来越扮演建筑象征价值思考者的角色"[6]，博塔常将作品风格视为"图腾"，对建筑形体和空间进行主观化的象征处理，这归根结底是高度文明的自我与改造文明的欲望相交织的艺术现象。

独家住宅多设计成穴状，借助实墙和玻璃格子处理等隐喻传统的"干粮仓"形式，再现地域立面设计和装饰的传统，博塔说："这是引起人们注意、关切和热爱家乡的一个标志"，象征着平民的一种"富有。"[7] 博塔还用古典的喻意式象征的手法，如叶脉状装饰、似神仙人图案去创作，并进一步探索建筑与自然间更抽象的关系，具有浓重的地域象征特点。

博塔认为建筑本质上具有纪念物性质，强调"建筑学从本质上嫁接了生命和人类——我们是历史、时代的证人，也是过去和未来的见证人。建筑之所以具有这些特性，是因为与其他创造性活动相比，其构成要素更耐久"[8]。

博塔的住宅设计大都具有聚中性，因雕塑感强而使空旷的场所具有一个精神集中物，体现了纪念物的最初功能。同时，博塔指出现代城市失去了意义和等级差别，必须重新赋予：通过确立符合整个城市结构的纪念馆。博塔的近期作品显示了内部排列、自我混杂和比喻综合的倾向。瑞士同盟九百周年纪念帐篷转型为童话般的白色帐子，代表了公众职责的转变；帕拉蒂索"洲际星克（Cinque）中心"住宅办公楼（Apartments，Offices and shops in Paradiso，Lugano，1986–1992），大蟹般安睡河前，是对无秩序环境的抵制。

博塔提出有关"面具"的概念，立面变得更抽象，窗户消失而石头成为时尚；博塔强调戏剧性、夸张的手法，认为"在许多建筑易被误认为工厂、工厂易被误认为教堂、教堂易被误认为仓库之后，我认为人们又开始谈论感情——图腾和脸面的回归是很重要的"[9]。哥塔多银行，正立面图腾映射出古老宫殿的特征；釜山某高层办公楼（Office High-Rise，Pusan，1989），南立面的"图腾正门"隐喻其后相关城镇的存在，是整个城市的象征物；法国都市信息中心

（Mediathèque，Villeurbanne，1984–1988）的带式立面看似抖动的界标；威尼斯新影院综合体（New Cinema Complex，Venice，1990）呈"Fellini式船体"的轮廓……诸如此类的纪念式象征图解筑成了一道道美丽的风景线。

都市素材的戏剧性处理体现了内部空间的需求，同时内部空间吻合于城市的复杂特点，再现了形式和内涵的统一，赋予形式深刻的意义。在公共建筑中，简洁而表面光滑的石材使立面设计近于绘画的处理，富有表现力的建筑外壳几乎成为面具，同时反映出其后的三维空间，而内部成为立面的两维回应。昌伯瑞戏剧和文化中心（Theater and Cultural Center，Chambéry，1982–1987）强调大厅通道、观众休息处和大庭院的既有空间；维亚·贝尔垂米那公寓楼（Housing via Beltramina，Lugano，1986），通过凉廊和阳台穿过建筑主体而变化公寓平面，以新面孔再现了社会居住问题。

对比与平衡

博塔在建筑创作中表现出对地域文化和历史的敏感，并在此基础上发展了"塑造地段"的创作思想。从分析博塔的作品中，我们不难发现，博塔是以对比的手法达到用建筑来强化地域特征、塑造地段的。

博塔设计的住宅简洁、规整，自成一体而具很强的封闭感，从自然中界定出来而与辽阔的提契诺的地形地貌产生强烈的对比。建筑与周围环境似乎格格不入，但从整体来看，建筑同幕景式的环境构成关系并成为一部分。面对现代建筑的膨胀和环境的恶化，

博塔力图重建城市环境，强调与原有建筑对比，用隐现着历史和记忆又散发着时代气息的建筑给城市带来新风貌，并通过一些设计元素与原有环境取得平衡。朗西拉一号办公楼（Ransila 1 Building，Lugano，1981–1985）以雕塑般的形体与环境形成对比，方格子的墙面处理和深凹的窗洞又与周围建筑相呼应；巴塞尔瑞士联合银行（Union Bank of Switzerland，Basel，1986–1995），博塔设计了交汇处的新街区终端，改变了城市建筑的繁杂并定义了自然过渡。瓦塔瑞姆现代艺术长廊（Watari–Um Contemporary Art Gallery，Tokyo，1985–1990）依靠明确的构造法则抵制了东京风格与形式的繁杂。

在住宅设计中，博塔通过增加实墙面积，强调和夸大实虚对比，使城堡似的住宅富有生气和趣味。博塔在正立面上精心开设凉廊，围绕凉廊开窗，漫射光使室内外取得诗意的平衡，其他三个立面仅在功能所需和借景处设以小窗洞；近期作品中，博塔加大了切口和镂空，增大了与自然的渗透与平衡。此外，厚实的墙面与轻盈的天窗形成鲜明的实虚对比。博塔的公共建筑大都有严谨而聚中的构图，实墙面上雕凿出巨大的洞口，嵌入规则排列的缝隙，窗户多为竖条形或阶梯状玻璃窗，形成了强烈的实虚对比和雕塑感，与周围环境产生对比，重新塑造着地段。

博塔从历史和记忆中寻求形式和寓意，从地方文化中寻求灵感和激情，建筑外观既折射出古典主义的影子，又散发出地方文化的气息。而无论材料或形式，室内空间都洋溢着现代化的气息，绘画和艺术品、家具和陈设都是按现代生活精心布置，桌、椅、沙发、灯等都由几何形构成。这种室内外内涵的对比，反映

了人们需要生活的现代化和精神上怀念传统的心理的反差。另外，室内外还存在着环境感受上的对比，住宅与自然分界明确，外墙围护厚重、封闭，只能通过天窗、凉廊前的玻璃窗与自然对话。

在室内，木地板与混凝土墙壁，玻璃与石材，钢栏杆、钢龙骨与软质沙发、陈设，白色粉刷的墙面与黑色的窗框，宽大的桌面与纤细的座椅等都形成鲜明的对比；在室外，大面积的实墙面与精美细部装饰的对比，相同材料而不同色彩的对比，砖石、玻璃、金属等不同材料的对比，大面积的实墙面与单薄的檐口线条的对比，砖石墙面与玻璃窗、天窗的对比。这些对比强烈而又统一，因为它们都具有简洁、朴素、淡雅的风格，而又表现了对自然环境的亲和。

综上所述，博塔的设计元素和手法是在实践中形成的，它是对现代建筑平庸的回应，是对批判地域主义和当代建筑文化的深刻理解，是对历史记忆的发掘和再创造，是对当地自然背景的精确把握，是在艺术上"追求永恒"的执着。

当然，博塔的这些设计元素和手法的运用绝不是孤立的，而是综合的，相辅相成的。例如，博塔认为建筑应具有纪念性。因此，在他的作品中经常采用圆、弧、方形等设计元素或是它们的组合，具有较强的对称性。而具有雕塑感的大量实墙面和规整的边角更增强了建筑的纪念性。娴熟而精确的光的设计又增强了建筑的体积感，提高了内外空间的质量。与此同时，博塔还经常采用象征和对比手法，加强他的地域精神和建筑特质，以达到重塑地段以及和周围环境取得新的平衡的目的。

参考文献

[1] Tita Carloni. Introduction by Tita Carloni //Tita Carloni. Botta·The complete works (1960—1985). zurich: Artemis Verlags—AG, 1993: 6.
[2] Gabriele Cappellato. Cilindro delle Meraviglie. a+u, 1991: 251.
[3] Emilio Pizzi. Botta·The complete works (1985—1990). zurich: Artemis Verlags—AG, 1994: 182/ 242.
[4] Emilio Pizzi. Botta·The complete works (1985—1990). zurich: Artemis Verlags—AG, 1994: 262.
[5] 沈克宁 . 城市环境和城市设计 . 世界建筑 , 1995(03): 22.
[6] Eileen Walliser–Schwarzbart. There's always a remnant of vision. Passage, 1996(20): 12.
[7] 支文军 . 乡土与现代主义的结合：世界建筑新秀 M·博塔及其作品 . 时代建筑 , 1989(03): 24.
[8] Mirko Zardini. Interview: Mario Botta. a+u, 1989(01): 119.
[9] Mirko Zardini. Interview: Mario Botta. a+u, 1989(0): 118.

图片来源

图片由马里奥·博塔事务所提供

原文版权信息

支文军 , 朱广宇 . 诗意的建筑：马里奥 . 博塔的设计元素与手法述评 . 建筑师 , 2001(92): 89–94.
[朱广宇： 同济大学建筑与城市规划学院 1996 级硕士研究生]

25

感觉的建筑：
日本建筑师六角鬼丈教授设计作品评析

Architecture for Senses:
On Prof. Kijo Rokkaku's Design Works

摘 要 本文通过六角鬼丈教授四个设计作品的分析介绍，展示了建筑师注重人的体验和感觉、强调建筑空间、倡导艺术精神等等独特的设计思想和作品特征。

关键词 日本 六角鬼丈 感官 体验 建筑 空间

2001 年 3 月，北京举办了"来自东京的风——东京艺术大学建筑专业六角鬼丈教授师生作品展"。作为清华大学美术学院访问教授，六角鬼丈（Kij oRokkaku, 图 1）教授与他的学生一行，展出了近年来所做的部分设计作品及教学研究成果，它们主要分属于五个部分，既有建筑设计，也有室外景观、室内设计及装置设计。在展览期间，笔者幸会和采访了六角鬼丈教授，其独特的设计理念和作品特征颇令人好奇和敬佩。 六角鬼丈教授 1941 年出生于东京，1965 年毕业于东京艺术大学，后在矶崎新事务所工作，1969 年成立自己的设计事务所。1982 至 1988 年任东京艺术大学建筑科专职讲师。1991 年起一直担任该校教授至今。他设计的作品曾多次获奖，其中"东京武道馆"（Tokyo Budokan, 图 2）获日本 1991 年度建筑学会奖。目前他是日本比较活跃的建筑师之一，其影响正在逐步扩大。 六角鬼丈教授的设计注重人的体验和感觉，他的设计总是试图全方位地与人交流，其作品是真正意义上的人性化建筑。他关注的感觉，就是普通人的五种感官，即光感、听觉、嗅觉、味觉和触觉。但他通过设计的手法，强化了人的这些感觉，使人集

中注意力去体验日常生活不留意的感受。如他在英国设计的"感应迹线"（Sensory Trailat Earth Center, Doncaster, England, 1998，图 3），特别处理了"听"和"触"这两种体验。在"听觉区域"，独特的环境和装置设计能帮助人们聆听到平常听不到的声音，使人回忆起人与自然和睦共处的过去。在"触感区"，由许多不同材料铺成的步道不断刺激游人的裸脚底部的穴位，就像中医的指压效果一样，使人精神振奋。六角鬼丈教授对中国的道教和风水很感兴趣，他把天道自然观等理念融入建筑创作中。六角鬼丈说："运动的媒质是缤纷的光和涟漪的流风；静止是运动突然停顿的空间，在一片寂静的房间，会有无数变化瞬间的定格；空间是物质的媒介，也是建筑的灵魂，是一段活动的通道，也是一篇运动的风景；物质存在于色彩、味道、芳香、触摸、声音、感觉所触及的和感觉所反射的原型之中；而时间是时光记忆的素材，大自然之力的作用，开始与终结的象征。"[①]他的创作与自然地貌、风水、佛教信念、心理及人的精神境界融为一体，赋予人们一个个可感知、冥思、体验的场所，其感召力直接深入人的心灵，激发人的身体潜能。

六角鬼丈教授倡导用艺术精神去创造作品的内涵。他的作品往往具有强烈的艺术感染力，并与其他艺术家合作，从而使他的建筑就像艺术品一样与其他艺术作品融为一体。 六角鬼丈教授曾在北京亦庄开发区设计了带有六个"洞"的名为"东晶国际"的房子，其

巨大的、开了方洞的板式高层与众不同。以下的四个作品从不同角度展现了他的设计思想和特征。

感觉艺术馆

感觉艺术馆 (The Sense Museum, Miyagi, Japan, 2000, 图 4- 图 7), 是由建筑和广场组成、意向强烈的感觉空间和环境。建筑师通过精心创造的空间和艺术, 经过游人的五官的互动接触, 尝试着进行身体或精神的交流, 期待着发现异样的感觉和发生意识上的变化。体验者能强烈感受到建筑本身所构成的空间意象及参与展示制作的艺术家所发出的信息, 诱发其生理上的冲动、心理上的高度集中, 使人显得或者天真烂漫、心情舒畅, 或者恐怖闭塞、精神恍惚, 以忘却生活的烦恼。在这里, 体验者只要能带着一点点新鲜感觉而归就是设计的成功。

椭圆形广场被看成逻辑世界的庭园, 使沿着河面水平延伸的地平面有一种向心力。建筑物划出一个天际轮廓线, 广场上张开的空气层紧包着五官的感觉: 风的声音、飘荡的香味及空气的抚摸。 艺术馆由对话区域、独白区域及连接这两个空间的"Z"字形区域共三个区域构成。对话区域是体验者通过直接触摸展示作品进行交流的场所。有转动可在墙上画出"圆"的巨大车轮, 有用各种材料制成的能边玩边演奏的"创

图 6. 感觉艺术馆屋顶花园上的"心"型穹顶外观
图 7. 感觉艺术馆椭圆形广场日景
图 8. 曼陀罗游苑"走向天界的洞穴"
图 9. 曼陀罗游苑"地狱"层的全景图
图 10. 曼陀罗游苑"地狱"层中的场景之一
图 11. 曼陀罗游苑"黑暗的轨迹"

造乐器",还有通过操作吊在空中的铁环在空间发出声音的"空间音响"。独白区域的空间及展示作品所表现的幻想性诱惑人们到一个冥想的世界。10 万条纸条吊在空中,无数轻细纸条的重叠使空间本身构成一个"芬芳的森林"。影子的造型是为了反映一年四季的阳光照耀,向铺着白色沙子的庭园里洒下世界庭园的影像,在这里,一年的时间和影子都被凝缩在一起了。由两个相同的被称为心形半圆屋顶所构成的空间里,声音被重复的播放,产生出不可思议的音响的空间本身就是一种乐器。该区域是一个以精神焕然一新为目的的冥想空间。连接这两个区域的"Z"字形区域是由以黑暗、光、水为题的三个空间所组成。"黑暗的森林"是用于摸索着前进的通路,是以触觉和感觉为题设计

的,体验者在黑暗中慢慢地向前,然后视觉突然明亮起来,在耀眼的光的镜子所组成的空间里走出"Z"字形区域。

虽然在总体的构想中各个空间和活动线路是有联系的,但根据目的的不同,建筑师通过隔音、遮光等措施,它们可被分隔开来。因此这个建筑的空间顺序可根据程序的设定而变化,不同体验者不同的感觉能被不断刺激出来。

立山博物馆曼陀罗游苑

建筑师以立山的自然环境、地形及立山曼陀罗为轴的历史文化和五官感觉为题,对曼陀罗游苑

　　　　　体验与评论——建筑研究的一种途径

图 12. 曼陀罗游苑 "精灵之桥"
图 13 . 东京艺术大学资料馆多功能厅与室外空间
图 14. 东京艺术大学资料馆北向外观
图 15. 东京艺术大学资料馆外观之一

(Mandala RecreationGarden in Tateyama Museum, Japan, 1995，图 8– 图 12) 所构成的场所、形状、设施、造型物进行分析，抽象出曼陀罗游苑形象化的构成要素。立山曼陀罗由五大内容 "地狱" "净土" "开山传说" "禅定介绍" 及 "布桥灌顶会" 来描述，进一步以立山信仰的背景为历史源流，将古代印度的须弥山思想和佛教的世界观组成总体的骨架。此外，建筑师还试图用空间创造出特有的氛围，并用光、音、味等装置来烘托，表达佛教的神秘性夸张、空虚、错觉、精神恍惚及向心力等特性。在这里并不追求统一的解释，而是利用创造空间所发出的信息与体验者的各式各样的感性相呼应，人人可期待着得出各种想象力和解释。音响和味觉是立山曼陀罗场景设计的重要因素。

空间及造型也充分得到考虑，摒弃了原有绘画中所描绘的对场景的印象，而用几何形状、合理的构造和立体化设计来表达近距离的现实世界。在场景里并没有具体的鬼怪的出现，但是整体的气氛及各种装置、素材中潜伏着鬼怪的踪迹，来唤起来访者的想象力。

　　天界是一个未知的世界，为了同现实世界有所隔离，把天界设计在一个地下空间中。天界的广场就是历史资料中的须弥山的模型，是天界的象征之物。这个模型同周围的天然风景交错共鸣，来访者脑海里会没有模型的感觉而离开现实世界进入一个想象中的世界。天界窟里包含着 7 个立方体空间给予 7 位艺术家来创造，根据艺术家的创造，每个空间变成了不同的风格。连接各个窟的通路被有意识地设计成使人能丧

失方向、时间和距离感的迷宫，因此在天界里心灵在寂静中平静。中心的椭圆体所发出的声响所形成的一种特有的压力把人们引入一个理想的世界，让你体验到一个非现实的世界。综合来说，这是一个知识和空间相结合、有如在历史的精神世界里遨游的设施。

东京艺术大学资料馆（取手馆）

东京艺术大学资料馆 (University ArtMuseum of Toride, Tokyo National University of Fine Arts & Music, Japan,1994， 图 13– 图 17)，建筑面积约3000m²，由收藏库、教育和展示厅等部分组成。建筑基地正对"取手校" (Toride School) 的入口，是一个缓缓的山坡地。山坡的后侧为收藏库，前侧是展示厅，

再前面是一块三重构造的暗红色铁板幕墙，用来调和地形与建筑外观的关系。考虑到将来的扩建，南向部分的圆柱及铁板幕墙都设计成未完成的形状。北侧外观上犹如被切断似的突出在空中的铁板及用点状结构支撑的球，表现了张力和紧张感。铁板幕墙是构成外部构造的重要因素，并可作为展示墙。美术馆里展出的作品，必须是由该大学的老师一起参与制作的。建筑物的室内外公共空间被建设成富有艺术创作氛围的校园，放置着雕像、壁画及独特的门把手、照明器具、长椅、柜台，甚至便器上的绘画、签名等 30 个艺术作品。美术馆作为与大学相对独立的部门，像磁石一样吸引着绘画、工艺、雕刻、设计及建筑等各种领域的作品。

东京艺术大学大学美术馆

　　大学美术馆 (The University Art Museum, Tokyo National University of Fine Arts & Music, Japan, 1999, 图 18—图 21) 由美术馆主楼、门卫房及之间的入口广场组 成。美术馆外墙一二层的基座部分铺装着块状红砂岩，三层以上是铝合金板饰面，上下连着的是椭圆形的柱体。面向广场的三层突出部，也是用同样的方法由椭圆柱体来支撑。 大学美术馆分为收藏、展示、研究服务管理等三个大部分，面积各占三分之一。东京艺术大学自明治二十年开校以来，收集的艺术资料现已达到 4.4 万件。考虑到今后 20 年所需的收集空间，收藏库比一般美术馆相对较大，均设置在地下层。展示部分除常设展厅外，作为大学的特征，还用于特别展示由老师、学生制作的作品。美术馆还可与音乐学部联合举行人体艺术表演、音乐会等。在追求当代艺术的实践性和多样性的同时，将美术馆发展成为信息发布的场所，这是建筑师设计的一大目标之一。

注释

① "日本建筑师六角鬼丈说：建筑有五感". www.far2000.com.

图片来源

本文图片资料由六角鬼丈建筑师事务所提供

图 16. 东京艺术大学资料馆南向入口外观
图 17. 东京艺术大学资料馆外墙上铝板
图 18. 东京艺术大学美术馆临街外观
图 19. 东京艺术大学美术馆螺旋形楼梯室内
图 20. 东京艺术大学美术馆二楼休息厅
图 21. 东京艺术大学美术馆自助餐馆室外平台

原文版权信息

支文军，刘 凌 . 感觉的建筑：日本建筑师六角鬼丈教授设计作品析 . 时代建筑，2001(3): 70–75.

[刘 凌：同济大学建筑与城市规划学院 2000 级硕士研究生]

26

乡土与现代主义的结合：
世界建筑新秀 M. 博塔及其作品

Integration of Regionalism and Modernism:
World Emerging Architect Mario Botta and His Works

摘要　年轻的瑞士建筑师马里奥·博塔正以他独特的建筑风格赢得了世界范围的瞩目。文章从博塔的家乡提契诺的地域特征及他的成长背景出发，通过他一系列的独家住宅及公共建筑设计的解析，揭示他把来自现代建筑、意大利新理性主义、提契诺的乡土建筑以及两位大师勒·柯布西埃与 L·康的灵感综合成了一体。他的作品大多建于 20 世纪七八十年代，对当今世界建筑的发展有很大的启示。

关键词　马里奥·博塔　提契诺　乡土　地域　现代建筑　意大利　新理性主义

年轻的瑞士建筑师 M. 博塔（Mario Botta, 图 1）以他独特的风格赢得了世界范围的瞩目。

1943 年，博塔生于瑞士南部讲意大利语的提契诺州。1961 年，就读于意大利米兰市艺术专科学校，1964 年获得证书。同年，他进入威尼斯建筑学院学习。1969 年毕业后不久，博塔回到家乡卢加诺市，独立开业，开始了他建筑师的生涯。

20 世纪 70 年代初期以来，博塔设计了一系列富有特色的独家住宅楼，它们大多地处瑞士山村坡地上，设计精致，手法娴熟，逐渐为瑞士本国及欧洲各国所关注。80 年代开始，在设计独家住宅楼的同时，他也承接和参加了许多其他类型 的公共建筑的设计和竞赛，获得了国际上的声誉。1978 年，他成为瑞士联邦建筑师协会会员。1984 年，41 岁的博塔，荣获美国建筑师

协会荣誉会员证书 (FAIA)。在美国《进步建筑》1986 年第 12 期上，博塔与 N. 福斯特，H. 扬，K. 福克斯一起在"当今世界最优秀建筑师"栏目中并列第八。1986 年底，作为纽约现代艺术博物馆的五个系列展览之一，博塔的作品在博物馆展出。该馆以期通过展示当代著名建筑师的建筑思想及其作品，观察当今建筑发展的动向和新潮流。博塔的作品和建筑思想，在国外曾以多种形式在各类书刊中得到介绍，日本的 GA 和 a+u 均出了博塔的专集。国内建筑界也陆续出现专题介绍文章，本文着意对博塔作品及建筑思想做一些系统的介绍，以待引起国内同行们对博塔的重视。

对大多数建筑师来说，每一个处女作均隐藏着一种危机，就是：最初的思想很难达到那样的程度，以致以后的作品一定要符合开始的想法。然而，博塔的第一个作品则与众不同，它是一个成功的开端。这就是他十八岁时设计的在 Genestrerio 的一幢教区房子 (Parish House in Genestrerio,1961–1963, 图 2)。

虽是一个乡村小教堂的附加建筑，但博塔的设计并没有局限于这个建筑物本身的空间构图，它更多的是由于考虑前后关系而得以启发。 教区房子扩展了教堂的空间范围，产生并构成了一个与道路相隔的小广场。教堂与教区房子之间是一条起连接作用的走廊，它既创造了公共与私密之间的过渡空间，又保持了与乡村景观的关系，因为走廊的一部分是半开敞的，可以俯瞰乡村。从博塔的处女作中，人们注意到了传统

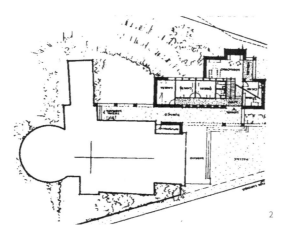

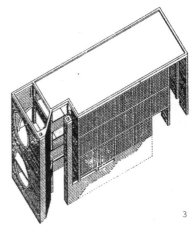

图 1. M. 博塔
图 2. Genestrerio 教区房子平面
图 3. 卡代纳佐住宅

建筑（尤其在材料方面）与严格的现代细部设计之间的融洽关系。事实上，博塔的教区房子不仅在建筑构图的精确性上，而且在建筑的个性上，都巧妙地满足了这个小村庄结构现状的要求，解决了基地倾斜的问题，精心创造了一个丰富的，能捕捉所在环境所有联想的综合体。

继处女作以后，博塔的建筑明显地对几何的简洁性更加看重，并致力于结构和形体的精炼。当然，博塔的精炼或简洁性，是他反映传统的起点，这里的传统是现代运动的传统。博塔追求早期理性主义富有创造性的活力并试图重新解释它。

博塔的所为，与他早期受到一些有影响的建筑师的指点很有关系。在颇有名望的威尼斯建筑学院，博塔接受过正规的教育。那里的人们对技术不十分重视，但他学到了丰富的建筑历史和理论知识，无疑这对他的思想是一个有益的补充。1964 年，博塔得以 C. 斯卡帕教授 (Carlo Scarpa) 的指导并经历了现代建筑所发生的变革。在这场运动中，斯卡帕和 A. 罗西 (Aldo Rossi) 起到了重要作用。1965 年，博塔还曾在勒·柯布西埃的工作室工作，有幸与他一起参加了威尼斯医院的设计工作，这是柯布西埃一生中最后的一个作品，尽管这位现代建筑大师在博塔六个月的工作任期一开始就去世了，但大师的影响依然强烈地支配着博塔：他给予了我一个辉煌的梦和希望"[1]，博塔评价道。

博塔随后在瑞士斯塔比奥所设计的一幢独家住宅

(Family House in Stabio, Switzerland, 1965–1966) 可以说是"为勒·柯布西埃而开的一朵鲜花"[2]。住宅地处乡村广阔的平原中。博塔采用了狭长的矩形平面，一堵长长的围墙把整个居住区域明确地区分开来，与乡村那种显得毫无差别的景色产生了强烈的对比。建筑形体简洁，可塑性的实体富有强烈的兴奋感；此外，室外的楼梯，火炉布置，墙上的分割等细部设计，明显来自勒·柯布西埃的影响。博塔以自己的建筑意图，稳重的建筑风格，表达了他对大师柯布西埃及现代建筑的忠诚。该建筑所表现的空间的有限感，已成为博塔作品的一大特征。

博塔在意大利就学期间，一方面，深受意大利文化意大利新理性主义的直接影响；另一方面，博塔作为瑞士人，已开始意识到他可能会碰到的难题：在他家乡提契诺有机的乡土建筑与意大利理性主义所坚持的形式主义之间，试图建立一种和谐的关系是困难的。博塔深知其间的重要性，为此，他在以后的实践中不懈地寻求这种关系。有幸的是，在他艰苦的探索过程中，博塔曾得到了来自两方面同等重要的影响的滋润，即勒·柯布西埃和 L. 康。勒·柯布西埃的教诲，使博塔的作品忠诚于那些伟大的文化传统与 L. 康的合作（博塔也曾与 L. 康一起工作过参与了威尼斯的议会大厅方案设计），则使博塔激起了对理论和方法之间"诗一般的和谐的追求，这正是 L. 康的理论和作品的核心部分。博塔离开 L. 康后设计的第一个作品——一个简练的独

家住宅——毫无遮掩地运用了 L.康风格的比喻。

卡代纳佐住宅（Family House in Cadenazzo, Switzerland 1970–1971, 图 3）位于 Ceneri 山的北坡，山脚下是东西向延伸的平原朝南一面，山峦组成了水平向的屏幕。基地周围是散落的民宅。建筑沿着山坡布置，即以南北轴线狭长排列。内部空间纵向贯通，并通过南北轴线与外部空间相连。但东西向的结构完全是封闭的，与周围的建筑没有任何视觉上或空间上的联系。建筑全以水泥砖砌面，门和窗是黑色的铁架。整个建筑形体简洁，结构、形体和空间完美一致，体现了一种和谐的关系。

博塔对他的家乡提契诺有着深厚的感情。这个地形起伏强烈、风景秀美相对独立的山部地区，由于特定的地理环境，使它具有了政治和文化的两重性。它在政治上是瑞士的，在文化上则更多的是受意大利的影响；博塔的思想与他家乡的这种特征密切相关，和他家乡的人们一样，他保留了这种既相对独立又需综合的能力。博塔热爱自己生活的聚居地，尊重那些富有活力的传统，并不断地去重新解释它。他的这种态度促进了他对那种"简陋的丰富"（richness of the poor）的趣味的追求，激起了他对当地"有机"建筑的兴趣。

博塔在家乡设计了一系列的独家住宅，因为它们成功地把原始的建筑空间感觉与内部空间不寻常的理解结合起来而富有特点。

里格纳图住宅（Family House in Ligornetto, Switzerland, 1975–1976)，是博塔所设计的最成功的住宅之一。它位于里格纳图村的边缘，住宅的一侧是新近刚添加用来发展居住的新区。由于新造的建筑（主

要是独家住宅）已超越了村庄原有的界线，博塔设想用这座建筑像一堵墙一样，立在村庄的边界线上，把宽阔的田野与已扩展的村庄分割开来，以表示空间的有限感。这堵墙以瘦长状的形体、精确的几何特征，与自然的景色形成了强烈的对比，象征性地形成了一个新的边缘标记。更有趣的是，正对村庄的立面上是红和灰交替的水平条状混凝土饰面。据博塔自己说，这样做是为了强调新的建筑"人工的和经过设计的"特征，以此使人们回想起本地乡土的设计立面或装潢立面的传统。并解释说："这是引起人们注意、关切及热爱家乡的一个标志。"③它象征着平民的一种"富有"。他这样做的意图是很明显的，就是要创造人们能够控制的形象，在这种形象面前人们能认出自己。

普瑞加桑纳住宅（Family House at Pregassona, Switzerland, 1979–1980, 图 4, 图 5）位于卢加诺市北郊的山坡上。博塔发掘了普通材料的性能，运用了简洁的形体，精致的设计使这幢掩于树林中的住宅富有雕塑感。这是一个结实的正方体，中间被切去了几块，正是这种处理使得整个形体的连接显得完美而又清晰可见。而用这种方法取得的断裂效果，一方面，促进了各个部分简练的处理；另一方面，也促进了整体的构图的一致性。屋顶上的天窗沿着中心轴延伸，它不仅是视觉上的聚焦处，而且成为天光进入室内的必经之路，这已成为博塔作品的一个母题。

曾经轰动一时的斯塔比奥圆房子（Round House in Stabio, Switzerland, 1980, 图 6, 图 7），博塔最有影响的一个独家住宅楼设计。它地处一个小村庄的边缘，这一地区在城镇规划地处一个小村庄的边缘，这一地区在城镇规划延伸。然而，发展计划不像设想的

那样顺利，新的建筑是分散的，与基地的特点毫无关系。这是一个富裕的社会在价值危机时的表达方式。的确，与其说它们是一种新的结构，还不如说它们是一个不间断的聚集体更合适。正是在这种情况下，博塔受邀在新居住区北端的一小块土地上（约 750 ㎡），建造一幢独家住宅楼。博塔很自然地想到了圆平面的建筑，并用一条裂缝跨过南北轴线，天光就从这条缝内进入房间。博塔采用圆柱体的目的，是想避开与周围杂乱无章的建筑的一切对比，同时，设法在空间上与远处的风景和地平线产生联系。博塔创造出了一种不同以往的环境条件，圆房子所表现出来的独立性与周围环境产生了强烈的对比，这种创造环境的意图，是博塔理解环境的真实表现。

博塔在住宅楼设计中，试图使乡土的与现代主义的风格相协调，既创造了富有现代主义的室内空间，又具有抽象的乡土性的外表面。位于奥里罗和莫比奥的两幢独家住宅楼（Family House in Origlio 1981, 图 8；Family House in Morbio Superiore, 1982, 图 9），虽然以不同的形态出现，但它们很明显是博塔设计思想的继续，是博塔日趋成熟的准则的必然结果。

博塔总是喜欢选择制约条件少的基地环境，喜欢能提供他一个有创造余地的基地。尽管这样说常常是表示平庸的一种委婉语，其实不然，他对自然环境有其一套独特的见解。在博塔大多数的作品中，他抓住了美化环境和创造环境的机会。博塔对环境的阅读和理解是相当深刻的，从建筑的形态到植物，从邻近的建筑到一棵树，甚至在远处的塔楼，从不放过对建筑物周围一切因素的考虑；并借助于透视草图和其他一些视觉上的手段对此进行评估。但是，所有这些并不

是最终目的，而仅仅是手段，更为重要的是下一步综合的过程，这是一个不忽视任何方面，但又超越于它们的创造性活动。博塔有综合的天才，尤其是运用过渡空间和连接空间作为综合的手段。

对于综合的问题，博塔从不用伪装去消除存在的矛盾。他认为建筑必然与自然处于矛盾之中，在那些无穷的想把建筑与自然融合在一起的奢望中，建筑和自然双方都会受到损害。这正像美国建筑诗人 L. 康所说的那样："大自然能够做到的事，人则不能，尽管人这样做是充分利用自然法则的结果。"[4]博塔对自然的理解，显然不同 F.L. 赖特的"有机建筑"的理论，赖特竭力使他的建筑有机地与自然融为一体，而博塔则明确地表明建筑与自然之间的矛盾，并且不加掩饰。可见，博塔的作品是带着使自然环境个性化的目标建造起来的。关于这点，我们可以检验一下博塔设计的在圣维塔莱河村的树丛中的住宅楼（Family House in Riva San Vitale, Switzerland, 1973, 图 10）。

建筑位于卢加诺湖岸边，圣乔治山脚下，周围是一片森林，附近是一条从南面的村庄延伸过来的乡村坡道。博塔的设计完全不是那种富有乡村特点的表现（作为一种规律，人们在这样的环境下往往会提出那样的表现的），他展示给我们的是一个透空的朴素的立方体，一个由不加饰面的水泥砖建造起来的苍白的塔。与其说它与环境取得了联系，不如说它与山峦在抗衡。建筑独立地立在山坡上，唯一的联系是一座铁架通道，它颜色鲜红，小心地和房子连在一起，但是它的用意并不是创造一个连接环，而是增加建筑和风景之间的差距。

博塔除设计了许多独家住宅楼外，他还成功

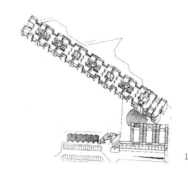

10

11

地设计了一些公共建筑。在瑞士莫比奥的初级中学 (Second School at Morbio Inferiore, 1972–1976, 图 11)，是 70 年代学校建筑中颇为杰出的作品之一。该校地处郊区，杂乱无章的发展现状给了博塔一个创造的机会。他意识到这一区域缺乏一个中心，便设想利用 学校建筑群体来弥补这一缺陷。因此，他巧妙地用一个半圆形的露天剧场把教室楼与体育馆组合在一起。实际上，这个半圆形的空间不仅是学校主要的入口，又是整个学校群体的中心。博塔完美地将整个学校和谐地融入村落的景致中，并创造出独立且颇有刺激的建筑环境。该建筑的立面处理，则运用了 L. 康的手法，按教室或办公室单元来分段，形成较有垂直感的段落体量，增加立面的节奏感和变化。

意大利新理性主义批评了早期现代主义的过分幼稚，认为功能主义者的严格分割住宅为起居．用餐·烹调·睡眠等空间是一种残暴的做法。他们还批评 21 世纪 60 年代的建筑师只是孤立地考虑建筑，缺乏全局考虑。博塔曾说："我认为在城市中建设的主要目的是重新塑造，重新理解，重新学习城市。在某种意义上，要保持多年来已遭到破坏的城市结构。"[1]他还强调："今天人们必须努力恢复城市所遗失的要素。"[1]显然，博塔的城市思想还有来自勒·柯布西埃影响的痕迹，博塔承认："他（勒·柯布西埃）的城市思想也对我启发很大，他认为城市以形式而存在，但他懂得问题在于结构上；新建筑插入城市中不是一件形式上的事情，而是一件结构上的事，新的建筑会重新创造一个新的城市结构。"[1]

弗里包格国家银行 (The State Bank in Friborge, 1977–1982)，是博塔第一个建在城市里的主要作品，原是参加设计竞赛的方案。基地位于城内两条街的相交处，博塔提出了沿着三角的两个边布置两翼、用一个纪念碑式的铰合体把它们连接起来的方案。从外部看，这个富有意义的铰合体强有力地把整个空间控制在一起；在内部，一个多层的中央大空间，向上逐渐变细，重演了博塔其他作品的节奏。整个建筑不仅完善了城市现有的结构体系，而且创造了一个有趣的城市空间。

博塔另一个典型的作品是赖斯拉办公大楼 (Ransila office Building, Lugano, Switzer-land, 1982)，它的基地情况同上类似。从街上看大楼，是一个实心的正方体，但实际上它是一个短边的 L 形。博塔运用构图的条理性和对称性，试图突出大楼的东南角。大楼临街的两个立面被对称地切去了两块，产生了丰富的形体变化，从而减小了立面太短的不利性。建筑底层临街的两侧是一个开敞的门廊，它作为一个有遮盖的人行道，创造了一个街道与室内之间的转换空间。

博塔的综合能力同样也体现在他的结构和形体的统一性上。他认为，如果一个新的主题或一个形式上的想法无法融化在结构上，这个建筑决不会富有诗意。他坚持在处理形式问题的过程中保持对结构的忠诚，并认为形式只能是一个"轮廓的精华"。博塔批评后现代主义只在立面上寻找解决方法是表面文章。他说："如果一个身体的骨头和内部都是健康的，那么表皮也应是健康的。人们不能把表面的问题与还未解决的内在问题相分离。关键问题不是在外表，而是在结构上。"[1]他认为只去解决表面的问题只能意味着逃避真正的矛盾，只能是一种装潢艺术。

体验与评论——建筑研究的一种途径

博塔的设计思想、创作思路是综合许多因素的结果。他说："我的建筑思想是理性的。我只记得那些来自先辈们的东西。正是建筑师们的作品和建筑文化遗产在撞击着我的思想。我不是生来就是一个建筑师，但我是通过学习先辈们的作品成为建筑师的。"[1]博塔把来自现代建筑的意大利新理性主义、提契诺的乡土建筑以及两位大师勒·柯布西埃与L.康的灵感综合成在了一体。

在博塔思想中，感性的东西同样也是不可缺少的内容。他认为，思考建筑与感觉建筑是有区别的。"一个建筑师必须处理两方面的问题：一是理性，它起源于集体的历史遗产；二是那些人的力量，人的创造性一类的东西，它们很难用语言来表达，但已在创作过程中起到了作用。"[1]然而，怎样在设计中把两方面综合一起呢？博塔回答说："在我进行一次设计时，我总是寻找客观的要素——那些已传达到我的大脑中的东西。但我也意识到，也许最重要的是感情因素，它显得比较敏感。我发现，人们应该用那些能够'传播的客体来表现我认为我们的现代文化已创造出了某些媒介。"[1]也许，靠直觉和灵感来解释斯塔比奥的圆房子更能说明问题。

博塔的作品大多建在家乡提契诺，其中有一些在欧洲其他国家。博塔经常参加国内外建筑设计竞赛并多次获奖。1980年，他参加在瑞士阿格拉门珍所的设计竞赛（图12),1981年参加西班牙格尔尼卡博物馆的设计竞赛，均获得国际上一致的赞赏。最近，他又参加在法国尚贝里举办的剧院兼文化中心的设计竞赛（图13）并获奖。博塔所设计的大型公共建筑，包括学校、图书馆、办公楼和艺术展览馆等，与其精彩的独家住宅楼相比并不逊色多少。

博塔的作品大多建于20世纪七八十年代，对当今世界建筑的发展有很大的启示。有人曾这样评论道：博塔的努力是在理性的简朴的、实用的乌托邦主义与后现代主义的和建筑保护主义的怀旧主题之间驾驭一条中间道路。不管博塔的中间道路是否成功，不管他对形式创新的追求是否会退化成轻浮的装饰，他的探索至少成为人们共同注目的一个悬而未决的论题，他的作品正激起人们的思考。博塔现年46岁，正当人生盛年，路还在继续。

注释

①引自 Architectural Review, no.1013, 第24—26页。
②引自 P.Nicolin. *Mario Botta*, 1984年, 第18页。
③引自 Architectural Record, June, 1982年, 第103页。
④引自 R.Trevisiol, *Notes on the Architecture of M.B*, 第103页。

图片来源

图片由马里奥·博塔事务所提供

原文版权信息

文夫. 乡土与现代主义的结合：世界建筑新秀 M. 博塔及其作品, 时代建筑. 1989(3): 21–29.
[文夫为支文军笔名]

27

20 世纪 50、60、70 年代生中国建筑师之观察

Observations on those Chinese Architects Born in the 1950s, 1960s and 1970s

摘要　本文以多维视角全面整体的梳理研究了 20 世纪 50、60、70 年代建筑师群体，从时代语境、从业生态、教育与成长经历、实践策略、思想变迁等方面分析了时代背景下三代建筑师表达各异的群体特性，以此探讨当代中国建筑历程，反思当代中国建筑师的实践方向。

关键词　建筑师 建筑师群体 群体特征

整体性地研究中国中青年建筑师

改革开放以来的 30 多年中，从史无前例的城市化进程所带来的巨大的建设量到社会经济各个层面的快速转型。这种天翻地覆式的空前发展，令建筑师群体被快速生产，快速加入快速生产建筑的行列，建筑师所面对的是急速、廉价、粗糙的建筑水准，必须在有限的资源和条件下提出应对策略。面对这样的时代潮流，面对随之而来的对于生活态度的沮丧感和软弱性，面对那种在焦虑生活之后的"判断力迟钝、对价值漠不关心、无精打采的集体性"，他们的使命是去附和还是去反抗？面对由于分裂、短暂与混乱变化所带来的那种压倒性感受，面对由于紊乱的都市体验所催生的那种深刻焦虑，他们的姿态是消极回避还是迎难而上？[1] 应该说，一批建筑师在这样的状态下开始进行反思和积极探索。

20 世纪 50、60、70 年代生中国当代建筑师群体逐步在中国的快速城乡建设中发挥重要作用，成为建筑设计的中坚力量；他们在大量的建筑实践中逐步走向成熟，部分建筑师逐步在国际上产生影响；我们关注这批建筑师具有实验性和批判性的探索。结合《时代建筑》基于专题研究并以话题导入呈现的特征，从 2012 年开始，我们策划并组织相关学者进行对 20 世纪 50、60、70 年代生中国当代建筑师的系列研究，关注这批建筑师的建筑实践和成长经历，关注他们对当代中国建筑问题的探索历程。这是从学术角度作较为系统且整体的梳理与研究这批在当代中国建筑界颇具影响力的建筑师群体，是对中国建筑师实践方向的反思与探讨。

目前，《时代建筑》已出版了两期专刊，分别是 2012 年的第 4 期"50 年代生中国建筑师"和 2013 年的第 1 期"60 年代生中国建筑师"，2013 年的第 4 期"70 年代生建筑师"正在编辑出版中。这个系列研究计划，涵盖了从三期杂志到三大书系，再到三大论坛的多个层面。《时代建筑》杂志关于建筑师的主题专刊是此次专题研究的基础，如《中国年轻一代建筑师的建筑实践》《海归建筑师与中国当代建筑实践》《建筑中国 30 年》《中国建筑师的职业化现实》《观念与实践：中国年轻建筑师的设计探索》《中国建筑师在境外的当代实践》等等。我们期望借由这些研究透视中国当代建筑的发展与建筑思想的变迁，提出中国 30 多年来建筑领域特别值得讨论的一些问题，推进中国建筑界的自我审视。

三个十年三个群体

分代问题的讨论常常出现在某些领域对人群的划分上，典型的分代是对中国导演群体的划分，在对建筑师的研究中亦有关于分代问题的深入讨论。在大众的话语讨论中，常以"80后""90后"，甚至"00后"作为群体观察的对象，其讨论未必重视代际划分，而是讨论群体间存在的差异。"'代沟理论'专家玛格丽特·米德（Margaret Mead）的相对做法是，依助于某个年代的中间时段为主体，向前向后适当延展，而不是以具体的年份（如1960年或1970年出生）作为严格的代际划分界限。因为谁也无法证明，1959年出生的人和1960年出生的人一定属于不同的代际且存在某种明显的代际差别。"[2] 现在已发表的一系列按年代划分、关于每十年一代人成长史的写作，亦可窥见这种思路，如黄新源的《五十年代生人成长史》、王沛人的《六十年代生人成长史》、沙惠的《七十年代生人成长史》等，亦有针对相关学科人群的研究，如洪治纲的《中国六十年代出生作家群研究》、张立波的《六十年代生人：选择抑或为哲学选择》等。

在中国建筑师的代际讨论中，杨永生将新中国成立后出生的建筑师划入第四代建筑师[3]，曾坚的文章[4]和彭怒、伍江的文章[5]均将1978年后接受建筑教育的建筑师划入第四代建筑师之列，这批建筑师基本上涵盖了大部分我们关注的20世纪50、60年代生建筑师和部分70年代生建筑师。在这里，对这批建筑师按十年一个群体进行划分，以此作为我们的一个观察的切入方式。这批建筑师虽然都是"生在新中国，长在红旗下"，受到社会文化方面的影响相似，但比较他们的设计思想与实践，在精神向度、审美尺度、文化记忆等方面还是存在差异的，这种差异更多地源自改革开放以来中国城乡的快速发展与社会文化的巨变[6]。

多元的视角

对某类人的群体和个体的学术研究视角是多元的，如许纪霖对知识分子群体的研究有从思想层面出发的视角[7]，对知识分子个体亦有从心态史角度切入的研究[8]；王汎森研究傅斯年是将其放在整个时代思想、学术的脉络下，推崇的是一种以问题为取向的历史写作[9]；谢泳对西南联大知识分子群体的研究亦从问题出发，试图通过研究一个大学所关联的知识分子群体来梳理中国的自由知识分子传统，选择的视角包括群体的形成与衰落、学术传统、与现代大学教育的比较、学术个体、学术集团、学会等[10]。没有被叙述的历史不能算历史，查建英通过典型人物访谈来展现那个令人记忆深刻的20世纪80年代[11]，而北岛和李陀则通过组织一次集体性的大型历史回顾，来有意地突出那个成长于70年代的知识分子群体[12]。凡此种种研究的取向与方法亦可参考。

此次对建筑师群体的关注较为整体且系统，希望更多地从历史脉络中寻找这批建筑师的思想观念变迁的路径，以此来观察不同年代生中国建筑师的特征，一些可关联的方面可以成为我们分析的切入点。我们希望这种观察视角的选择是开放的，可以发展和演进的，反映在对三个年代生建筑师的视角选择上的不同层面的侧重性上。总体来讲，观察的视角可有这样几个大的方面，即，时代语境、从业生态、教育与成长经历、实践策略、思想变迁；这几个方面是有关联的，时代语境主要是指建筑师所要面对的社会文化的变迁环境，从业生态主要是指建筑师所需要面对的执业环境，这二者对建筑师所受的教育和成长经历产生影响，上述几个层面构成建筑师的文化身份和职业身份，会直接或间接地对建筑师的实践策略和思想变迁产生影响。我们的研究在这几个层面上选取一些可切入的点作为分析的视角，一些切入的点会涵盖上述多个层面。

当我们将建筑师置于社会背景中时，建筑师的时代语境便可寻觅，亦可从一个侧面观察和理解其文化认同的某些特征；由于这批建筑师的专业教育和职业经历在改革开放之后，所以，我们以改革开30多年来的社会环境剧变作为社会背景的观察方面；我们亦选择了文化精神史的角度来分析建筑师的文化身份和精神特质。受到社会变迁影响的从业生态对建筑师的执业历程影响巨大，从业生态可涵盖从建筑师的职业制度、建筑设计产业链到设计机构的市场化运作等等的复杂的层面，我们不仅选择了建筑师的职业化、设计机构的市场化等视角，还将建筑师置于社会空间生产的层面观察。由于这三个年代生建筑师接受专业教育是在中国建筑教育和执业体系重建与初步发展的时期，他们深受影响并在不同时期参与变革，以此可观察他们的知识结构和知识来源，职业训练诉求下的建筑教育体系构筑、执业体系中的职业训练均可成为观察角度，我们亦选择了一些更为切片式的切入点，如20世纪80年代的国际竞赛热来观察这批建筑师的知识架构与建筑师职业轨迹的关系，与前辈建筑师的承续关系等等。实践策略方面除关注建筑师的设计路径外，我

们认为价值观是建筑师确立实践策略的立足点，一系列与文化价值观相关的视角成为切入点；不同年代思想领域的转型也直接影响建筑师的思想观念的变迁，从外来的影响到自我启蒙的变化，建筑师一直在寻找自己的社会价值与自我身份定义不断转换的立足点，观察建筑师的思想观念的变迁可从多重视角切入，如建筑师不同时期关注点变化特征、设计范式转换特点和现代主义在中国的移植等等。这样的视角亦可进一步寻找和拓展，在这里我们尝试通过上述部分视角观察与分析"50/60/70年代生中国建筑师"群体，以期未必完整却深刻地体现这批建筑师的所思所想所为的特征。

多重研究方法

对"20世纪50、60、70年代生中国建筑师"三个群体的研究，对于我们强调的多元视角，我们归纳多种切入的可能性，以建筑师的教育与成长经历、从业的社会与文化环境、实践策略与走向、思想观念变迁的路径等等线索入手，重视实证研究中一手资料的获取、比对与归纳。我们强调一些方法介入的价值，比如建筑师的谱系研究和口述史方法运用、以及建立话语体系观察的可能性等等，这些方法反映在一系列话题的探讨中。这里仅就口述史与话语体系分析略述一二。

"口述历史的重要性不在于保存了过去发生的事情，而是今天的我们对于过去的理解与解释。"[13]在历史研究领域，口述史的研究越来越受到重视，研究方法也日趋严谨。"口述史的一个重要特点是访谈人与受访人的双向进展。受访人有丰富的经历，有许多值得挖掘的资料，但他不一定是历史学家。在其讲述的时候，可能受记忆因素、情绪因素、选择因素的影响，遗漏出错难免。访问人可以凭借自己的学术素养，通过提问、讨论、串联、整理，使访问质量提高。"[14]著名口述史家唐德刚①之于人物访谈的注释方法，提升

了访谈文本的价值，亦值得学习。因此，我们认为，为了使对话的成果更有价值，对话的策划就十分重要，策划人相当于访谈人的角色，前期研究和后期整理都十分重要。

在这里，我们参考口述史的方法与特点，通过设置有主题框架准备的对谈来观察建筑师的特征，这种方法有效地促进了建筑师间的互动、自我回顾与思考，亦成为其他方面分析与研究的基础资料。我们在 50 年代生建筑师一期中安排了 14 位建筑师 7 组对话，在 60 年代生建筑师一期中安排了三个专题访谈和一组群体访谈后的评论文章，在 70 年代生建筑师中安排了 8 组对话，每组对话的人数突破两人，一些相关人士介入话题讨论。前期的准备十分重要，我们在分析了众多至今活跃一线建筑师的专业取向后，以有可能相互激发讨论为前提，配合与各位建筑师的前期沟通，确定对话的双方。关于对话，设置了三个方面的宽泛要求，即时代烙印、教育背景和思想变迁。另外，我们亦特别重视对谈后的整理与相关文献的梳理工作，包括建筑师的著述论说、典型建筑作品、编者按的写作等。

三个群体三种印象

"50 年代生建筑师"群体印象

20 世纪 50 年代出生的中国建筑师是改革开放伊始接受大学专业教育的第一批建筑师，亦是可以追寻"上山下乡"烙印的最后一批建筑人，这批建筑师带有更多那个时代所赋予的风尘与沧桑。一部分人赶上了科班学习的末班车，成为"文化大革命"后第一批建设大军中的精英；另一部分人，尤其是那些具有执着信念的人，通过各种方式的专业学习成就其专业理想。80 年代，这批建筑师是参与众多国内与国际建筑竞赛、为国争光的学子中的佼佼者，他们如饥似渴地学习西方建筑理论与设计方法，大多跟随前辈建筑师在国营大型设计院或高校体系中成长；90 年代中期开始有独立作品在学术

媒体中呈现，并发表自己的见解；21 世纪 00 年代中期有人开始在国际建筑界产生影响；2011 年在中国工程院院士体系中开始出现他们的身影。他们中有一批建筑师参与近 30 年建设大潮中那些带有批判性的"实验"或"先锋"的建筑实践中，也有一部分是专注于大量性建筑生产的中坚，亦是国营设计机构体制改革的亲历者。直至今日，建筑界对于建筑领域的种种反思与追问中，他们中的许多人依然是其中的代表。应该说他们是中国建筑界经历"文化大革命"人才断层后，被急迫地推上建筑舞台的第一批建筑师，所承担的社会角色、所背负的历史责任都超乎想象。

"60 年代生建筑师"群体印象

20 世纪 60 年代生建筑师同样深度介入中国快速奔向现代化建设。如今，这批建筑师正值建筑实践的成熟期，亦在当今中国建筑实践的探索中扮演着重要的角色，他们所受的教育没有因"文化大革命"而断裂，具有天然的整体性；他们以一种亦旁观亦参与的姿态经历了 80 年代的思想启蒙；以一种尝试自我重塑的状态，或介入实践、或批判性地旁观、或游离于快速变革的 90 年代；以一种找寻到自我定位的状态，积极介入近十几年依然快速发展的中国建设。从实践到思想，这批建筑师的实践与思考都呈现一种趋向稳定的向度。

如果仅以出生年代和年龄区间来划分建筑师群体的话，那么"60 后"不过是一个武断的时间概念。但不知是否出于巧合，以十年断代的简化方式来界定这一群体，竟然具有相当程度的"历史合法性"：以 1979—1989 年这十年为界，思想解放与改革开放的特殊历史环境，造成 60 后一代无论在历史身份、知识谱系、思想原型、文化器局、精神特征、人格气质等各个方面，都与其上的 50 后、其下的 70 后之间，形成了显著的时代差异和整体界分。从这个意义上说，历史赋予了 60 后建筑师群体以某种强烈的可识别的"共同性"特征。"[15]

20 世纪 60 年代生建筑师同样是被国内外关注较多的一个群体，从李晓东获得 2010 年阿卡汉奖，到王澍获得 2012 年普利兹克建筑奖，等等，都展现了专业和大众领域对这批建筑师所代表的某些实验性探索的关注；他们并不太在意高度与广度的空间经验，有一些人的实践回避空间上的宏大与悠远。相较于各种主义、风格、流派，60 后的建筑师更为关注建筑本身，而并非在意它是否是"中国的"或"正确的"。这意味着他们关注如何在中国现有的条件下，用更平常的心态，认认真真地实现有品质有趣味的建筑，而不再执着于对空泛的中国空间和样式的追求[16]。

"70 年代生建筑师"群体印象

对 70 后建筑师而言，改革时代的新生活成为常态，历史与传统的厚重感被市场化社会的消费与娱乐取代。他们更敏锐地感受当下的氛围与脉搏，宏观的中西对比逐步被当下社会与文化现象的即刻感受与反应所取代。在他们的多元的探索中，有的强调对单纯形式的控制和细节的把握，有的倾向基于当代城市现状的复杂和多变进行形式操作的重视，有的致力于参数化技术丰富而多变进行形式操作，有的倾向于地域要素的批判介入等等。这些倾向在很大程度上受当代西方建筑界相应倾向的影响，他们的语境与国际基本同步，其设计评价标准已然国际化[17]。70 年代生建筑师中郝琳获得英国皇家建筑师协会 2012 国际建筑奖（RIBA），张轲获得 2011 年国际石材建筑奖等也呈现了这批建筑师所受到的国际关注。

时代语境

从思想启蒙到反思创新

20 世纪 70 年代与一个特殊的知识分子群体的形成有特别的关系。50 年代生人是在 70 年代长大的，虽然在年龄上多少有些差异，但正是在处于 60 年代和 80 年代这两个令人印象深刻的年代中间的这十年，这些人度过自己的少年或者青年时代。这一代人大多出生在 50 年代（亦可包括 40 年代末和 60 年代初出生的部分人）。他们是在沉重的历史挤压中生长与成熟的。这代人走出 70 年代后，不但长大成人，而且成为 20 世纪末以来中国社会中最有活力、最有能量，也是至今还引起很多争议、其走向和命运一直为人特别关注的知识群体[18]。在 80 年代思想领域空前活跃的时期，这代人是最为年轻的参与者，他们充满激情地追索新观念，积极投入社会发展与变革中。作家北岛、王安忆、翟永明、阿城、韩少功……画家徐冰、陈丹青、何多苓、李斌……他们是文化界中这一代人的代表，他们在某种程度上成为一个时代的文化象征。

20 世纪 60 年代生人的多数属于"红小兵"一代，张闳指出，他们的精神成长期实际上是在 70 年代的"文化大革命"后期。他们在童年时代或多或少目睹过政治运动的热烈、严酷和歇斯底里，但等到他们真正开始懂事和有独立行动能力时，激荡不安的文化大革命造反运动的高潮已经过去。运动尚未真正结束，正是强弩之末，此时的革命徒有其表，革命、造反之类仅仅停留在口头上，表现在电影和文艺演出的表演当中。如果说 50 年代生人身处一个巨大的文化断裂带上，他们的文化身份被历史地判定为"断裂的一代"，那么，60 年代生人则已经身处断裂带的另一边，他们几乎是轻而易举地跨越了北岛那一代人始终无法逾越的历史责任和道德使命的鸿沟。60 年代生人对现实的"旁观"状态，培养了这一代人冷静、理性的气质，一种不盲从、不迷信的批判精神[19]。

我们不妨以思想领域对 80 年代后至今的阶段分野作为我们观察这批建筑师思想变迁的一个视角与时代背景。改革开放以后的中国思想界，可以分为 20 世纪 80 年代、90 年代与 2000 年以来这三个阶段。80 年代是"启蒙时代"，90 年代是"启蒙后时代"，而 2000 以来则是"后启蒙时代"。80 年代之所以是启蒙时代，乃是有两场运动：80 年代初的思想解放运动与中后期的"文化热"。这个时期讴歌人的理性，高扬人的解放，激烈地批判传统，拥抱西方的现代性，现在被理解为继"五四运动"以后的"新启蒙运动"。它具备启蒙时代的一切特征，充满着激情、理想与理性，也充满了各种各样的紧张性。20 世纪 90 年代由于市场社会的出现，80 年代的"态度统一性"产生分裂，形成各种"主义"，许多基本问题依然是 80 年代的延续。到了 2000 年以后，三股思潮从不同方向解构启蒙，包括国家主义、古典主义与多元现代性都具有学理上的积极价值[20]。应该说建筑领域的表现与此同步。

20 世纪 80 年代中国最大规模的文化反思运动即"文化热"，已经成为历史意识的一部分，在旧的价值信念、旧的理想追求已被证明是虚幻的以后，还要不要、能不能建立起新的、真正的价值信念和理想追求，是整个社会价值重建的问题[21]。这批建筑师身处那样一个充满青春激情、纯真朴素、较少算计之心的年代，或多或少受到影响。在建筑界，"传统与现代之争成为被关注的焦点……关于香山饭店的讨论主要是学术争论；关于阙里宾舍的争论，则不仅仅是学术上的争论，而是两种不同思维模式、两种不同的观念意识的争论。一边是'民族形式'理论的实践，另一边是追求中国建筑现代化的呐喊。"[22] 这个时代更多地突出文化性的话题，其中就包括一系列关于建筑的文化价值、后现代主义在中国的意义、传统与现代、场所理论的意义等的讨论。

20 世纪 80 年代末至 90 年代的中国社会的变迁是巨大的，中国已经迅速地卷入经济全球化的浪潮。此时的建筑界开始走向务实，在理论的规范问题和更为专业化的学术领域展开实践性的探讨，同时也开始摆脱以西方学术为主的研究框架，研究的目光转向内在的现实需要[23]。这个时期建筑领域的理论观点及实践倾向有类型学、欧陆风、批判性地域主义、建筑人类学、解构主义建筑、身体与建筑、生态建筑及可持续发展、产业类历史建筑及地段保护性改造与再利用等[24]。

自 2000 年至今，思想界的现代化目的论受到挑战，学界更多地关注现代社会实践中那些制度创新的因素，重新检讨中国寻求现代性的历史条件和方式，把中国问题置于全球化视野中考虑，成为一个十分重要的理论课题。建筑界开始反思 20 多年来引进国外理论的负面影响，以更深刻严肃的态度面对西方广泛的理论[25]。建筑领域的理论观点及实践倾向有极少主义、建构、明星建筑师、集群建筑、空间社会学、消费文化与消费社会、表皮、批评与后批评、电影与电影学、灾后重建等。

建筑师在时代环境中面临多方碰撞

在这个全社会都向着中国式"现代化"理想飞奔的社会巨变的时代，"如果我们试图以几个关键词描绘当代中国建筑师所面临的建成环境和社会现实，那么，大、纪念性、新奇、快速、廉价、异托邦既是中国当下政府官员、决策者、开发商和私人业主的共同诉求，也是基于这种诉求所达成的建成环境的现状。"[26] 这样一种时代特征既对建筑师的设计环境造成了极大的制约，同时它所承载的严酷性也恰恰就是新思想、新思潮的温床。

作为 60 年代生建筑师童明以自身的经历和观察将这样一个社会环境描述为各方面的冲突表征：

第一，来自现实环境的冲突。改革开放进程中的中国建筑环境，其丰富性、复杂性已经远远超过了以往任何一个时代。人们在日趋成为混凝土森林中寻找失落的生存空间、催生新的人文机制和价值系统的建筑环境。

第二，来自时代背景的冲突。在改革开放的中国，城市的扩张进入了一种空前疯狂的状态，与此相应，每个城市都拆毁了将近 90% 的旧有轮廓，也斩断了自身基础的记忆。而外形雷同的高楼在一片拆迁的废墟上拔地而起的情形，目前也在急速地推进到无辜的乡村。

时代的失忆同时也造就了建筑师自身的断忆，就如同 20 世纪 30 年代的伤痕文学、反思文学、寻根文学和挽歌文学一样。在中国近现代的建筑历史中，理想与现实之间的断痕实际上始终存在，从 30 年代对中国固有形式的探讨到 50 年代对民族形式的追求，一旦现实发展状况与传统轨迹稍有不同，当理想在现实面前无法实现时，建筑创作常常致力于表现一种感伤怀旧、空虚失落的情愫。

第三，来自扩展领域的冲突。伴随着全球化的进程以及开放程度的提高，建筑师不仅经历了信息能量的持续轰炸与知识领域的不断突破，他们的舞台也进一步由国内走向了国际，于是，全球与本土的争执、自身身份的寻求理所当然地成为核心焦点。

在这样一种争执中，所呈现的实质上是那样一种潜在的冲突：中国需要西方的标准作为一种先进性的象征，但另一方面，这也反衬了中国自身标准的缺失。尽管在西方，这些标准是自然的、内在的，但是在中国，它们尚未得到深刻的批判分析，就被视为合理的、具普遍性的，因而它们也会时常被武断地视为可疑的、外在的。

第四，来自自我心灵的冲突。心灵的自我冲突基本上是由前几个层次引出的必然的问题。如果说前三方面的因素还能够得到普遍共鸣的话，那么心灵的自我冲突则从来不是中国当代建筑所关注的。面对现实环境的支离破碎，面对文化断裂与归属感的缺失，面对日益扩展的知识范畴及思维观念的裂痕，最容易迷失的，就是那种对于自身文化的信念，从而也容易丧失对于生活真实性的体验[27]。

从业生态

城市速生中的建筑师角色弱势

过去 30 多年的社会巨变令中国城乡快速转换角色，伴随快速城镇化，一系列乡村和传统城镇的消失，催生了空前的城市崛起，这是中国式的不同寻常的城市增长机制，城市以一种超乎寻常的速度和方式被生产。中国当前的建造浪潮中的一切特征包括极端、精彩乃至平庸拙劣似乎都可以用空前的速度、广度和密度来解释。这个完美解释源于"经济基础—上层建筑"的核心架构，无懈可击地直指问题的根本点。全国大工地的建设热潮已经伴随我们三十多年，它逐渐地转化为中国人的生活常态。拆建破立的循环让城市时时刻刻处在变化、成长当中。身处其间的人们随时会在熟悉的地理点上邂逅陌生的空间[28]。这样的空间速生的相似性图像背后是"集中力量办大事"的中国式智慧，也有当代各自技术手段、文化手段和设计手段的推波助澜，这与中国独特的社会结构和经济基础所带来的发展需求关联，现代社会的网络特征和中国城市的高速运转使得图像在公众、专业人士、决策层和相关利益者之间往复传播，其影响力巨大。从其产业生态链条上各个角色的任务和诉求可了解建筑师的角色[29]。在这样一个空间生产链条中，在一份调查中显示，建筑师普遍认为自身在建设项目中的导向作用是比较弱的，建筑师的作用更多时候仅仅体现为执行，其创造性设计往往受制于设计周期.领导、甲方意志以及造价，技术。建筑师对于项目建设的成果不少人认为不满意，显示了对工作成果的自我评价不高。如果说建筑师与业主的服务与被服务的社会关系决定了建筑师相对被动的局面，那么，建筑师对各种行业潜规则市值上的默许态度则加剧了这种被动局面。建筑师"重做轻说，重实践轻交流"的职业态度则更使人们鲜于听见来自建筑师群体的见解，建筑师在大事件中难于获得话语权。这种状态令不少建筑师更多地关注物质空间层面，轻视建筑的文化属性[30]。

寻求提升话语权

面对这种在空间生产中的建筑师的话语弱势，建筑师群体对明星建筑师的涌现持积极态度，成为业主建筑师、进入政府职能部门也成为职业选择重要的方面，显现了建筑师群体对自身状态调整的意愿。很多开发企业聘请有多年实践经验的建筑师作为甲方建筑师，如万科将有长期居住建筑设计经验的付志强聘为总建筑师，良渚文化村的实现是建筑师理想搭接发展商诉求在一个建筑师角色转变的模式下得以实现的案例；不少建筑专业人员进入政府相关部门，如身为同济大学教授的伍江曾离开已经颇有建树的建筑研究与教学领域，担任上海市规划局副局长8年，在上海的规划职能部门发挥了重要作用；同济建筑博士毕业的孙继伟成为上海的区级领导，从青浦到嘉定再到徐汇推动了一批有文化创新价值的建筑实践。一批中青年建筑师中的佼佼者获得了从政府语境到社会语境的话语认同。

很多建筑师在这样的语境中找寻权宜的策略，无论是50年代生建筑师刘家琨的"处理现实"，还是60年代生建筑师都市实践以灵活多变的工作策略将设计理想融入复杂多样的现实诉求的方式，都呈现了中国中青年建筑师面对空间生产链现实困境的积极姿态。《时代建筑》在"60年代生建筑师"专刊中以深圳为例，讨论了快速生成城市的社会空间生产与建筑师实践介入的状态，这个案例探讨了从20世纪50年代生建筑师到60年代生建筑师的实践与深圳城市化进程背后的社会条件的关系，深圳的发展让很多建筑师淹没在空间生产洪流中，一部分建筑师在生产方式、社会需求和个人理想能够求得平衡而受到从专业到大众领域的共同关注[31]。

专业教育构成建筑师生涯底色

这批建筑师接受教育的时期是中国建筑教育体系恢复和重建的时期，所接受的职业训练是影响至今的源于西方的职业教育，是"外来文化移植的产物"[32]，是学科的外来移植。50/60年代生建筑师在恢复高考后，大多在建筑方面著名的"老八校"②就读，这八大

建筑院系的建筑教育都带有清晰的于50年代被统一并本土化的"布扎"（the Beaux-Arts）特征，"相对来说是十分理性和制度化的体系——中国建筑的职业训练"[33]，这形成了这批建筑师最初的知识来源，亦影响到他们的知识结构，这在一定程度上应和了大规模生产的要求。

对于教育我们在多期杂志的专题中以一系列的研究文章讨论，此次值得一提的是我们选取了一个视角是80年代的国际竞赛热，这是这批建筑师在专业领域的首次亮相。由于20世纪80年代建筑教育尚未深入认识建筑的系统性，倾向于将形式作为一种包装方式来处理，由于建筑概念的认识有公式化和标签化的倾向，缺乏深入解析的简单概念"嫁接"阶段。现代主义建筑教育或欧美主流建筑教育未必一定具有正统色彩，与它们的不同未必一定是中国建筑教育的缺点。中国建筑教育对基本功的严格训练和对表现的重视在本文涉及的时间段也是其突出优点，很多作品的获奖也与这方面的长处有关。21世纪以来，我国建筑教育在这方面有了很大提高，其中以张永和为首的"实验建筑"群体和归国留学生起到了重要作用。20世纪50—60年代生的建筑师在80年代接受建筑教育并开始最初的建筑实践，他们初次亮相的作品带有那个时代以及更早时期影响他们的痕迹，并构成他们自身建筑生涯重要的背景底色[34]。

三个建筑师群体三类话语体系

各组建筑师的对谈呈现不同角度的相互激发，反映出他们在各自关注领域的思考，呈现出不同的特征。话题在教育与成长经历、时代背景、从业环境、实践方向与思想观念的变迁等相对限定的框架中进行。

可以从一系列"50年代生建筑师"的对话中看到他们的话语侧重的方向，50年代生中国建筑师开始全面接触现代主义，但他们并不满足于仅仅学习西方知

识体系，而是希望在这种体系下寻求中国建筑以及个人创作的定位，利用中国丰富的传统文化资源，试图找到一种新的方法来完成那条未竟的多元的"中国化"道路。从大的脉络上来看，沿着两根主线展开：其一，传统如何与现代相结合；其二，地域如何与现代相结合。更加关注如何使现代建筑表达传统建筑的精神和意蕴，以及如何将地域文化、材料和技术融入现代建筑中，来表达地方性和中国性 [35]。

在对"60 年代生建筑师"系列个人专访中，所呈现的是这批建筑师受到纷繁复杂的思潮和趋势的影响，开始自我意识的觉醒，面对中国的高速发展，无论在实践领域还是在理论探索上，都呈现了这个特定环境发展中所赋予的某种实验性特征；他们能够潜心从事钻研的机遇和条件要比之前和之后的代际好很多；他们仍然属于一种传统文化的范畴，具备着极其明确的集体意识和历史使命 [36]；现代化，是 60 后无法消除的集体情结和理想归宿，这得益于强大的中国式教育在 60 后成长过程中的反复灌输，对现代化理想的高度认同，是 60 后一代早已被官方教育所预设的文化底色和预装的价值标尺，这令他们明显区别于此前以"革命理想"为目标而培养教育出来的前辈。毫不夸张地说，在中国现代史上，60 后是以现代化为共同理想的第一代人，也是以理想主义者自许的最后一代人，观察这批建筑师的观念似乎更为中庸与包容，希望化冶中西，实践上倾向于理性秩序 [37]。

从对"70 年代生建筑师"的一系列对话的选择和对话的内容上，均可看出这批建筑师呈现明显的多元多样的状态，虽然对话的对象的选择上我们最初承袭了 20 世纪 50 年代生建筑师的对话方式，但是当这批建筑师开始借助新的谈话工具（如微信）开始对谈时，面对一系列他们关注的建筑学话题，一些与他们在身份上差距较大又在曾经和他们有过共同话语探讨的人被加入进来，呈现了以一种话题切入多方面视角的状态。如张珂与柳亦春、陈屹峰之间的讨论加入了 80 后

的赵扬和 60 后的学者冯仕达，郝琳与黄印武的对话介入了他们共同关注的乡村建造中一个十分特殊的人物任卫中，等等。70 年代生建筑师成长在计划经济走向市场经济的转型语境中，他们大多数开始转向社会理想的诉求，积极参与社会改良，并且有将建筑理想的理性和技术化的趋向；涉足的方面呈现多元跨界趋势。

从 7 组对话看"50 年代生建筑师"的特征

我们选取的 14 位 7 组建筑师的对话是 20 世纪 50 年代生中国建筑师中比较有代表性的，他们的对话展现了这批建筑师以自己多年的实践与研究积累，尝试系统化地表述自己的立场、理念、原则。

之所以选择崔愷与王维仁进行对话是基于二人差异中呈现的某种共时性（synchronicity）。尽管由于海峡两岸社会文化背景的不同，二人的成长背景和生活环境差异巨大，我们却在他们的对话中看到了他们在追问建筑思想的过程中发生的碰撞与共鸣，以及思想和价值观上的某些共同的特质。王维仁在内地及港澳台地区的建筑实践以及崔愷众多的两岸交流，亦是对话的基础。从对话中我们可以体会到两人在经历了各自实践的历练后形成了各自比较稳定的价值观。崔愷形成了自己的本土设计立场，即以土为本，实际上还是一个场所精神的问题，就是建筑与人文、自然、环境的一个特定关系，因为这一下就聚焦到一个特别具体的情况，就回避了国家主义、民族形式这些问题，包括一个所谓城市的风格或者什么。王维仁则探索了一系列的合院的发展，其思想受到 Team 10 的影响，研究传统聚落，希望能够变成现代建筑的一种城市或建筑的组织关系 [38]。

张永和与刘家琨的对话之所以顺畅，源于两人之间从专业到人文方面切磋的默契，我们从他们曾有的对谈中可见一斑。关于张永和 2010 年上海世博会上海企业联合馆的设计，两人之间的对谈源于相互间对专业方面的透彻理解，因而赞同或批评均深刻 [39]。

此次两人的对话同样自然而深入，他们年少时类似的成长记忆、中外迥异的大学教育、不同的职业经历令两人面对当代问题时虽然有不同的视角和思维方式，却同样具有反思与批判的特质。"不同的探索经历和职业熏陶使两人看待一些建筑现象形成了不同的视角和思维方式，而特定的成长年代又赋予了他们对建筑'静''稳'和'正'的执着追求。"[40] 张永和提出正视"古典精神"，将其明确为"建造、形式、空间上的'正'与'静'，即不'奇'不'闹'"。具体地表现在"简明的边界限定，水到渠成的（不勉强的）对称关系"（张永和对东南大学讲座的后续解释。张永和新浪微博，http://weibo.com/yunghochang. 2012-06-04）在肯定与否定的对比中，以非此即彼的排他语气表达出对古典观念与形式的认同。他把古典精神的熏陶归功于教育背景（应当也涵盖家庭的学术传承），揭示出在 50 后一代所接受的教育中，审美理念对于庄重和谐、肃穆的侧重。刘家琨的"低技策略"便是立足于现实的建筑回应。他称其为"消极中的挣扎"，是在"尽量利用现有条件"去"处理现实"，并与"低技风格"相区别[41]。作为策略的低技，从适应现实状况，顺从限定条件出发，用个性介入创作以挑战现实，完成建筑形象。他将面临的限制转化为设计的初始点，低调的语言难掩其突破束缚的叛逆欲望，谦恭的姿态更方便采用适度的本地工艺满足项目的复杂要求。自鹿野苑到成都当代艺术馆，低技策略在消极应对现实的表象下，积极地从建筑师所处的时代与地域着眼，成为一种由外在限定与自身弱势切入的设计思考方法[42]。

共同经历深圳这个新兴城市的巨变是我们邀请汤桦与孟建民对话的相对表面的初衷。令人欣喜的是，他们不但以他们的视角链接了这个年轻的城市与他们各自受教育的古老城市——重庆与南京，而且发掘了共同成长的那个年代在各自身上烙印的共性。从谈话中我们可以看到这批建筑师所受到教育的影响，汤桦

的建筑思想的转变，最基本的基础一个是现代主义，一个就是乡土建筑。现代主义的影响透过教育与实践呈现在他们的话语与实践策略中[43]。

有相当一部分建筑师的主要身份是学者，设计仅仅是职业生涯的补充，我们邀请常青与赵辰对话便出于此方面的考虑。关于个人成长与教育、建筑历史研究、建筑理论、建筑历史教学以及建筑的本土化，两人的视角和切入问题的方式不同却能够相互激发，亦可体会两人源自成长年代所赋予的历史意识，以及希望透过个人的工作能够对学科发展有影响。常青目前工作的重点是思考地域建筑的适应特征与历史演化，建筑遗产的存续方式，以及与建筑本土化相关联的诸多问题。赵辰的关注点集中于中国的"建构文化（土木／营造）""人居文化（包括园林）"，以及"市镇文化"。他们讨论的一些方面呈现了从建筑史研究到建筑理论研究方面中国学界所需要重视的问题，在建筑史方面两人讨论了"建筑史脱离现实"和"缺乏现代性启蒙的中国现代学术问题"。常青指出："关于建筑史的话题，我想主要是两个，一个是建筑史脱离现实，与实践分离，成为历史学分支的问题；另一个是建筑史介入建筑学的现实，讨论历史理论、价值观、本土化和实践参与等问题。"赵辰以自身经历回应这个远离现实的建筑史发问，反映出这批建筑学人面对 20 世纪 80 年代以来的建筑史现实的反思。对于"现代化与西方化"的问题，两人的讨论反映了他们"脚踏本土"的基本立场，亦提出"对现代性的启蒙是永远不会有了，对现代性的反思则是切不可不做的"等观点。关于建筑理论的讨论呈现出他们对中国研究现实的忧虑，常青指出："西方的建筑理论大都是建构出来的，是对建筑的哲学诠释，与建筑本体的塑造往往是两码事……中国没有西方意义上的哲学、逻辑学传统，所以也建构不出"建筑理论"，只是把建筑史知识当成专业基础来看待。"理论"大都是外来的，前一段西方建筑界曾热过的现象学在国内又火了一把，大家趋之若鹜，

因为现象学是讲究直觉体验的，这谁没有呢？但理论家建构出的"现象学"并不那么好理解的，因为你不是那个理论的直觉主体。"赵辰指出："现象学是一点都不奇妙的东西，很有用的，对中国的意义是挺大。主要是在文化的地域价值和非西方价值体系方面，建筑文化方面也是。只是有些学者喜欢故弄玄虚，尽写别人不懂的而显得自己有学问。"[44]

20世纪50年代生建筑师的职业经历以国营大型设计机构和建筑院校居多，汪孝安和钱锋便是其中的代表。他们有着共同的插队经历和东北黑土地那个年代的深刻记忆，同样的话题，钱锋常常有学校教师的印记，而汪孝安则更多地从职业建筑师的角度切入。钱锋侧重体育建筑的实践与研究，早期跟随前辈建筑师葛如亮老师做设计，受到其建筑思想的影响，注重文化和地方性，他说："我现在做很多东西都把原创性、地方性、经济性摆在最前面。"同时期在同济受过培训的汪孝安觉得"现代建筑的作品和理论对我们这一代建筑师的影响最大。我认为建筑材料和技术的突破是推动现代建筑发展的重要因素之一，所以，我开始做设计时比较注重怎样通过技术手段达到使用目标，以及怎样通过空间构想和结构体系表达建筑形态，体现建筑理想"[45]。

改革开放后第一批海外留学的是50年代生人，应该说50年代生建筑师中出国留学的凤毛麟角。缪朴和齐欣都是大学毕业后出国的，一个在北美一个在欧洲，所经历的大学后的学习让他们在探讨中国的城市与建筑问题时具有更为广阔的视角，透过他们的对话可感受到他们讨论中多向度的思辨。在讨论设计的原动力时，齐欣认为"我认为设计永远是个开放的题目，任何项目均没有唯一正确的解……在分析具体问题时，除了了解当地的风土人情外，我又不介意借鉴，包括南北方之间的借鉴，东西方的借鉴，或对历史、哲学、文学的借鉴"。缪朴则用与电影的比拟展现了他的看法，"我们设计出来的建筑如果能像好电影那样，让无意

中走进来的人们不知怎的就觉得心底被触动，这就是建筑师最大的满足了"[46]。

地域性是建筑界普遍关注的问题，许多建筑师在设计和研究中有所触及。刘谞和梅洪元分别在中国两个地域特征极为特殊的地区——新疆与东北地区进行实践，这两个地方在具有巨大差异的背后亦存在共性，在沙漠与寒带建造都需面临严酷的自然条件，这令他们对生态和技术的关注度更高，亦成为他们对话的共同语境。梅洪元多年来扎实的寒地建筑研究与实践形成了他"适应与适度"的设计基点，他希望能够摒弃狭隘的文脉符号之争，将该地域的建筑创作回归到其本原意义去理解与阐释。刘谞亦指出："实现人工——自然生态复合系统良性运转以及人与自然、人与社会可持续和谐发展是我们生活在地球上唯一最后的追求，我们理应认识到生态环境的重要性，意识到建筑本质并为此所肩负的责任，也许这便是我三十年在新疆工作、坚持地域原则、非既定性原则的唯一动力。"[47]

"60年代生建筑师" 建筑师感悟与深度访谈的特征

在对60年代生建筑师的话语观察中，我们采用了给命题写感悟、请学者做群体访谈和个体访谈的方式。从40名建筑师的感悟中我们所感受到的是回顾中的坦然，多数60年代生建筑师的话语中所呈现的是这批建筑师对一种潜在秩序可能性的追索，尝试以各自可以肯定的方式去赋予这种探讨以相对清晰的表述。"多数60年代生建筑师在大学中所接受的学院派教育，构成了他们的基本知识体系；从随后接触到的各种建筑思潮和概念中，吸取养分来完善自身的知识体系和思想体系，形成个人的认知模式。"[48]

60年代生建筑师的话语中亦体现了他们的一些鲜明的立场和清晰的实践思路，如，都市实践所执着的"应对设计问题时社会立场的一贯性，职业态度的批判性和设计完成度的统一性"，李晓东所指出的"建筑师的责任是寻找并创造人类物质环境的最高次序。每一

个作品都是唯一的，它必须是美学质量、构造次序、精准的细节与完美且独特的功能的结合"，张雷所认为的"在不可避免的全球经济一体化的发展进程中，没有真正的本土。中国的概念和尺度足够大也足够丰富，不太可能拘泥于某种范式，因为我们甚至无法确定其讨论范围。过分强调建筑的国家属性容易导致思路狭隘，我更愿意把本土理解为因地制宜"，朱小地所指出的"我将中国传统建筑文化的现代化发展视为己任……设计的最终目就是创造让观众停留的可能性，引发心灵与空间对话，使建筑具有时间的意义"，亦如柳亦春所表达的"我认为地方的具体性是一个特定地点的建筑之根，除了文化因素，该地方的气候、风土以及人情都必须有足够的介入；而建筑本体的技术、空间以及时代特征的抽象性是建筑能够面向未来的力量。我们也许不必前卫，但必须与当下的时间发生关系"，等等[49]。

对于建筑师的访谈我们呈现了两种方式，一种是由学者访谈多位建筑师，透过分析研究形成对这群建筑师的群像描述；另一种方式是选取典型人物进行专题访谈，形成一系列切片式的却可以透视群体特点的个案记录。周榕在访谈了十几位清华大学毕业的60后建筑学人后，对他们的工作进行了评述，他认为清华建筑教育的具体内容与大多数建筑师当下的设计实践没有关联，而其教育中的"清华精神"和"文化先于形式"的建筑价值预设对他们的工作有意义。都市实践的王辉说清华为自己搭建了一个参照系，而日后的建筑实践就是从这个参照系原点出发的旅程[50]。

在此次的个人访谈中，我们选择了刘克成、张雷和周恺，结合以往做的王澍等人的访谈，都有一定代表性。以对刘克成的访谈为例，一方面试图从个人化的视角来总结和归纳60年代生建筑师的某些整体特征，另一方面将个体放入特殊的社会大背景下——中国西部——梳理其发展过程，进而分析其当下实践状

态的成因。一直坚持在西北地区从事教育和实践的刘克成，他的思维方式和实践道路可以为分析60年代生建筑师群体提供一个独特的视角。从刘克成的文章和采访记录中，可以发现地域与城市一直被他所强调，尤其是西安，成为他研究和实践的一个原点。西部文化历史资源的厚重确立了刘克成以对话的态度介入城市和建筑设计。由于西安特殊的城市背景，这里的工作与考古、历史和遗址保护等学科有大量交叉，借助这些经验，刘克成可以从与传统建筑学有所区别的视角来进行探索和实践，这促使他在研究城市时中将城市作为一个整体的遗产来对待。在此基础上，他从现有的体系中延伸出他自己独特的思考方式和实践立场。相对于刘克成在现有体系上进行再创造的路径，同样作为60年代生建筑师的王澍则在研究明清文人画和江南园林的基础上，在建筑体系之外寻找到了他的理论支撑，从学科之外对传统进行转译和重构。这些均可从一个角度反映这批60年代生建筑师尝试建构有中国特征的建筑体系的探索[51]。

时间观念与范式转换

当我们关注"20世纪50、60、70年代生中国建筑师"在社会转型期的探索，讨论这些建筑师的思想观念的变迁时，如何切入是重要的问题。科学与人文领域均有关于范式的讨论，促使我们考虑从范式变化的角度切入观察的可能性。在科学领域，以托马斯·库恩（Thomas Kuhn）的"范式理论"为代表，一般是指常规科学所赖以运作的理论基础和实践规范。"范式一词有两种意义不同的使用方式，一方面，它代表着一个特定共同体的成员所共有的信念、价值、技术等等构成的整体；另一方面，它指谓那个整体的一种元素，即具体的谜题解答，把它们当作模型和范例，可以取代明确的规则以作为常规科学中其他谜题解答的基础。"[52]艺术领域的范式讨论亦广泛而深入，范

式的转换涉及艺术观念的深刻变化，所伴随的是评价标准与理论体系的变迁。

建筑兼具科学与艺术的特征，范式之于建筑更多的是一种思考和理解的体系化视角，当下中国建筑中多种观念的矛盾与共存反映了范式转换的特点。不同年代生建筑师群体因所受教育、生活环境和各自与外界交流的差异，表现出从设计观念、呈现形象到评判标准的多元化，显示出思考模式的不同。分析不同年代生建筑师从不同时间观念出发的各种思考与应对方式，以及他们是如何将对历史、传统、大众社会的感受折射在建筑的设计、批评与认同中的；对古典、文人的整一性追求，对乡土、田园、本地的社区关怀，对娱乐、消费、科技的借助与反讽，构成当前范式的全部谱系，记录着转型期的历程。三个年代生建筑师的教育历程、生活环境以及与外部世界的交流方式存在很大的不同，他们的建筑随之折射出对于当前时代乃至整个历史的不同认知，而这本身也是转型尚未完成的写照。从时间上着眼，表露为切割过去、现在与未来；反映在范式上则体现在确立经典、承接传统、映照当下、投射未来四种介入角度[53]。

60 后的共同风格趋向，表现为以现代性—创新性—中国性为价值顺位的中国式新现代主义，并由于 60 年代生建筑师特殊的文化器局和中国式现代化愿景，而进行了中庸、混血、乌托邦性、集体性、与合理性等进一步限定。60 年代生建筑师的建筑创作展现出"小清新"的范式特征，所谓小，意指消除宏大叙事，转向微单位的集体叙事；所谓清，是指合理性的形式表达，以及浅显易懂的透明性；所谓"新"，是指创新的现代形式取向。小清新范式，是具备中国特色的现代建筑范式，对加强中国现代文明共同体的认同性，将起到历史性的作用。从文明的格局对 60 后建筑师群体的工作进行价值再评估，有可能发现前所未见的独特意义[54]。

结语

上述讨论反映了我们研究这批建筑师的一系列视角，从不同的侧面呈现了这一建筑师群体的特征。更多的切入点亦反映了我们对建筑师的观察，如西方建筑思潮的影响、现代主义在中国的移植等均反映在《时代建筑》关于这批建筑师的三期专刊中，一些话题讨论散落在过往的刊期中，均反映了我们对于建筑师群体的长期研究与观察。

注释

① 唐德刚的《胡适口述自传》的注释艺术是口述史领域的一个值得分析的范本。
② "老八校"指清华大学、同济大学、天津大学、南京工学院（现东南大学）、华南工学院（现华南理工大学）、西安冶金建筑学院（现西安建筑科技大学）、哈尔滨建筑工程学院（现并入哈尔滨工业大学）、重庆建筑工程学院（现并入重庆大学）

参考文献

[1] 童明 . 60 后的断想 . 时代建筑，2013(1)：10–15.
[2] 洪治纲 . 中国六十年代出生作家群研究 . 南京：江苏文艺出版社，2009：1–24.
[3] 杨永生 . 中国四代建筑师 . 北京：中国建筑工业出版社，2002：107–114.
[4] 曾坚 . 中国建筑师的分代问题及其他 . 建筑师，1995(12)：86.
[5] 彭怒，伍江 . 中国建筑师的分代问题再议 . 建筑学报，2002(12)：6–8.
[6] 戴春，支文军 . 建筑师群体研究的视角与方法：以 50 年代生中国建筑师为例 . 时代建筑，2013(1)：10–15.
[7] 许纪霖 . 启蒙如何起死回生：现代中国知识分子的思想困境 . 北京：北京大学出版社，2011.
[8] 许纪霖 . 大时代中的知识人 . 北京：中华书局，2007：264–266.
[9] 王汎森 . 傅斯年：中国近代历史与政治中的个体生命 . 北京：生活·读书·新知三联书店，2012：1–7.
[10] 谢泳 . 西南联大与中国现代知识分子 . 福州：福建教育出版社，2009：140–156.
[11] 查建英 . 八十年代访谈录 . 北京：生活·读书·新知三联书店，2006：3–14.
[12] 北岛，李陀 . 七十年代 . 北京：生活·读书·新知三联书店，2009.
[13] 杨祥银 . 口述史学 理论与方法：介绍几本英文口述史读本 . 史学理论研究，2002(4)：146–154.
[14] 熊月之 . 口述史的价值 . 史林，2000(3)：1–7.
[15] 周榕 . 60 后建筑共同体与中国当代建筑范式重建 . 时代建筑，

2013(1): 20–27.

[16] 童明 . 60 后的断想 . 时代建筑 , 2013(1): 10–15.

[17] 刘涤宇 . 从"启蒙"回归日常：新一代前沿建筑师的建筑实践运作 . 时代建筑 , 2011(2): 36–39.

[18] 北岛 , 李陀 . 七十年代 . 北京：生活·读书·新知三联书店 , 2009.

[19] 张闳 . 旁观和嬉戏：60 年代生人的文化身份和精神特质 . 时代建筑 , 2013(1): 16–19.

[20] 许纪霖 . 启蒙如何起死回生：现代中国知识分子的思想困境 . 北京：北京大学出版社 , 2011.

[21] 甘阳 . 八十年代文化意识 . 上海：上海人民出版社 , 2006: 7–8.

[22] 王明贤 . 1985 年以来中国建筑文化思潮纪实 // 甘阳 . 八十年代文化意识 . 上海：上海人民出版社 , 2006: 107–131.

[23] 支文军 , 戴春 . 走向可持续的人居环境：对话吴志强教授 . 时代建筑 , 2009(3): 58–65.

[24] 何如 . 事件、话题与图录：30 年来的中国建筑 . 时代建筑 , 2009(3): 6–17.

[25] 支文军 , 戴春 . 走向可持续的人居环境：对话吴志强教授 . 时代建筑 , 2009(3): 58–65.

[26] 李翔宁 . 24 个关键词图绘当代中国青年建筑师的境遇、话语与实践策略 . 时代建筑 , 2011(2): 30.

[27] 童明 . 60 后的断想 . 时代建筑 , 2013(1): 10–15.

[28] 茹雷 . 地标与口号：当下都市空间意义塑造中的建筑与文本角色 . 时代建筑 , 2011(3): 22–25.

[29] 卜冰 . 中国城市的图像速生 . 时代建筑 , 2011(3): 26–29.

[30] 余琪 . 关于建筑师职业身份认同的调查报告 . 时代建筑 , 2007(2): 28–31.

[31] 王衍 . 从"异端"到"异化"：深圳城市化进程中的社会条件和 60 后建筑师实践状况 . 时代建筑 , 2013(1): 46–51.

[32] 赖德霖 . 学科的外来移植：中国近代建筑人才的出现和建筑教育的发展 // 赖德霖 . 中国近代建筑史研究 . 北京：清华大学出版社 , 2007: 115–180.

[33] 李华 . "组合"与建筑知识的制度化构筑：从 3 本书看 20 世纪 80 和 90 年代中国建筑实践的基础 . 时代建筑 , 2009(3): 38–43.

[34] 刘涤宇 . 起点：20 世纪 80 年代的建筑设计竞赛与 50—60 年代生中国建筑师的早期专业亮相 . 时代建筑 , 2013(1): 40–45.

[35] 裴钊 . 传承中的裂变：老一辈中国建筑师与 50 年代生建筑师的联系 . 时代建筑 , 2012(4): 32–35.

[36] 童明 . 60 后的断想 . 时代建筑 , 2013(1): 10–15.

[37] 周榕 . 60 后建筑共同体与中国当代建筑范式重建 . 时代建筑 , 2013(1): 20–27.

[38] 崔愷 , 王维仁 . 两岸·追问·回溯：崔愷 / 王维仁对谈 . 邓晓骅 , 采编 . 时代建筑 , 2012(4): 50–55.

[39] 张永和 , 刘家琨 . 对话 2010 年上海世博会上海企业联合馆 . 时代建筑 , 2011(1): 82–87.

[40] 刘家琨 , 张永和 . 转折点的经历：刘家琨 / 张永和对谈 . 任大任 , 采

编 . 时代建筑 , 2012(4): 44–49.

[41] 华黎 . 高黎贡手工造纸博物馆 . 时代建筑 , 2011(1): 88–95.

[42] 茹雷 . 并置的转换：时间观念及其对建筑范式解读的影响 . 时代建筑 , 2012(4): 36–41.

[43] 孟建民 , 汤桦 . 建筑师的 1980 年代与深圳实践：孟建民 / 汤桦对谈 . 陈淳 , 采编 . 时代建筑 , 2012(4): 56–61.

[44] 常青 , 赵辰 . 关于建筑演化的思想交流：常青 / 赵辰对谈 . 邓小骅 , 采编 . 时代建筑 , 2012(4): 62–67.

[45] 汪孝安 , 钱锋 . 建筑师的教育与职业观：汪孝安 / 钱锋对谈 . 陈淳 , 采编 . 时代建筑 , 2012(4): 68–73.

[46] 缪朴 , 齐欣 . 建筑的本土化和公共性：缪朴 / 齐欣对谈 . 徐希 , 采编 . 时代建筑 , 2012(4): 74–79.

[47] 梅洪元 , 刘谞 . 中国寒地和沙漠地域的建筑探索：梅洪元 / 刘谞对谈 . 徐希 , 采编 . 时代建筑 , 2012(4): 80–85.

[48] 裴钊 , 戴春 . 历史中心与地理边缘的叠加：刘克成教授访谈 . 时代建筑 , 2013(1): 58–65.

[49] 严小花整理 . 作为 60 年代生建筑师感悟 . 时代建筑 , 2013(1): 72–78.

[50] 周榕 . 神通、仙术、妖法、人道：60 后清华建筑学人工作评述 . 时代建筑 , 2013(1): 52–57.

[51] 裴钊 , 戴春 . 历史中心与地理边缘的叠加：刘克成教授访谈 . 时代建筑 , 2013(1): 58–65.

[52] 托马斯·库恩 . 科学革命的结构 . 金吾伦 , 胡新和 , 译 . 北京：北京大学出版社 , 2003: 156–188.

[53] 茹雷 . 并置的转换：时间观念及其对建筑范式解读的影响 . 时代建筑 , 2012(4): 36–41.

[54] 周榕 . 60 后建筑共同体与中国当代建筑范式重建 . 时代建筑 , 2013(1): 20–27.

原文版权信息

戴春 , 支文军 . 50、60、70 年代生中国建筑师观察 // 当代中国建筑设计现状与发展课题研究组 . 当代中国建筑设计现状与发展 . 南京：东南大学出版社 , 2014: 277–288.

[本文为中国工程院咨询研究项目"当代中国建筑设计现状与发展研究"（2011-XD-26）系列成果之一 ,

[戴春：《时代建筑》杂志责任编辑、主编助理 , 时代建筑图书出版工作室主任]

28

承前启后、开拓进取：
同济大学建筑系"新三届"学人

Inheritance and Innovation:
Tongji's Xinsanjie, the New Three Entering Classes of 1977/78/79, in Architecture

摘要　同济大学建筑系"新三届"群体既是新旧教育体制转型的亲历者，又是同济大学建筑教育改革的参与者，也是中国建筑发展的推动者。文章聚焦同济大学"新三届"群体在中国建筑发展中的传承作用，并从教育、学术和实践等多个角度进行梳理，以期呈现同济大学"新三届"建筑学人在学界与业界的贡献与影响。

关键词　同济大学建筑系　同济精神　"新三届"　同济学派　同济建筑教育

同济大学建筑系于 1952 年创办，在中国现代建筑史上占有重要的地位，被称为"同济学派"[1]。同济建筑一贯秉持跨学科发展及建筑、城市规划与风景园林多学科发展的理念，坚持现代建筑的理性精神和现代教育思想，倡导缤思畅想和严谨求实的学风。同济建筑 60 多年的发展是几代人兼容并蓄、博采众长、锐意创新、开拓进取的结果，其中，同济建筑"新三届"群体更是起到了承前启后的作用。他们经历了建筑学教育体系的恢复阶段，与前辈建筑学人有着清晰的师承关系，他们是同济建筑教育改革的参与者，亦是中国建筑发展的推动者。

20 世纪 70 年代末至 80 年代初是同济建筑系的恢复与发展期。"文化大革命"结束后，全国高等院校逐步恢复招生考试。1977 年和 1978 年，同济建筑系的两个专业（建筑学专业与城市规划专业）各招收两个班，约 60 人；1979 年，在原有专业的基础上新增风景园林专业，招收一个班，约 30 人。此外，1978年与 1979 年共招收 17 名硕士研究生。与中国其他建筑院校相比，当时同济建筑系的规模最大，专业也最齐全。本文的研究对象主要以建筑学专业的"新三届"为主，辅以城市规划专业和风景园林专业的"新三届"及同时期的硕士研究生。

本文通过对同济建筑"新三届"的教育、学术和实践等多个角度进行梳理，以期呈现同济"新三届"建筑学人在传承与发展同济建筑思想和建筑教育过程中所起到的作用，以及在学界与业界的贡献与影响。

同济建筑"新三届"教育探源

同济建筑的"源"与"流"

最初的同济建筑系主要由圣约翰大学建筑系、之江大学建筑系和同济大学土木系合并而成，除此之外，还有少数复旦大学、交通大学原土木系的师资力量。这些院校都具有悠久的历史以及各自不同的学术传统。之江大学建筑系在教学上倾向于欧美学院派的体系，在教学中注重渲染、透视等表现方面的训练和建筑形式训练；圣约翰大学建筑系属于现代派建筑教育体系，在基础训练方面强调动手造型能力，较多地受到了"包豪斯学派"的影响，这与当时中国普遍流行的"学院派"

方法有着极大的差别，可以说，这种体系具有探索中国现代建筑的实验性意义。同济大学土木系于1947年开设了都市计划及建筑学课程，由留学欧洲的金经昌和冯纪忠讲授，对规划学科的重视成为同济大学土木系现代主义思想的独特体现。

多元化的师资背景与学术派系成就了同济建筑学科在学术思想上的"百花齐放"，而学科平台的完整性则是同济建筑的另一个重要特征。

1952年创系之初，同济建筑系开设了建筑学专业和都市计划与经营专业（即城市规划专业前身）两个专业，成为中国乃至世界上最早开设城市规划专业的院校之一。1956年，城市规划专业正式招生。1979年，同济大学在建筑类院校中首次开设风景园林专业，将我国传统园林理论引入景观建筑学学科，并最早形成了中国建筑类院校中建筑、城市规划、景观三足鼎立的学科布局。之后，在相当长的一段时间里，同济建筑系都是中国建筑院校中专业最为齐全的建筑系[2]。

同济建筑在建系初期还提出了借鉴"医学院设置附属医院"的模式，设立"教学附属设计机构"的设想，为教学提供便利的实践平台。1958年，同济大学建筑设计院正式成立，实践体系与教学体系从而得以相互依托，共同促进。

图1. 20世纪80年代初冯纪忠先生在教室中指导学生

"同济学派"与"同济风格"

伴随跨学科、多学科的发展平台及教学与实践的整体平台的建立，同济建筑系形成了良好的学科发展基础。然而，由于特定年代的影响，同济建筑系的发展在一系列政治运动中历经艰辛。尽管如此，同济建筑仍然不懈探索中国现代建筑之路，并逐渐形成了独特的风格与特色，被称为"同济学派"和"同济风格"[3]。"同济学派"和"同济风格"最为重要的特征是富于理性精神的、具有丰富内涵的现代建筑思想。

同济建筑学教育的传统主流源自现代主义建筑重技务实、革故鼎新的理性精神。这种精神与包豪斯思想有着深刻的渊源。从圣约翰大学来到同济建筑系的黄作燊曾师从包豪斯校长、现代主义创始人格罗皮乌斯；冯纪忠与金经昌在留学欧洲期间都已形成完整的现代主义思想；以李德华、罗小未等为代表的一批自圣约翰大学建筑系毕业的学者也曾师从包豪斯的教授。这些接受了现代建筑教育的学者将新思想带到同济建筑系并影响了更多的建筑学人，由此形成了一股强大的并不断发展的思潮。

"同济建筑学受到包豪斯的影响，并非是简单的外源折射，而是吸收能量后的自我发光。"[4]尽管同济建筑体系具有深刻的"包豪斯基因"[4]，但是"同济学派"在其中又融入了自身的特点。以冯纪忠为代表的老一辈学科带头人，在接受西方现代建筑学教育之前就已具备了深厚的中国传统文化素养，他们在掌握西方的工具理性之外，更多了一层融贯中西的价值理性，即在西方现代建筑思想中，加入了中国传统文化关于"意象"与"情境"的思考，极大地丰富了中国现代建筑思想的内容。

与国内当时的几所建筑院校的"金字塔形"教师队伍和一脉相承的思想体系不同，同济建筑呈现出独有的"百家争鸣"的局面。在古典复兴建筑思潮的影响下，现代建筑思想与"学院派"思想长期共存、此消彼长，同济建筑始终没有放弃对现代建筑的探索，这也体现了同济建筑学的现代建筑思想的深刻根基。由此可以看到，"同济学派"秉承了现代建筑的理性精神与"包豪斯基因"，同时也保持了兼容并蓄、流派纷呈及开放宽松的学术文化氛围，不断尝试着新的探索，丰富和充实着中国现代建筑思想的内容。而同济建筑"新三届"群体所传承的也正是这样一种"同济精神"。

图 2. 贝聿铭教授来建筑系讲学
图 3. 迎新会标志牌前合影

"新三届"群体的传承与开拓

同济建筑"新三届"群体是在"文化大革命"结束、改革开放伊始的时代背景下进入高校学习的，在此之前，中国建筑界已经呈现出长期的发展停滞状态，因此，从同济建筑的整体发展来看，这一群体恰是承上启下的一批人。他们传承了"同济学派"与"同济精神"，同时，在新的时代背景下形成一股年轻的力量，极大地推动了中国建筑学科的发展。

传承与复兴

同济建筑"新三届"入学时，组建建筑系的老一辈学者仍在教学岗位上。在经历了长期政治运动的冲击和教学研究的停滞后，老一辈学者对于重新投入教学怀有极大的热情，而"新三届"群体也同样十分珍惜这样的机会，学习热情高涨。对他们而言，能够聆听老一辈学者的亲身教诲，无疑是十分幸运的。

在大部分建筑院校仍以学院派的"布扎"体系为教学核心时，同济"新三届"已经恢复建筑系早期的现代建筑教育体系，开始学习以"空间观念"为主的现代建筑思想。赵秀恒在"新三届"入学后负责基础教学工作，他希望将学生们的注意力从片段式的、对古典建筑美学的体验转移到空间和现代形式观念上来。他在空间教学中提出了"空间的限定""空间的组织""空间的构成""空间的构图"[5]等内容，这极大地拓展了空间概念的深度与广度，使学生对现代建筑的探索达到更高的层面。

1981 年，德国达姆斯塔特工业大学的马克思·贝歇尔（Max Bächer）来到同济建筑系并参与教学，其中有一项课程作业为"负荷构件设计"，要求用最少的材料和最合理的结构，利用硬纸板完成一个跨度 80cm、能承载 2kg 沙袋的构件[5]。这项设计使学生将对形式的表达深入材料与结构，以及整体思考的维度，至今仍是同济建筑系低年级教学的一个常规作业。

据伍江回忆，1979 年大学一年级时，他们做过一个建筑系的传统作业：用三夹板制作一个建筑系学生的文具盒。这个作业要求从实际使用需求出发，使各种文具和绘图工具"各居其所"，既要实用又要好看。"一整块三夹板从锯到刨，胶粘榫拼，打磨油漆，腊克上光。虽然是一个小小的文具盒，但从功能到造型从空间到尺度，从制作工艺到材料特性，同学们学到的是一个完整的'建造'过程。"[6]许多"新三届"在提到当年所受到的教育时，都对"铅笔盒"记忆最为深刻，并认为这使他们体会到了现代建筑的特点，从而更好地掌握设计创造方法的源头。这项作业反映了同济建筑"新三届"教学体系中对于包豪斯手工制作这一传统的传承，以及对现代主义功能理性精神的学习。

同济建筑"新三届"群体从建筑启蒙教育伊始就具有了深刻的现代主义思想烙印，并潜移默化地继承了"同济学派"的核心精神。

开拓与创新

20 世纪 80 年代初期，中国呈现出一派朝气蓬勃的气象。同济建筑"新三届"适逢改革开放的时代背景，又身处改革开放的前沿城市，接触到大量新事物、新思想，形成了勇于开拓、积极进取的乐观精神，这也使他们具有了灵活的学习能力以及开阔的国际化视野。

一方面，受益于同济建筑重视对外交流的传统，在校学习期间，同济建筑"新三届"便有了接触西方最新建筑资讯和思潮的机会。自1980年开始，同济建筑系与国内外的专业交流日趋频繁。贝聿铭受冯纪忠邀请，于1980年访问建筑系并讲学，受聘为名誉教授。1981年，罗小未赴美讲学访问，开启了教师出国交流的大门。80年代中后期，美国伊利诺伊大学20余名师生来到同济建筑系参与暑期设计班，开创了同济建筑中外联合设计课程的先河。这些背景为同济"新三届"了解和接触西方建筑理论与教育思想提供了先机。

另一方面，同济建筑"新三届"中有较多毕业生获得了出国深造的机会。20世纪80年代的出国潮和国家公派留学制度为一大批"新三届"毕业生实现了出国梦。他们在经历了国外教育后，或回国执教，或任教于国外院校，成为国内外学术沟通的桥梁和使者。

良好的学术根基、开放的思想与视野以及务实的理性精神，使得同济建筑"新三届"群体在之后的实践中具备了较强的工作能力，成为各个岗位上的中坚力量。

同济建筑"新三届"的发展与成绩

同济建筑"新三届"群体在大学毕业后选择了不同的发展方向，无论是在教育领域、研究领域还是实践领域，都彰显出这一群体锐意创新、开拓进取的探索精神，为"同济精神"做出了表率与注解。

学科建设与教育领域

（1）领航同济建筑、规划的教育与改革

1986年，同济建筑系发展为建筑与城市规划学院。随着同济建筑"新三届"的留校任教和教学研究第一线的历练，他们中的佼佼者也成为领航者。郑时龄院士（1978级硕士研究生）在1992—1995年期间担任建筑与城市规划学院院长，着力于学科建设，强化了建筑和规划专业的基础学科，并加强了对外交流合作；

在20世纪90年代后期接替陈秉钊担任院长的王伯伟（1978级）重点发展了学院师资队伍建设，这期间学院副院长为伍江（1979级）、吴志强（1978级）。吴志强（1978级，城市规划专业）在2003年—2009年期间担任院长，在任期间全面推进了学院的建设，这一阶段，学院发展达到了一个新的高度。其后接任的吴长福（1978级）则致力于实现学院的转型和整合，办学能力与实力得到了进一步提升，这期间钱锋（1979级）任副院长。在领导建筑与城市规划学院的20余年间，"新三届"历经学院调整、充实和快速发展，为学院自身学科建设做出了巨大贡献。

同济建筑历来对学者保持着开放包容、兼收并蓄的态度，外来的学术力量源源不断地为"同济学派"注入新的学术活力和内涵。曾有老前辈概括道："同济是一所没有'霸道'的建筑院校。"自戴复东院士（毕业于南京工学院）担任学院院长以来，先后有多位非同济建筑教育背景的教授担任院长及系主任，如卢济威（毕业于南京工学院）、莫天伟（毕业于清华大学）、常青（毕业于西安冶金建筑学院、南京工学院）等。其中，常青长期主持建筑系工作（2003年—2014年任系主任），并从事建筑学新领域的开拓性研究，在同济建筑系发展了"历史环境再生"学科方向，创办了国内首个"历史建筑保护工程"专业[4]。

在课程教学方面，同济建筑教育经历了以"空间为纲"组织教学，到以"环境观为线索"组织教学，再到以"设计能力培养为目标"组织教学的各个阶段。教学的沿革体现了从强调学科本义、教学效果到突出学生综合专业能力培养的发展过程。20世纪90年代，赵秀恒曾提出"教学总纲—教学子纲—教学大纲"的课程教学组织方式，为构建以能力培养为目标的教学体系创造了条件。同济建筑"新三届"群体也为推动建筑教育改革与创新做出了瞩目的成绩。例如，吴长福从2000年起历任主管教学的领导，重视本科教学工作，长期担任全国高等学校建筑学学科专业指导委员会副主任一职，为同济建筑教学体系的完善与拓展创新起到了重要的组织推动作用。此外，这些"新三届"群体所倡导的教学创新基地、国际暑期学校以及"学院

奖"激励机制等,进一步强化了同济建筑教育的特色与优势。同济建筑系的建筑设计基础教学分支在前辈的开拓性引领下,经过60余载的传承、发展和创新,逐渐形成了当下具有同济特色的建筑学基础教学系统。2000年以后,在莫天伟、郑孝正(1977级)等人的主持下,同济建筑系开始大幅度调整基础教学的基本框架和知识体系,突破课程界限,重视实践体验并改变教学的组织形式。

(2)推动城乡规划学科体系发展

同济建筑"新三届"也是如今城市规划系的中坚力量。作为领军人才,"新三届"在规划教育、规划研究、规划实践及对外交流中都扮演着重要角色,如赵民(1977级)、唐子来(1977级)、吴志强都曾担任学院和城市规划系领导,为同济城乡规划教育作出积极贡献。戴慎志(1977级)、夏南凯(1978级)、宋小冬(1978级)也都是城市规划系的学科带头人和中坚学术力量。他们推动了同济规划学科的发展,并培养了一大批优秀的规划人才。吴志强、唐子来都曾担任全国高等学校城乡规划学科专业指导委员会主任的职务,领导城乡规划学科的专业建设和人才培养的研究、指导、咨询、服务工作。与建筑系相似,城市规划系同样接纳和包容了许多外来"新三届"的学术力量,他们在这片学科沃土中开拓了各自的学术领域,为"同济学派"注入了新的内涵。

(3)风景园林体系的开创和发扬

自1979年招收国内第一批风景园林专业本科生和硕士研究生起,同济风景园林专业"新三届"就担当起了学界和业界领军人物的角色。刘滨谊(1978级)

师承冯纪忠,是中国第一名风景园林学科的博士,从事景观教育、实践和研究30年,长期担任同济景观学系系主任。刘滨谊率先开辟了中国现代风景园林学科的理论研究、专业教育及实践,创立了"风景景观工程体系"。刘天华(1979级硕士研究生)、蔡达峰(1978级)、鲁晨海(1979级)延续了冯纪忠、陈从周等老一辈学者关于民居与传统园林的研究,并外拓了学术向量。金云峰(1979级)现为同济景观学系副系主任。

同济风景园林专业"新三届"还为北京林业大学和南京林业大学两所园林专业名校贡献力量。王向荣(1979级)任北京林业大学风景园林学院副院长,是风景园林规划与设计学科负责人,并任《中国园林》学刊副主编。王浩(1979级)任南京林业大学副校长,研究方向为风景园林规划设计、生态园林与绿地系统规划。

(4)从同济建筑走出去的教育者

2000年以后是中国高等教育高速发展的时期,大量同济建筑"新三届"进入建筑院校任教,扮演着开拓者的角色。同济建筑"新三届"在传扬和延续"同济精神"的同时,也在不断探寻和摸索中推动了其他建筑院系的成长和发展。

孔宇航(1977级)长期担任大连理工大学建筑系系主任、建筑与艺术学院院长、学科带头人,兼任《建筑细部》主编,并在建筑、城市规划专业出版方面起到了推动作用,离任后,孔宇航又赴天津大学建筑学院担任副院长,主管国际合作与交流;王竹(1978级)先后于西安建筑科技大学、浙江大学任教,曾任浙江大学建筑工程学院副院长、建筑系主任等职务,现任乡村人居环境研究中心主任;李志民(1978级)在西安建筑科技大学主管建筑学院教学工作多年；余亮（1977级）参与组建苏州大学建筑城市规划系，负责本科教学课程体系的构建；梁琬（1979级）任安徽建筑大学建筑学院副院长；王丽方（1977级）曾任清华大学建筑系副系主任，执教20余年；邓靖（1977级）、庄俊倩（1978级）、田云庆（1979级）在上海大学长期负责专业基础教学工作；姜耀明（1977级）任教于天津大学建筑学院；徐波（1977级）任教于北京林业大学；王胜永（1979级）担任山东建筑大学风景园林系主任；李薇（1979级）任教于海南大学；刘昭如（1977级）和郑孝正都曾长期任教于同济建筑系，目前他们分别主持两所民营院校的建筑系教学管理工作。

同济建筑"新三届"群体中还有一部分人毕业后赴海外求学，之后在海外执教，这些校友继而成为同济建筑系对外交流的使者和搭桥人，而同济建筑系也成为他们在国内的学术基地。缪朴（1977级）任夏威夷大学建筑学院教授，并主持以其名字命名的设计工作室，缪朴专攻现代中国建筑与城市的本土化设计实践及理论，其研究较多关注中国传统建筑园林和亚洲城市空间问题；曹庆三（1977级）先后于加州大学洛杉矶分校和加州大学伯克利分校获得硕士、博士学位，她的执教生涯覆盖美国、新加坡等，并最终担任科威特大学建筑学院教授、系主任和初创院长，2011年曹庆三重回母校同济大学任教；张庭伟（1978级研究生）曾任同济大学城市规划系初始副系主任，后赴美国攻读博士学位并任于伊利诺伊大学终身教授，他与同济城市规划系保持长期学术交流，在城市规划领域具有重要的学术地位。朱介鸣（1979级）现为新加坡国立大学城市规划与管理研究组主任、教授。

理论与学术研究领域

（1）近现代建筑史及现代建筑理论研究

近现代建筑史研究是同济建筑学理论版块中的重要内容。罗小未作为同济建筑理论与外国建筑历史研究教学的领军人，长期从事建筑历史与理论的教学、研究和翻译工作，在西方建筑史学界中具有重要地位。罗小未还是《时代建筑》杂志的创办人之一。同济建筑"新三届"中的部分学者，以罗小未的西方建筑史理论为基础，不断开拓研究方法与思想，充实了西方建筑史研究的理论体系。

同济建筑历史及理论的研究多受到罗小未的影响，其中不少学者出自其门下。伍江长期从事西方建筑历史与理论的教学、上海近代城市与建筑历史及其保护利用的研究，著有《上海百年建筑史》《上海弄堂》《历史文化风貌区保护规划编制与管理》等，发表专业论文60余篇[7]。郑时龄院士师从罗小未获得博士学位。在同济大学任教期间，他讲授过建筑设计与原理、西方建筑史、西方美术史与建筑批评学课程，并发展完善了建筑批评学理论。

图4. 1985年初建筑系召开牛年迎新联欢会
图5. 杨义辉老师带领1978级学生在绍兴美术实习时合影
图6. 1978级建筑学专业学生合影
图7. 建筑学专业学生在专业教室中赶图
图8. 1983年建筑系学生会团委开始编辑不定期刊物

6　　　　　　　　　　　　　　　　7　　　　　　　　　　　　　　8

（2）建筑学科学术研究

作为同济建筑学科梯队带头人，同济建筑"新三届"背靠大规模建设的时代背景，将研究方向着眼于与实践紧密结合的领域。王伯伟在集群建筑设计梯队、吴长福在公共建筑设计梯队、伍江在建筑历史与理论梯队、钱锋在大跨度建筑梯队中均担任责任教授或学术带头人等等。王伯伟将研究重点聚焦大学校园规划和集群建筑设计；吴长福以公共建筑设计理论与方法为研究重点，注重创作实践，主持完成多项国家和地方专项研究课题，相关设计作品屡获重要奖项；钱锋从事的体育建筑和大跨度建筑研究和实践获得业界认可，代表作品包括 2008 年奥运会乒乓球比赛馆、南通市体育会展中心等。此外，石永良（1979 级）在数字化建筑设计理论方面、鲁晨海在遗产保护和利用方面都有各自的建树。在其他建筑院校任教的同济"新三届"在发扬"同济学派"教育研究思想的同时，也结合所在院校的地缘背景，发展自身研究领域。如王竹和梁琇在地域建筑和乡村人居环境研究领域皆有各自的成果；李志民在执教过程中获得多个教育类建筑奖项。

（3）城乡规划学科学术研究

"同济学派"在城乡规划的学科研究方面重视与社会语境和热点议题的结合。同济"新三届"不仅在这些领域推动了学科发展，也为各级政府的决策和重大发展项目提供了科学依据，这也成为专业教学内容的重要组成。近年来，同济规划学科更为强调城乡规划领域中战略议题和关键技术的创新型研究[8]。唐子来从事城市规划理论、城市空间结构、城市设计与开发控制、城市政策分析的研究；赵民长期从事城市规划与设计的教学与科研工作，注重城市规划学科与人文、社会科学的结合；吴志强关注城市发展理论与政策研究、城市规划与城市设计理论、城市可持续发展理论与规划，其主持的"世博科技专项"研究成果直接应用于 2010 年上海世博会的规划设计中。

（4）风景园林学科学术研究

自 1986 年起，同济风景园林学科已承担十多项风景园林类国家自然科学基金项目，并于 2005 年、2010 年、2015 年三次负责组织编制国家自然科学基金委《未来 5~10 年风景园林领域研究战略计划》，执笔人为刘滨谊。标志性的科研项目有：完成和在研风景园林界有史以来最大的两项国家级科研项目：科技部"十一五"支撑计划重点项目"城镇绿地系统生态构建与管控关键技术研究"，2008—2012，项目负责人：刘滨谊）和国家自然科学基金重点项目"城市宜居环境风景园林小气候适应性设计理论与方法研究"（2014-2018，项目负责人：刘滨谊）；住建部《城市绿地系统规划编制标准》（金云峰等）、林业局《国家级森林公园总体规划规范》（刘滨谊等）住建部《居住区景观规划设计导则》（刘滨谊等）。以冯纪忠开创的现代设计理论与方法为源头，发展至今的同济风景园林学术研究前沿领域包括：风景园林学科发展与专业教育理论、景观与风景园林感受评价基础理论、绿地系统规划与绿色基础设施理论、景观遗产、游憩与旅游、景观政策管理、数字景观等。

（5）建筑学术期刊和媒体平台

作为当代中国最早创建的一批专业期刊，《时代建筑》已经走过 30 载，至今已出版 140 期。《时代建筑》杂志强调"学术性＋专业性"的双重特性，将视野聚焦于"当代＋中国"，构建了以杂志为核心的建筑媒体平台。作为同济大学主办的学术杂志，《时代建筑》已成为"同济精神"与行业各个环节整合的平台。

支文军（1979 级）师承罗小未，主要从事西方现代主义建筑历史及当代发展的研究，长期主持学术期刊出版等工作，他的研究与视野在塑造《时代建筑》的学术品性过程中得到充分呈现。经过 30 年的发展，《时代建筑》已成为中国最具学术影响力的期刊之一，特别是通过主题性的策划组稿，对中国当代建筑面临的诸多论题进行持久、深入的研究与传播。目前，他主持的团队正致力于传播学角度的建筑批评与建筑媒体研究，这是跨界和开创性的研究工作。近几年，支文军担任同济大学出版社社长，将"城市＋建筑"作为核心出版方向，全方位、多层次地紧密切入中国城市建设与文化研究各领域，创建"城市＋建筑"学术出版高地。

专业实践领域

建筑"新三届"在改革开放后的设计实践是时代的选择。这一群体自毕业起便融入了改革开放的大潮，逐渐成为技术、管理的领军人物。同济建筑注重理性务实，鼓励个性创新，同济建筑"新三届"所呈现出的实践状态也反映了这一特点。同济建筑实践以及同济"新三届"的建筑实践可以概括为"服务社会、理性审美、研究创新、博采众长"[9]。

（1）学院型建筑师

同济建筑系教师一直注重教学与实践的结合，同济大学建筑设计院的成立也正是出于建立实践平台的目的。1994年，上海同济城市规划设计研究院成立。2004年都市建筑设计院成立，由吴长福任院长。都市院以服务社会、服务学科为导向，依托学院与设计院的整体学术优势，根据教师的不同专长设立多个专业设计所，为不同项目及业主提供针对性的设计服务，同时与多家国际组织、院校机构保持密切的联系。近年来，都市建筑设计院陆续承担了上海世博会、北京奥运会、5·12汶川地震灾后援建等颇具社会影响力的重大项目，并获得数百项国家级、省部级设计表彰。除了都市建筑设计院这一平台，同济"学院型建筑师"的实践也分布于同济大学建筑设计研究院的各个分院和独立工作室中。王伯伟、吴长福、钱锋、徐风（1979级）、魏崴（1979级）是这一群体的代表。

（2）"国有大院"掌舵人

同济建筑"新三届"中，超过70%的人曾有过"国有大院"的工作经历，这成为研究这一群体现象的语境。作为改革开放后参与建筑实践的中坚力量，"新三届"在这波洪流中面临的机遇与挑战是前后代际建筑师所难以比拟的。"新三届"毕业时，很多人被分配进入国有设计院，之后他们又成为这些"国有大院"变革的亲历者。"新三届"的建筑实践有着极大的社会广度与深度，他们在实践之外又成为后辈建筑师的指路人。

在同为"新三届"毕业生的丁洁民（工民建专业）的主持下，同济"新三届"成为同济设计院的骨干力量，创作了许多优秀的作品，并培养了杰出的后继力量。

张洛先（1979级）作为总建筑师，主持完成了多项重大工程并屡获工程嘉奖；车学娅（1977级）和王建强（1977级）作为副总建筑师，从事建筑设计专业30余年，主持并完成了数百个建筑设计项目。此外，他们还作为专家和主要起草人，完成了多部规范、设计导则的编写工作，在多个专业技术委员会中担任专家委员。

作为上海及华东建筑实践的翘楚，上海现代设计集团也有不少同济建筑"新三届"的身影。唐玉恩（1978级硕士研究生）是全国工程勘察设计大师、现代设计集团资深总建筑师，主持过50余项大、中型公共建筑设计及50余项方案竞赛等设计，多次荣获国家和上海市优秀设计奖；沈迪（1978级）担任现代建筑设计集团副总经理兼总建筑师、上海世博会总建筑师，主持设计数十项重大工程项目；翁皓（1977级）和司耘（1979级）担任华东建筑设计研究院有限公司副总建筑师；武申申（1977级）和李军（1979级）分别担任现代都市设计院总建筑师和首席总建筑师。

在其他"国有大院"中担当要职的同济建筑"新三届"还有中船第九设计研究院工程有限公司总建筑师陈云琪（1979级）、上海复旦规划建筑设计研究院罗继润（1977级）、上海高等教育建筑设计院孙廷荣（1978级）、中国航空工业规划设计院院长曹声飞（1977级）、中国建筑东北设计研究院有限公司总建筑师王洪礼（1978级）、中国建筑西北设计研究院副总建筑师李敏（1979级）、苏州市建筑设计研究院院长宋希民（1977级）、苏州城市建筑设计院院长顾兆新（1977级）、南京民用建筑设计院总建筑师钟容（1979级）、广州市城市规划勘测设计研究院总工程师潘忠诚（1977级）、福州市建筑设计院高级建筑师许依众（1978级）、中国建筑西北设计研究院高级建筑师罗毅敏（1978级）、广州市番禺城市建筑设计院周志（1979级）、重庆市设计院陈荣华（1977级）等。

依托同济城市规划系的背景及同济城市规划设计研究院的实践平台，同济规划"新三届"广泛参与全国各地的城乡规划设计项目。李晓江（1978级）师承董鉴泓，担任中国城市规划设计研究院院长，主持了多项重大城市规划项目；夏南凯（1978级）曾任同济城市规划设计院副院长。

（3）民营设计机构探路者

与根植于"国有大院"的建筑师不同，同济建筑"新三届"中也有相当一部分人投身于民营设计的探索和实践中。在西南建筑界异军突起的基准方中创始人钟明（1978级）先后在两家大型国有建筑设计研究院任职，之后组建自己的合伙人事务所；乐星（1978级）曾任大型国有设计院主管，之后参与组建天华建筑，担任副董事长。此外，沈阳新大陆建筑设计有限公司创始人郭旭辉（1978级）、翰时国际创始合伙人余立（1978级）、王恺（1978级）、李兴国（1978级）也都是民营设计机构的探路者。他们中的许多人的实践和定位依然会随着时代的洪流发展和改变，而他们对于时代的适应和找寻却不曾改变。

此外，同济建筑"新三届"中还有一部分人担任境外事务所在国内实践的管理者，比如 RTKL 副总王恺（1978级）、澳大利亚 DCM 董事龚耕（1979级）、王欧阳事务所上海代表处负责人李国平等。

（4）甲方建筑师

中国房地产市场的发展培养了一批"甲方建筑师"。作为房地开发企业中的新兴力量，"甲方建筑师"为中国地产开发商树立了建筑观、为建筑师创造了商业观。"甲方建筑师"现象标志着当今地产操作模式向专业化方向发展，也显示出设计专业在商业房地产开发全过程中的地位日益提升，这是行业的进步[10]。1988年，还是设计院建筑师的付志强（1979级）在万科的一个开发项目中夺标，之后与万科结缘20余年，身份也从乙方转换为甲方。

自大学时代起便与中国改革开放同步的"新三届"，在高速建设的30年中不断探索着建筑师所扮演的社会角色。具备建筑审美和空间感悟的他们，也成为甲方团队中的重要组成力量和创新者。

管理领域

在延续和传承"同济学派"之外，同济建筑"新三届"也成为时代的探索者和改革者。入学前的社会磨砺和丰富经验，入学后的学术氛围都为他们日后的发展和转型积蓄了能量。同济建筑"新三届"在专业的传统实践领域外，也谱写了令人瞩目的成绩，其中一部分人凭借自身的专业基础和专业经验转而从事与城市建设相关的城市管理者的角色。例如，洪捷序（1977级）在建筑学教学和设计岗位奋战近20年后，升任福建省建设厅官员，现任福建省副省长；伍江曾任上海市城市规划管理局副局长，兼任上海市地名管理办公室主任，在任期间，他推动建立和完善了上海城市历史文化遗产保护管理制度，完成多项历史文化风貌区规划；江厥中（1979级研究生）曾任贵州省建设厅厅长。孙安军（1978级）现任住房和城乡建设部城乡规划司司长；杨洪波（1978级）曾任四川省住房和城乡建设厅厅长，现任四川省遂宁市委书记。

跨界实践领域

同济建筑"新三届"群体既有工程技术的理性思想，又有求学期间美术与相关艺术熏陶下培养的艺术感觉，而多学科交叉的学术氛围也培养了他们广泛的兴趣和视野，其中一部分人在日后开始了跨界实践的探索。俞霖和王小慧夫妇同为同济建筑系77级学生，王小慧之后转向摄影与艺术创作，成为颇具影响力的摄影艺术家，近年又有新的跨界设计实践；旅美建筑师金泽光（1977级）在建筑实践之外，将建筑延伸到了宣纸和墨上，用现代手法表现传统精神，以建筑师的视角演绎具有传统人文意识的现代水墨画，他的作品在国内外多次展出，他的跨界实践集中于建筑界与美术界；米丘（1978级）的创作实践涵盖了艺术、建筑、环境及景观设计等多个领域，他提出了"ArTech"的概念，旨在运用艺术与技术的综合方式推动现代艺术理念，以此应对快速变化的中国社会。

结语

同济大学建筑与城市规划学院钟庭内镌刻着"兼收并蓄"四个字，这四个出自不同朝代、不同流派的书法家的墨宝，置于一处却浑然天成，隐喻了同济建筑的内涵与精神。同济建筑"新三届"正是这反思和重建的时代中，承前启后、兼容并蓄的一代。同济建筑"新三届"是中国改革开放的实践者和亲历者，他们仍将会在一段时间内担当这个专业的领军人物和中坚力量。

截止到本文发稿时，建筑"新三届"在"老八校"中担任学院院长的还有三位，其余五所院校都由 1980 级—1982 级毕业生逐渐接替。这正反映了建筑"新三届"处于传承与变化的动态过程中。他们对于建筑学专业的贡献和影响仍然跟随时代不断演化和发展，这与他们这代人始终处于变革和学习状态的特点相符合，也与这个时代依然不断变化的大背景密切相关。

（本文有关同济建筑"新三届"群体的资料仍不够全面，同时文中涉及众多人物信息，难免出现纰漏之处，敬请谅解！
致谢：感谢伍江、吴志强、王伯伟、吴长福、赵民、刘滨谊、李振宇、彭震伟、卢永毅、曹庆三等学院领导与老师，以及王竹、孙宇航、余力、余亮等众校友的大力支持。也要感谢陈淳与杨宇在同济"新三届"方面的基础研究工作，以及戴春老师在研究与文章架构组织方面的帮助）

参考文献

[1] 郑时龄. 同济学派的现代建筑意识. 时代建筑, 2012(3): 10.

[2] 伍江. 同济建筑的精神. 时代建筑, 2012(3): 17.

[3] 郑时龄. 同济的建筑大师和同济学派 // 同济大学建筑与城市规划学院. 历史与精神：同济大学建筑与城市规划学院百年校庆纪念文集. 北京：中国建筑工业出版社, 2007: 180.

[4] 常青. 同济建筑学教育的改革动向. 时代建筑, 2004(6): 34-37.

[5] 赵巍岩. 同济建筑设计基础教学的创新与拓展. 时代建筑, 2012(3):54.

[6] 伍江. 兼收并蓄，博采众长，锐意创新，开拓进取：简论同济建筑之路. 时代建筑, 2004(6): 16.

[7] 伍江. 中国特色城市化发展模式的问题与思考. 中国科学院院刊, 2010(3): 258-263.

[8] 唐子来. 新世纪以来同济大学城乡规划学科的发展历程. 时代建筑, 2012(3): 32-34.

[9] 丁洁民. 同济建筑实践特色. 时代建筑, 2012(3): 64-65.

[10] 陈旭晴. 设计·商业·管理：破茧成蝶的中国业主建筑师. 时代建筑, 2005(3): 79-81.

图片来源

本文所有图片由同济大学提供

原文版权信息

支文军，徐蜀辰，邓小骅. 承前启后，开拓进取：同济大学建筑系"新三届". 时代建筑, 2015 (1): 32-39.

[徐蜀辰：同济大学建筑与城市规划学院 2014 级博士研究生
邓小骅：同济大学建筑与城市规划学院 2009 级博士研究生]

29

建筑师群体研究的视角与方法：
以 20 世纪 50 年代生中国建筑师为例

The Perspectives and Approaches of Research on Architect Groups: Chinese Architects Born in the 1950s in Focus

摘要 文章对"20 世纪 50、60、70 年代生中国建筑师"群体研究的视角和方法进行了讨论，这种观察视角的选择是开放的，是带有我们所处时代语境特点的，是可以发展和演进的。同时，针对 50 年代生中国建筑师的特征分析了多个观察视角的逻辑，包括对话互动与自我审视、时代语境与历史意识、教育变革与知识结构、时间观念与范式转换、前辈影响与思考路径、实践策略与关注方向和职业环境与执业特征等，以期未必完整却能深刻地体现这批建筑师的所思所想所为之特征。

关键词 50、60、70 年代生中国建筑师 50 年代生中国建筑师 对话 视角 时代语境 知识结构 范式转换 思想变迁

关注三个十年的中国建筑师

三个十年三个群体

《时代建筑》杂志将在 2012—2013 年以 20 世纪 50、60、70 年代生中国建筑师（以下简称"50、60、70 年代生中国建筑师"）为三期专刊的主题，关注在当代中国建筑界颇具影响力的建筑师群体，关注他们的建筑实践，关注 30 多年来中青年建筑师群体的成长，关注他们对当代中国建筑问题的探索历程。改革开放以来的 30 多年，建筑师群体逐步在快速发展的中国城乡建设中发挥重要的作用。如今，"50、60、70 年代生中国建筑师"已经成为当代中国建筑设计的中坚力量，这批建筑师在大量的建筑实践中逐步走向成熟，

部分建筑师逐步在国际上产生影响。他们是中国当代中青年建筑师的杰出代表，他们在建筑设计中的探索也体现了中国快速建设时代的特征。

透过这三期专题研究，我们希望找寻一些研究的视角和方法，观察中国建筑师在 30 多年建筑发展中的探索与实践，以"50、60、70 年代生中国建筑师"为重点研究对象，兼顾历史延续中的"承上启下"问题。同时，由这些研究透视中国当代建筑的发展与建筑思想的变迁，提出中国 30 多年来建筑领域特别值得讨论的一些问题，推进中国建筑界的自我审视。

观察的维度

（1）群体划分

分代问题的讨论常常出现在某些领域对人群的划分上，典型的分代是对中国导演群体的划分，在对建筑师的研究中亦有关于分代问题的深入讨论。而在大众的话语讨论中，常以"80 后""90 后"，甚至"00后"作为群体观察的对象，其讨论未必重视代际划分，而是讨论群体间存在的差异。"'代沟理论'专家玛格丽特·米德（Margaret Mead）的相对做法是，依助于某个年代的中间时段为主体，向前向后适当延展，而不是以具体的年份（如 1960 年或 1970 年出生）作为严格的代际划分界限。因为谁也无法证明，1959 年出生的人和 1960 年出生的人一定属于不同的代际且存在某种明显的代际差别。"[1] 现在已发表的一系列按年代划分、关于每十年一代人成长史的写作，亦可窥

体验与评论——建筑研究的一种途径

见这种思路，如黄新源的《五十年代生人成长史》，王沛人的《六十年代生人成长史》，沙惠的《七十年代生人成长史》等；亦有针对相关学科人群的研究，如洪治纲的《中国六十年代出生作家群研究》，张立波的《六十年代生人：选择抑或为哲学选择》等。

在中国建筑师的代际讨论中，杨永生将新中国成立后出生的建筑师划入第四代建筑师[2]，曾坚的文章[3]和彭怒、伍江的文章[4]均将1978年后接受建筑教育的建筑师划入第四代建筑师之列，这批建筑师基本上涵盖了大部分我们关注的50、60年代生建筑师和部分70年代生建筑师。在这里，对这批建筑师按十年一个群体进行划分，以此作为我们的一个观察的切入方式。这批建筑师虽然都是"生在新中国，长在红旗下"，受到社会文化方面的影响相似，但比较他们的设计思想与实践，在精神向度、审美尺度、文化记忆等方面还是存在差异的，这种差异更多源自改革开放以来中国城乡的快速发展与社会文化的巨变。

（2）观察视角

在学术界对某类人的群体和个体研究的视角是多元的，如许纪霖对知识分子群体的研究有从思想层面出发的视角[5]，对知识分子个体亦有从心态史角度切入的研究[6]；王汎森研究傅斯年是将其放在整个时代思想、学术的脉络下，推崇的是一种以问题为取向的历史写作[7]；谢泳对西南联大知识分子群体的研究亦从问题出发，试图通过研究一个大学所关联的知识分子群体来梳理中国的自由知识分子传统，选择的视角包括群体的形成与衰落、学术传统、与现代大学教育的比较、学术个体、学术集团、学会等[8]。没有被叙述的历史不能算历史，查建英通过典型人物访谈来展现那令人记忆深刻的80年代[9]，而北岛和李陀则通过组织一次集体性的大型历史回顾，来有意地突出那个成长于70年代的知识分子群体[10]。凡此种种研究的取向与方法亦可参考。

由于研究对象在广义上的相似性，一系列自由职业群体的研究视角亦值得参考，如群体的兴起、职业化、同业团体、同业团体与政府间关系、外籍人士的影响、经济生活状况、对中国社会的影响等等。在建筑领域，对于中国近代建筑师的研究，从专题到个案的研究系统而深入，对建筑师个案集中在一些杰出建筑师身上，如梁思成、杨廷宝、刘敦桢、童寯等，这些研究涉及作品与创作语言分析、生平记述、中西比较、学术思想分析等方面。路中康的博士论文《民国时期建筑师群体研究》涉及建筑师群体研究的几个方面：群体的基本状况、行业组织和活动、执业状况、建筑理念、教育背景等。[11] 李力的硕士论文《二三十年代上海华人建筑师研究》的着眼点是建筑师相对稳定的设计原则，其视角涉及建筑师的执业环境和职业倾向及建筑师对各种艺术的态度等。[12] 关于建筑师研究的多元视角，这里就不赘述了。《时代建筑》杂志关于建筑师的主题专刊可代表一些视角，如《中国年轻一代建筑师的建筑实践》《海归建筑师与中国当代建筑实践》《中国建筑师的职业化现实》《观念与实践：中国年轻建筑师的设计探索》《中国建筑师在境外的当代实践》，等等。这些都是关注"50、60、70年代生中国建筑师"的研究基础。

此次对建筑师群体的关注更为整体且系统，希望更多地从历史脉络中寻找这批建筑师的思想观念变迁的路径，以此来观察不同年代生中国建筑师的特征，一些可关联的方面可以成为我们分析的切入点。我们希望这种观察视角的选择是开放的，是带有我们所处时代语境特点的，是可以发展和演进的。

当我们将建筑师置于变革时代的社会背景中时，建筑师的历史语境便可寻觅，亦可从一个侧面观察和理解其文化认同的某些特征。不同年代思想领域的转型也直接影响建筑师的思想观念的变迁，从外来的影响到自我启蒙的变化，建筑师一直在寻找自己的社会价值与自我身份定义不断转换的立足点，这方面的研究将触及"50、60、70年代生中国建筑师"思想观念深层转变的特征，范式转换的研究可以是一种研究的切入点。由于这三个年代生建筑师接受教育是在中国建筑教育体系重建与初步发展的时期，他们深受影响并在不同时期参与变革，以此可观察他们的知识结构和知识来源。透过分析建筑师的实践策略和思考关注点的转变，可窥见不同年代生建筑师在其中的角色转变。我们亦希望从不同的角度，分析不同年代生建筑师在改革开放带来的执业环境变迁中的表现，以此观察这些群体的执业特征。当下与历史有着必然的关联，前辈建筑师的影响之于三个建筑师群体的意义深远，这方面的分析可帮助理解这些建筑师群体可能的思考路径。透过一系列建筑师间对话的设置以及专业视角的编辑整理，可以呈现建筑师群体的自我审视与思考的特征，亦可借此研究建筑师个案的特点。我们也将透过一系列的特殊视角如 20 世纪 80 年代的国际竞赛热、现代主义在中国的移植、建筑师行业协会与学会变迁和建筑师的生态圈等，观察不同年代生建筑师不同方面的特征，这样的视角亦可进一步寻找和拓展。

在这里我们尝试通过上述部分视角观察与分析"50 年代生中国建筑师"群体，以期未必完整却深刻地体现这批建筑师的所思所想所为的特征。

50 年代生中国建筑师

"50 年代生建筑师"群体印象

20 世纪 50 年代出生的中国建筑师是改革开放伊始接受大学专业教育的第一批建筑师，亦是可以追寻"上山下乡"烙印的最后一批建筑人，这批建筑师带有更多那个时代所赋予的风尘与沧桑。一部分人赶上了科班学习的末班车，成为"文化大革命"后第一批建设大军中的精英；另一部分人，尤其是那些具有执著信念的人，通过各种方式的专业学习成就其专业理想。80 年代，这批建筑师是参与众多国内与国际建筑竞赛、为国争光的学子中的佼佼者，他们如饥似渴地学习西方建筑理论与设计方法，大多跟随前辈建筑师在国营大型设计院或高校体系中成长；90 年代中期开始有独立作品在学术媒体中呈现，并发表自己的见解；21 世纪 00 年代中期有人开始在国际建筑界产生影响；2011 年在中国工程院院士体系中开始出现他们的身影。他们中有一批建筑师参与近 30 年建设大潮中那些带有批判性的"实验"或"先锋"的建筑实践中，也有一部分是专注于大量性建筑生产的中坚，亦是国营设计机构体制改革的亲历者。直至今日，建筑界对于建筑领域的种种反思与追问中，他们中的许多人依然是其中的代表。应该说他们是中国建筑界经历"文化大革命"人才断层后，被急迫地推上建筑舞台的第一批建筑师，所承担的社会角色、所背负的历史责任都超乎想象。

对话互动与自我审视

（1）以口述史的方法策划对话

"口述历史的重要性不在于保存了过去发生的事情，而是今天的我们对于过去的理解与解释。"[13] 在历史研究领域，口述史的研究越来越受到重视，研究方法也日趋严谨。"口述史的一个重要特点是访谈人与受访人的双向进展。受访人有丰富的经历，有许多值得挖掘的资料，但他不一定是历史学家。在其讲述的时候，可能受记忆因素、情绪因素、选择因素的影响，遗漏出错难免。访问人可以凭借自己的学术素养，通过提问、讨论、串联、整理，使访问质量提高。"[14] 著名口述史家唐德刚[①]之于人物访谈的注释方法，提升了访谈文本的价值，亦值得学习。因此，我们认为，为了使对话的成果更有价值，对话的策划就十分重要，策划人相当于访谈人的角色，前期研究和后期整理都十分重要。

在这里，我们参考口述史的方法与特点，通过设置有主题框架准备的对话来观察建筑师的特征，这种方法有效地促进了建筑师间的互动、自我回顾与思考，亦成为其他方面分析与研究的基础资料。前期的准备十分重要，我们在分析了众多至今活跃的 50 年代生建筑师的专业取向后，以有可能相互激发讨论为前提，配合与各位建筑师的前期沟通，确定对话的双方。我们邀请了 14 位 50 年代生建筑师进行了七组对话，来呈现他们的成长历程与思想变迁。参与对话的建筑师有：崔愷与王维仁、张永和与刘家琨、汤桦与孟建民、常青与赵辰、钱锋与汪孝安、缪朴与齐欣、刘谞与梅洪元。关于对话，设置了三个方面的宽泛要求，即时代烙印、教育背景和思想变迁。另外，我们亦特别重视对谈后的整理与相关文献的梳理工作，包括建筑师的著述论说、典型建筑作品、编者按的写作等。今天在杂志上呈现的仅是一小部分，未来希望在相关图书的编撰中更完整地呈现。作为研究的补充，我们亦将整理好并由建筑师确认后的对话材料，发送给本期杂志中相关研究文章的作者，作为其调整研究论述的参考。

（2）七组对话的特征

各组建筑师的对谈呈现出不同角度的相互激发，反映出他们在各自关注领域的思考，呈现出不同的特征。

之所以选择崔愷与王维仁进行对话是基于两人差异中呈现的某种共时性（synchronicity）。尽管由于海峡两岸社会文化背景的不同，两人的成长背景和生活环境差异巨大，我们却在他们的对话中看到了他们在追问建筑思想的过程中发生的碰撞与共鸣，以及思想和价值观上的某些共同的特质。王维仁在内地及港澳台地区的建筑实践以及崔愷众多的两岸交流，亦是对话的基础。

张永和与刘家琨的对话之所以顺畅，源于两人之间从专业到人文方面切磋的默契，我们从二人曾有的对谈中可见一斑。关于张永和的 2010 年上海世博会上海企业联合馆的设计，两人之间的对谈源于相互间对专业方面的透彻理解，因而赞同抑或批评均深刻[15]。此次两人的对话同样自然而深入，他们年少时类似的成长记忆、中外迥异的大学教育、不同的职业经历令两人面对当代问题时虽然有不同的视角和思维方式，却同样具有反思与批判的特质。

共同经历深圳这个新兴城市的巨变是我们邀请汤桦与孟建民对话的相对表面的初衷。令人欣喜的是，他们不但以他们的视角链接了这个年轻的城市与他们各自受教育的古老城市——重庆与南京，而且发掘了共同成长的那个年代在各自身上烙印的共性。

有相当一部分建筑师的主要身份是学者，设计仅仅是职业生涯的补充，我们邀请常青与赵辰对话便出于此方面的考虑。关于个人成长与教育、建筑历史研究、建筑理论、建筑历史教学以及建筑的本土化，两人的视角和切入问题的方式不同却能够相互激发，亦可体会两人源自成长年代所赋予的历史意识。

50 年代生建筑师的职业经历以国营大型设计机构和建筑院校居多，汪孝安和钱锋便是其中的代表。他们有着共同的插队经历和东北黑土地那个年代的深刻记忆，同样的话题，钱锋常常有学校教师的印记，而汪孝安则更多地从职业建筑师的角度切入。

改革开放后第一批海外留学的是 50 年代生人，应该说 50 年代生建筑师中出国留学的凤毛麟角。缪朴和齐欣都是大学毕业后出国的，一个在北美一个在欧洲，所经历的大学后的学习让他们在探讨中国的城市与建筑问题时具有更为广阔的视角，透过他们的对话可感受到他们讨论中多向度的思辨。

地域性是建筑界普遍关注的问题，许多建筑师在设计和研究中有所触及。刘谞和梅洪元分别在中国两个地域特征极为特殊的地区——新疆与东北地区进行实践，这两个地方在具有巨大差异的背后亦存在共性，在沙漠与寒带建造都需面临严酷的自然条件，这令他们对生态和技术的关注度更高，亦成为他们对话的共同语境。

时代语境与历史意识

（1）20 世纪 70 年代的成长记忆

20 世纪 70 年代与一个特殊的知识分子群体的形成有特别的关系。这一代人是在 70 年代长大的，虽然在年龄上多少有些差异，但正是在处于 60 年代和 80 年代这两个令人印象深刻的年代中间的这十年，这些人度过自己的少年或者青年时代。这一代人大多出生在 50 年代（亦可包括 40 年代末和 60 年代初出生的部分人）。他们是在沉重的历史挤压中生长与成熟的。这代人走出 70 年代后，不但长大成人，而且成为 20 世纪末以来中国社会中最有活力、最有能量，也是至今还引起很多争议、其走向和命运一直为人特别关注的知识群体[10]。在 80 年代思想领域空前活跃的时期，这代人是最为年轻的参与者，他们充满激情地追索新观念，积极投入社会发展与变革中。作家北岛、王安忆、翟永明、阿城、韩少功……画家徐冰、陈丹青、何多苓、李斌……他们是文化界中这一代人的代表，他们在某种程度上成为一个时代的文化象征。

对于"50 年代生中国建筑师"而言，70 年代是他们成长记忆中不可或缺的一部分，其影响或可延续至他们后来的职业生涯。时代所赋予的深刻烙印，透过他们各自对历史记忆的讲述而含义深远。从一系列建筑师对话中，我们可以窥见的是这批建筑师的 70 年代给予他们精神上阳光的一面胜过许多"伤痕"文学中的描述，那诗样年华给予他们的滋养似乎更多于其他方面的影响。崔愷在 70 年代还是孩童，政治运动给了他更多玩耍的空间和时间，"上山下乡"之前的"开门办学"所带来的半工半读给他的是积极学习的一面，后来的"上山下乡"虽苦但革命激情高涨，直至 1977 年恢复高考也是边放牛边复习，乐在其中。从崔愷的叙述中能体会到一种积极的状态，他以这种状态观察并融入乡土社会，那段参与乡村建造的经历对他的设计观念亦有影响。赵辰回忆中 70 年代是不需要为读书和考试而费神的愉快时期，可按自己的兴趣去涉猎广泛的领域，他觉得那个时期的好处是所有的官方论调对他都缺乏合理性，这养成了他怀疑、思辨的习惯，动乱年代的兴趣自由和改革开放以来的思想自由，对他来说意义深远。张永和和刘家琨都是 10 岁开始经历"文化大革命"，从小就被深深地卷入政治，以这样的方式融入社会，他们觉得他们这批人由于"文化大革命"，最不迷信权威，也多有为社会贡献的情怀。这批建筑师还有一个相对一致的特征，那就是受到来自知识分子家庭的影响，都有很好的绘画基础。恢复高考后的建筑系招生都要求有一定的美术基础，钱锋因报志愿不服从分配而被要求看作品，因绘画好而被当场录取。

（2）20 世纪 80 年代以来的时代语境

我们不妨以思想领域对 80 年代后至今的阶段分野作为我们观察这批建筑师思想变迁的一个视角与时代背景。改革开放以后的中国思想界，可以分为 80 年代、90 年代与 2000 年以来这三个阶段。80 年代是"启蒙时代"，90 年代是"启蒙后时代"，而 2000 以来则是"后启蒙时代"。80 年代之所以是启蒙时代，乃是有两场运动：80 年代初的思想解放运动与中后期的"文化热"。这个时期讴歌人的理性，高扬人的解放，激烈地批判传统，拥抱西方的现代性，现在被理解为继"五四运动"以后的"新启蒙运动"。它具备启蒙时代的一切特征，充满着激情、理想与理性，也充满了各种各样的紧张性。90 年代由于市场社会的出现，80 年代的"态度统一性"

产生分裂，形成各种"主义"，许多基本问题依然是 80 年代的延续。到了 2000 年以后，三股思潮从不同方向解构启蒙，包括国家主义、古典主义与多元现代性都具有学理上的积极价值 [5]。应该说建筑领域的表现与此同步。

a. 80 年代：拥抱西方现代性

80 年代，中国建筑学界表现出对西方建筑文化与理论的渴求，积极翻译和引进西方理论，期望对探索期的中国建设有意义，是一个期望快速奔向现代社会和现代思想的时期 [16]。建筑领域的理论观点及实践倾向有民族形式、仿古建筑、广义建筑学、空间理论、建筑与环境、后现代主义、城市意象、存在空间、空间模式语言、符号学、文脉、场所理论等 [16]。

80 年代中国最大规模的文化反思运动即"文化热"，已经成为历史意识的一部分，在旧的价值信念、旧的理想追求已被证明是虚幻的以后，还要不要、能不能建立起新的、真正的价值信念和理想追求，是整个社会价值重建的问题 [17]。这批建筑师身处那样一个充满青春激情、纯真朴素、较少算计之心的年代，或多或少受到影响。在建筑界，"传统与现代之争成为被关注的焦点……关于香山饭店的讨论主要是学术争论；关于阙里宾舍的争论，则不仅仅是学术上的争论，而是两种不同思维模式、两种不同的观念意识的争论。一边是'民族形式'理论的实践，另一边是追求中国建筑现代化的呐喊" [18]。这个时代更多地突出文化性的话题，其中就包括一系列关于建筑的文化价值、后现代主义在中国的意义、传统与现代、场所理论的意义等的讨论。

80 年代初期，这批建筑师开始专业学习，他们如饥似渴地学习可以见到的各种建筑知识。他们的老师是已于"文化大革命"中失去了宝贵十年的中年人，他们积极向上，要追回逝去的青春华年。他们的影响不仅发生在专业层面，更由于与这批建筑师有着 70 年代部分历史记忆的重叠而易于引起共鸣。80 年代中期这批建筑师在完成了专业学习之后，大多在国营大型设计院开始职业生涯，并在这个时期逐渐走向成熟。这个时代充满了现代化宏大叙事的社会文化环境，给他们的思想与实践都打下了深深的历史意识的烙印。

这个时期的话题也延续到他们后来关注的问题和实践的方式中，如崔愷关于本土设计的观念，张永和关于古典精神的认识，刘家琨积极介入社会的实践方式等等，都体现了这批建筑师更多的本土意识、传统延续与社会责任等特征。

b. 90 年代：卷入社会巨变

80 年代末至 90 年代的中国社会的变迁是巨大的，中国已经迅速地卷入经济全球化的浪潮。此时的建筑界开始走向务实，在理论的规范问题和更为专业化的学术领域展开实践性的探讨，同时也开始摆脱以西方学术为主的研究框架，研究的目光转向内在的现实需要。[17] 这个时期建筑领域的理论观点及实践倾向有类型学、欧陆风、批判性地域主义、建筑人类学、解构主义建筑、身体与建筑、生态建筑及可持续发展、大跃进、产业类历史建筑及地段保护性改造与再利用等 [17]。

90 年代初，境外作品的引入令前辈建筑师的创作所受的关注减弱，新一代建筑师的作品尚未大量进入公众视线。崔愷、汤桦成为这批承上启下的建筑师代表，他们的作品在 90 年代初开始在各个专业杂志中出现，成为公众关注的对象。崔愷的丰泽园饭店（1991—1994 年）和北京外语教学与研究出版社办公楼（1995—1997 年）、汤桦的深圳南油文化广场（1994 年）都很有影响。汤桦还于 1993 年在上海举办了颇有影响的"汤桦＋华渝建筑设计作品展"，这个展览还影响了当时还在建筑设计与文学创作之间徘徊的刘家琨回归建筑设计 [19]。1997 年，刘家琨的艺术家工作室系列作品陆续建成，并在《建筑师》杂志上发表了《叙事话语与低技策略》，受到更多的关注。

c. 21 世纪 00 年代至今：检讨与创新

21 世纪 00 年代至今，思想界的现代化目的论受到挑战，学界更多地关注现代社会实践中那些制度创新的因素，重新检讨中国寻求现代性的历史条件和方式，把中国问题置于全球化视野中考虑，成为一个十分重要的理论课题。建筑界开始反思 20 多年来引进国外理论的负面影响，以更深刻严肃的态度面对西方广泛的理论 [20]。建筑领域的理论观点及实践倾向有极少主义、建构、明星建筑师、集群建筑、空间社会学、消费文化与消费社会、表皮、批评与后批评、电影与电影学、灾后重建等 [16]。

这批建筑师的思考与实践到这一时期更为成熟，有大量作品呈现在专业与大众媒体中，不少人以更为积极的态度参与各种类型的讨论，成为这个时代建筑师话语群体中的重要成员。崔愷、汪孝安当选中国建筑大师，张永和受聘美国麻省理工学院建筑系主任，崔愷当选中国工程院院士，张永和受邀成为普利兹克建筑奖评委，常青获著名的 Hocilm 可持续建筑奖，刘家琨、汪孝安先后获远东建筑奖等，这些事件反映了这批建筑师受到的广泛关注。

教育变革与知识结构

这批建筑师接受教育的时期是中国建筑教育体系恢复和重建的时期，所接受的职业训练是影响至今的源于西方的职业教育，是"外来文化移植的产物"[21]，是学科的外来移植。他们在恢复高考后，大多在建筑方面著名的"老八校"②就读，这八大建筑院系的建筑教育都带有清晰的于 50 年代被统一并本土化的"布扎"（the beaux-arts）特征，"相对来说是十分理性和制度化的体系"[22]，这形成了这批建筑师最初的知识来源，亦影响到他们的知识结构。

顾大庆 70 年代末入学南京工学院建筑系，留校任教后又至瑞士苏黎世联邦理工学院深造，回校后，与先后去留学的丁沃沃、单踊、赵辰等共同参与筹划东南大学新的基础教学课程。苏黎世联邦理工学院新的教学法的移植后来也影响到其他学校。顾大庆后来亦从事建筑教育与研究，他的一系列关于建筑教育的文章不仅分析了中国建筑教育的发展特征，而且鲜明地提出自己的观点，从其关于中国建筑教育的历史沿革的文章 [23] 中可窥见一斑。我们邀请顾大庆教授撰文，梳理其过去三十多年接受建筑教育、从事建筑教育与研究工作的经历。文章基于他的个人经历，探讨了中国建筑教育的核心价值，分析了他参与其中的教育改革，不仅反映了他作为一个 50 年代生建筑人的心路历程，而且也透视了中国建筑教育思想变迁的时代特征，有助于我们了解这批建筑师经历的职业教育对他们的知识结构形成的影响。另外，结合这次 50 年代生建筑师的对话所涉及的教育方面的讨论，基本可以窥见这一批建筑师的知识结构的特点。如汤桦和孟建民都谈到自己读书时学习的是现代主义的理论和设计手法，都认为现代主义四大师的思想体系对他们的思想观念和实践影响至今。

时间观念与范式转换

当我们关注"50、60、70年代生中国建筑师"在社会转型期的探索，讨论这些建筑师的思想观念的变迁时，如何切入是重要的问题。科学与人文领域均有关于范式的讨论，促使我们考虑从范式变化的角度切入观察的可能性。在科学领域，以托马斯·库恩（Thomas Kuhn）的"范式理论"为代表，一般是指常规科学所赖以运作的理论基础和实践规范。"范式一词有两种意义不同的使用方式，一方面，它代表着一个特定共同体的成员所共有的信念、价值、技术等等构成的整体。另一方面，它指谓着那个整体的一种元素，即具体的谜题解答；把它们当作模型和范例，可以取代明确的规则以作为常规科学中其他谜题解答的基础。"[24] 艺术领域的范式讨论亦广泛而深入，范式的转换涉及艺术观念的深刻变化，所伴随的是评价标准与理论体系的变迁。

茹雷以其建筑学与艺术史的教育背景，受邀从范式的角度撰文。他认为，建筑兼具科学与艺术的特征，范式之于建筑更多的是一种思考和理解的体系化视角，当下中国建筑中多种观念的矛盾与共存反映了范式转换的特点。不同年代生建筑师群体因所受教育、生活环境和各自与外界交流的差异，表现出从设计观念、呈现形象到评判标准的多元化，显示出思考模式的不同。他尝试分析不同年代生建筑师从不同时间观念出发的各种思考与应对方式，以及他们是如何将对历史、传统、大众社会的感受折射在建筑的设计、批评与认同中的。文章选择的切入点，如古典与文人、传统与乡土等，均在此次50年代生建筑师的对话中有清晰的呈现。

前辈影响与思考路径

当我们将建筑师置于历史脉络中时，前辈建筑师的影响不容忽视，尤其是50年代生中国建筑师群体，他们与前辈建筑师之间的关联更为直接，从学校学习的直接接触到实践机构的言传身教，都令这个群体有了承上启下的特征。裴钊的文章将前辈建筑师与50年代生建筑师放置于中国的现代化进程中进行讨论，分析两个群体思想与实践之间的关联，讨论50年代生建筑师在对前辈建筑师的传承中产生裂变的状态，这有助于我们观察这批建筑师的思考路径。

我们亦可以从建筑师的对话中窥见这种关联以及对于传统与现代的思考。缪朴回顾大学时代给他的人生方向是做一个称职的建筑师和学者，冯纪忠先生所代表的前辈学者给他们的是典型的现代主义建筑教育，这让他后来在美国的深造游刃有余。在伯克利学习了现象学后，以此为方法撰写的文章与中国传统有关，这篇文章即是在后来的中国建筑史教学中常被提到的《传统的本质——中国传统建筑的十三个特点》。汪孝安是1973年高考的亲历者，因为"白卷张铁生"事件而大学梦破灭，20世纪70年代末因为"退休顶替"成为华东建筑设计研究院的工人，他的成长不仅受到院里前辈建筑师的影响，而且由于在业余建筑学院学习而受到同济学者的影响。

实践策略与关注方向

对中国当代建筑师的实践策略与关注方向的讨论，《时代建筑》在多期主题中均有涉及。当我们观察在三个十年中出生的建筑师群体在改革开放的建设大潮中所采取的不同设计策略时，那些繁杂的事件与话题争论中，某些被广泛关注的点引起了某种不期而遇的建筑思潮的转折，这些转折或许就是我们观察这批建筑师的实践时应该关注的。当与"80后"建筑师王硕讨论时，这个刚刚有作品呈现的年轻建筑师便有了尝试对这批建筑师的思考与实践发展脉络进行描述的想法。

王硕的文章不从作品的时间顺序、因果关系出发作总结性的判断，而是经由话语研究的方法，抽取不同建筑师的实践策略的关注点和关键词，进一步对贯穿不同时间段、没有因果关系的多重线索进行重新梳理和联结，这是一种将关键词在多条线索的发展网络中重新串联（trajectory）的方法，期望描述一种不同于西方现代性的"脱散的轨迹"，以见证多条线索在当代中国的某种不期而至的交汇或离散。暂且不论这种方法是否可提供一种梳理还原一个建筑界未曾明确的话语体系（discourse）的方法，我们确实可以从这些分析中清晰地看到中国建筑领域所受到的现代主义以来的理论体系的影响，亦可看到检视这批建筑师在中国城市发展现状这一特定语境下的身份定义，以及所追寻的设计方向的一种视角。

执业环境与执业特征

执业环境一直是《时代建筑》杂志讨论的话题之一，改革开放后的中国建筑设计行业经历了从管理体制到设计机构的市场化机制的转型，应该说 50 年代生建筑师不仅是受影响者，亦是推动建筑设计行业的全面市场化以及设计体制改革的亲历者。李武英的文章将建筑执业环境置于一个体制变迁的脉络中，点出关键的节点，观察不同年代生建筑师执业状态与体制的关系，进而反映这些建筑师的执业特征。

结语

上述讨论反映了我们研究这批建筑师的一系列视角，从不同的侧面呈现了这一建筑师群体的特征。更多可能的切入点将延续至对下一个十年生建筑师的观察，如西方建筑思潮的影响、现代主义在中国的移植等，亦希望有社会人文方面的学者参与，讨论不同年代生建筑师的社会价值与文化身份的认同，反映建筑师所处时代的文化背景。可以相信，有更多学者与建筑师参与的讨论与写作将更为开放而深入。

注释

① 唐德刚在《胡适口述自传》的注释："艺术是口述史领域的一个值得分析的范本。"
② "老八校"指清华大学、同济大学、天津大学、南京工学院（现东南大学）、华南工学院（现华南理工大学）、西安冶金建筑学院（现西安建筑科技大学）、哈尔滨建筑工程学院（现并入哈尔滨工业大学）、重庆建筑工程学院（现并入重庆大学）。

参考文献

[1] 洪治纲. 中国六十年代出生作家群研究. 南京：江苏文艺出版社，2009：1–24.
[2] 杨永生. 中国四代建筑师. 北京：中国建筑工业出版社，2002：107–114.
[3] 曾坚. 中国建筑师的分代问题及其他. 建筑师，1995, 67(12)：86.
[4] 彭怒，伍江. 中国建筑师的分代问题再议. 建筑学报，2002(12)：6–8.
[5] 许纪霖. 启蒙如何起死回生：现代中国知识分子的思想困境. 北京：北京大学出版社，2011.
[6] 许纪霖. 大时代中的知识人. 北京：中华书局，2007：264–266.
[7] 王汎森. 傅斯年：中国近代历史与政治中的个体生命. 北京：生活·读书·新知三联书店，2012：1–7.
[8] 谢泳. 西南联大与中国现代知识分子. 福州：福建教育出版社，2009：140–156.
[9] 查建英. 八十年代访谈录. 北京：生活·读书·新知三联书店，2006：3–14.
[10] 北岛，李陀. 七十年代. 北京：生活·读书·新知三联书店，2009.
[11] 路中康. 民国时期建筑师群体研究. 华中师范大学，2009：1–11.
[12] 李力. 二三十年代上海华人建筑师研究. 同济大学，2004：1–4.
[13] 杨祥银. 口述史学：理论与方法：介绍几本英文口述史学读本. 史学理论研究，2002(4)：146–154.
[14] 熊月之. 口述史的价值. 史林，2000(3)：1–7.
[15] 张永和，刘家琨. 对话 2010 年上海世博会上海企业联合馆. 时代建筑，2011(1)：82–87.
[16] 何如. 事件、话题与图录：30 年来的中国建筑. 时代建筑，2009(3)：6–17.
[17] 甘阳. 八十年代文化意识. 上海：上海人民出版社，2006：7–8.
[18] 王明贤. 1985 年以来中国建筑文化思潮纪实 // 甘阳. 八十年代文化意识. 上海：上海人民出版社，2006：107–131.
[19] 刘家琨. 我在西部做建筑. 时代建筑，2006(4)：45–47.
[20] 支文军，戴春. 走向可持续的人居环境 对话吴志强教授. 时代建筑，2009(3)：58–65.
[21] 赖德霖. 学科的外来移植：中国近代建筑人才的出现和建筑教育的发展 // 赖德霖. 中国近代建筑史研究. 北京：清华大学出版社，2007：115–180.
[22] 李华. "组合"与建筑知识的制度化构筑：从 3 本书看 20 世纪 80 和 90 年代中国建筑实践的基础. 时代建筑，2009(3)：38–43.
[23] 顾大庆. 中国的"鲍扎"建筑教育之历史沿革：移植、本土化和抵抗. 建筑师，2007(4)：7–14.
[24] 托马斯·库恩. 科学革命的结构. 金吾伦，胡新和 译. 北京：北京大学出版社，2003：156–188.

原文版权信息

戴春，支文军. 建筑师群体研究的视角与方法：以 50 年代生中国建筑师为例. 时代建筑，2012 (4)：10–15.

[戴春：博士，《时代建筑》杂志 责任编辑、主编助理]

四

设计机构及其作品解析
Study on Design Institutions and their Works

30

世界经验的输入与中国经验的分享：
国际建筑设计公司 Aedas 设计理念及作品解析

Import of Global Experience and Sharing of Chinese Experience:
Analysis of the Design Concepts and Works of Aedas

摘要 文章梳理了国际建筑设计公司 Aedas 自创立以来的发展历程，以宏观视角透视了其多元性、创新性、国际性并存的设计思想以及根植社会文化背景、注重团队协同合作的实践理念。通过对其设计思想与优秀建筑作品的展现，描绘出将全球视野融合建筑社会、历史、文化背景的思考下，Aedas 在中国 30 余年的在地性实践。

关键词 Aedas 全球与当地 协同设计 城市枢纽 城市综合体

概述

自 20 世纪 80 年代，Aedas 从中国香港与东南亚起步，2000 年后逐步转向中国内地、中东及欧洲发展，至今已经历了 30 多年，取得了令人瞩目的成就。Aedas 的设计涵盖了办公楼、综合体、商业中心、文化中心、基础设施、酒店、住宅、学校、城市设计以及建筑改造等多种类型，尤其擅长处理复合功能的综合性设计，近年来又向文化和艺术建筑拓展，所获奖项众多，自 2006 年起，已连续 14 年位列全球十大建筑事务所[①]。

在 Aedas 的发展历程中，始终坚持将国际研究与环球业务相结合，通过多元化与创新性的设计追溯人们对于社会文化、历史事件和地理环境的集体记忆，形成了"全球化"与"当地化"[②]相结合的设计模式。

"从 Aedas 的设计中，我们可以看到一种根植在中国传统文化中的融合时间和空间的创作意图"[1]。在 30 余年的设计实践中，Aedas 密切参与了中国的城市建设，将世界经验引入中国，在此基础上发展出了自身的设计哲学。同时也通过将其在中国的实践经验输出到其他国家，参与推动世界建筑的发展。

Aedas 发展历程

Aedas，源于拉丁语 aedificare，即"to build"："建筑"之意。创始人英国建筑师纪达夫（Keith Griffiths）1954 年出生于英国威尔士圣戴维斯（St. Davids），在剑桥大学圣约翰学院获得建筑学硕士学位后，于 1979 年成为英国皇家建筑师协会（RIBA）会员，并在 2001 年入选香港建筑师学会会员（图 1）。纪达夫拥有 36 年丰富的设计经验，热衷于可以跨越时代、不随波逐流的建筑作品[2]。他主导了 Aedas 在亚洲、欧洲、美洲及中东地区多种类型的建筑项目，同时投身于设计讲座、文章出版与学术工作中，在城市化和文化认同等议题上提出了独到的见解。

自 1985 年 9 月纪达夫在香港创立设计工作室起，Aedas 从一个仅有两人的工作室发展成了以设计品质闻名的全球设计公司，至今已经历了 33 年。Aedas 始终关注于打造开放包容的设计事务所，提供能够鼓舞人心、激发积极性和认同感的工作环境，保持着对市

图 1. 纪达夫先生
图 2. 北京财富中心第一期是 Aedas 在中国大陆的第一个商业综合发展项目
图 3. 香港国际机场北卫星客运廊
图 4. 上海龙湖虹桥项目的开放步廊系统

场热点的敏感度，以市场需求引导公司发展路径。根据其各个时期的不同核心战略，大致可将 Aedas 的发展历程划分为四个阶段。

20 世纪 80 年代——设计项目主要位于香港，以商业、基础设施建设与预制化建筑为主

20 世纪 80 年代，中国内地的城市化进程尚未开始，Aedas 的实践主要位于香港。此时欧洲面临经济危机，而香港正处于经济上升期，全球化的浪潮给香港转型带来了难得的机遇，城市飞速发展，一跃成为"亚洲四小龙"之一，更成为亚洲的区域核心。

这一时期的香港建筑以砖、混凝土结构为主。伴随着办公楼、购物中心的发展，香港开始需要更为复杂的建筑形式，如标准化构件、预制装配式建筑等。在这期间，Aedas 承接到大量商业和基础设施项目，特别是在与香港铁路有限公司的合作中取得了轻轨建设的经验 [3]。结合欧洲的专业设计水平，Aedas 以多样化的创造性设计和工艺，灵活应对着这一变化需求。

20 世纪 90 年代——扩展至东南亚区域，转向定制化建筑

20 世纪 90 年代，Aedas 的发展着力点在中国香港和东南亚，随着新加坡、马来西亚、印度尼西亚等东南亚国家的经济繁荣，Aedas 获得了更多设计基础设施、住宅和商业综合体的技能与经验，同时开拓出不同国家和城市的业务，能够同时为不同业主提供全

面的专业服务。

　　Aedas 选择与业主协同工作，根据他们的需求设计量身定制的住宅、火车站、机场等建筑，在轨道和机场设计方面的专业能力使得公司发展成为横跨东南亚和中东地区的大型企业。此时 Aedas 已经从设计装配式建筑转向设计定制化建筑。

2000 年至 2005 年——经历了全球化及 Aedas 的品牌重塑

　　2000 年至 2005 年，Aedas 积极投身于国际化竞争中，更加关注世界全球化发展。中国自 20 世纪 90 年代开始复杂的商业综合体开发，经济逐渐崛起，在世界范围的金融危机背景下，Aedas 以极具前瞻性的视野，主动参与中国内地的城市建设。

　　2002 年 Aedas 在北京设立了第一家中国内地办公室，并开始了在中国内地的第一个重要商业综合体项目③（图 2）。公司定位的更新与品牌的重塑，使 Aedas 得到迅速成长并逐步成为真正的国际化公司。2005 年前，Aedas 在伦敦、迪拜、洛杉矶和西雅图分别设立了分公司。

2005 年至 2018 年——聚焦中国内地建筑发展，关注当地市场与文化

　　2005 年后，基于从香港、新加坡、吉隆坡、曼谷等快速发展城市中所获得的经验，Aedas 更加聚焦于中国内地的城市发展进程，并意识到仅仅专注于国际化、全球化是远远不够的。中国内地的各个城市中存在着奇妙的差异性，这种差异性促使 Aedas 主动加深

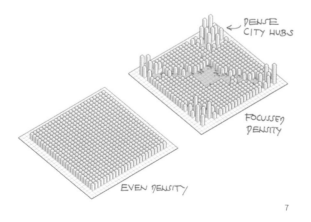

图 5. 新加坡星宇项目中的开放中庭
图 6. 北京新浪总部大楼立面
图 7. 周围的城市枢纽初见雏形
图 8. 现代的城市枢纽将通过渗透性、多重功能和多层公共空间连接城市
图 9. 成都恒大广场
图 10. 恒大广场设计灵感源于天然梯田
图 11. 无锡恒隆广场设计中保留了历史剧院
图 12. 台北砳建筑

对中国地域与文化的理解，在这个过程中，Aedas 在"全球化"（global）的基础上，将"当地化"（local）加入设计理念之中，尝试塑造因地制宜的有机设计。

Aedas 的设计哲学

Aedas 在不同的发展阶段均设定了不同的目标，正如创始人纪达夫所说："去做别人所未尝试过的事，因为我们可以将它做得更好。"Aedas 将多元化的理念、创新性的思想、国际性的视野融入设计，深度挖掘地域文化，逐步实现了各个阶段的愿景。

多元性、创新性、国际性

Aedas 关注不同文化和群体之间的差异性，通过多元化的设计应对全球化发展下"城市趋同"现象所带来的冲击，来自世界各地、拥有不同文化背景的设计团队也构成了 Aedas 多元化思想的基础。同时，Aedas 的设计范围非常广泛，涉及建筑设计、文化艺术设计、平面设计、室内设计、景观设计、城市设计及总体规划等领域。设计类型涵盖艺术和休闲设施、基础设施、会议和展览设施、综合体、企业办公、研究和制药设施、教育设施、住宅、酒店、商业零售等。

对于每一个新项目，Aedas 都在寻找更加前卫的思想理念和可能性，试图不断超越自身。在香港国际机场北卫星客运廊的设计中（图 3），由于基地限制，

图 13. 香港富临阁在视觉上如同一个五层高的倾斜盒体
图 14. 重庆新华书店集团公司解放碑时尚文化城鸟瞰效果图
图 15. 大连恒隆广场
图 16. 香港碧荟不规则凸起的立面
图 17. 新加坡 Sandcrawler 建筑鸟瞰

不同于常规扁平化的屋顶结构，Aedas 创造性地在屋面上设置了一个"航天舱"，将大型机电系统与通风、照明设备等都放在建筑顶部，解放了内部空间。同时，Aedas 也尊重不同文化和群体的社会性与环境性差异，在此基础上进行创造性的设计，于传统与现代之间寻找微妙的平衡点。在上海龙湖虹桥项目中（图 4），Aedas 提取了传统的里弄"石库门"这一文化空间形态，采取"里弄"结合"庭院"的空间模式，既回应了历史，又有效消解了庞大体量，打造出创新性的公共场所，实现了不同功能的和谐共存。

自 2002 年品牌重塑后，Aedas 将国际水平与全球视野提升到了更加重要的地位，以适应自身发展和世界变化。Aedas 在香港、北京、上海、伦敦、迪拜、西雅图等地都设置了办公室，将 1400 余名设计师汇聚在遍布全球的 12 个设计工作室中，在国际化的思想下探讨项目背后深层的文化内涵，自觉参与世界城市发展的进程。

社会与文化

在 Aedas 的设计中，我们常常能够阅读到建筑与城市的亲密关系。Aedas 希望为人们的相聚和交流创造空间，塑造积极、开放的城市性格，从而让人与人之间的交往变得更加便捷。在新加坡星宇项目中（图 5），

Aedas 保留了基地的自然地势，以阶地的形式连通城市公园与广场，一系列的坡道、自动扶梯、阶地和公共花园贯通整个综合体，形成了可穿梭的开放商场。具有通透性的流线使行人可在建筑中穿行，汇聚性的广场也能够提供使用者自由交谈休憩的场地。Aedas 将人类和自然的紧密联系与日益密集的世界城市化背景相融合，赋予了"钢筋水泥丛林"城市全新的、更加积极的意义。

团队协同

Aedas 确立了一套完整的合伙人所有制体系，目前 Aedas 在全球层面由 12 个全球董事进行共同管理，每一个办公室都有当地董事的参与。而每个项目通常会由主创建筑师与合作建筑师共同把控，他们可能处于不同的城市，拥有不同的思考，在思维碰撞的过程中，捕捉灵感迸发的火花。在 Aedas 的设计团队内，也聚集了来自不同地方的设计师。以国际团队、全球平台结合地域文化，形成了 Aedas 独特的协同设计模式。

同时，Aedas 设立的全球协同平台能够将设计信息、范例、科研文章以及最新发展成果等共享给各个设计团队，帮助设计师将发散式思维落实到实际项目中，在项目进行过程中，大家能够随时分享各自的理解和认知。在这种具有实验性的独特组织架构支持下，

Aedas 位于不同地点的不同办公室能够紧密相连并迅捷沟通，通过融合世界各地设计师的集体智慧，使得 Aedas 的设计既国际化又"接地气"。

Aedas 与中国实践

从 1985 年 9 月在香港设立设计工作室，到 2002 年在北京设立中国内地第一家办公室，直至今日 Aedas 在中国已积累了 30 余年的实践经验。Aedas 在中国的项目总数占据了其全球项目的 60%~65%，在中国的办公室拥有接近 1000 名员工。在国际性的专业知识及能力的基础上，Aedas 对城市历史文脉及绿色生态建筑积累了深刻认知，因此得以创造出因地制宜的在地性设计。

全球与当地

作为一家全面的建筑设计咨询公司，Aedas 承接了相当数量由跨国公司开发的设计项目，如印度尼西亚联合利华总部大楼、英国伦敦圣潘克拉斯万丽酒店等；同时，Aedas 拥有分布在全球 6 个国家的 12 个办事处，在世界范围内留下了众多令人印象深刻的优秀作品，在英国伦敦、中国内地与香港、阿联酋迪拜、新加坡等地的设计更是屡获殊荣，大量设计实践使

Aedas 积累了深厚的国际经验。

Aedas 将这些经验不断吸收转化，探索出"全球与当地"相结合的设计模式。在全球的城市化浪潮中，建筑设计常面对的挑战之一是混乱而缺乏特色的基地环境，但在这背后恰恰蕴藏着历史、社会和文化的丰富内涵。如何从项目特定的社会历史文化背景出发，结合自身的国际视野，设计出应对中国自身需求的建筑是 Aedas 一直在思考的课题。在北京新浪总部大楼（图 6）的设计中，Aedas 将视角投向北京城宏伟大气、轴线明确，神秘空间层层递进展开的传统建筑肌理，通过类矩形的建筑体块、轻盈的金属与玻璃立面展示出简洁纯粹的体量，同时在建筑内部设置了两个庭院，塑造出内向的交流空间，呼应了北京传统合院式的建筑形式，将现代风格与东方韵味进行了糅合。

城市

全球化引发了中国城市的快速发展，但同时全球化语境淡化了中国建筑和东方文化的主体意识，由此引发了建筑文化的相似性以及城市空间的趋同。在应对全球化带来的冲击的过程中，Aedas 提取出"城市枢纽"（city hubs）的概念，为中国设计了众多优秀的城市综合体建筑。

（1）城市枢纽

图 18. 内部的景观庭院
图 19. 剧院前厅
图 20. 地铁站点鸟瞰
图 21. 阿联酋迪拜地铁站外观

土地利用的压力要求城市紧凑、集约、高密度，而"城市枢纽"④可以用来应对城市规划发展中所产生的此类问题。纪达夫曾预测："未来城市将产生一系列围绕在中央商务区周边的高密度城市枢纽。这些城市枢纽具有高密度、基于现有交通节点、复合功能及高度适应性、多平台拆分、高度连接性等特点。"（图 7）他认为未来的城市将围绕中央商务区发展形成城市枢纽网，而城市枢纽将成为高密度的工作、生活及休闲中心，所有设施都位于步行可达范围。建筑物会变得更加具有通透性，首层将被拆分为多个公共平台，使景观、光线和空气相互渗透贯通（图 8）。新的城市枢纽网络将成为城市居民生活的全新理想归属，并为新的城市属性提供范本[4]。

（2）城市综合体

综合体（mixed-use）的概念源自西方，但在中国城市中得到了广泛实践。综合体不仅是传统意义上的"混合功能体"，而且是一个新的城市社会生活空间模型。城市是场所的集合，城市综合体关乎生活，各类事件与活动都在这一场所发生，是一种新型都市形态的集合（图 8）。传统现代建筑受制于单一特定用途，而综合体建筑却没有这样的桎梏，因为容纳了许多不同的功能，所以更具灵活性和适应性。

城市综合体建筑的每个楼层都能得到充分利用，经由良好规划的公共空间，可以与四通八达的交通枢纽相连，并在多个层面与其他建筑体相接，方便各种活动的开展，有效提高生活质量[5]。建筑中的不同业态组合，也能形成动态多变的建筑形式，提升建筑丰富度。Aedas 在中国设计了许多城市综合体，如成都恒大广场（图 9），建筑模拟四川自然地貌景观，设计灵感来自天然梯田池，其购物中心与城市公共空间室内外融合连接，形成具有多孔形与贯通性的设计（图 10）。建筑更在形式与功能之间形成了完美平衡，为充满活力的城市中心创造出一座都市绿洲。

历史文脉

德国作家歌德说："建筑是凝固的音乐"。Aedas 运用建筑所特有的韵律与力量感与使用者产生共鸣，并利用建筑设计追溯社会文化、历史事件和地理环境的回忆，使设计与城市历史紧密相连，激荡起人们的旧有记忆。他们擅长从中国博大精深的传统文化和独具特色的地理环境与社会人文风貌中汲取灵感养分，认为设计者应对当地社会与文化有深刻了解，不应只借由造型和结构还原当地特色，还须将内涵链接到建筑功能本身。

Aedas 将中国元素与设计创意相结合，创造出了巧妙而富有趣味的设计方案。在无锡恒隆广场项目中，

Aedas 提取了中国书法的精髓，空间如同中国字画笔触之间所发挥的虚实对比一样丝丝互扣，衍生出建筑设计的动态感。在基地中央有一个两侧配有戏台的双层戏院以及一个始建于 14 世纪的明朝城隍庙古戏台（图 11），Aedas 将其保留下来，并让老建筑主导了整个地块新建筑的规划，同时串联起钱钟书故居和现存的清泉古井，形成连通一体的有机建筑群，促进了历史建筑与新城市空间之间的对话[6]。

可持续发展

Aedas 在强调"生命亲和"（biophilia）[5]这一全球性发展与地域性实践思想的同时，也将生态可持续的理念充分融入设计之中。Aedas 内部专门设有可持续团队，努力探索适合中国独特需求的可持续发展计划，他们认为，对于自然的需求是人类天性中的一部分，尽管城市居民出生并成长于密集的城市环境中，但仍应以各种方式去拥抱大自然。以台北砳建筑（图 12）为例，项目设计灵感来源于鹅卵石，圆润优雅的外形同时兼具了力量和个性。建筑以"城市客厅"为理念，立面采用玻璃和铝板，用绿植覆盖，不仅与鹅卵石上苔藓的设计概念相呼应，还提供了可呼吸的墙面，从而优化建筑的空气流通，使其成为一个同时满足美学理念和功能需求的可持续性设计[7]。

Aedas 与世界未来

全球视野——把世界经验引入中国

20 世纪 80 年代，中国经历了经济、政治与文化转型，伴随着新思潮和现代科学技术的推动，建筑业蓬勃发展。Aedas 将世界前卫的设计思想、丰富的国际经验与先进的建造技术引入中国，探索在全球化条件下符合中国社会的设计作品，与中国共同成长。

（1）城市空间关联性

世界城市化背景下，Aedas 基于多元化的设计理念，对深厚的中国城市文化与变幻的城市空间进行了国际化视野下的独特性解读。除关注项目本身外，Aedas 更加注重挖掘建筑与城市之间的关联性，并结合对社会与人居环境的思考，展现出城市的人文价值。香港富临阁项目（图 13）坐落于有"香港华尔街中心"之名的香港中环，以五层的亲和尺度缓和了周边密集的超高层建筑群，Aedas 在建筑中融入了丰富的城市功能，塑造出高雅自然的城市空间[8]。

（2）公共空间开放性

Aedas 注重城市公共空间的开放性与通达性，强调以多层次的公共空间贯连城市环境与建筑，将开放的公共空间视作建筑与交通枢纽的黏合剂。提供公众

图 22. 横琴国际金融中心外观效果芷
图 23. 裙楼屋顶延展为塔楼外墙
图 24. 内部中庭
图 25. 西交利物浦大学中心楼全景

在开放性领域的自发性交往空间，以期形成具有渗透性的有机建筑体。在重庆新华书店集团公司解放碑时尚文化城设计中（图 14），Aedas 提供了 3 个不同功能、不同海拔的广场，贯连起休闲、餐饮、办公等一系列功能，形成吸引使用者汇聚的开敞空间，同时向周围的城市街道延展，并渗透到城市空间中。无形的城市精神复合有形的建筑空间，展示给重庆高密度城市核心区一幅自然的画卷。

（3）建筑功能复合性

建筑的丰富性决定了感知的愉悦度。Aedas 设计了众多极具灵活性与适应性的城市综合体，也创造了许多具有丰富功能与高效连接性的城市枢纽。Aedas 为中国提供了一种建筑功能多样化的可能性，让多种功能共生成为有机的建筑整体。大连恒隆广场（图 15），是集合商业、休闲、娱乐等为一体的大型综合体项目，大面积的楼面被划分为各个开放的公共活动空间和商业零售区域，通过中央走廊联系起两侧巨大的中庭，并以对角线的方式连接位于角落的入口，建筑多个入口的设置，提升了建筑的整体性及与城市的连通性。作为 Aedas 的"一次地域文化的深耕实践"，大连恒隆广场融合了东方韵味和现代风格，提供给使用者丰富的建筑空间，娓娓道出一个生动的建筑故事[9]。

中国实践——将中国经验分享给全球

Aedas 理解并尊重中国传统，聚焦于社会文化与建筑设计的内在关联和整体互动，建构切合当地需要的优质环境与创新性设计，从富有中国特色的城市建设中汲取经验，转化到全球实践之中。

（1）高层高密度城市的创新性探索

中国的城市拥有着世界独特的高密度环境，众多的高层建筑承载了大量的人类使用需求，其复杂性也是世界罕有的。Aedas 投身于中国的城市建设，聚焦中国城市的经济、社会、文化背景，探索适应中国众多不同城市文化和气候的独特设计。在实践中，Aedas 敏锐感知到了"城市枢纽"的概念，以城市枢纽整合工作、生活、休闲等功能，解决土地利用的问题并深度挖掘其价值，拓展适合中国的全新建筑类型和城市设计模式。其在中国高密度城市实践中所积累的设计经验，现在也正在被美洲、欧洲等地区所借鉴。

（2）在地性与国际性的深度融合

中国拥有着深厚悠久的历史文化与丰富奇妙的地理环境，Aedas 着眼于中国城市中的差异性，以在地性的思想唤回历史记忆，以象征性的设计隐喻当地文化，以有机的建筑空间呼应地域环境。香港碧荟项目（图 16）位于人口极度密集的旺角地区，设计师以高耸的垂直体量来应对狭小基地，并从香港战后建筑汲

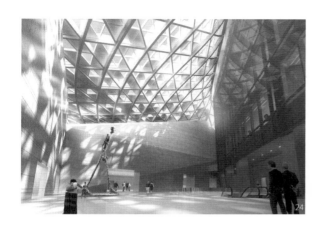

取灵感，通过建筑不规则的凸起立面对早期战后旺角区楼房上搭建的铁制阳台进行了现代化的演绎，为住户提供最大化的景观。呼之欲出的外墙绿化，也巧妙勾起过去居民在阳台种植植物的历史回忆。Aedas 将国际性的视野与在地性的设计实践紧密结合，使设计项目成为改善都市环境的一种途径，在与传统文化相连接的同时融合国际文化的发展变化，产生出全新的创造性设计。

（3）全球化协同平台的有效搭建

Aedas 分布于世界各个地区的办公室共建起全球化平台，营造出独特的"学院式"设计氛围，通过基于协同平台的合作设计将整个 Aedas 黏合到一起，紧密相连[10]。通过这一平台，Aedas 将在中国获得的基础设施与综合体等的丰富建设经验，运用到世界各地的城市实践中。

优秀设计作品解读

新加坡 Sandcrawler

新加坡 Sandcrawler 是一幢 9 层高的综合建筑，其外观呈马蹄铁形（图 17），是世界知名电影及娱乐公司卢卡斯影业的区域总部和制作基地。建筑命名源于《星球大战》中的"星战沙垒"，由入驻大楼的卢卡斯影业员工投票产生。独特的"V"字形平面极大地满足了办公空间对于自然采光的需求，也为楼体低层营造出良好的视线（图 18），通过流线型与高效的楼面布局，将可出租的办公空间最大化。五、六层为双层高的架空层，置入了画廊功能以及一个可容纳 100人的波浪状剧院空间，剧院外形如同巨大的黑武士头盔（图 19），提供了电影放映、舞台表演及其他活动所需的场地[11]。

建筑由上至下层层收分，V 形两翼的末端呈现"台阶"状，每个楼层都看似悬于下一楼层之上，尾端开放的小型温室将植物悬挂在外，如同瀑布般生长，随着各层尾翼拾级而下，为下层遮挡阳光。面向太阳的铬质多孔玻璃，梯级式的庭园和流水景观都有助于建筑的可持续性生长。建筑两翼围合出底层中庭，幽雅葱郁的热带植物在庭中生长并延伸入建筑底部，雕塑般的堆叠营造出中央庭院空间自由开放的氛围，强调出使用者在社会层面上的互动。建筑在为使用者提供高效的办公空间的同时，更将城市与建筑连为一体，建造出优雅的公共庭园。

阿联酋迪拜地铁站

在石油被发掘前，迪拜是一个以捕捞珍珠为主业的小渔村，Aedas 从旧时迪拜采珠村的历史中进行提

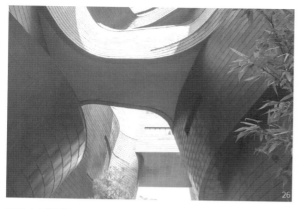

图 26. 中心楼内部
图 27. 香港西九龙站外观
图 28. 出发大厅内如树木枝干般的柱子结构
图 29. 港珠澳大桥香港口岸旅检大楼

炼，以珍珠母贝外壳作为设计原型，以粗粝外壳与细滑内表面对比产生的强烈反差，唤起小绳系腰、没水取珠的旧时记忆。迪拜地铁站项目作为中东地区首个地下铁路系统，总长 74 km，共 45 个车站，分别由约 52 km 长的红线及 22 km 长的绿线组成。地铁站站台以两端开口的蚌形外壳优雅轻覆在沿线轨道之上（图 20），双层覆层的设计也能够有效辅助自然通风，地铁站独特的外形、地标性的高辨识度以及统一的整体风格也使迪拜的历史传统与现代文化得到了有效糅合。

建筑选用了大跨度的钢结构体系，30 m 高呈弯曲状的悬臂结构显示出精致优雅的外形，以经济高效的斜肋构架结合体型适中的钢构架三角网，通过标准化的玻璃面板适应曲面变幻的弯曲形体（图 21）。设计通过一排箍状挡边横跨车站站台和轨道，能够在节省钢材的同时，支撑起外部幕墙玻璃和地铁站功能部件所在正方形平板的表面，在迪拜近 40 ℃的高温下，建筑通过站台边缘的屏障隔绝高温，也能够有效保持车厢内的温度舒适。每个站点都采用了双层车站的设计策略，一层设置站台，另一层设置售票处和零售店。夜幕来临时，弯曲的壳体内散发出纯净的光芒，如同一颗颗亮晶的明珠点缀并串联起迪拜的快速交通网络，列车疾驶过站台，贯联起这座城市的过去与未来。

珠海横琴国际金融中心

横琴国际金融中心（图 22）位于珠海十字门中央商务区横琴片区近海金融岛上，333 m 高的办公及公寓塔楼能够俯视整片水域。建筑设计的灵感源于中国古典绘画——南宋陈容《九龙图》中的造型，图中姿态各异的神龙在滔天骇浪中纵横穿梭，构图上虚实相映，张弛有度，建筑流线型的造型如同出海的蛟龙（图 23），产生出"龙与海"的灵动意向。塔楼立面采用幕墙玻璃与金属面板，流泻而下，化作横琴随风飘动的巨大幕帘，不仅覆盖着裙房中高大的展厅（图 24），也成为极具识别性的入口雨棚。

与传统设计中高层建筑塔楼与裙房自成体量、缺少联动的情形不同，Adeas 选择将塔楼与裙楼交接处的笔直线条进行牵引、拉长、扭转，使裙楼的屋顶延展升腾为塔楼外墙，形成二者完美的结合，在产生出纤长优美的轻盈体量的同时，也考虑到珠海台风季时间较长的气候特征，降低了塔楼所承受的风荷载。建筑上部的高端商务公寓以风车型进行布局，既最大限度地为户型提供通风条件，也使人联想到具有亚热带地区特征的大气运动图像。金融中心自裙楼向上，化为四栋挺拔的塔楼，分别象征着珠海、澳门、香港和深圳四座城市，塔楼融合升腾直至顶端，也象征着横琴融汇了四城的城市精华，如一颗明珠熠熠闪耀在珠江口畔[12]。

苏州西交利物浦大学中心楼

　　苏州西交利物浦大学中心楼作为大学的主楼（图 25），屹立在大片草坪之上，整体呈现出一个水平分层的立方体形态。建筑以苏州城附近出产的太湖石为概念，设计师把"瘦、皱、漏、透"的玲珑趣味和苏州古典园林的情致雅韵相结合，将"学者之石"的设计理念融合到了"立体苏州园林"的空间体验之中，演绎出了层次丰富、古今并蓄的建筑空间[13]。

　　建筑主体立面被无数尺度不同的穿孔铝板细致分割，疏朗之间可见许多结构精巧的"缝隙"，将楼梯和窗户完美融合在外立面内。受传统干石工艺的启发，建筑的水平遮阳板任意分为了多层，只有在靠近时，才能看清所采用的实际材料。楼体内部的曲折回环异于建筑外部的方正姿态，中心楼内部被孔洞穿凿联结（图 26），有效区分了建筑空间，为办公区域提供自然采光，孔洞内的空气流动能够同时对室内空气进行调节，形成良好循环，建筑西北立面没有设计孔洞，能够有效抵挡寒冷冬天呼啸而过的西北风。不同高度的孔洞配合景观空间也使得建筑内部空间具有了更加多变灵活的可能性。设计师将众多功能与内部极为复杂又相互连接的空间整合在一起，不同功能的空间看似各自为政、分区划分泾渭分明，却为使用者创造出产生交集与对话的机会，也将中国传统中实体与虚空相互流转的空间观与建筑微气候营造相结合，形成了

一座优雅而自然的有机建筑。

香港西九龙站

　　香港西九龙站位于香港市区中心，邻近西九文化区，于 2018 年 9 月正式启用，是向北通往北京的新建铁路的门户。西九龙站通过既有铁路与中环心脏地带紧密相连，在站内同时设有香港和内地的入境处，这条地下高速铁路总站也构成了香港历史上最大型的铁路运输网络[14]。与大多数传统的火车站所产生的巨大工业洞穴感不同，西九龙站的建筑形体由地面升起，覆以壳状穹顶（图 27），侧面的采光窗将日光引入，投射进入地下站厅，当乘客到达中庭空间时，聚焦点集中于南立面，朝向香港天际线，即使身处地下，仍然能够饱览太平山顶风景，即刻知道自己身处在香港这座独一无二的城市。

　　车站天幕呈流线型，由 4000 余块大型玻璃组件以及 19 000 多块铝板构成，作为主要力学支撑的 V 形构架，像一棵棵参天大树伸展开枝丫（图 28），使建筑获得了内部空间的开放性与空气流动性，同时让人产生置身原始森林的联想。建筑外地面层向下弯曲，形成了视野广阔的站前广场。屋顶结构朝向海港，形成 45 m 高的体量，流动的条形步道通过广场一直延伸到屋顶，顶部的绿色广场专为公共休闲而设计，种植了数百棵树木和众多灌木，为游客打造了一片自然的

图 30. 大楼波浪状起伏的屋顶
图 31. 旅检大楼内部中庭

空间，同时在游走中还可以眺望到中环天际线、太平山等优美风景。香港西九龙站不仅仅作为一个交通枢纽存在，更为人们提供了一个能够在屋顶欣赏风景、在站内餐厅聚餐或简单地纵情于车站宽敞中庭的自由空间。

港珠澳大桥香港口岸旅检大楼

港珠澳大桥是在"一国两制"的条件下，由粤港澳三地首次合作共建的超大型基础设施项目，其中的香港口岸旅检大楼（图 29）为香港提供了全新的抵境门户。港珠澳大桥香港口岸旅检大楼位于香港国际机场东北面海域中一座 150 hm^2 的新造人工岛之上，由 Aedas 与 RSHP 共同合作进行设计，作为来往通行的门户，旅检大楼将为香港打造出一座便捷高效、动线清晰、视线良好并符合未来发展的标志性建筑。

建筑始终处于不间断的动态之中，大楼的低层接收来自澳门和珠海需要办理入境和清关手续的旅客，而高层用于处理香港出境旅客，巴士、汽车、出租车等熙攘来往。设计师对使用者内部路径及在建筑与周边环境内的流线都进行了极其详尽的考量，建筑功能分区明确、动线清晰。香港是一个被山、水、森林环绕的城市，这些强大的香港视觉符号被设计师提取、转译并融入设计之中，大楼波浪状的屋顶形式，与当地群山起伏的美丽环境相呼应（图 30），曲线流转的屋顶上同时采用了直线形线条强化出建筑内简洁、清晰的流线，提高了内部空间的可识别性并提供路线指引。建筑内设置了通高的峡谷状中庭（图 31），使自然光线能够进入建筑各层，并确保了与线型屋顶的视觉连接。模块化屋顶在场地外进行预制加工，使施工过程简单高效并形成最终的优雅形态 [15]，建筑整体的氛围典雅柔和且流畅精致，准确反映出香港这座城市的精神。

结语

在 2013 年中国首次提出"一带一路"倡议之前，Aedas 就已在沿线城市积累了丰富的项目经验，并在新的城市规划策略的指导下，利用其专业知识技能和经验，为中国新型可持续城市助力。未来也将通过"一带一路"的拓展，为世界创造高效、可持续且富有活力的城市范例 [16]。

亚洲引领着全新的城市规划策略以及新型生活方式，中国也将创造全世界最具可持续性和高效的城市。通过在中国 30 余年的在地性实践，Aedas 深度挖掘中国当地文化，与其国际化的设计理念融合，将世界的经验带入中国；并通过全球平台合作共享，将在中国的实践经验运用到美国、欧洲、中东及其他亚洲国家。在未来，Aedas 也将会继续积极探索创新理念与技术，与中国共同发展，参与并建构世界未来。

（致谢：文章基于笔者在《Aedas 在中国》书中的《Aedas 设计理念综述》一文改写而成，在此感谢 Aedas 公司及编写团队的支持与配合）

注释

① 年度世界建筑设计公司 100 强榜单（WA100），每年由英国建筑杂志 Building Design 在全球各大事务所调查研究的数据基础上发布。基于建筑师数量，2019 年 Aedas 位列全球百强榜单第九名，2018 年位列第十名。
② 近似于"全球在地化"（Glocalization）的概念，全球在地化是全球化（globalization）与本地化（localization）两词的结合，于 20 世纪 80 年代提出，意指个人、团体、公司、组织或社群同时拥有"思考全球化，行动本地化"的意愿与能力。
③ 北京财富中心第一期（Fortune Plaza Phase 1, Beijing），位于北京市中央商务区，毗邻中央电视台总部大楼、北京国贸大厦，包括住宅楼、办公楼及商场，是 Aedas 在中国内地的第一个高层商业综合体项目。
④ 纪达夫认为，人们对于通达的生活与工作环境存在着一定需求，导致城市原有的中央商务区周围形成了附属中央商务区。这种超级集中的次级中央商务区又被其称为"城市枢纽"（city hubs），具有活力、通达、"信息技术一代"等特征，将容纳人类所需的新型都市生活方式的多种建筑类型及功能。
⑤ "生命亲和"（Biophilia）的概念最先由美国生物学家爱德华·威尔森（E.O.Wilson）于 1984 年提出，他指出所有人都有与自然相联系的天生的欲望，即使他们从未在自然环境中生活过。

参考文献

[1] 郑时龄. 序 1 // 支文军, 徐洁. Aedas in China. 上海：同济大学出版社, 2018: 2, 3.
[2] 何润. 筑·印：Aedas 在同济. 时代建筑, 2018(01): 198, 199.
[3] 纪达夫. 序 2 // 支文军, 徐洁. Aedas in China. 上海：同济大学出版社, 2018: 4, 5.
[4] Keith Griffiths. City Hubs // CTBUH. Cities to Megacities: Shaping Dense Vertical Urbanism. Chicago: Council on Tall Buildings and Urban Habitat, 2016: 75–82.
[5] 徐洁. 九项思考 Q & A // 支文军, 徐洁. Aedas in China. 上海：同济大学出版社, 2018: 20–37.
[6] 佚名. 无锡恒隆广场 // 支文军, 徐洁. Aedas in China. 上海：同济大学出版社, 2018: 112–117.
[7] ArchDaily. Lè Architecture/Aedas. https://www.archdaily.com/902292/le-architecture-aedas.
[8] Aasarchitecture. The Forum by Aedas.https://aasarchitecture.com/2015/10/the-forum-by-aedas.html.
[9] ArchDaily. Olympia 66 Dalian/AEDAS. https://www.archdaily.com/791018/olympia-66-dalian-aedas.
[10] Keith Griffiths. 全球董事韦业启：协同工作. http://bbs.zhulong.com/101010_group_3000036/detail19194820.
[11] Felicia Toh. Access to Imagination. cubes, 2015(1): 110–115.
[12] Aedas. 衡琴国际金融中心. 台湾建筑, 2016(10): 40–43.
[13] Aedas. 西交利物浦大学信息行政楼. 台湾建筑, 2016(10): 22–29.
[14] Aedas. Hong Kong West Kowloon Station[J]. domus, 2019(1): 52–61.
[15] Christopher Dewolf. A Bridge Too Far?. Perspective, 2018(12): 68–73.
[16] Hao Nan. Aedas Set to Expand China Offices to Join Urbanization Boom. ChinaDaily.http://www.chinadaily.com.cn/cndy/2017-05/14/content_29339607.htm.

图片来源

图 1 作者自摄；图 13 引自 ArchDaily；图 2—图 12、图 14—图 32 均由 Aedas 提供；图 18—图 20 摄影：Paul Warchol；图 28、图 29 摄影：Virgile Bertrand；图 30—图 32 摄影：Kerunlp

原文版权信息

支文军, 郭小溪. 世界经验的输入与中国经验的分享：国际建筑设计公司 Aedas 设计理念及作品解析. 时代建筑, 2019(3): 170–177.
[郭小溪：同济大学建筑与城市规划学院 2017 级硕士研究生]

31

调和现代性与历史记忆：
马里奥·博塔的建筑理想之境

Consonance of Modernity and Historical Memory:
The Ideal Realm of Mario Botta

摘要 通过马里奥·博塔每 10 年共 5 个阶段的时间线索，以历时性的方式详细且全面地观察其跨越半个世纪的建筑实践，勾勒出博塔的理想之径，以更加深刻地呈现出马里奥·博塔的设计思想与个人特征，并从中了解现代地域建筑文化的发展脉络。

关键词 现代性 地域性 历史记忆 理想之境

2017 年 9 月 15 日，"理想之境：马里奥·博塔的建筑与设计 1960—2017"（The Realm of Idealism: Mario Botta Architecture and Design）开幕式于博塔设计的清华大学艺术博物馆内举行（图 1）。此次展览是博塔首次在中国大陆举办的个人建筑艺术回顾展，展览集中展示了博塔于 1960—2017 年间的部分建筑和设计作品（图 2），展示出其简明有力而内涵丰富的个人风格和特色。

博塔是个人风格极其鲜明的建筑师。要研究博塔过去的全部作品，我们将无法避开时间这个概念，因为形成个人的建筑风格需要时间。"所谓个人风格正是个人化地观察、表达想法；个人化地塑造建筑形式；在统一的环境中，以特别的形式表达不同构思的方式。"[1] 纵观博塔 50 余年的作品，从一个十年到下一个十年，博塔慢慢浮现的设计风格是由什么主宰的？作为国际著名的建筑师，他有值得关注的开拓性的新创作，也有跟随其后的后续作品。我们需要回顾博塔的成长步伐和关键的转折点，并试图揭示隐藏的因素。

交汇与融合——提契诺现代建筑之源

提契诺州位于瑞士的南部，北靠阿尔卑斯山脉，南邻意大利，属于瑞士的意大利语区。提契诺地区在近代社会文化发展过程中深受意大利文化思潮的影响，始终与意大利有着紧密的联系；同时，其地处地中海与中欧的交汇处，这一优越的地理位置使得这片土地逐渐融合了多方的文化和习俗，形成了独具特色的地方文化（图 3，图 4）。提契诺前后几代建筑师广泛借鉴各种思潮的同时，始终立足于地域文化，贯穿着一种"尚古"精神，呈现出朴实、简洁、建筑技术精湛、结构构造关系明确、建筑施工精美的特点，不仅保持了完整和个性，同时又与环境融为一体。这就是孕育了"提契诺现象"的建筑文化基石。

20 世纪 50、60 年代，以博塔、奥利欧·加尔费第（Aurelio Galfetti）、吕基·斯诺兹（Luigi Snozzi）、利维奥·瓦契尼（LivioVacchini）等为代表的提契诺建筑师们开始逐步登上国际舞台。标志性的事件是 1975 年在瑞士联邦苏黎世高等工业大学（ETH）举办的题为"提契诺建筑新趋势"（Trends of New Architecture in Ticino）的展览，博塔等提契诺建筑师们引起了国际建筑界的广泛关注，为当代瑞士建筑文化走向世界奠定了坚实的基础。这一展览也标志了"提契诺学派"（Ticino School）概念的正式形成[2]。

70 年代中期之后，随着世界经济的发展，哲学、

图 1. "理想之境：马里奥博塔的建筑与设计 1960–2017"开幕式
图 2. 展览照片

美学的变异，提契诺的建筑师们也在思索着新的问题，如建筑与基地、材料以及人的关系等。这也进一步丰富和拓展了提契诺学派的理论内涵。1996 年，博塔在提契诺州创立了门德里西奥建筑学院（Academy of Architecture of Mendrisio）①，并多次任职学院院长，成为提契诺建筑新的推动力量，使提契诺建筑创作呈现出多元共存的新气象。

1960—1970 年：传承与起步

1943 年博塔出生于提契诺州的门德里西奥（Mendrisio）。15 岁起，他开始在卢加诺的蒂塔·卡洛尼（TitaCarloni）和凯米尼什（Camenisch）的建筑公司担任学徒，受到了第一代提契诺建筑师的影响。1964 年博塔赴威尼斯建筑大学（IUAV）学习。20 世纪 60 年代的意大利，新理性主义的思潮正在蓬勃发展。1966 年，阿尔多·罗西（Aldo Rossi）的《城市建筑》（The Architecture of the City）出版，三年以后，乔吉奥·格拉西（Giorgio Grassi）的《建筑的逻辑结构》出版，这两部奠定了意大利新理性主义的作品不约而同地提出"回到理性"的口号。这种深植于意大利理性主义传统、有别于现代主义和后现代主义的思潮，对身处意大利、且尚在求学的青年博塔产生了重要影响。不论在城市、地貌，还是历史、技术等层面，博塔的作品都表现出了新理性主义的印记。

在威尼斯求学期间，博塔得到了卡洛斯卡帕（Carlo Scarpa）的指导。博塔之后的设计生涯中体现出的设计思想——立足于场地环境，从自然、文化条件中收集场地资料，提取设计语汇，注重场地文脉的原型的发掘，运用材料和几何语汇等，无不体现出斯卡帕对其的深刻影响。1965 年，博塔在勒·柯布西耶（Le Corbusier）的工作室参加威尼斯市立养老院的设计，勒·柯布西耶对图形的超凡直觉，对古老城市的洞察，对问题的敏锐注视和精辟分析都给博塔留下了不可磨灭的印象。此后在博塔的建筑作品中不时折射出勒·柯布西耶的影子，他对基本几何形的钟爱更是沉淀着对勒·柯布西耶的深情怀念和深刻记忆[3]。1969 年，博塔与路易斯·康（Louis . I. Kahn）合作设计了威尼斯新会议厅工程中的展览会，路易斯·康的浪漫主义和诗一样的建筑都对博塔产生了重大影响。博塔的作品具有很强的封闭感，强调建筑与外界的界定，在重复基本几何形和自然光运用等设计手法上皆隐含着来自路易斯·康的文化继承。

博塔有机会不仅通过书本和学术，而且亲身接触这些大师，享受到了近乎父子相传式的文化传递，同时接受了包含丰富专业的有关社会问题、文化期待、理想图景等方面的极大知识财富。与此同时，在某种程度上也多亏了他们表达语言和理论思考的演变，博塔开始感知到现代主义运动伟大时代的局限性。"正是在我不成熟但真诚地面对这些伟大人

图 3. 提契诺州 (Ticino) 拉韦尔泰佐 (Lavertezzo) 小镇
图 4. 提契诺州 (Ticino) 首府贝林佐纳 (Bellinzona)
图 5. 杰内斯特雷里奥教区用房
图 6. 斯塔比奥独家住宅

物时，我开始构想修正早期现代主义的那些观点。那些观点导致后来在建筑和规划领域形成一种投机式的工业化，将轻率的社会方案隐藏在看似理性的图纸之下。"[4]

1960—1970 年是博塔成长和起步的 10 年，尽管没有太多机会进行个人实践，但他仍通过有限的项目展开了对历史语汇的探索。

博塔将其个人设计的开端追溯到杰内斯特雷里奥教区用房 (Genestrerio Parish House, Genestrerio, Switzerland, 1961–1963，图 5) 时期，建筑呼应旧有教堂肌理，似是由老建筑里有机生长出来；柱廊强调了相邻的教堂广场，两个坡顶打破了规整，以斜坡呼应了地形的起伏；建筑的发展有意识地强调具有时间抗性的物质性和传统，与历史紧密相关。正如欧洲许多著名建筑师以独栋住宅设计开始职业生涯一样，博塔在起步阶段也承接了一些独栋住宅设计，从斯塔比奥独家住宅 (Single-Family House, Stabio, Switzerland, 1965–1967，图 6) 中，可以清晰地看到简洁而充满几何秩序的体量关系，建筑中如壁炉、室外楼梯和石造的工艺等让人感受到勒·柯布西耶式的诗意，并完成了对基地环境的适应和区域秩序的整合[5]。

1970—1980 年：超越现代主义的探索

1970 年，不满 30 岁的博塔在卢加诺开设了自己的建筑事务所，开始了正式的建筑师生涯。这个阶段，意大利新理性主义对于提契诺学派的影响是显而易见的，博塔的作品和设计理念是在适应地域性的同时试图超越现代主义运动的基础上发展起来的。博塔那时就明白现代主义运动的时代已经结束，同时觉得它的遗产需要从历史背景中梳理出来以延续现代主义运动中值得护卫的精神。事实上，这两个方面后来在建筑领域中变成了两个实际存在的弊病。博塔回忆说："我们这一代必须面对全新的不同的挑战，极端激进的现代主义引发了反传统的态度，我们不得不调和这一趋势（举例来说，想一想勒·柯布西耶的伏瓦生规划，它设想完全铲平巴黎老区），同时我们尝试新的语言，还我们的国家和社会其身份，而不落入对历史的模仿或从 70 年代早期开始蔓延的后现代主义夸张的模仿。"[4] 博塔明显的意图是以之前大师们的成果作为出发点，在将之整合进"他的现代性"（与之前大师们的"现代性"截然不同）的同时而有所发展与超越[6]。

博塔有别于意大利新理性主义之处，是他作品中借助人文主义传统对于地域精神的彰显。圣维塔莱河独栋住宅 (Single-family House, Riva San Vitale,

图 7. 圣维塔莱河独栋住宅
图 8. 莫比奥·英佛里奥里学校

Switzerland，1971–1973，图 7），是博塔设计生涯真正的转折点，一直被认为是其最有代表性的住宅之一。住宅呈现伫立在斜坡上的立方体形态，四面开敞并有一座钢桥与道路相连，以动态的方式使"地域的历史"精神化[6]。这一作品标志着博塔正式形成了重新诠释建筑原型和重塑场所的建筑理念，展示出博塔独特的形式原则与建筑语汇。莫比奥·英佛里奥里学校（Morbio Inferiore MidlleSchool，MorbioInferiore，Switzerland，1972–1977，图 8）是博塔在这一时期另一个代表作和公共建筑。在将整个学校和谐地融入村落的景致的同时，博塔创造出了相对独立的建筑环境，以超长纪念性体量重新塑造地段，规划出场地空间，所有的要素都被整合在一个设计中。在这个作品中，人们可以看到明确的几何关系，勒·柯布西耶式的底层架空空间、材料的呈现，以及路易斯·康的光影运用与纪念性空间都得到了体现。"在建筑史上，该项目被公认为是这位提契诺大师艺术生涯的开端。"[7]

这个阶段博塔的作品开始吸引评论家的兴趣。"也许，那些房子中最值得欣赏的是新的设计语言，这一语言将地域性的文化复兴包含进带有现代主义特征的设计中，使其在空间构成、建筑环境及周围的景观中再现活力，而不是在具象地模仿或与以装饰功能重新选用传统材料。"[4]博塔自我评价道。

1975 年，题为"提契诺建筑新趋势"的展览标志着"提契诺学派"概念的正式形成。作为提契诺学派的一员，正是博塔设计的圣维塔莱河独栋住宅建成后的时期。其时，博塔稳健的风格和精确用料的定义构成了他项目的特性，使得他的作品极易辨识。70 年代末，他被评论家们誉为"一名最成功地将语言学及类型学的可读性赋予其作品的现代建筑师"[6]。

1980—1990 年：个人建筑风格的成熟

如果说 20 世纪 60 年代是一个缓慢城市化的过程，那么在 20 世纪 70—80 年代，有相当大的动荡，尤其是在公共客户中。建筑师的公众形象有了大的改变，"不可否认，在人们眼中建筑师的形象更为艺术化"[4]。这一时期，博塔试图在混乱中建立秩序，并因此确立了自己的建筑风格。博塔在一个依然乡野的社会文化环境中长大，但它很快遭遇了战后现代化，如是的成长经历与他其后的设计研究有着明显的类似。博塔认为："现代化是必然的，它给我们文化记忆、土地、公共的历史场景带来严重创伤，我们无法通过熟识的场所重新认识自我，我们研究试图修复这些。"[4]博塔经常回忆路易斯·康年代的座右铭"过往如故友"，以此强调现代性对于我们现在的生活和工作是必然合理的，

但这肯定不能导致否认过去。他说："任何艺术家,哪怕是最具前瞻性的,都在追寻一个伟大的过去,比如古希腊对于柯布西耶或黑人艺术对于毕加索,但无论如何,这种研究都在文化记忆上移植了新的事物。"[4]

博塔着重于历史和成长环境的现代性和记忆之间的关系,一直是其艺术创作的灵感之源。其创作表现出的"地域性"不仅具有抵抗性,还从更基本的文明的地区性出发,体现出营造人居环境的设计理念。正如建筑历史理论家阿兰·柯尔孔(Alan Colquhoun)所述:"并不是为了表现特别的地区的本质,而是在设计过程中使用当地特征作为母题,来产生有机的、惟一的和环境相关的建筑思想。"[8]

随着以博塔为代表的提契诺学派日益受到世界建筑界的瞩目,博塔的设计项目中逐渐出现更多类型的公共建筑,涵盖了教堂、办公、银行、博览、学校等项目。博塔自身建筑风格越发鲜明,建筑地位得以确立。他先后被聘为洛桑联邦理工大学、耶鲁大学等名校的客座教授。1981 年,在《网格和路径》(The Grid and Pathway)一文中,亚历山大·楚尼斯(Alexander Tzonis)和丽安·勒法维(Liane Lefa)首先提出"批判的地域主义"(Critical Regionalism)[2]的概念,紧随其后,肯尼斯·弗兰姆普敦(Kenneth Frampton)在他的专著《现代建筑:一部批判的历史》(Morden Architecture: A Critical History)中,将博塔的作品列为批判的地域主义的典型代表。

20 世纪 80 年代初期,博塔开始使用圆形平面。这并不是形式上的策略,而是对维护的形式、内部空间组织上的张力及建筑客体与周围景观关系的形式进行的一种转译[6]。在被广泛称作"圆房子"的斯塔比奥独栋住宅(Single-family House, Stabio, Switzerland ,1980–1981,图 9)中,博塔采用了完整的圆形平面,一条标示南北轴线的缝隙确立了建筑在峡谷之中的朝向,精确而有秩序地塑造着空间与基地的关系。圆柱体矗立于环境之中并成为其中的一道景色,符号化的形状使得建筑回归于质朴,产生出家的原始意象,体现出博塔对于建筑形式独到的理解和特别的关注[9]。朗西拉一号大楼(BuildingRansila 1, Lugano, Switzerland ,1981–1985,图 10)位于卢加诺历史悠久的中心城区,在两条重要道路的拐角处,两翼相交形成转角塔楼,顶部设立单棵树木作为标志物。建筑以雕塑般的形体与环境形成对比,方格子的墙面处理和深凹的窗洞又与周围建筑相呼应[10]。新蒙格诺教堂(Church San Giovanni Battista, Mogno, Switzerland ,1986–1996,图 11),来自巴洛克教堂的椭圆形平面在顶部被倾斜的圆形天窗切成舒缓的斜面。以当地传统谷仓意向,椭圆形圆柱体象征了灾后印记;建筑外墙双色的条纹象征了传统石头建筑中的砌层,表现出对重力的关注。博塔借助抽象的建筑语言完成了从变幻到永恒的转换,以惊人的空间效果解决了结构问题,表现了人与自然斗争的主题。

1990—2000 年：建筑语言的拓展

进入 20 世纪 90 年代，博塔的建筑风格已然非常成熟和稳定，独具个人特色，为其创造性地从一个建筑向另一个建筑的转变创造条件，并且每一次的转变都有新的主题，新的解读。从事建筑设计的第 3 个 10 年是博塔创作的巅峰时期，在这一时期，人与环境、建筑与环境成了全球建筑界讨论的热点，回归自然、创造优美的人文与居住环境成了建筑师追求的目标。

博塔通过设计建筑来设计整个基地的环境，而不是仅仅在基地上设计一栋建筑。在塔玛若山顶小教堂（Chapel Santa Maria Degli Angeli，Mount Tamaro，Switzerland，1990–1996，图 12）设计中，博塔首先为业主精心选择了建造地点，创作了一条通向塔玛若山的漫步路径。"每一件建筑的艺术作品都有自己的环境，创作时的第一步就是考虑基地。"博塔认为，"关于建筑，我喜欢的并非建筑本身，而是建筑成功地与环境构成关系。"小教堂巧妙地与山体融为一体，以坚固的建筑形象安抚心灵，以纪念性表达了永恒的主题[11]，同时也可以让参观者俯瞰整个山谷，成为一个观察自然的独特场所，其精神性和场所感通过空间和形态得以表达，完美诠释了"地域建筑"的理念。这是博塔最感人的设计作品之一。

博塔家乡的边缘地理条件常常被转化为创造性的中心，一直是"国际主义"设计精神的发源地，从中世纪的罗马风到 20 世纪理性主义风格。但是，"我们应当小心不要混淆国际主义与全球化"。博塔认为前者是后者的死敌，因为"国际主义的严肃精神要求建筑说明每一个项目的具体情况：其物质环境、历史背景、整体形态条件、材料和建筑技术的传统等"[4]。但全球化与这种严肃辩证的精神恰恰相反，"它将建筑消减为能在世界任何地方都能复制的特异体，无视场所精神"。然而，不幸的是现在很多客户都是建筑全球商品化的受害者[4]。

通过对场所精神的诠释，是博塔应对全球化挑战的有效途径。他力求从地形、气候、光影等方面提炼出抽象的设计语汇，赋予简洁几何形体以变化的空间，使人与自然进行交流并产生共鸣。他认为建筑不仅要与环境、基地构成关系，更重要的是对场所进行空间、环境、文化等方面再次塑造，建筑师应当阅读场所的逻辑性和可能性，最终塑造出作为一个整体的新景观。让·丁格力博物馆（Museum Jean Tinguely，Basel，Switzerland，1993–1996，图 13）为永久收藏 20 世纪艺术家让·丁格利（Jean Tinguely）作品而建。场地紧靠莱茵河，并位于高速公路大桥的一端，博塔尝试通过建筑激活这片边缘空地，改善 20 世纪的城市肌理。建筑的矩形平面，每一面都通过不同方式顺应不同的城市环境，街角的圆柱形体量则体现了建筑相对于城市的独立性。

博塔通过在法国竞赛获奖的项目尚贝里和维勒班（Chambery and Villeurbanne）开始了真正意义上的国际职业生涯，许多作品取得了国际维度和认可，

图 9. 斯塔比奥独栋住宅
图 10. 朗西拉一号大楼
图 11. 新蒙格诺教堂
图 12. 塔玛若山顶小教堂

将设计活动扩展到了几乎所有的大洲：欧洲、中东、美洲、亚洲等。博塔形容自己"只不过是从中世纪到文艺复兴，从18世纪新古典主义到20世纪理性主义，在这历史长河中的一个当代倡导者而已"[4]。博塔特别赞赏来自家乡的非凡雕塑艺术家阿尔贝托·贾科梅蒂，他出生在乡村，而他的作品现在被世界最重要的博物馆所热求。据说贾科梅蒂的雕塑是表现现代人的生存条件的象征作品之一，他成功地使国际观众感知到这一生存条件，但仍忠实地保留着他所走出的阿尔卑斯山谷的人性、道德和情感的印记。博塔认为："像贾科梅蒂这样的名人提醒我们，一个有效的方式便是从自身的社会记忆和最深的文化背景开发艺术张力，然后赋予其普世价值，以吸引世界文化的注意。"[4]

罗弗莱托与特兰托的现代艺术博物馆（Museum of Modern Art of Rovereto and Trento, Rovereto, Italy, 1996–2002，图14）常被认为是博塔最为知名和成熟的项目。建筑坐落在两座18世纪宫殿之间，巨大的广场作为不同功能空间的入口，总体的组织方法以及博物馆功能的复杂性基于一个特定平面产生了灵活的变换。博塔通过"对称性"系统中增加策略性的反对称，赋予了空间超越想象的自由[6]。

2000—2017年：调和现代性和历史记忆

新世纪伊始，博塔的形式语言在进一步尝试之中，在形体操作与材料运用等方面，都进行了新的探

索。他以艺术家一般的激情进行着形体操作的实验，同时以工匠般的精准雕琢作品。对于材料的创新运用，博塔始终保持着极大的热情。在卢加诺中央巴士总站（Central Bus Terminal, Lugano, Switzerland, 2000–2001，图15）这一改造项目中，博塔采用新的透明顶棚材料覆盖巴士停靠区与乘客等候区，白天尽享阳光沐浴，夜晚又以彩色灯光形成了剧院般的效果。他最大化地利用了新型材料与结构，创造出了光的戏剧性变化效果。楚根·阿罗萨健康温泉中心（Spa "Tschuggen Berg Oase", Arosa, Switzerland, 2003–2006，图16）如同坐落于四面环山的天然盆地中的"山中绿洲"[12]，树叶状的大楼展现诗意的形象，几何形状的天窗营造自然光线，天然石材外墙与玻璃窗产生了纯粹的碰撞；模块化的设计实现了空间分布的灵活性以及场地贯连的整体性。在韩国的济州岛会所（Club House 'Agora', Jeju Island, Korea, 2006–2008，图17）这一项目中，博塔充分利用了当地所产的火山岩石材，创造性地将其覆满外立面、内墙，甚至天花板。石材独有的厚重感，与院落中心剔透的玻璃金字塔形成了强烈的对比。博塔的石榴石教堂（Chapel "Garnet", Zillertal, Austria, 2011–2013，图18）设计得名于一种当地发现的特殊矿石——石榴石，自然形态下呈现十二面体状；教堂使用耐候钢板覆盖内部木结构，通过混凝土基座承托建筑，与周围自然环境形成了鲜明对比。

面对建筑艺术如何能避免蜕变为平淡的官僚化的

图13. 让·丁格力博物馆
图14. 罗弗莱托与特兰托现代艺术博物馆
图15. 卢加诺中央巴士总站

体验与评论——建筑研究的一种途径

职业或成为一个唯美主义装饰角色的双重风险的问题，博塔相信建筑作为卓越的公共艺术，是享有特权的历史遗产，因此承担着塑造一个时代、一个民族、一个集体的优秀文化的公民和道德义务。"这意味着建筑艺术不应像许多其他行业那样在社会和知识分工的暴政之下被割裂得支离破碎。建筑师，不同于在过去的几十年数目急速增长的工程师，需要是一个通才。"[4]作为通才的建筑师不应局限于仅仅控制项目的构图设计，博塔希望建筑师来承担一个更广泛的公民和学术的责任。作为1996年创立的瑞士意大利语区大学建筑学会的主要创始人，博塔通过演讲、出版和展览等活动，积极参与公开辩论和文化基金会领域的推广活动，卓尔不群。"我觉得建筑文化的界限是宽广的，不只是局限于专业技能。"[4]博塔受勒·柯布西耶的影响是巨大的，当时勒·柯布西耶不知疲倦地投身于设计和文学、出版和理论宣传，进行建筑同其他艺术的比较，以及建筑同体制和政治领域的比较等各类活动。"我和这位现代主义运动的大师一样有着对建筑的挚爱。建筑作为一门公共艺术，它期盼建筑师要成为取悦者和文化推动者。这就是为什么我总是像他一样参与学术辩论，推动学习和培训计划，承担我的文化责任，为我们学科的进步作出贡献。"[4]

事实也如此，博塔在中国的大学等各种场合就举办过多场演讲会、研讨会和个人作品展；特别是笔者主编的两本重要的中文图书《马里奥·博塔》（2003年）

和《马里奥·博塔全建筑（1960—2015）》（2015年），博塔提供了重要的技术资料图纸照片，为所有作品选配了他亲自画的设计草图。

博塔在中国有非常大的影响力，近十几年来，通过国际竞标或直接委托承担了多项建筑设计项目。但对于包括中国在内的亚洲国家的城市化进程及大规模建设，博塔持批评性的态度，他的忧虑是显而易见的。博塔认为亚洲国家已成为越来越鲁莽的自然环境人工化的领军者。"我并不认为我们在欧洲建立的分类系统可以用来解释在印度、中国及远东所发生的现象。在亚洲国家当前迅猛的发展中，我可以再次看到那些曾经重创我们国家的于文化延续与文化断裂之间的矛盾。我感觉现代技术与经济的发展正在造成断裂，使文化记忆无处可归，以致又出现不合时代的建造虚假的纪念物和传统居民区的需求。"[4]然而，在这个称为"全球化"的现代化的新时期，我们可以看到潜藏在博塔的设计和文化经验下的基本主题的回归。

在北京的清华大学艺术博物馆（Tsinghua University Art Museum，Beijing，China，2002–2016，图19）项目中，博塔延续了清华大学主楼的东西轴线。同心不同径的圆柱支撑起底层架空入口，形成了建筑与环境的自然过渡；通过建筑的形式逻辑表现出"重力"感，而红褐色的天然石材与透明的玻璃这一实体与虚空各自的代言者也产生了新的碰撞。在上海衡山路12号酒店（Twelve At Hengshan，

A Luxury Collection Hotel，Shanghai，China，2006–2012），（图20）设计中，博塔大量使用具有厚重感的陶土砖，赋予了墙体真实的体量。建筑体量雄浑而富有城堡感，具有特别象征意义的椭圆形"开口"使建筑物的内外界限鲜明，既提升了外界对建筑物的"敬意"，又确保了建筑物内的安宁和舒适[13]。在近期完成设计并即将开工的银川清真寺及其周边商业（Yinchuan Mosque and Surrounding Commercial Area Schematic Design，Ningxia，China，2017.06）设计中，博塔把所有建筑的几何结构都对齐于北部和东部的边界，并通过两个庭院将清真寺和商业空间组合起来，主庭院是清真寺的核心部分，次庭院中设置了树木和长椅，提供了供人休憩的静谧空间。宣礼塔被凸显出来，在视觉上引领了整个建筑组群。而在相邻地块内的银川源宿酒店（Yinchuan Riverside Element Hotel，Ningxia，China，2017.09，图21）设计中，位于场地中心位置的酒店建筑由三个形式相同的塔楼构成，通过走廊将其紧密相连。场地内设置了层层包围的树木，柔化了停车场与酒店的边界。酒店与其南侧的公共雕塑公园遥相呼应，在完成自身风格塑造的同时更增强了公园的可识别性。

博塔的建筑风格是他认知与实践之间的纽带，是他与时空之间非常私人化的纽带。从全球范围，博塔设计出了他自己的世界，既包括外部的世界，同时又象征性地保持了无地域性和无时间性[14]。这种个人风格所隐含的无地域性和无时间性，其实会给建筑师出难题——从一个作品到另一个作品，这意味着什么？

结语

回顾半个世纪以来博塔的建筑创作，他始终充满了激情与不竭的创造力。从提契诺独特的历史与文化环境中走来，博塔一如既往地关注时间、历史与记忆，运用几何形式塑造深刻的内涵，完整地展现出新理性主义的严谨秩序，彰显出"抽象的古风"[15]；同时强调场所环境的重塑，突出几何形态的有序性与环境无序性的对比，在环境与建筑之间产生出微妙的平衡。博塔的设计作品既折射出古典的影子又散发出现代的气息，并随着时代的变化对地域文化进行了全新的探索与诠释。

博塔始终保持着活跃的设计实践，在其50余年的设计生涯中，项目多达700多个，涵盖建筑、城市、景观、室内、产品、装置、舞美等。博塔的设计始终有一个愿景，"这个愿景的任务就是要优于所处时代的现实；对建筑学来讲尤其如此，作为一个项目，它要超越当前的边界。"[4]

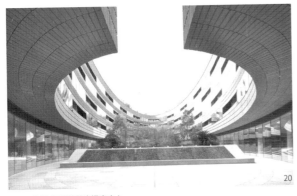

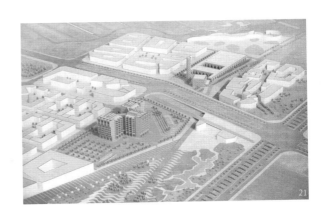

图 16. 楚根·阿罗萨健康温泉中心
图 17. 韩国济州岛会所
图 18. 石榴石教堂
图 19. 清华大学艺术博物馆
图 20. 上海衡山路 12 号酒店
图 21. 银川清真寺及其周边商业与源宿酒店方案设计

注释

① 门德里西奥建筑学院（Accademia di Architettura of Mendrisio），隶属于瑞士意大利语区大学（USI），许多著名建筑师如 Peter Zumthor（已离开），Valerio Olgiati，Aurelio Galfetti，Aires Mateus 等在此任教。

② 以超越后现代主义为目标的“批判的地域主义”思考了全球化与地域性的问题，试图探讨挽救现代建筑的实践策略。

参考文献

[1]I.Sakellaridou. Mario Botta-Architectural Poetics. New York: Universe Publishing, 2000.
[2] 支文军，章迎庆 . 追求理性：瑞士建筑师马里奥 . 堪培教授专访 . 时代建筑，2000(2).
[3] 支文军，朱广宇 . 永恒的追求：马里奥·博塔的建筑思想评析 . 新建筑，2000(3): 60–63.
[4] 布鲁诺 · 佩德雷蒂 . 记忆的现代性：建筑师马里奥·博塔访谈 // 支文军，戴春 . 马里奥·博塔全建筑 (1960–2015). 上海：同济大学出版社，2015: 14–17.
[5] 支文军 . 乡土与现代主义的结合：世界建筑新秀 M. 博塔及其作品 . 时代建筑，1989(3).
[6] 朱利亚诺 · 格雷斯莱里 . 马里奥 · 博塔：过往如故友，未来即挑战 // 支文军，戴春 . 马里奥 · 博塔全建筑 (1960–2015). 上海：同济大学出版社，2015: 18–21.
[7]Frampton K. La tendenza a costruire in Mario Botta. Architettura e progetti negli anni’ 70, Electa, Milano, 1979.
[8]Alan Colquhoun. The Concept of Regionalism. // G.B. Nalbantoglu, Wong Chong Thai, ed. Postcolonial Space(s). New York: Princeton Architectural Press, 1997.
[9] 支文军，胡招展 . 重塑居住场所：马里奥·博塔的独户住宅设计 . 时代建筑，2002(06): 70–73.
[10] 支文军，朱广宇 . 诗意的建筑：马里奥·博塔的设计元素与手法评述 . 建筑师，2000(02).
[11] 支文军，郭丹丹 . 重塑场所：马里奥·博塔的宗教建筑评析 . 世界建筑，2001(09): 28–31.
[12] 全缨，刘烨辉 . 马里奥·博塔的“山中绿洲”温泉 . 时代建筑，2008(05): 140–145.
[13] 李瑶 . 衡山路十二号 一个低调的上海故事 . 时代建筑，2013(02): 88–93.
[14] 伊雷娜·萨克拉里多 . 马里奥·博塔：时间、记忆和内在空间 // 支文军，戴春 . 马里奥·博塔全建筑 (1960–2015). 上海：同济大学出版社，2015: 22–25.
[15] 蒋天翊 . 来自提契诺的声音：记马里奥·博塔上海学术交流活动 . 时代建筑，2012(3): 122–123.

图片来源

本文图 1—图 3、图 20 摄影：支文军，图 4、图 5: https://www.pinterest.com，图 6、图 7、图 12、图 13、图 15、图 16 摄影：Enrico Cano，图 8—图 10 摄影：Alo Zanetta，图 11 摄影：Alberto Flammer，图 14 摄影：Pino Musi，图 17 摄影：Urs Homberger，图 18 摄影：Seung-Hoon Yum，图 19 由马里奥·博塔事务所官方网站提供，图 21 摄影：傅兴，图 6—图 18、图 19、图 21、图 22 均由马里奥·博塔事务所提供

原文版权信息

支文军，戴春，郭小溪 . 调和现代性与历史记忆：马里奥·博塔的建筑理想之境 . 建筑学报，2018(3)：80–86.
[国家自然科学基金项目：51778426]

[戴春：博士，《时代建筑》杂志 责任编辑，同济大学建筑设计研究院（集团）有限公司 建筑师；郭小溪 同济大学建筑与城市规划学院 2017 级硕士研究生]

32

文脉中的建筑艺术：
澳大利亚 DCM 建筑事务所介绍

Architectural Art within Context:
Introduction to Denton Corker Marshall, Australia

摘要 DCM（Denton Corker Marshall）建筑设计事务所成立于 1972 年，是当今澳大利亚最杰出的建筑设计事务所之一。自成立至今的 40 余年，事务所致力于建筑设计和城市规划研究，形成了具有鲜明特色的"DCM 思考与创作方法"。文章对 DCM 事务所的发展历程进行了归纳，并对其创作理念和方法进行了总结。最后，通过几个典型项目呈现 DCM 的设计特点，探讨了 DCM 事务所的设计理念、手法以及创作方式对当今建筑设计的影响和启发。

关键词 DCM 发展历程 设计理念和方法 作品展示

事务所简介

DCM 建筑设计事务所（Denton Corker Marshall，以下简称"DCM"）是当今澳大利亚最杰出的建筑设计事务所之一。事务所成立于 1972 年，总部设于墨尔本，并于伦敦和雅加达设有分公司。事务所致力于建筑设计和城市规划研究，注重材料的运用和构思的表达。在长期的设计实践中，DCM 形成了独树一帜的设计语言。1996 年，事务所的三位创始人丹顿（John Denton）、廓克（Bill Corker）和马修（Barrie Marshall）同时荣获澳大利亚建筑界最高奖项——澳大利亚皇家建筑学会（RAIA）金奖。如今，DCM 的作品已遍布世界各地，并受到高度赞扬和认可。

事务所的发展和特色的形成与三位创始人密不可

分。他们对设计的不断探索以及对城市问题的研究，成为事务所不断发展的核心动力。时至今日，三位创始人中的两位仍然活跃在第一线，参与设计工作，严格把控作品的质量[1]。因而，DCM 的作品很好地诠释了理念与手法的延续性，并在实践和理论探索中形成了一种具有鲜明特色的"DCM 思考与创作方式"。

近年来，DCM 逐渐关闭了许多分公司，强化墨尔本总部的设计工作，这保证了核心设计力量的集中，也避免了庞大运行机构长期存在的管理问题。DCM 相信，这种工作模式有助于他们提供最好的设计作品。

DCM 设计的发展历程

自成立至今，DCM 的作品类型不断丰富和完善，这与社会发展、文化转变、设计工具进步、全球化进程等外界因素息息相关。更重要的是，DCM 对建筑创作的实践、城市问题的研究，以及城市与建筑间关系的探索是他们作品不断进步的核心动力。

DCM 初期的作品就呈现出对建筑和城市的双重思考。丹顿和廓克先生都学习过城市和区域规划的课程，其思想受著作《美国大城市的生与死》的影响[2]。1976 年，DCM 赢得了墨尔本城市广场项目，由于政府要求尽量减小公共活动空间，DCM 前所未有地将电子屏幕作为设计要素引入其中，并邀请艺术家在广场内创作了一个抽象雕塑，这成为当时人们讨论的焦点。

图 1. 约翰·丹顿，白瑞·马修，比尔·廓克
图 2. 墨尔本城市广场

这是 DCM 对城市问题实践的重要起点，它也成就了 DCM 从规划角度思考建筑的设计方式。

进入 20 世纪 80 年代，DCM 的作品呈现出类型学的特征，这与当时风靡全球的后现代主义思潮不无关联。它们的作品运用特定的建筑语言，如院落、广场或柱廊等元素来处理建筑和城市之间的关系，表现出对历史和传统的尊重。建筑单体的处理上强调正交关系，并趋向于抽象的立方体形式。另外，DCM 关注建筑带给人们在城市中的感受，如在考斯林大街 101 号项目中，他们反复推敲摩天楼如何与城市结构相结合，并仔细考究建筑细部对原有环境的影响。80 年代末，DCM 在设计手法上逐渐进入对形式和形式之间关系的探索。90 年代，DCM 的作品表现出解构主义的特征。他们将城市肌理中的网格转化为框架，并将立方体单元穿插其中，以此表达建筑的解体与重构。这种手法被建筑评论家贝克（Haig Beck）称为"元素的组装"（assemble of elements）[3]。但不同于一般的解构主义，DCM 的作品更加关注材料和建造。

从 90 年代后期开始，DCM 的设计项目逐渐出现在世界各地。他们不局限于建筑创造中的突破，对城市问题的研究也投入了更大的精力。随着新千年的到来，DCM 对建筑和城市的理论及方法都进入了一个相对成熟的阶段。他们将建筑视为三维的、物质的代表，是城市发展系统中的组成单元，不夸大建筑的影响，也不否定建筑对城市生活的积极作用[4]。DCM 将当代城市中争相建造高层与浮夸形式的建筑视为一种投机行为[2]，主张在平凡的基础上创造不平凡的建筑。这种观点与当下许多建筑师对形式的过度追求形成了一种对抗。面对不同地区不同的发展状况，DCM 给予不同的关注。对发展中国家而言，DCM 更加关注城市如何为其居民提供就业和得到尊重的机会；而在发达国家，城市的生活质量成为 DCM 关注的焦点。另外，DCM 思考城市发展的可持续性，他们强调城市的发展在于更新而非无限度地蔓延，并通过建筑作品中技术的运用，回应当下可持续的发展需求[2]。这个时期，DCM 的建筑创作手法呈现出多样化的特点，一方面表现在对原有设计手法的完善和发展，另一方面，面对不同地区的场地环境的需要、工程技术的差异、设计速度的要求，DCM 逐步形成更加完善的应对方式。

DCM 的设计理念与方法

城市文脉的回应

早期关于城市规划的学习与实践对 DCM 的创作产生了很大的影响。丹顿曾直言："城市规划的理论构成了我们实践的脊梁。"[4] 这种影响首先表现在作品对城市文脉的关注。

DCM 早期回应城市文脉时强调对历史和传统形式的参考。他们运用传承下来的建筑类型去控制建筑物，并将其概念化、抽象化。因而，我们看到院落、广场

图 3. 墨尔本展览中心
图 4. 墨尔本博物馆

或柱廊等元素以一种理性的方式出现在他们的设计之中。同时，DCM 关注城市的格局，并探讨建筑和外部空间的关系。典型的案例是皇子广场项目，设计采用类型学方式去控制建筑和都市空间的关系。之后的作品中，DCM 对城市文脉的回应向一种更为抽象的方式发展，在墨尔本展览中心的设计中，他们对澳大利亚传统的檐廊空间进行了新的探索和尝试；在墨尔本城市入口的方案中，传统的檐廊空间被抽象为一排倾斜的柱子。此外，DCM 吸取城市空间组织中有条理的网格形式，并将它转化为建筑的控制性要素，使建筑成为城市结构的延续。如墨尔本博物馆的设计，钢构架将不同的空间元素组合，这种网格式的框架回应了墨尔本有条理的城市格局，建立起建筑功能空间与城市空间的尺度联系。

文脉的回应另一方面表现在对时代的回应，包括城市功能和活力的思考，城市现有建造条件和技术的运用等方面。在 DCM 的设计中，当今城市生活的开放性、交流性、可持续性等，通过材料的运用、空间的组织和创造得以实现。曼彻斯特民事法院运用透明的材料创造了一个平等的、向公众开放的场所，被英格兰和威尔士最高法院首席法官誉为"一座代表着民事司法正义新纪元的伟大建筑可能是现代最好的民事和家事法庭"；设计还通过当代的建造技术实现了全年

自然通风的可持续设计。亚洲广场的裙房采用大面积的遮蔽空间形成了城市空间向建筑内部空间的延续，为炎热、多雨的新加坡提供了公共集会的场所。面对不同城市的建造技术和设计速度的要求，DCM 也给予回应。新世纪的设计中，我们看到了曼彻斯特法院的缓慢与精致，也看到了欧景城市广场等规划项目的快速与粗狂。在后者的创作过程中，DCM 采用"草图式"的框架式设计方式包容设计与施工过程中的变数，并采用"简洁的、可复制的"单元形体回应了中国城市化进程中快速的建造要求。

可以说，DCM 对城市文脉的回应是多方面的。从传统形式的继承与发展，到城市功能、活力的思考，再到建造水平和速度的应对，向人们展现了对城市文脉关注的多维视角和丰富的创作手法。

秩序下的变化

DCM 对秩序的强调同样来源于对城市的研究。他们认为秩序是第一名的，"我们的社会和政治体系是靠秩序来维持，建筑作为人类居住条件以及社会的主要表达方式，理论上讲，应该能在某种形式上反映出某种秩序。"[4] 在 DCM 的创作中，严谨的网格系统、有秩序的元素排列成为建立秩序的要素。如墨尔本博物馆，充满秩序的框架成为控制性的元素；墨尔本城

体验与评论——建筑研究的一种途径

图 5. 森斯办公楼
图 6. 中国驻墨尔本总领事馆
图 7. 桌上艺术装置
图 8. 韦伯桥

标项目中，一排红色的斜柱为城市入口带来理性的秩序的印象；无锡"阳光 100"光矩阵会所，独立的办公和洽谈空间构成了秩序的矩阵 [5]。DCM 对秩序的关注在规划类项目中更为明显。例如中国的一些住宅项目，DCM 运用明确的以社区服务为中心的结构系统，形成了一个严谨的空间格局。这从一个侧面对抗了城市中无关联的点式建筑对城市肌理的破坏。

DCM 同样在秩序下寻求变化，正如丹顿所言："如果你对变化、演进和超越不感兴趣，生活就永远只是生存而已。"[4] 形式的突破是变化的表象，而建筑自身功能的需求，甚至对所处时代思潮的回应才是变化的核心动力。墨尔本博物馆的设计，DCM 将不同的功能体量自由地穿插在框架中，形成了对秩序的突破，这被视为在解构主义思潮下元素的解体和重构。曼彻斯特民事法院项目中，法庭的大小和数量决定了每一层线形元素的长度，这使得水平向的元素在建筑两端伸展并发生错位变化，从而使建筑突破了静态形式，获得了水平向的动势。而在新加坡新金融区的亚洲广场设计中，DCM 关注高层建筑对城市天际线的影响，并通过高度不一的立方体组成，为新加坡新金融区的天际线添上了鲜明的一笔。

艺术化的建筑

DCM 的许多作品都表现出一种抽象的艺术风格。三位主创求学之时（20 世纪 60—70 年代）正值现代艺术盛行，他们花了大量时间在维多利亚州的国家美术馆 [4]，这弥补了澳洲远离艺术中心的缺失。在 DCM 的创作生涯中，有多次与艺术家合作的经历，艺术家敏锐的造型能力和对城市的独到理解对 DCM 的设计理念产生了一定的影响。1976 年的墨尔本广场设计，他们邀请艺术家罗伯森（Ron. Roberson Swann）为广场设计了一个雕塑——穹窿，这次合作对 DCM 雕塑化的建筑造型产生了影响。1986 年，DCM 设计的"桌上艺术"装置获维多利亚州国家美术馆设计竞赛第一名。在这个艺术品设计中，DCM 将重点放在形式和形式关系的探讨上，这也成为他们对建筑中艺术形式领域探索的重要突破 [1]。

无论是在城市还是自然环境中，DCM 的建筑都表现出简洁、雕塑式的艺术特征。曼彻斯特民事法院和森斯办公楼如巨型的立方体构成雕塑，呈现在城市街区之中。在澳大利亚墨尔本网桥项目的设计中，DCM 与艺术家罗伯特·欧文（Robert Owen）合作，运用动态的艺术造型，为往来的骑车人流和行人创造了愉悦的空间体验，成为为城市带来能量和动态的艺术品 [6]。在自然环境中的项目，DCM 的设计像矗立在大地中的

图 9. 丽山别墅
图 10. 澳大利亚馆
图 11. 梅德赫斯酒庄别墅
图 12. 落樱酒庄
图 13. 乐天银泰百货
图 14. 曼彻斯特民事法院

精美雕塑，简洁的形式与丰富的环境形成对比，极具张力的造型又和基地的风貌形成了统一，如丽山别墅等项目。

色彩也是 DCM 艺术化建筑的重要手法，三原色是 DCM 所钟爱的，鲜艳的色彩使建筑在城市环境中凸显出来，好似城市中的色彩构成。在中国驻墨尔本总领事馆的设计中，简洁的立体构成形式和三原色的运用，使人不禁联想起里特维尔德（Gerrit Thomas Rietveld）设计的施罗德住宅；重庆南岸国际新城项目中色彩鲜艳的高层群组，成为城市大幕中的色彩巨构。

大地的回归

DCM 将大地本身视为一种艺术。从 20 世纪 80 年代开始，DCM 不断研究大地景观与建筑之间的关系。这种研究的成果体现在许多小型建筑中，这些项目的设计受澳大利亚自然风光和欧洲文化的双重影响。澳大利亚丰富的资源和辽阔的大地风貌为设计提供了丰富的灵感来源，欧洲文化中的理性和浪漫成为将大地艺术转译为建筑语言的重要方法。DCM 将建筑雕塑化，追求理性而简洁的表达，使之成为大地的艺术。丽山别墅和梅德赫斯酒庄别墅是两个经典的案例。DCM 将两个拉长的体量垂直组合，形成巨大的出挑，强调了建筑在各个方向上与大地的水平关系。在低密度住宅区的设计中，DCM 采用低矮的水平长线条抽象地表现

了土地的辽阔风貌。位于北京北郊的落樱酒庄（方案设计，2010 年）完美诠释了这一手法，绵延的石墙与地貌结合，长短有致，兼具动态感和永恒感。

在全球化的今天，DCM 在大地艺术中融入了本土建筑的思考。他们为第 56 届威尼斯双年展设计的澳大利亚馆（方案设计，2013 年）传递了澳大利亚本土设计的身份认同。这个柏拉图式的方盒子扎根在大地之上，唤起人们对永恒的思考。它仿佛茂密花园中的一块巨石，既充满力量、自信，又不失稳重自持，象征着澳大利亚的地域风貌。

材料和构造的关注

DCM 十分关注材料和构造，这与澳大利亚建筑师与工业界密切联系有着重要的关系。他们认为优秀的建筑应有一个清晰的结构和明确表达它的材料，构造应当反映出材料和组成的方式 [2]。DCM 还关注工业化生产和建筑施工的可行性，钢和玻璃成为了他们最常使用的材料。在 DCM 的理念中，材料是实现他们设计构思的重要手段，他们乐于表现材料的特性，通过将材料的特性和构思相结合，使构思在建筑中获得最直接的表现。

在埃莫瑞和文森特设计工作室的设计中，承重柱采用了密斯早期使用的十字形钢柱，柱子在二层独立存在，像是连接天花与地面的金属雕塑。在墨尔本博

物馆的栏板设计中，为了体现玻璃的通透性，DCM采用了无竖向支撑的玻璃栏板，玻璃之间使用硅胶固定。这一设计在签发施工许可证时受到质疑，但最终通过和制造商的积极合作，使得构造得以实现。新世纪的项目中，DCM将材料的特性和设计构思更为紧密地联系起来。材料透明性的运用成为实现曼彻斯特民事法院开放、平等理念的重要途径。而在位于北京繁华地区的乐天银泰百货中，玻璃特性的研究是实现这个充满活力的"城市大幕"的关键，它一方面透出建筑内部的色彩纷呈，另一方面反射出王府井大街的生活万象。

　　DCM还挖掘材料的地域特征，并将它转译为一种地域文脉的表达。最突出的案例是威尼斯双年展澳大利亚馆的设计，黑色花岗岩取自澳大利亚当地，隐喻了澳大利亚资源的丰富和神秘而质朴的风貌。

作品展示

曼彻斯特民事法院（Manchester Civil Justice Centre）

　　曼彻斯特民事法院是英国西北部的司法总部，被认为是DCM近年来最优秀的作品之一。项目位于斯宾菲尔茨（Spinningfields），该地区因创新精神和可持续性的设计成为曼彻斯特城区的大型旧城复兴区。通过多轮国际设计竞赛，DCM最终赢得了该项目。设计源于对城市和司法办公空间的双向思考，以及材料的

运用。建筑共15层，设有47个法庭、75个法律咨询室以及办公区域和附属空间。在平面上，法庭和办公室按线形排列，由法庭的大小和数量决定每一层线形结构的长度，并在建筑两端伸展和错位变化，为城市呈现出动感的造型。透明材料的运用营造出光影互动的效果，隐喻着法庭不再是戒备森严的地方，而是一个平等和向公众开放的场所。该建筑具有很高的可持续发展理念，一年四季均采用自然通风，为了满足这一条件，建筑本身的厚度只有18m，可以从迎风面采集风，然后从另外一面放出去，冷却则采用地下17m的冷却水。

亚洲广场（Asia Square）

　　亚洲广场坐落在新加坡滨海湾（Marina Bay）的新金融区，项目由双子塔和其裙房组成，功能包括高级办公塔楼和五星级威斯汀酒店。两座塔楼均由8个细长的、高度不一的立方体组成，这一设计形成了高层建筑向上的动势，丰富了新加坡新金融区的天际线。与塔楼相比，白色的点阵玻璃裙楼则造型简洁，形态完整。其设计理念是创造一个如同漂浮在海平面上的"冰块"。它正对着主街道，拥有9000m²的公共空间，其中包括了人行空间、机动车下客点和一个被解读为城市客厅的重要城市空间。它为多雨的新加坡提供了遮蔽场所，也为各类活动提供场地。两座塔楼的办公

楼层采用了利用率高、无立柱的平面设计，标准层面积达 3000m²~3490m²。

英国巨石阵游客接待中心（Stonehenge Visitor Centre）①

英国巨石阵是全世界最为重要的远古文明遗址之一。修建巨石阵游客接待中心的计划旨在为这座珍贵的古代遗迹恢复其往昔的尊严。这项计划包括完善游客服务设施，为巨石阵和周边景点提供更好的解说场所，改善更大范围内的自然环境，为游客更好地欣赏巨石阵提供一个最佳环境。接待中心建筑在构图上简洁而独特，既与周围环境协调，也强调了遗址的重要性。游客服务设施采用银色金属屋顶，由细长倾斜的立柱支撑。屋顶的边缘采用穿孔设计，使得下方的展厅和教育设施内部光影斑驳。展厅和教育设施分别设在两个独立的盒子中，一个采用玻璃，另一个采用木材。

墨尔本城标 （Melbourne Gateway）

墨尔本城标坐落在通往墨尔本国际机场的图拉曼里高速公路上，设计规模宏大，形式抽象，色彩鲜明，成为城市入口的重要标志。从北面进入，看似封闭的红色墙体实则为一排由 39 根红色立柱组成的柱廊，仿佛大地景观中的一面透气屏风。倾斜的黄色悬臂梁

悬挑在高速公路之上，成为现代都市对闸门的重新演绎。蜿蜒的橙色隔音墙高约 10m，全长近 500m，如一座标志性的城墙。"隔音罩"是一条包裹着的、长达 300m 的椭圆钢铁框架隧道，为周围的高层公寓提供了隔音屏障。沿高速公路继续前行，可以看到横跨亚拉河的宝地大桥。它由两个简洁的结构组成：红色楔形结构支撑的刀片状构件轻盈地架在亚拉河上，以及两根细长的银色立柱。立柱高 90m，位于桥的中心点，使宝地大桥凸显于城市文脉中，成为一座地标式建筑。这座现代的城市艺术品呈现雕塑般的外形，富有力量和动感，向前往墨尔本的人们致以欢迎。

欧景城市广场（Euro-city Plaza）

欧景城市广场坐落于南宁市中心的林荫大道上。项目包括 15 000m² 的高级商业区，800 套公寓，1000 套 SOHO 单元和 650 个车位。DCM 采用了简约、巧妙且颇有趣味的几何结构，将多种功能整合在一起。鲜明的色彩和不规则的图案赋予了建筑群生气与活力。八座塔楼下方坐落着五层裙楼，包含两层商业区和三层 SOHO 单元。建筑紧靠街道，彩色柱廊营造出强烈的城市氛围。临街的住宅塔楼采用了一个外包框架，将复杂的建筑外形整合在统一的建筑元素之中。随机布置的"窗帘"外挂在统一的框架上，满足遮阳需求

图 15. 曼彻斯特民事法院
图 16. 亚洲广场
图 17. 图 18. 英国巨石阵游客接待中心

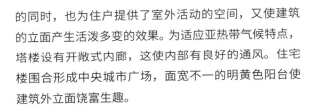

图 19. 墨尔本城标
图 20. 欧景广场

的同时，也为住户提供了室外活动的空间，又使建筑的立面产生活泼多变的效果。为适应亚热带气候特点，塔楼设有开敞式内廊，这使内部有良好的通风。住宅楼围合形成中央城市广场，面宽不一的明黄色阳台使建筑外立面饶富生趣。

结语

自事务所成立至今的 40 多年，DCM 不断探索创新，以独树一帜的设计风格为世界带来了许多优秀作品，他们与时俱进的设计理念和丰富的设计手法为建筑创作带来了新的思考，其宽阔的设计领域促进了澳大利亚和亚欧之间的联系与互动。同时，DCM 应对不同需求的设计速度，以及适应全球化的管理方式为建筑公司的经营带来了新的思考和借鉴。

（衷心感谢墨尔本 DCM 建筑设计事务所慷慨地提供有关材料和想法，特此致谢）

注释

① 英国巨石阵游客接待中心已正式向公众开放，2014 年 4 月最终完成（包括一些景观）。

参考文献

[1] 朱剑飞，聂建鑫 . 筑作 WORKS: 丹顿·廓克·马修建筑设计事务所 . 上海 : 同济大学出版社，2013.

[2] 约翰·丹顿 . 华·美术馆 "我们在参与" 系列讲座第十四讲，2013-

10–19.

[3] Beck H., Cooper J. Rule Playing and Ratbag Element. Basel: Birkh?user, 2000: 33.

[4] 聂建鑫，陈向清 . 澳大利亚 DCM 作品实录 . 北京 : 中国建筑工业出版社，2002.

[5] 张玫英 . 约翰·丹顿的无锡 "阳光 100" 光矩阵会所 . 时代建筑，2008(6).

[6] 澳大利亚 DCM. 网桥 . 时代建筑，2006(2).

图片来源

图 1、图 12、图 13、图 17 摄影：Tim Griffith，图 3—图 5、图 7、图 8、图 11、图 16、图 18、图 20 摄影：John Gollings，图 9 摄影：Nicholas Lee，图 10 摄影：Johannes Kuhnen，图 21、图 22 摄影：Peter Cook，图 23 摄影：Blain Crellin

原文版权信息

支文军，李迅 . 文脉中的建筑艺术：澳大利亚 DCM 建筑事务所介绍 . 时代建筑，2014 (1): 175–181.

[李迅 : 同济大学建筑与城市规划学院 2013 级 硕士研究生]

33

求证创新：
加拿大谭秉荣建筑师事务所及其作品

Factualism and Innovation:
Bing Thom Architects and Its Works

摘要　加拿大谭秉荣建筑师事务所创立至今 20 余年，以其求实创新的设计理念、专业化与多元化并进的管理模式、精益求精的工作作风在加拿大建筑界颇负盛名。文章主要介绍加拿大谭秉荣建筑师事务所及其作品，并结合其作品阐述其设计哲学。

关键词　谭秉荣建筑师事务所 谭秉荣 加拿大 设计理念 求实创新 世界博览会

在加拿大温哥华布勒桥（Burrard Bridge）下，有一座掩映在浓密树影间的两层小楼，没有醒目的招牌，只有走进才能看见玻璃门上写着的"谭秉荣建筑师事务所（Bing Thom Architects，以下简称 BTA）"。如果常常从这里经过，会发现这座看起来毫不起眼的改建自潜水衣制造厂的小楼却有奇特之处——建筑的外观时常变化。其中的奥妙在于 BTA 为了确切地掌握建成之后的效果，在事务所正立面做试验，制作局部 1 ∶ 1 的大样进行建构研究（图 1—图 3），往往将事务所本来的门面遮了个严实。而在熟悉 BTA 的人们眼中，这座建筑就是 BTA 设计哲学的最佳诠释——求实创新！近日，笔者专程赴温哥华，对 BTA 事务所及其部分作品进行了考察，感触颇深。

BTA 由华裔建筑师谭秉荣先生（Bing W. Thom）创立，总部设在加拿大温哥华。BTA 以其求实创新的设计理念、专业化与多元化并进的管理模式、精益求精的工作作风在加拿大建筑界颇负盛名，尤其在温哥华，其设计作品遍及城市的每一个角落。BTA 新近完成的乔治亚酒店项目（Georgia Hotel Project）建成后将成为温哥华市最高的建筑（图 4）。

创始人谭秉荣先生早年就读于加拿大不列颠哥伦比亚大学建筑学专业，后在美国加州大学伯克利分校获得建筑学硕士学位。1971 年曾在日本著名建筑师桢文彦（Fumihiko Maki）的事务所工作；1972 年到 1980 年间，师从加拿大建筑大师亚瑟·埃里克森（Arthur Erickson），在旗下事务所担任项目负责人，主持设计了包括多伦多罗伊·汤普森音乐厅（Roy Thompson Hall）、温哥华罗伯逊广场和法院（Robson Square&Courthouse Complex）在内的著名项目（图 5）。1980 年创立自己的事务所后，谭秉荣先生继承并发展了西海岸建筑风格，其设计作品连年获奖。他对建筑界以及加拿大所做出的卓越贡献，为他赢得了加国授予的加拿大公民的最高荣誉——国家荣誉勋章（Order of Canada）和伊丽莎白女王英联邦金奖勋章（Golden Jubilee Medal）。谭秉荣先生同样关注建筑教育，曾受聘定期讲学于加拿大不列颠哥伦比亚大学、新加坡大学和美国加州大学伯克利分校，也是中国清华大学、重庆大学的客座讲师，并于 2001 年被同济大学授予名誉教授。

图 1. 本文作者与谭秉荣先生在温哥华
图 2. 立面建构实验：乔治亚酒店幕墙大样
图 3. BTA 事务所办公楼入口
图 4. 乔治亚酒店方案模型

设计——一切都在设计之中

谭秉荣先生这样阐述他的设计哲学："设计理念的产生是一个过程，是通过为每一个项目设定正确的问题来表达的。这种充满激情的方式，可以循环往复、包罗万象，允许问题不断地进行设计和再设计，直到满意的解决方案浮现出来。借由建设适宜的'自由思想者'的团队，正确的问题纷纷提出，随后答案以设计理念的形式发展出来。我们靠着在这种团队合作的环境中产生丰富的设计新理念，因此我们的理念必然是新颖的。" ① 在许多一般的建筑师事务所，工作的全部重点在于把建筑"弄出来"（getting the thing out），在 BTA，"设计包含一切"（design is everything）[1]。谭秉荣先生将设计融入整个工作的过程，如同他在自己的设计哲学中所说，BTA 的工作就是不断的问"为什么"，在提问与回答的轮回中层层深入，力求递交与众不同的"最佳答卷"。

风格——最适合的就是最好的

谭秉荣先生一直认为，某个特定的设计只可以在某时、某地、为某些人而作，每个设计都有其独特的效果①。他没有为自己的事务所界定某种"标志性"的风格，而是在每一项设计中追求最恰当的方案，在"因地制宜"的基础上求新、求异。

因此谭秉荣先生在设计中，很少在外形上刻意着力，而是更加注重建筑的运作过程，在探求"精髓"、取得"概念"的过程中自然而然地生成合适的"形

式"。比如，温哥华福斯河游艇俱乐部（False Creek Yacht Club）的船形结构，来自对建构的推敲，以特征鲜明的细部表现建筑性格；1992 年西班牙塞维利亚（Seville）世界博览会加拿大馆（Canada Pavilion）的设计，是从研究西班牙当地气候与建筑的关系入手，结合加拿大的建筑材料、地域文化来表现世博会的主旨和兼顾西加两国的地域特色；不列颠哥伦比亚大学陈氏演艺中心（图 6，Chan Centre for the Performing Arts）的圆形组合，是从技术层面介入，把创造性的声学处理问题放在首位的结果；温哥华泊银特公寓（图 7，图 8，Pointe Condominium）的独特形式，来源于对基地的理解——为使每一套公寓能够面向海景同时保持街道立面的延续性，让高层主体面向海岸而与街道

呈约 30° 夹角，外面加上平行于街道的金属框架；温哥华潘氏住宅（Private Residence）里中国传统苏州园林的意趣则基于谭先生对住宅主人的了解——他放弃了房主提出的日式设计的要求，而将苏州园林的意象融入设计，给房主带来格外打动人心的惊喜[2]（图 9，图 10）。

城市设计——建筑设计的基石

建筑与城市的密切关系早已得到广泛认同，城市设计在加拿大的重视带来高质量的城市环境，谭秉荣先生在享受这种城市生活的同时，也积极地塑造更有魅力的城市形态。BTA 坚持从城市设计起步，寻求建

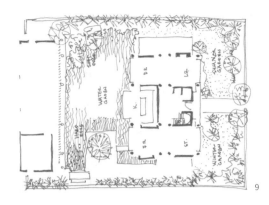

筑与城市的和谐与平衡。谭秉荣先生早年在亚瑟·埃里克森事务所主持设计温哥华罗伯逊广场和法院的时候，就充分展现了他对于城市的关注，一改传统法院冷峻的形象，将其设计成整合三个广场、两条城市道路及多种公共活动的立体城市空间。这座使年轻的谭秉荣一鸣惊人的法院也成为温哥华最重要的建筑之一，它找回了温哥华城市的心。不久前竣工的加拿大萨里市新城中心项目（Surrey Central City）中，BTA 的规划设计将大学、办公楼和购物中心这种看起来完全不可能的组合有机融为一体，激发了边城活力。新近建成的阿伯丁购物中心（Aberdeen Shopping Centre）打破传统购物中心的模式，以新的设计理念改善建筑与城市的关系。 BTA 在城市设计方面本身亦有着丰富的经验，尤其在滨水城市设计方面，大概是温哥华地理环境使谭秉荣先生对于滨水地区有更多的理解。在美国华盛顿的安纳考斯提亚滨水企划（Anacostia Waterfront Initiative）中，BTA 的河岸复合利用住宅规划设计使华盛顿西南市区河岸资源重获新生，改变了现有城市肌理与河岸的断裂状况，缝合了城市路网与河岸亲水的关系，为城市生活注入生动鲜活而引人入胜的元素（图 11，图 12）。

建构——回归建筑的本质

BTA 对于建构的执着追求从公司办公楼前的建构实验可见一斑。对 BTA 来说，每一项设计都是独特的，

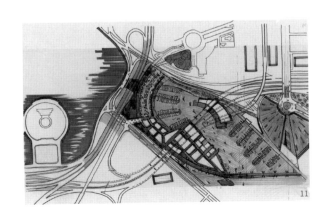

大到结构体系、小到一片玻璃的图案都经过仔细推敲，除了用大量的模型推敲，还制作大样进行实验。如此斟酌的结果是不断的结构和材料创新，尤其是对木材和玻璃的运用十分独到。

运用木结构是加拿大西海岸建筑的传统，BTA 创造性的继承了这一传统，首创对于废弃木芯的再利用，用生产三合板剩下的木芯结合钢节点代替钢架形成的独特空间效果一举两得。而用木屑加工的复合人造木构件，比木材本身的强度更高，不但完全能够满足结构受力的要求，同样达到美观与环保兼得的效果。温哥华水族馆太平洋展馆加建工程（The Pacific CanadaPavilion）就是在两座原有的建筑物之间，加盖一座以木构造结合钢

索的轻巧屋顶，将二者连通，加建部分不着痕迹，且具有加拿大本土特色（图 13）。BTA 针对不同的项目设计了功能各异的夹层玻璃，并"量体裁衣"的设计独特的纹理。BTA 对木构和玻璃的运用，在加拿大萨里市新城中心项目里发挥得淋漓尽致[3]。

全过程计划——一个都不能少

谭秉荣先生始终主张建筑师回归"总工匠"（master builder）的传统角色，这种方法也就是将工作热情积极地投入项目的方方面面：计划、市场、商标、运作、理财、设计规划、公众支持、公共关

体验与评论——建筑研究的一种途径

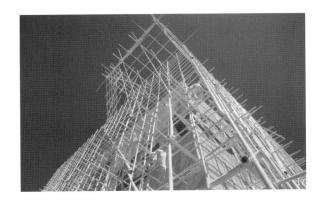

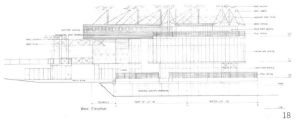

图 13. 太平洋展馆室内　　　　　图 17. 香港馆局部
图 14. 大连新城规划模型　　　　图 18. 福斯河游艇俱乐部立面图
图 15. 玉溪中心城区概念发展规划　图 19. 福斯河游艇俱乐部外观
图 16. 加拿大西北区展馆夜景　　　图 20. 福斯河游艇俱乐部结构细部

系、筹款、批文、施工、所有权、租赁或销售……所有一切均纳入考虑范围[4]。BTA 甚至尝试过自己当业主，体验从买地、设计、建造直到卖房的整个过程，侯默大街 938 号办公楼（938 Howe Street Office Building）就是这个实验的成果。这个尝试不是为了赚钱，而是为了体验设计的全过程，以便更好地为客户提供全方位的服务。因此谭先生强调，一个优秀的建筑师不单只是一个好的艺术家，同时也是一个有头脑的生意人、触觉敏锐的心理学家①。对于全过程的把握，使 BTA 的设计更加令人信服，是 BTA 成功的重要因素。

团队——不同思维的碰撞与协作

BTA 的 45 位设计人员来自十几个不同的国家，说着十几种不同的语言，是个典型的国际化事务所。不仅如此，在这个建筑师的团队里，也吸纳了许多其他专业背景的成员，使得 BTA 能够拥有多种视角，以更宽广、更独到的思维展开创作。多工种的集体讨论会是 BTA 重要的工作模式，在这里不同思维的碰撞与协作擦出灵感的火花。正是这样的团队使 BTA 能够把握不同的风格，把握设计的全过程。

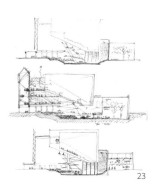

图 21. 加拿大馆外观
图 22. 加拿大馆室内
图 23. 加拿大馆剖面草图

图 24. 萨里市新城中心入口
图 25. 萨里市新城中心外观
图 26. 萨里市新城中心平面图

社会责任心——建筑师的职业道德

谭秉荣先生对于城市的关注也源自他的社会责任心，他在设计中尽可能地照顾公众利益，为民众创造良好的公共空间。而且谭先生承接每项工程不是单单赚取设计费之后就不理会项目的死活，对于前途欠佳的设计，不论利润多高，他都会力劝其业主更改甚至放弃计划。他曾婉拒过某些港商、台商斥巨资的工程，而且事实证明了他正确的预见性。在加拿大萨里城市中心项目中，BTA 不惜花费近三年的功夫说服业主改变原有构想，将几个单体的建筑设计转为城市中心的设计，以提升城市活力。他的职业道德赢得了业主和市民的尊敬，使他跻身温哥华"权力精英"，成为其中为数不多的华裔之一②。

BTA 在中国

身为华裔，谭秉荣先生一直十分关注中国建筑与城市的发展，早在 1993 年就参与了大连新城中心规划（Dalian New Town Center Plan，图 14）。1999 年云南省昆明市举办世界园艺博览会之际，BTA 受聘对云南省玉溪市中心城区进行国际咨询，以再现玉溪灵韵。BTA 在玉溪中心城区概念发展规划（Yuxi City Center DevelopmentConcept Plan）提出了 6 项主要建议，包括：鼓励紧凑型的城市发展模式，保护良田；重构公共空间系统，创造城市景观走廊，复原城市水系；建设新的市政中心，促旧城复新；增强地域性特征，建设特色街区；改善路网；优化环境（图 15）。该方案荣获 2001 年加拿大皇家规划师协会国际项目类最佳规划方案奖。继玉溪市中心规划城区之后，BTA 又应邀为玉溪市下设的十个建制镇之一的大营街镇做了中心概念发展规划（Daiyingjie TownCenter Conceptual Development Plan），把规划的视野及理念放到了广大基层农村。 世界博览会 谭秉荣先生一直钟情于世界博览会建筑的设计，从 1958 年布鲁塞尔世博会至今，他考察了历届世博会，并从 1965 年的日本横滨世博会开始了他的世博会建筑设计实践。近 40 年的设计实践，使他在世博会建筑设计上蜚声全球，被誉为"世博专家"。1986 年的加拿大温哥华世博会上他带领事务所的设计了包括加拿大西北区展馆（图 16）、香港展馆（图 17）、美国俄勒冈州展馆、美国加利福尼亚州展馆在内的，占世博会近 10% 的设计，奠定此次世博会的风格。1992 年西班牙塞维利亚世博会上，谭秉荣先生再次夺标，并使加拿大馆成为经典。1997 年，谭先生被香港政府特邀为庆祝香港回归之际而举办的博览会作总体规划。近日，BTA 正应邀参与 2010 年上海世博会场地的规划设计[5]。

（1）加拿大温哥华福斯河游艇俱乐部 / False Creek Yacht Club, Vancouver，Canada （图 18—图 20）

体验与评论——建筑研究的一种途径

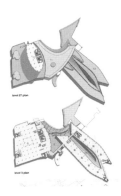

地点：加拿大温哥华

面积：1400m^2

类型：娱乐建筑

建成时间：1989 年

福斯河游艇俱乐部就像一艘停泊在岸边的游艇，随时准备启航。建筑仅有三层，包括一个顶层的私人俱乐部和一个两层的餐厅，其设计灵感显然来自航海的元素，它的钢结构体系、细部、位置无不在彰显这一特征。建筑采用了与城市街道体系成 45°角的网格，由伸出水面的直接暴露的钢柱支持着，最大限度地扩展视野，以获得更好的景观。这个小巧的建筑当年获得了加拿大皇家建筑协会"总督"勋章和华盛顿滨水建设中心的最佳滨水建筑设计奖。

（2）1992 年西班牙塞维利亚世博会加拿大馆 / Canada Pavilion, '92 Expo, Seville, Spain （图 21—图 23）

地点：西班牙塞维利亚

面积：5000 m^2

类型：展览建筑

建成时间：1992 年

１９９２ 年的西班牙塞维利亚世博会以"发现（Discovery）"为主题，这一主题也成为 BTA 设计加拿大馆的基础。在这个设计中，BTA 确实面临着一些挑战：既要在一个小型的建筑中鲜明地表现加拿大的博大与多样，又要让西班牙人民觉得亲切与认同。最后，BTA 设计了一幢具有加拿大风格的西班牙建筑，即一幢用加拿大本土材料构筑的西班牙传统建筑——西班牙式庭院中荡漾着加拿大的湖水、西班牙式柱廊由加拿大原木构筑、加拿大的钛锌板则铸成西班牙瓦片的式样。空间的处理是通过设计一系列的"折叠"，然后豁然开朗，营造一种戏剧性的效果，让人们体验"发现"的惊喜。该馆的成功设计几乎成了世博会建筑的一个神话，这座展馆是那次世博会最受欢迎的展馆，游客门外排队时间长达 8 小时，而且也是那次世博会后西班牙政府从一百多幢世博会建筑中唯一选中作为世博会遗产保留的建筑。

（3）加拿大萨里市新城中心 / Surrey Central City, Surrey, Canada （图 24—图 26）

地点：加拿大萨里市

面积：15 hm^2

类型：综合体

建成时间：2003 年

竣工不久的加拿大萨里市新城中心项目是加拿大西海岸目前最大的建设项目，开创性地整合了大学、购物中心、办公楼和市民广场。萨里市新城中心不仅为北美郊区购物中心树立了一个典范，给边界城市注入了活力，同时也从根本上打破了"校园"的传统观念。在接到位于加拿大萨里市的不列颠哥伦比亚科技大学的设计委托时，谭秉荣先生发现萨里市存在着北

美边界城市的典型城市问题，诸如用地浪费、功能分离、缺乏生活气息等。于是，谭先生力劝业主放弃了逐个单体建造的要求，改为设计以城市广场为核心的城市综合体。各个不同功能的部分围绕一个中心广场布置，一楼为原有购物中心，楼上是大学，高层塔楼部分作为办公。建筑群体内外以步行空间联系，大学与购物中心共享一个梭形的中庭，提升购物中心的人气，使正在衰败的购物中心起死回生，大学与办公楼也不必单独设置服务设施，提高了城市资源的使用效率。萨里新城中心夸张的屋顶造型使该综合体的形象显得更加生气勃勃，裙房中庭的鱼骨型屋顶构造宛如空中的一道裂缝，效果震感。设计也中充分体现了 BTA 一贯的环保作风：由废弃的木芯和复合木构件产生的空间效果引人入胜；高层部分扭曲的墙体更是节能设计与造型的完美结合。

（4）加拿大列治文市阿伯丁购物中心 /Aberdeen Shopping Centre, Richmond, Canada

地点：加拿大列治文市

面积：3.5 hm²

类型：商业建筑

建成时间：2004 年

阿伯丁购物中心最根本的设计思想是创造一个与城市原有街道生活相交融的零售与娱乐中心，这与北美传统的大型购物中心那种用毫无"表情"的严实的外墙和自我封闭的内部空间独立于城市的态度截然相反。BTA 用"象素"（pixel）建立这种纽带——一大片由发光的彩色玻璃构成的曲面幕墙包裹着整个建筑，与流动的街道空间相互呼应，展现了由商店、市场、娱乐场、饭馆构成的充满活力的生活场景。这片光色交辉的玻璃幕墙，就像一个荧幕，放映着购物中心内变化无穷的生动影像，不断诱惑着外面的人们。这片艺术拼贴画般的外墙，同时也扮演着列治文市公共艺术的角色，成为社区的一个亮点（图 27，图 28）。

阿伯丁购物中心丰富的内部空间，加上光与色的运用，更加富于动感与变化。除了玻璃幕墙的自然采光之外，顶部活泼的天光引入，使人们时刻感受到与外界的交流。室内的照明由专业灯光师设计，奇幻的效果令人流连忘返。

（5）美国华盛顿爱林纳剧场加建方案 / Arena Stage Expansion Project, Washington DC, USA[6]

地点：美国华盛顿

面积：1.5 hm²

类型：观演建筑

预计建成时间：2005 年

BTA 在一百多家竞标公司中脱颖而出，被选中为华盛顿著名的爱林纳剧场进行翻新扩建。有着 54 年

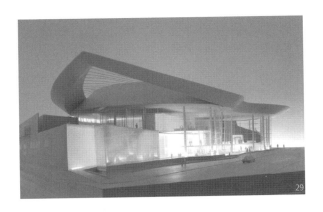

历史的爱林纳剧场，在美国戏剧界享有重要地位（图29，图30）。老建筑由 Fichandler 舞台（Fichandler Stage）和 Kreeger 剧场（Kreeger Theater）两部分构成，扩建要求在其中体现美国精神并提升整个场所的公共性和艺术性。BTA 的设计保留了原有两个表演厅的外形，而室内布置及设备作了更新，并在其间安插了一个全新的表演厅，命名为"摇篮"（the cradle）。BTA 的设计理念是给 3 个不同的表演厅独立的建筑特色，不但外形各异，肩负的功能也全然不同：Fichandler 舞台主要上演经典剧目，Kreeger 剧场着眼于浪漫主义作品，250 座的摇篮则作为实验剧场，关注现代戏剧。BTA 在"摇篮"的顶层设置了 21 套公寓，就是为了使摇篮成为真正的艺术家社区（Artists Community），成为集表演、生活、创作、休闲、反思于一体的多功能空间。为了在保持 3 个"大块头"独立个性的同时让它们乖巧的和谐统一，BTA 把 3 个表演厅安置于大的台基之上，并设计了一个漂浮于 3 个剧场之上的造型自由夸张的大屋顶，屋顶和台基之间则用自由的曲面玻璃幕墙包裹起来，在解决"双层墙"的音响效果要求的同时，自然形成公共大厅。加上流水与灯光的巧妙运用，整个建筑群成为一个创作与体验戏剧的魔幻空间。BTA 所要是营造的是一个"事件空间"（event space）——不论表演者还是观众，不论身处其中还是置身其外，都在观看与被观看，都在体验戏剧。

注释

① 编译自 BTA 公司提供的简介。
② 温哥华杂志，2003.

参考文献

[1] Kerry Mcphedran. Bing Thom is in the House. NUVO. 2004(Spring).
[2] 《世界建筑》编辑部. 采访加拿大建筑师谭秉荣. 世界建筑，2003(11).
[3] Central Focus. The Architecture Review. 2003(9).
[4] [加] 小新. 谭秉荣用谦虚与傲骨成就的事业. 华资，1995(1).
[5] Sound Of Silence. World Architecture. 1998(10).
[6] Standing Ovation. The Washington Post. 27 September 2003.

图片来源

本文图片由 BTA 公司提供

原文版权信息

支文军，蔡瑜. 求证创新：加拿大谭秉荣建筑师事务所及其作品. 时代建筑，2004(4): 130-139.
[蔡瑜：同济大学建筑与城市规划学院 2003 级硕士研究生]

34

简约之美：
瑞士布克哈特建筑设计公司及其作品

The Beauty of Simplicity:
Burckhardt + Partner AG Switzerland and Their Works

摘要　本文以时间、体验和城市为线索介绍了瑞士布克哈特建筑设计公司作品，并对建筑设计的几个问题进行了一些思考

关键词　时间 空间 建筑 体验建筑 城市建筑 内空

瑞士的设计业已随着其享有盛誉的制造业在今天受到世界各地越来越多人们的注目。无论是扎根库尔小镇的彼得·祖姆托（Peter Zumthor），还是身居卢加诺的马里奥·博塔（Mario Botta），都早已声名远扬。同时在苏黎世也活跃着一批建筑师，包括今天影响深远的赫佐格与德默隆（Herzog & de Meuron）、圣地亚哥·卡拉特拉瓦（Santiago Calatrawa）等，今天谈到的布克哈特建筑设计公司（Burckhardt + Partner AG, Zurich），同样属于瑞士建筑界的佼佼者。布克哈特建筑设计公司 1951 年成立于瑞士巴塞尔，在瑞士、德国和法国共设有 3 家办公室，最近的英国《世界建筑》杂志评选的西欧建筑事务所中被列为第 8 位。随着它们在 2002 北京五棵松文化体育中心项目国际招标中中标，这家享有盛誉的瑞士事务所开始为国人所关注。

时间、空间、建筑　回顾现代主义建筑运动的启蒙，是立体派和未来派的研究，而他们的重要成就之一就是将新的时间—空间单元导入艺术用语之中，在这一背景下，立体派艺术家借空间的描绘来表现—即空间解析，必须以单一视点的方式，以相对的地位事观察事物，从几个不同角度来观察事物……演绎出与现代

生活极为密切相关的一项原理—同时性，建筑设计不再是一个静止和呆板的平面与立面的叠加，人的活动加上时间要素改变了人们看世界的角度和设计的策略。时间可能成为设计中的一个关键因素 [1]。布克哈特建筑设计公司的作品不追求外部形态的丰富，大多数作品看上去就是简单的方盒子。他们更关注之一的是时间的流逝对建筑设计完成程度的意义：随着时间的变化，建筑空间会随之改变。他们设计的苏黎世 MFO 公园也被称之为"绿之剧场"（Green Opera, 2002），充分展示了时间的魅力。基地原本是片工业用地，与景观建筑师拉德夏尔（Raderschell）一起合作，布克·哈特设计公司的建筑师默舍尔（Heinz Moser）和努斯鲍默（Roger Nussbaumer）为苏黎世老城带来了一个全新概念的文化场所。苏黎世已有的老歌剧院位于苏黎世湖畔，这座封闭的石建筑庄重、严肃，进出的人们不免衣着正式，欣赏艺术时也常常是正襟危坐。新的"绿之剧场"突破了这些传统观念，它没有背负传统赋予的任何历史包袱，把现代生活中的轻松、愉悦引入设计中。这是一个 100m 长、17m 高和 34m 宽的全钢结构建筑，它没有严格意义上的天花、屋面和四周墙体。从钢结构框架中有许多钢索悬于其间，若干年后，会形成了一个表面覆满了绿化的立方体，并且沿着内部周边设计了多层平台，并且向内部大厅悬挑出一些看台，让简洁的形体中蕴含了许多变化。在冰冷和现代的钢结构框架之上，生机勃勃的绿色植物附着在表

图 1. 绿之剧场夜景
图 2. 绿之剧场透视图
图 3. 绿之剧场内景透视图
图 4. 绿之剧场平面

面，再加上其间川流不息的人群，成为苏黎世新的"城市客厅"。难怪当地媒体称赞它的设计和实现，确实获得了传统意大利城市广场的真谛，必将成为苏黎世的新象征。 在剧院端头一侧，还有一个 20m 见方的广场，上面以 4m 的间距，设置了 17m 高的钢柱，上面同样缠绕了各类爬藤类植物，从广场延伸到"绿之剧场"，是一个绿色、生机勃勃的生态空间序列。在这里，表演与欣赏、观看与被看在同一时间发生，于是观众与演员、故事与叙述自然的融于一体。入夜，由灯光、钢索、植物形成了一个个绿色的光柱，灯火辉煌的大厅中上下穿插着楼梯和平台，好一座辉煌的金色大厅啊。与两侧多层的压缩空间相对应，中部是一个高敞的交流场所，而精致的帷幕一般的绿墙成为它们之间

的巧妙过渡，这个严整有序的空间，形成一个现代版的生态的巴西利卡。中国的建筑师们也常常会对历史的继承感到困惑，如何在设计中移植一些人们在潜意识里喜爱或者是习惯的空间类型，而且这种继承不应该仅仅是简单的形式模仿。在"绿之剧场"，我们看到了巴西利卡、意大利广场和凉亭的影子，同时它用最现代的材料、构造和观念所建构的。 设计中最有趣的就是时间因素的影响。徜徉于这充满阳光，植物茂盛的"绿之剧场"之中，它总是生机盎然，与环境、自然和气候始终都是协调统一的，并随着时间流淌时刻在变化。或许五到十年后，当铁线莲、紫藤等各类爬藤植物完全布满建筑表面，形成 17m 高的墙体和屋顶时，剧场上空会出现一个壮观的绿色天棚，这就标志

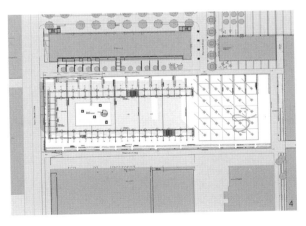

图 5. 独立大厦内景
图 6. 瑞士信用银行模型照片
图 7. 霍特普兰大厦模型照片
图 8. 霍特普兰大厦中庭内景

着这座令人注目的工程的最终完成。同样，布克哈特公司在北京五棵松体育中心设计方案中，正是时间要素令它成为方案取胜的关键。多功能体育比赛大厅内不仅可以举行各种体育比赛，还可以举办形形色色的音乐会和文化活动，体育馆上部的各楼层将成为商业和社会活动中心。当奥运会开幕时，以城市公园为主题的设计展现给人们的是自然景观的面貌，呼应了"绿色奥运""新北京、新奥运"的口号，同时起到了城市绿肺的作用。赛后，这是可以成为北京市民日常生活中的一个新的文化娱乐中心，为北京市民提供了一个产品推介、各类广告、销售活动的场所，与篮球馆外巨大的 130m 长，高40m 的电视墙相结合，它必将成为北京北部城区重要的文化和商业中心。

体验建筑 作为一个设计团队，保证其合作精神和核心凝聚力的关键在于企业共同拥有的价值观。体现在建筑设计领域里，它就表现为一种贯彻于设计全过程中的理念。

布克哈特公司赞同的设计模式是根据自身的价值体系展开与业主和各种设计现状的一种积极对话。而设计的核心通常围绕着使用者的空间体验与感受而展开。清晰的结构体系和平面组织，一目了然的建筑造型和积极地与周围环境对话的策略，优化的流线和室内环境设计是布克哈特公司的基本设计策略。拉斯穆森（Steen Eiler Rasmussen）说过，建筑师可以分成两大类，有的建筑师属于结构头脑，有的建筑都属于"内空（cavity）头脑"的 [2]。有的建筑师把想象力用于

图 9. 机场中心大厦入口内景
图 10 . 机场中心大厦内景透视
图 11. 机场中心大厦外景
图 12.瑞士塔透视图

建筑形态和建筑实体的塑造，而有的建筑师则侧重于实体中的空间上（即内容部分），并且认为构成空间才是建真意所在（当然这里主要指的是建筑设计的侧重点）。比如哥特式建筑也有高耸巍峨的内庭，但更突出的仍是其具有优势和主导地位的垂直要素和外凸的结构构件，而文艺复兴建筑则更加关注精巧和数字化、韵律感很强的内部空间的营造。 在布克哈特公司设计的大量作品中，更关注的显然是后者，建筑就是一种空间体验。在苏黎世机场独立大楼（Unique One,2000）设计中，光成为主宰这个"内空建筑"的要素。光从天棚泻下，引导着参观者的流线，在这座全钢结构的玻璃建筑里，450 名员工在这个通透的办公楼里工作，开敞式办公模式消除了等级观念，良好的采光

和便捷的交通和管理给人留下深刻印象。尤其是把楼梯、双层中庭和管理办公室、会议室等公共和半公共空间集中置于光带之下，身居其中，办公、交流和休息区分清晰，极大地提高了办公室的运作效率和员工效率。 瑞士信用银行 （Credit Suisse, 2002）的设计中，呈现给人的是一个掩映在山体和周边优美风光的精致的玻璃体。为了激发员工办公时的最佳工作效率，建筑在北侧朝向苏黎世湖优美山水景观的方向，每隔两层设置了一个两层高的休息厅。由于进深大，靠近南侧设计了一个条形的采光中庭，充足的光线让每一个员工能够保持良好的情绪和状态。开放式的办公环境以及玻璃的大量运用，让视线毫无遮挡，玻璃表面上的遮阳百叶的保证没有眩光的同时，仅仅指示了少

图 13. 瑞士塔模型照片
图 14. 独特城市透视图
图 15. 马格大厦第二层透视图
图 16. 马格大厦第三层透视图

量的见双层中庭的设置，增进了员工间彼此的沟通和交流。

苏黎世霍特普兰（Hotelplan, 2001）指挥中心的周边环境十分喧闹，因而设计从营造一个内向型的安宁环境着手，由正厅引入一个与其垂直的"峡谷"空间，在这个 6 层高 8m 宽的采光中庭里，光线和绿色植物缓缓泻下，强化了设计中静谧的主题。在这个"峡谷"中，几个小会议室和通道的出现强调了办公建筑中的沟通和交流的需求。在机场中心（Airportpark, 2001）办公大楼的方案里，"内空"建筑设计的概念得到了最大程度的强化。依然是严谨方整的外部造型，而在内部的巨大中庭里嵌入一个体量，而且偏向一侧，它是建筑中最具公共性的区域，在于四个方向的联系中，许多有趣味的空间产生了。甚至引入了圆形的要素与之进行对比，在不同的层面和方向，在极为简单的平面组合中，空间变化极大丰富和加深了人们对建筑的体验和认知。

城市建筑 世界城市在今天又进入了一个高速发展的时期，尤其是在非洲、亚洲以及拉丁美洲一些国家的都市中，城市密度与建筑的相互作用受到了许多建筑师的关注，在一些荷兰和瑞士建筑师的设计中有所体现。库哈斯（Rem koohas）在某旅馆的设计中把历史上北非的一座城市结构运用在整个建筑的组织和结构里。而阿来兹 (Wiel Arets) 在马斯特里赫特艺

术与建筑学院的设计中，特别强调巨大体量的交通空间，暗示了通过建筑内部的空间组织与周围建筑和城市空间形成对话，而且与此同时保持着对未来变化的适应性和灵活性 [3]。同样，城市建筑学这一主题在布克哈特公司设计的作品中也常常出现。在名为"瑞士塔"（Swiss Tower, 2000）的高层建筑设计竞赛时，他们用崭新的思维来应对这一密度的挑战。建筑在这里体现出来的基本策略是把各种功能叠加到一起，包括商业、居住、娱乐、贸易和文化的高度整合。现代城市空间正是这种密度、变化、沟通和透明的集中体现，所以我们可以认为它就是一座空中之城。

在这个巨大的玻璃体中，由核心筒外挑出一些步行道，建筑以六层为一个单元，每个单元之间由这些步道所相互联系，每个单元都有独立的电梯和能源系统。在单元之间，设有由街边咖啡、餐厅、购物中心和交流空间共同组成的公共区域，这里也拥有"空中之城"中欣赏城市风景的最佳角度。"瑞士塔"的设计考虑应该位于城市的中心区域，同时它应该是智能化和高度信息化的设计，与世界各地能够保持紧密的联系。这个设计强调了城市功能的引入，是马赛公寓设计思想的延伸，垂直发展和联系的方式是设计中对城市密度问题的回应。"瑞士塔"中的设计思想被部分移植到北京五棵松体育中心篮球馆的设计中，对于中国这个典型高密度人口的国度，这种尝试得到了评

体验与评论——建筑研究的一种途径

委们的认同，它强调了建筑的沟通功能，赋予了多元化的功能组合，并使之趋向于一个小型的城市单元。而这种对建筑多样性和可能性的充分尊重和思考，正是当今建筑设计研究的方向。 苏黎世西区马格高层办公楼（Maag＋，2000）项目的设计中，城市概念的引入再次给人耳目一新的感觉。这个旧工业区的改造项目中，建筑师根据现有状况把建筑群分为三个层面来设计，以此表达城市空间中不同性质的场所。第一层是与城市标高相同，它主要满足了主入口，广场和交通问题是最具有公共性的场所，每两 层在现有工厂顶部，通过水池，花架和甲板的设置，它形成整个建筑部的第二层，具有半公共性质的漫步广场，厂房上加建的住宅顶部形成较为私密的第三层，对应高耸的双塔高层建筑，营造出丰富而有助的城市单元。在独特城市（Unique city, 2001）的设计中，对城市单元的探讨侧重于建筑与自然、城市三者之间的关系，通过其对城市单元双面性的探讨，城市空间的理解在这里又得到了深化。 布克哈特公司设计的作品并不时尚和前卫。在建筑造型的研究与推敲方面，鲜有惊人的表现和塑造，他们不会去追求表演一些自鸣得意的独角戏，把建筑师个人喜好凌驾于理性的分析和判断之上。在精确和优雅的设计中，力求让空间给人们带来内心深处的真正感动。

（感谢布克哈特建筑设计公司对本文的支持）

参考文献

[1] S·基提恩 . 空间 · 时间 · 建筑 . 王锦堂 , 孙全文 译 . 台隆书店出版 , 1986: 488 .

[2] 拉斯姆生 . 体验建筑 . 汉宝德 译 . 台隆书店出版 , 1970 : 35.

[3] 维尔·阿雷兹专辑 . 世界建筑 , 2002(10): 17 .

图片来源

本文所有图片资料均由布克哈克特建筑设计公司提供

原文版权信息

刘江 , 支文军 . 简约之美：瑞士布克哈特建筑设计公司及其作品 . 时代建筑 , 2003(2):118–123.

[刘江： 同济大学建筑与城市规划学院 1999 级硕士研究生]

设计机构及其作品解析

五

建筑本体及现象评析

Evaluation and Analysis of Ontology and
Phenomena in Architecture

35

从《东京制造》到《一点儿北京》：
当代城市记录对建筑学的批判与探索

From *Made in Tokyo* to *A Little Bit of Beijing*:
The Impact of Contemporary Urban Record towards Architecture

摘要 自 20 世纪中叶开始，建筑学的探索拓向了城市，建筑师通过对城市的研究，迂回地找寻建筑学的突破。如今，面对越发复杂的、超出传统建筑学范畴的当代城市问题，建筑师们逐渐放弃了以一己之力撼动学科的态度，转向更为具体的城市空间及其问题的研究，并试图从中获得对具体现象的解决策略。本文选取当代具有代表性的城市记录读本《东京制造》和《一点儿北京》为主要研究对象，结合其所在的城市背景，对两个读本的研究方法、研究视角、文本内容进行分析和总结；并探索了从记录到创作之间的关系，以及记录成果对建筑学的批判和启发。

关键词 城市记录 《东京制造》《一点儿北京》 行为学 建筑图

城市记录概述

20 世纪后半叶，战后资本主义的快速发展带来了城市的巨大变革。城市问题和建筑与城市的关系成为新兴建筑师研究的重要领域之一。部分建筑师开始将目光投向城市，试图通过对城市的研究，迂回地获得建筑学的突破。这包括将建筑置身于历史连续性之中，创造符号意义的罗伯特·文丘里 (Robert Venturi)；将城市整体作为"基地"，寻找城市记忆与个体建筑之间关系的阿尔多·罗西 (Aldo Rossi)；将经济作为当代社会和城市空间组织的动因来认识建筑学的安

德烈·布朗齐 (Andrea Branzi) 和雷姆·库哈斯（Rem Koolhaas）……同时，在后现代主义思潮及波普文化的推动下，城市中那些在先前被视为"背景"的平常建筑，走向了"前台"，成为建筑师在迂回探索过程中的重要研究对象。

半个世纪以来，城市问题越发复杂化并逐渐超出了传统建筑学范畴。建筑师们开始逐渐放弃以一己之力撼动学科的态度，转向了一种"无条件地"接纳现实的状态。他们通过对更为具体的城市空间或问题的研究，力图从中获得对现实问题的解决策略，并逐渐向上探索或揭示更为宏观的城市问题。此外，起源于日本的"考现学"① 丰富了城市记录的研究视角和方法。关于当代城市记录，南京大学教授鲁安东做出过如下论述：记录是一种研究过程中的探索和表达，透过记录，解释观察对象的特征，反映现实和作者眼中的"现实"问题 [1]。与此同时，记录的成果为读者提供了一个宽泛的解读的可能。

文本聚焦于《东京制造》（*Made in Tokyo*）和《一点儿北京》两本当代城市记录成果，通过分析两书的研究方法、研究对象及内容，阐述它们对当代建筑学及实践的探索与启发，并在纵向上梳理当代城市记录对建筑理论的继承和批判关系。

《东京制造》从记录到创作

《东京制造》由日本建筑工作室汪工坊（Atelier

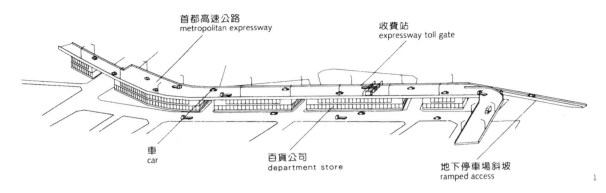

图中标注：
- 首都高速公路 metropolitan expressway
- 收費站 expressway toll gate
- 車 car
- 百貨公司 department store
- 地下停車場斜坡 ramped access

图 1. 回应高效性的"滥建筑"（图片来源：《东京制造》）

Bow-Wow）创作。它选择性地记录了东京城市的平常建筑（书中称之为"滥建筑"），透过记录来认识并发掘城市问题，进而迂回形成建筑学的实践探索。作者以"陌生人"[②]的视角进行观察，通过"物件化"[③]的轴测图形式进行表达，展示出建筑作为城市中的功能载体相互"入侵"又相互依存的关系。

内容分析

"滥建筑"和"环境单元"是汪工坊对东京平常建筑的概括。在东京如此紧张狭小的基地中，"滥建筑"面对的核心问题不在于类型、比例、细部等传统建筑学教义，而是在有限的基地里实现对空间的高效掠夺和利用[2]（图1）。这有别于传统意义上的外部空间塑造，而是在城市上层因素的限制和自身对基地的"掠夺"中，建筑与环境的关系再次回归到空间问题的处理上。"环境单元"是将建筑的功能放置在城市语境下的分析。它既是建筑、土木构造或是地形的环境整合，也是以"滥建筑"作为空间载体，将城市功能整合成的微城市系统（图2），它无法归类为传统的任何一类建筑类型[④]。在汪工坊眼中，抛弃建筑学教义、对基地机智地掠夺的"滥建筑"和城市语境下混搭与拼接的"环境单元"，将故步自封的"建筑"解放成什么都不是的"建物"；它们努力回应着东京此时此地的问题，并在不知不觉中衍生出新的答案。

文末，作者抛出了一个庞大的城市系统猜想——

"假想基地"。零售店借住自身小尺度、资讯快和物流丰富等特点，成为"假象基地"网络的构成单位之一。它打破了传统建筑学中所强调的"场所"和"基地"的概念。它并不强调一个清晰的空间边界，也不存在一个与空间对应的相对完善的功能社区，而是基于城市资本的流动自下而上形成的、不稳定的、伴随着市场选择而不断更新的场所。这种猜想在暗合了库哈斯对城市动态的、多样的、不确定性的追捧的同时，也质疑了库哈斯所迷恋的与城市既竞争又协同的"大"建筑的价值，为建筑与城市的关系提供了新的猜想。

行为学的生成与实践

汪工坊将《东京制造》作为他们研究内容的总纲和基础，将它的观察视角、记录方式延续到他们之后的城市研究中。这些研究可视为《东京制造》丰富的注脚，形成了完善的研究系统。其中包括：① 回应《东京制造》中异种格斗技、机械即建筑、副产物方面的"大都市快速路指南"、"基础设施指南"；② 回应《东京制造》中物流都市、都市生态系统的"东京循环利用计划"、"河流－轴城市计划"、"亚洲涌出管理"；③ 回应《东京制造》中自动尺度和宠物尺度的《宠物建筑》；④ 构建起"单体空间＆建筑—都市"关系的《爱知县的空间诊断》；⑤ 基于行为学看都市与建筑元素的"东京土地细分文件"等系列研究和《窗、光与风与人的对话》。

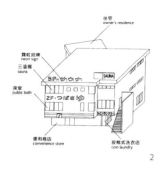

南面配置

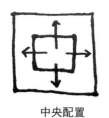

中央配置

图2. "环境单元"案例—澡堂旅游楼
图3. 左：日本常见住宅与基地的布局关系；右：汪工坊设计的住宅与基地的布局关系
图4. 从左至右：兄长家屋、迷你家屋、永江家屋

2

3

虽然大量的记录和研究提供了城市研究的视角和方法，但尚未直接作用于建筑实践。在构建起理论到实践的过程中，汪工坊引入了亨利·列斐伏尔（Henri Lefebvre）的"空间的生产"（the production of space）[5]理论。列氏认为从鸟瞰层面创造城市空间的规划者（"空间的再现"）和通过生活产生城市的使用者（"再现的空间"）对空间都有赊账行为，因此存在一个第三势力，即空间自身，它可以自主生产空间。汪工坊将城市研究视作对"空间的再现"和"再现的空间"的研究，将建筑创作视为二者的协同产物[3]，并称其为"空间实践"。在实践中，汪工坊将空间的要素置于一个开放的语境下进行探讨，并将多种因素引入建筑创作，提出了建筑行为学的概念。它归纳为三个要素：① 人的行为（指在风俗和习惯可以共享的范围的人）；② 自然元素（光、热、风等）的行为；③ 建筑的行为（受到气候、城市规划、经济制度等影响下的独有的元素，建筑的行为不能被单独的观察，其特点需要与它相同年代的、邻里的建筑相比较）。在创作中，他们将各要素的需求转译成具有激发社交和

引导行为的空间，从而构建起一个从身体到城市、现象到物质的统一框架。

在住宅实践中，汪工坊提出了"空白代谢"的概念来回应《东京制造》中发现的城市缝隙现象。他们不将缝隙视作副产物，而是一个处理相邻建筑关系的空间资源。设计利用中央配置的方式扭转基地被占满的窘境，通过窗户、雨棚等建筑元素的巧妙设计重新定义了邻里空间（图3，图4）。在位于东京站前三角地的二层含书店的住宅改造项目中，业主要求在小基地中创造出具有冲击力的塔楼形象。建筑下虚上实的形体揭示了书店和居住的功能，基于退界的限制形成的"<"的结构形式增强了建筑的冲击力，形成了《东京制造》中描绘的难以定义其类型的城市建筑。

在汪工坊看来，建筑的行为十分缓慢，它必须放在一个更大的框架（如城市、环境、习俗）下思考，同时单个建筑既受群体的影响，又影响着群体。在金泽住宅类型的研究中，汪工坊发现了屋檐出挑的方式上在类型更迭中的延续，并将这一特征与行为学联系起来。之后，他们以行为学的方式对组成建筑元素进

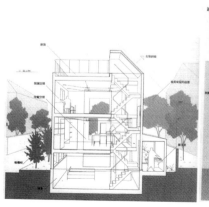
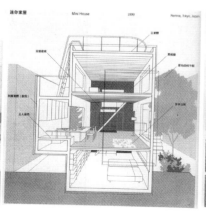
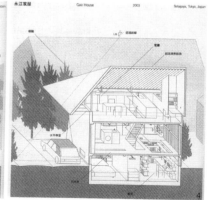

体验与评论——建筑研究的一种途径

图 5. "习惯的要素"说明图
图 6. 度假小屋剖透视

行研究,并称之为"习惯的要素"[4]。《窗、光与风与人的对话》(*Window Scape 窓のふるまい学*)书中指出人的行为和经验与习惯性的要素的关系:例如窗—海—椅的连带关系,取决于这里的经验本质,窗—海—椅是不可分割的一组经验单位[5]。他们将行为和经验视作是社会的、历史的构成物,并从旧的事物中创造新的事物。在《城市建筑学》(*The Architecture of the City*)中,罗西将那些在历史的演进中留下的建筑类型视为建筑史上有意义的类型,它们经历了功能的变迁,以固有的类型适应了历史中各个时代的功能。汪工坊聚焦于在历史的演进中留下建筑要素(窗、门、坡屋顶、雨棚等)的类型,并借助行为学,构建起身体—建筑—城市之间的关系(图5)。

面对强调创作概念独特、表达方式简洁的创作环境,汪工坊基于行为学的创作理论和实践似乎显得过于复杂。他们在《图解剖析》(*Graphic Anatomy*)一书中以比施工图更加复杂的方式来表达影响建筑设计的多种要素(图6)。这种方式对抗了当代建筑学符号化、缩减化的趋势,还原了这个古老学科应有的复杂性和物质性。

《一点儿北京》:群建筑的记录与建筑图的探索

《东京制造》在我国建筑界引起了不小的反响。受其影响,国内不少建筑师通过观察城市的方式来推动建筑学的探索及实践。其中具有代表性的是绘造社⑥创作的《一点儿北京》。它选择性的记录北京城三个自下而上生长的街区,描绘了尺度较小的,与身体关系紧密的"一点儿"建筑以及人在城市场所中的"一点儿"生活。

从记录建筑到记录街区

《从记录开始》一文中表达了《东京制造》启发绘造社对普通建筑的关注[6]。他们希望沿袭《东京制造》的记录方法记录三里屯南42号楼,但很快发现无法进行。东京的土地制度促成了在一个狭小的基地之上,不同功能属性的建筑的互侵与共存。因此,汪工坊关注了建筑的"混接"和空间利用,并进一步将功能纳入城市系统中思考,形成了适合东京本土的城市记录。回看北京城,它在新中国成立之后被各大国营部委、机关大院、高校、历史建筑等分割成了尺度较大的城市格局。基地尺度偏大、功能明确,建筑之于基地的灵活度高,因此相邻基地上的建筑形成的城市空间,不是拥挤,反而是疏离。随着城市化过程中经济的发展和人流的涌入,北京城出现了如《东京制造》中描绘的建筑间的空间"掠夺"现象。然而,两者的区别在于:在北京,建筑对空间的掠夺并未突破地块的规划边界、与地块外部功能发生关系,而是在同一用地性质的基地中发生。基于城市背景的差异与思考,绘造社将镜头放大,从记录建筑转向记录"街区",从描绘"物件"转向描绘场景,从整体表达转向剖切呈现,以此探索街区内部巨大的城市活力。

内外相连的"集群建筑"

《一点儿北京》的创作目的之一,是对中国城市中大建筑横行、城市街区消失现象的批判。绘造社将"大"理论的源头指向库哈斯,他在《癫狂的纽约》

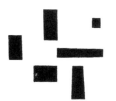

图 7. 从左到右：组合、巨构、群形式
图 8. 南锣鼓巷
图 9. 左：三里屯 42 号楼；右：团结湖

7

(Delirious New York) 书中指出摩天楼与城市是既竞争又合作的关系，完成了建筑内与外的分离术，打破"形式追随功能"的准则。早在 20 世纪 60 年代起，日本建筑师桢文彦 (Fumihiko Maki)，就从城市和历史的角度思考有关"大"的问题，他试图超越单体系统，以"集群形态"（即城市的片段）[7] 的方式来探讨"大"的问题（图 7）。桢文彦认为理想的系统是一种群形式，它既可以不断导入新的平衡状态，又可以维持视觉的一致性和秩序感。

《一点儿北京》记录的三个案例都是保持着传统建筑学空间和场所老旧街区。在绘造社眼中，它们是一组相对独立又保持高度互动的单元组成，物质空间层面暗合了桢文彦对"集群形态"的定义（图 8）。在发展的过程中，通过小范围的功能置换将部分建筑单元激活，进而逐步地带动整体的发展。"小单元"提供了灵活和多样的选择机会，形成功能和资本流动的基础。随着局部的发展，带动更多功能的置换和改造，街区的多样性逐渐产生。同时，街区的发展促使人流不断增加、租金不断上涨的情况。这导致室内空间的进一步细分，多样性随之增加。当室内的空间越发稀少，使用者开始向外部"索要"空间，室内的活力因此向外拓展，并逐渐带动了整个街区的活力和发展。整个过程中，建筑为城市提供带来多样性的补给，城市为建筑提供人流支持，由此，城市与建筑的关系回到了良性的互动之中 [8]。

在《一点儿北京》描绘的街区发展中，发生在日本的私有制土地细分现象也在北京的街区内部出现。不同点在于规划对街区边界和功能的限制，使建筑单体与城市的互动必须依托于一个集群，这个集群也为身处其中的建筑单元构建起了一个场所。桢文彦在《集群形态说明》（Notes on Collective Form）中强调了"场所"的概念，他说一个缺少可辨识性的开头和结尾的物体无法称之为场所。然而，城市的流动和变化使桢文彦困惑于对如何界定场所边界。《东京制造》中，汪工坊用"假想基地"瓦解了场所的概念，这也意味着我们的生活系统与物质空间系统出现了分离。在《一点儿北京》的案例似乎回应了桢文彦的"场所"概念，规划的限定使得街区成为一个有开头和结尾的场所（图 9）。

面对不同的规划与国情，城市记录的对象却不期而遇，互为看见。我们无法基于建筑的表象对规划或城市本身做出或好或坏的判断，也不能抛弃上层规划来简单记录建筑。正如雅各布斯所强调的那样：理解城市活动首先需要显微镜似的细致观察，因为城市行为过程总是由各种具体的想象以及相互间的关联组成 [9]。

体验与评论——建筑研究的一种途径

建筑图探索

城市记录的另一个重要成果是建筑图的探索。建筑图作为记录的工具与成果，在有针对性的揭示和探讨空间问题的同时，也探索了建筑图的表达方式、传播途径以及图纸与实践的关系。

首先，《一点儿北京》探索了建筑图对城市街区的表达。在三里屯42号楼的记录中，作者利用轴测图开放、均质的特征，将街区中所有的细节一视同仁地呈现。画面中，建筑实体分割的特征反映了最初作为居住的建造目的；并通过家具、人的活动等场景刻画，表现出城市发展变化过程中社会对建筑的重新占有，呈现出自下而上形成的城市多样化涌入一个建筑的状态。之后的记录中，绘造社强化了建筑图的表达与探索。"团结湖"尝试将透明性理论植入建筑图中。图面中，建筑的倾斜有意地避开了广场、街道等主要的公共空间；建筑立面被剖开，暴露出建筑内部空间占有的现状。借住轴测图的特性将两套行为系统同时呈现：一套是建筑内部的多样性和街道上行为的多样性的系统，另一套是建筑纵向内容的多样性和其平面内容多样性的系统；二者形成了一个看似彼此交织"你中有我"的系统（图9）。这组80年代的住宅内部可视为社会景象的投射，它与城市的复杂性一样精彩。

其次，城市记录的成果探索了建筑图作为建筑被使用的检验机制。建筑图作为具有生产意义的"标记符号"（notation）[10] 已被普遍认可，而汪工坊提出了以时间概念来分类的建筑图，即发生在建筑落成前指导生产的建筑图与落成后检验建筑使用的建筑图。据此理论，《一点儿北京》中对城市的记录与表达作为"后建筑时间图纸"检验了当建筑落成后建筑被使用的状态，并以事无巨细的剖轴测图将与建筑相关的多种因素（人的行为、空间的利用、场所的建立、历史的变迁等）收入其中，构建起"人—建筑—城市"三者之间的空间占有关系。在绘造社看来，后建筑时间图纸以记录过往的方式表现了建筑与城市文化和社会生活的互动[11]。皮埃尔·维托里欧·奥雷利（Pier Vittorio Aureli）指责当下日趋抽象与简单化的图示表达是对现实复杂事物的简单式伪装，并提出将平面和剖面成为推测物质句法唯一必要的表达，重新建立一套批判性的话语[12]。后建筑时间图纸似乎为奥雷利的担忧和批判找到了一条出路。

再次，绘造社将他们对城市的观察转化为乌托邦式实践。佩瑞·库普勒（Perry Kupler）将图纸视作一个供建筑师思想肆意游走的、极具创造性和生产性的阵地；绘造社认为，乌托邦式的方案可以摆脱现实的束缚，获得更宽广的创作自由。他们以向《癫狂的纽约》致敬的方式完成了《一点儿北京》的"虚构"分册，借方案之名，夸大了现实中的某些元素，创造出看似荒诞却又与现实相距不远的方案，表达出对社会现象的批判和思考。在彩虹镇的案例中，绘造社从故土难离的概念切入，将城市设施与家庭相结合，提出了一个城市设施家庭化的社区方案，借乌托邦之名，探索现实问题的可能答案。在2018威尼斯建筑双年展中国国家馆里，绘造社创作了大型"纸上建筑"作品《淘宝村·半亩城》。它聚焦于中国乡村建设中由于电子商务和物流的高度发展而产生的一个独特的现象，在莱特（Frank Lloyd Wright）"广亩城市"（broadacre city）的网格上融入现实生活中的多种要素（产业、居住、活动、自然环境、中国元素等），构想出一个电商及物联网时代下的乡村集群[13]。

最后，当代城市记录推动建筑传播。《大众传媒中的中国当代建筑批评与传播图景》一文呼吁将当代中国建筑批评置于普遍意义上的"大众媒体"之中去考察[14]。近年来，随着信息技术的发展，建筑传播逐渐向大众渗透。《一点儿北京》在表现上遗传了建筑图轴测、剖切的基因，并植入了漫画的表达方式，将人在建筑的活动的一个个场景以漫画式的叙事风格呈现出来。该书荣获2013年度"中国最美的书"称号，成为以出版物的形式向大众推广城市与建筑的成功案例。近年来，绘造社的研究成果不断地以展览的形式出现在人们的视野中，如《一点儿北京》的部分建筑图在2018威尼斯建筑双年展日本馆中展出，生动地呈现出北京的市井生活。他们还将城市记录的成果设计成周边产品（T恤、包袋、杯子等）向大众推广。对绘造社而言，比起在建筑专业内部思考建筑图纸的角色和意义，他们更加关注建筑图如何跳出它的专业，演变为文化、艺术和社会作品。

当代城市记录的批判与探索

当代城市记录表现出聚焦具体空间、看重行为和空间的互动关系、多样的记录视角、丰富的记录媒介等特点。除上文详述的两个案例外，由同济大学教授李翔宁、学生李丹峰、江嘉伟以及团队共同编著完成的《上海制造》、由张斌、冯路、庄慎、范文斌四位建筑师发起"上海城市再研究计划"(SH Project)、南京大学建筑学院鲁安东老师的城市阅读系列课程等，都是近年来国内优秀的城市记录案例。此外，相关的学术研讨会也促进了当代城市记录的进程。回顾全文的案例，我们可以有以下的思考和结论：

第一，上层因素影响城市记录。城市记录的视角和成果与所在城市经济、政治、历史、文化、城市规划等上层因素密不可分。面对意大利文化底蕴丰厚的城市空间，罗西的城市建筑论——虽然引发了全球性的讨论——极具地域特点地展示了城市与建筑的关系；而诞生于意大利的"无尽的城市"（non-stop city）理论，却在无历史包袱的曼哈顿得到了回应与发展。东京细碎的、市场化的土地制度以及超高密度的人口催生了对基地机智掠夺的"滥建筑"和"环境单元"。而《一点儿北京》记录对象从建筑到街区、从物体到行为、从抽象到繁琐的转变，恰恰能揭示出城市上层因素对建筑师记录的影响。

第二，观察视角由"自上而下"转向"自下而上"。传统建筑师偏向于从上层因素或建筑历史中找寻建筑的合理性或提供批判的证据。当代建筑师以"无条件地接纳现实"的态度，通过对现实中机智的建筑策略的观察，参与建筑学在城市中的探索。《东京制造》并未对东京现状的成因展开论述，而是直接聚焦于现实中机智的"平民建筑"，并逐步从空间研究发展到都市系统研究。《一点儿北京》聚焦北京几个特殊街区，揭示出小建筑单元对城市的依附关系，以及单元的积累对城市街区的影响，对当代中国城市大规模整体式

开发形成的城市空间进行了批判和反思。

第三，城市记录启发建筑实践。《东京制造》除了作为汪工坊理论的总纲，还是他们实践创作的检验机制，并通过行为学建立起身体—建筑—都市、现象—物质的联系。《一点儿北京》中的乌托邦实践，即通过不受现实制约的纸上建筑，表达了对当下的建筑、城市甚至社会的批判和反思。同时，当代城市记录激发了平民参与建筑设计的潜能。《东京制造》《一点儿北京》《上海制造》等城市记录读本提供了一系列在高密度都市中，使用者对建筑空间的利用策略。民众可作为"创造性的使用者"[⑦]，从这些书籍获得解决现实中建筑问题的解决方法。

第四，记录成果的推动建筑图的探索和建筑传播。当代城市记录的成果以"后建筑时间"的视角，为建筑、建筑与都市的关系提供了另一种检验的机制。在传播方面，当代城市记录为建筑与城市研究的传播提供了一种更为平民化的渠道，并通过书籍、展览、周边产品等方式进一步融入社会生活之中。它超越了建筑学的范畴，走向了大众艺术，也为建筑师提供了一条建筑之外的实践之路。

当代城市记录的反思与总结

建筑师对城市的研究已经历了半个多世纪，从早期宏大叙事的宣言，到如今细致入微的记录，城市问题的研究已成为建筑学的重要补给之一。不可否认，随着对城市问题的探索，经济、政治、土地、文脉等因素"入侵"建筑学，这一方面使建筑师从现代主义的教条中解放出来以此获得创作和参与城市的新契机，另一方面也使得建筑学逐渐沦为一种回应问题工具，并由此带来了丧失学科自治的危机。本文研究的案例在一定意义上对抗了逐渐沦为符号化、抽象化的当代建筑，将空间、行为以及二者间的丰富关系呈现出来，并努力地应用在实践之中。然而，面对着日益复杂的都市问题、层出不穷的记录方式、鼓励多学科交融的时代背景，当代城市记录在拓展建筑学边界的同时，是否能够顺利地迁回靠岸依然不得而知。此外，当代

城市记录收获最多的是现象的发现，它或许可以为创作提供证据，但要完成理论的升华并以此来指导实践，还需一个漫长而艰辛的过程。

总结全文，当代城市记录以直击现象的方式，透过对物质空间的记录，自下而上地探索建筑与城市问题。建筑师从中获得了城市、建筑以及二者之间关系的更深刻的认识。它一方面指向了建筑学内部的批判（例如对已有建筑理论的对抗、建筑学科丰富性和物质性的归回）；另一方面拓展了建筑学边界。最后，面对日益复杂的城市，引用《一点儿北京》中的观点进行总结："对于城市的问题，我们不认为有完美的答案，重要的是观察，是怀疑，而不是一切一开始就规定好了。"

（本文由同济大学 2016 届硕士研究生李迅的学位论文《当代城市记录对建筑学的批评和探索——以〈东京制造〉和〈一点儿北京〉为例》（指导教师：支文军）改写而成）

注释

① 考现学是通过观察社会、身体和物质之间的联系来揭示了其背后的文化特征。
② 陌生人理论出自德国社会学家格奥尔格·齐美尔（Georg Simmel），他在其著作《社会学——关于社会化形式的研究》（Soziologie）中指出"在理论和实践中，陌生人比普通人享受更大的自由，陌生人可以不带有先入为主的观念并给予客观和普遍的方式。他的行为也不受风俗、忠节和原有规范的限制。"
③ "物件化"的表达是将建筑的细节略去，以"物件"的形式进行表达。它并非注重人在建筑中的行为，更多地反映了建筑作为都市功能载体的特征，及各载体之间的关系。
④ 在《东京制造》一书中，汪工坊认为建筑秩序由三种类型组成：类型（关于建筑和风土的关系）的秩序、使用方式的秩序和结构的秩序。
⑤《空间的生产》一书中，"空间的实践（spatial practice）"、"空间的再现（representations of space）"和"再现的空间（representational spaces）"构成了生产空间的三个概念要素。
⑥ 绘造社由青年建筑师李涵胡妍创立。
⑦ 英国建筑史学家乔纳森·希尔（Jonathan Hill）将建筑的使用者分为三类：消极的使用者（passive users）——对生活的空间持漠视态度的；反应的使用者（reactive users）——与建筑师一同参与设计来回应自身需求的；创造的使用者（creative users）——发现了建筑师意料之外的空间使用方式，并赋予空间新的意义。

参考文献

[1] 鲁安东．反思城市观察．建筑学报，2012(08).
[2] 塚本由晴，黑田润三，贝岛桃代．东京制造．林建华，译．台北：田园城市，2007.
[3] Atelier Bow-Wow．Atelier Bow-Wow: Behaviorology．New York: Rizzoli, 2010.

[4] Atelier Bow-Wow, 后泡沫城市的汪工房．林建华，译．台北：田园城市，2012.
[5] 东京工业大学塚本由晴研究室．窗：光与风与人的对话．黄碧君，译．台北：脸谱出版，2011.
[6] 金敏华．品味"固有标准"外的城市——评介《一点儿北京》．时代建筑，2014.
[7] Maki Fumihiko．Notes on Collective Form．JA, 1994(04): 248–279.
[8] 李涵，胡妍．一点儿北京．上海：同济大学出版社，2013.
[9] 简·雅各布斯．美国大城市的死与生．金衡山 译．上海：译林出版社，2006.
[10] 斯坦·艾伦．知不可绘而绘之——论标记符号．吴洪德 译．时代建筑，2015(02).
[11] 李涵．建筑师的知与绘．时代建筑，2015(02).
[12] 皮耶·维托里奥·奥雷利．图解之后．余佳浩 译．时代建筑，2015(03).
[13] 支文军、杨晅冰．"自由空间"：2018 威尼斯建筑双年展观察．时代建筑，2018(05).
[14] 李凌燕，支文军．大众传媒中的中国当代建筑批评传播图景（1980年至今）．时代建筑，2014(05).

图片来源

图 1、图 2 来自《东京制造》，图 3、图 4、图 5 来自《后泡沫城市的汪工坊》，图 6 来自《アトリエ・ワン．图解 2 アトリエ・ワン》，图 7 来自《集群形态说明》，图 8、图 9 来自《一点儿北京》

原文版权信息

李迅，支文军．从《东京制造》到《一点儿北京》：当代城市记录对建筑学的批判与探索．《建筑师》：2019(6): 93–99.
[国家自然科学基金项目：51778426]
[李迅 同济大学建筑与城市规划学院 2016 届硕士研究生、龙湖集团北京公司研发经理]

36

剖面建筑现象及其价值

Sectional Architecture and Its Value

摘要　20 世纪末出现的剖面建筑现象，其外部形态的剖面性强调了空间和建筑形态生成的思考方式。从"功能"（program）和"身体"（body）的感知出发是其两种典型的空间思考方式。这类建筑强调建筑生成的"过程"（process）；剖面成为一种思考方式；它重新挖掘了建筑的"概念"（idea），强调建筑图纸和建造的密切关联，对当代实践具有启示意义。

关键词　剖面建筑 功能 身体 过程 概念

剖面建筑现象

　　20 世纪末荷兰出现了一批带有"剖面烙印"的建筑。这些建筑物的楼板或倾斜、或碎化扭曲，建筑空间变化多端、尺度各异，本该"掩藏的、理性的"内部特征直接在立面上呈现。建筑的层数变得扑朔迷离，室内的活动赤裸地展现在城市空间中。典型代表有库哈斯、MVRDV。他们的实践和新颖的设计思维影响了许多建筑师，如 REX、WorkAC、BIG、FOA 等设计机构在这方面也进行了一些实践，亦促进了当代中国建筑界的模仿性实践和探索。分析这些设计师和他们的作品，有如下特征值得关注和探讨。

外部形态的剖面性强调了空间和建筑形态生成的思考方式

　　MVRDV 建筑事务所设计的荷兰乌德勒支双户住宅（Double House in Utrecht，1997），位于市郊一座具有 19 世纪风格的花园里。建成的双宅远看是一个立方体，近看像相互咬合的积木。构成剖面的楼板、墙体、屋面等勾勒出立面的实体部分，虚空的室内空间用透明玻璃封闭，其立面呈现明显的剖面性（图1）。那么，建筑师是怎样思考设计的呢？两户家庭共用同一块面向花园的基地，为了最大限度地保留花园面积，当地传统的两层 14m 进深的营建方式似乎并不可行。建筑师通过对这一传统体量压薄、挤高、拓变形成 7m 进深四层高的布局；传统的内廊式单面采光被具有良好穿堂风的双向采光方式所取代。同时，为了解决两个家庭各自的需求（有时他们的需求互相矛盾），建筑师把分隔双宅的界墙看作是由两户业主不同要求的不同张力作用下形成的界面，从而产生了两个互相咬合的住宅设计：卧室作为"盒套盒"合并在蜿蜒上升的顶部；两个起居室都沿着立面开间方向最大化布置，尽享公园的景观。在这里巨大的差异可以共存：在一个家庭想要被花园所包围的楼层，另一个家庭就退缩到钢琴室；在一个家庭选择了沙龙的地方，另一个则在其楼上成为办公与休息的地方，诸如此类。这两户住宅互相依靠的特性一开始让设计有无法继续的危险，但是把它们比作瞎子和瘸子的互助关系后，证明了它们比独立存在的时候更优越"[①]（图2）。清晰地反映了设计师推敲的过程，通过逐步在剖面上调整、操作，两户的空间关系确定了下来，与外立面的剖面特征惊

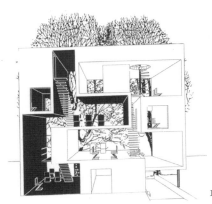

人的一致。

OMA 建筑事务所设计的柏林荷兰大使馆（图3—图6），位于柏林中心区的罗兰德乌费尔（Rolandufer）老住宅区，紧挨着新政府办公区。业主希望能有一栋独立式建筑，把常规的行政机构安全要求和荷兰人的开放特性融为一体。OMA 负责整个场地的设计工作，探讨了两种方案的可能性，一种是迎合客户的要求，沿街区周边进行建设；另一种是独辟蹊径，修建一个独立式的立方体。最后选择了第二种可能。建成后的建筑外观呈现明显的剖面特征，在层的背景上，蜿蜒倾斜的楼板或梯段攀爬在外立面上，室内的人和城市的景交融在一起，成了看与被看的景致。穿过表皮的

迷雾，我们试图窥探设计师的设计过程，以期获得一些启示。在该方案中，建筑师试图强调荷兰人的开放性，将室内的活动和城市的活动交织在一起。设计师突出强调了组织各功能空间的公共交通，将它视为联系内部活动和外部城市景观的纽带，塑造成一条在立方体内的盘旋而上获得独立性格的路径，可以在四个剖面上操作和精确控制。路径与立方体界面时而分离、时而重合、时而穿破。在根据不同的城市景观确定好公共交通的位置和形状后，设计师在剩余空间里进一步组织功能空间。从入口开始，这条通道引导人们经过图书馆、会议室、健身区和餐厅，在立方体内盘旋上升，最后到达屋顶平台；部分通道在建筑外沿，成为建筑

图 1. 乌德勒支双户住宅设计草图，1997
图 2. 乌德勒支双户住宅外景，1997
图 3. 柏林荷兰大使馆展开剖面，2003
图 4. 柏林荷兰大使馆路径模型，2003
图 5. 柏林荷兰大使馆路径模型，2003
图 6. 柏林荷兰大使馆外景，2003

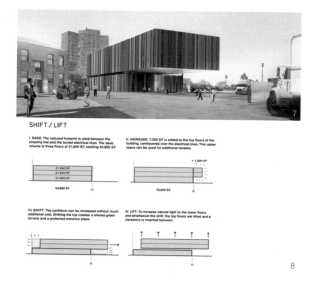

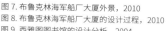

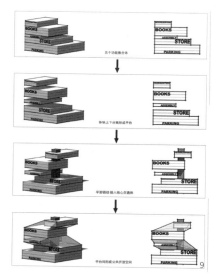

图7. 布鲁克林海军船厂大厦外景，2010
图8. 布鲁克林海军船厂大厦的设计过程，2010
图9. 西雅图图书馆的设计分析，2004

立面的一部分；还有部分通道贯穿建筑物，人们可以从公园看到电视塔。"对景"与"借景"的精心组织，调动了周围所有可用的视觉资源——不同历史阶段的建筑片段被戏剧性地展现在行进过程中。建筑的外观再现了建筑师的设计过程和思考方式。

类似的作品还有 Work AC 设计的布鲁克林海军船厂大厦（2010），其建筑立面也再现了建筑师的设计过程和思考方式（图7，图8）。这类剖面建筑外部形态的剖面性实际是对空间和建筑形态生成和思考方式的强调，是思考的向度与维度的概念，而非形式的构成或形体的玩弄。

从"功能"（program）和"身体"（body）的感知出发的空间思考方式

OMA 建筑事务所设计的美国西雅图图书馆（图9—图11），位于西雅图市第四大道和第五大道包围的城市街区。面对当今信息媒体对社会各个领域的渗透，公共领域（包括图书馆）的加速萎缩，库哈斯采取了新的态度，给方案确定两个目标，"对图书馆重新定义或重新使用，让它不再仅仅围绕书本，而是作为一个信息仓库，在这里一切媒体（新的和老的）在一个新的平等机制下予以呈现；构建出这样一种建筑概念，将现实世界的空间刺激与虚拟空间的图示清晰地合二为一"②。建成的图书馆像一个网套里几个不安的立方体肆意游动的某一瞬间凝固而成的结果。为了实现上述目标，库哈斯进行了设计推敲：把任务书中诸多功能以不同色块图解，再把使用类型相近的功能合并。他总结出 11 种概念上的使用类型：停车、到达、藏书、工作研究、阅读、公共服务、后勤、非印刷、书籍、操作、管理。把概念性的使用类型再次分解进入具体的功能空间，最后确立了 5 个功能实体，从下到上分别是：停车与操作、藏书、集会、开架、管理，它们各自服务于自己的组群，有明确的建筑划分，在大小、密度、透明等方面都是不同的。将这 5 个实体根据需要相互分离产生不均质的虚空，虚空被定义为公共空间，"平台之间的空间就像交易区。在这里，图书管理员们提供信息和激发灵感。在这里，不同平台的交互界面被组织起来，那些空间或用于工作，或用于交流，或用于游戏和阅读"[2]。西雅图公共图书馆给人带来新的空间体验。玻璃表皮界定出一个新的混沌世界。这里，不同的功能平台飘浮在不同的位置，空气是流动的，空间也是流动的，各种信息载体之间、建筑和环境之间、人和人之间的隔绝被消

体验与评论——建筑研究的一种途径

解了，使用者进入开阔的平台。在那里，可以看到各种不同性质的信息媒介场所，可以任意地遨游在信息的海洋中，除了垂直的交通核为人们提供快速到达的通道外，还可以漫游在虚空和各个功能平台中。人们可以在巨大的虚空中自由地交流，功能成为空间思考方式的出发点和解决方式。

MVRDV 建筑事务所设计的荷兰阿姆斯特丹 Silodam 公寓（图 12），位于阿姆斯特丹西部海港 Strekdam 区域，是一个综合项目，包括 157 个住宅单元和若干工作空间、商业空间、公共空间。建成的建筑物如堆砌在码头的集装箱，立面上由不同的肌理片段拼贴而成，似乎昭示着内部丰富多变的居住空间，具有清晰的剖面性。分析建筑师的设计过程，会发现功能起着提纲挈领的作用。当地的规划条件是 20m 进深，10 层高。生活空间差异化的要求一方面导致了类型的差异，另一方面增加了个性。如何在有限制的规划条件中充分地组织不同的住宅类型，建筑师将不同类型的住宅功能根据数量和尺寸划分成不同的面积和比例，水平划分成 4 段，竖向根据需要划分不同空间类型所需要的面积和层数，包括各类住宅、健身房、办公、码头等 26 种空间类型。得出的功能分布地图指导后续设计，不同类型的空间紧凑地拼置在一起，这些变化包括宽度（5~15m）、深度（半区、全区、错位两层）、结构（墙和柱）、外部空间（平台、内院）、层高（2.8m，3.6m）、层数（1~2 层）、可达性（走道、桥、楼梯）、房间（1~5 间）、楼层间的视线和不同种类的窗户。像抽象的拼贴画、堆积的集装箱，创造出丰富多彩的生存空间。功能分布图与建成后的立面、室内的生活空间分布具有一致性。

上述建筑师从剖面出发的空间思考方式进行也是从功能出发的空间思考方式，对空间的功能特征与空间关系的思考过程往往就是结果，他们总是是对功能进行非线性的思考。重新解读和定义功能，并将建筑内外之间的功能、内部功能之间的关系以动态的方式来思考。功能不再是抽象的文字，而是实在"功用"，这也是对现代主义泡泡图式功能线性的图解的反思和反抗。

另一种方式是从"身体"（body）的感知出发思考建筑空间，早期的例子是勒·柯布西耶，当代的实例包括伊丽莎白·迪勒、LTL 等。在马赛公寓的设计过程中，勒·柯布西耶从身体出发，演变出一套"模数"系列，这套"模数"以男子身体的各部分尺寸为基础形成一系列接近黄金分割的定比数列，他套用"模数"来确定建筑物的所有尺寸。

剖面建筑的价值

剖面是建筑制图体系中的重要组成部分，通过剖面进行设计和思考建筑空间。剖面建筑的实践和探索，给建筑本体研究带来许多启示，具有重要的价值和研究意义。

强调了建筑生成的"过程"（process）

18 世纪末以来由于画法几何[③]的发展和完善，为建筑精确、严谨的制图创造了条件，并深刻地影响到后来的建筑教育。19 世纪初主持巴黎技术学院（Ecole Polytechnique）的杜朗（Jean-Nicolas-Louis Durand，1760 — 1834）彻底改变了建筑设计和建筑图纸的关系。他将图纸、建筑和设计客观化，并首次提出建筑应该也只讲求"经济性"（economy）和"有效性"（efficiency）。设计成为一门技术，任何人只要顺从一系列的"方法"，都可以成为合格的建筑师。紧随其后建立的巴黎美术学院（又称 Beaux-Arts），也是源于系统化科学化的画法几何[④]，作为最早培养职业建筑师的完整教学体系的摇篮，为全球的许多学校提供了原型，对当今的建筑教育有重大影响。图纸至此已经作为绘图的工具和设计表达方式，成为产品制作指导书，建筑成为一种设计产品（final product）。这以后的建筑呈现出许多线性和静态的美学观。许多建筑的设计，首先研究功能的相互关系，梳理出或套用抽象的功能泡泡图，再通过平面布局转化成带尺寸的、几何形状的功能平面图，反复调整优化各功能空间的关系，直至与功能泡泡图关系基本吻合。这是一种静态的思考各空间关系的方式。建筑造型则基于图形、体量的构成关系，提倡均衡、对称、

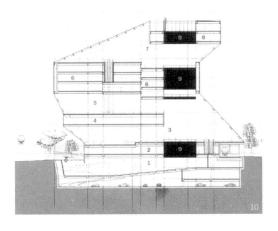
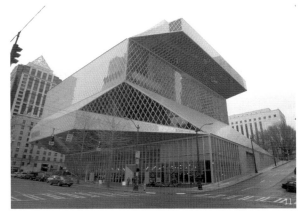

比例等原则。

剖面建筑发生了一些根本的变化，它强调设计分析，强调对空间关系的动态思考，其建筑空间布局和建筑造型往往直接表达了其空间思考过程。这种体现思考过程的空间推翻了19世纪以来图纸仅仅是表现和抽象的形体几何，以及许多已有的和现成的线性和静态的美学观，是对建筑作为"产品"（final product）的观念的反抗，强调建筑生成的"过程"（process）。

剖面成为一种思考方式

如果把剖面作为一种设计手法，而去模拟"剖面化的外立面"，实际上就不是真正的剖面建筑。设想将MVRDV的双宅立面和柯布西耶的库克住宅（图13）的形体空间组合在一起，虽然二者体量相仿，都是四层高的立方体块，但是会出现奇怪的情境。外立面的实体部分不断地提示两个相互依存、相互咬合的竖向空间系列的存在，各空间有着各自的宽度、高度及性格。待真正进入室内空间，发现清晰的一、二、三、四层概念，内部空间的多变、流动基本上在水平方向上出现。具有剖面化图形的建筑立面沦为迎合某种口味的一种装饰，内与外相分离，剖面化的立面与内部平层化空间缺乏对应关系。这就不是我们要探讨的剖面建筑。

剖面建筑的价值之一在于剖面成为一种思考方式。MVRDV的双宅设计，在剖面上不断地调整双宅的双户分割墙，两边的空间品质也随之变化。在不断加入各种空间需求和环境分析之后，两户的空间组织关系也随着思考过程的结束而结束。剖面不再是一种图纸表达，而是成为一种空间思考方式。

发展了维特鲁威的建筑关键词"概念"（idea）

维特鲁威在《建筑十书》中对于建筑如何形成和建造进行了深入思考，其中提到建筑的关键词"概念"。"布置则是适当地配置各个细部……布置的式样就是平面图、立面图、透视图……这些图样是由构思和创作产生的。构思就是热衷勤勉、孜孜不倦而愉快地做方案，创作则是解决还不清楚的问题，运用智力创造新鲜事物的方案。这些都是布置的领域"[5]。指出平面图、立面图、透视图是三种概念，具有思考、创新的内涵。剖面建筑强调了这个思考的过程，实际上是对维特鲁威建筑的关键词"概念"的发展。而当下中国许多建筑普遍患了"风格拼贴症"，建筑师在很短的时间内，习惯于在各种效果图册和参观图片中搜寻可供参考复制的图片，从中快速转化成新的方案，而对项目的内部空间组织、场地等缺乏深入的思考。概念的挖掘和思考的过程正是当代中国建筑实践所缺乏的。

启发我们再次思考图纸与建造的关系

剖面建筑强调了空间思考的方式和过程，其剖面图纸直接反映了空间的形成过程。这可以与文艺复兴

体验与评论——建筑研究的一种途径

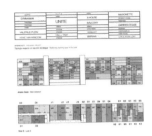

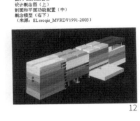

图14 Silodam公寓
设计概念图（上）
剖面和平面功能配置（中）
概念模型（右下）
（来源：El croquis_MVRDV1991-2003）

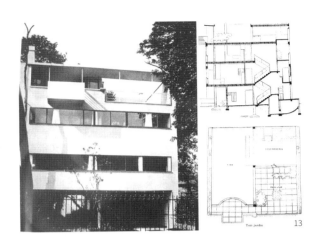

12

13

图 10. 西雅图图书馆的剖面，2004
图 11. 西雅图图书馆外景，2004
图 12. Silodam 公寓设计概念，2002
图 13. 库克住宅，1927

时期建筑图画就是思考空间的过程、建筑图纸与建造密切关联做一个类比分析。MVRDV 的双户住宅，建筑师通过在剖面上不断地调整两户的分隔墙，获得空间的各种可能性，从中选择最好的关系确定下来，并指导后续的深化设计。文艺复兴时期帕拉蒂奥等人的设计，"从头脑中的建筑项目的轮廓线（lineamenta）开始，轮廓线不是指平面或者任何其他图纸形式，而是指一幢建筑物概念化的过程。它们还是建筑师理想的一种表达或者是建造推敲的过程。"⑥导致他们的图纸经常是建筑局部"平、立、剖"重叠并置在一起，不寻求几何性的精确，时常内与外、上与下很难区分。可见，剖面建筑和文艺复兴时期建筑师们的作品，都在图纸思考过程中与建造的可能性进行了互动。

Beaux-Arts 体系形成后，提倡建筑的"经济性"（economy）和"有效性"（efficiency），建筑成为一种产品，图纸成为施工说明书，图纸与思考方式、建造的可能性开始割裂。剖面建筑重拾图纸思考方式、建造的动态关联的可能性，对当代实践具有重要的启示意义，能启发更多的空间形成过程，带来丰富、动态的空间体验。

（本文根据同济大学硕士论文《剖面建筑研究》改写而成，作者：朱荣丽；指导教师：支文军。感谢中国美术学院教师王飞和《时代建筑》杂志编辑戴春博士在文章改写过程中的帮助）

注释

① Anone. MVRDV 1991–2002. El Croquis 86+111, 2003: 138.
② 高岩 . OMA/ 大都会专著 . 世界建筑 , 2003(3): 76.
③ 1795 年，法国人蒙日的《画法几何》问世，他在书中系统叙述了利用垂直的两个投影面进行直角平行投影的方法，构成了现代工程图的理论基础，现在人们公认蒙日为"画法几何之父"。
④ Albert Perez-Gomez. Architecture as Drawing. Journal of Architectural Education(Vol. 36), 1982(2): 6–7.
⑤ 维特鲁威 . 建筑十书 . 高履泰 译 . 北京： 知识产权出版社 . 2001:13.
⑥ "Lines and Linearity: Problems in Architectural Theory." Drawing / Building / Text: Essays in Architectural Theory. Ed. Andrea Kahn. New York: Princeton Architectural Press, 1991: 74.

图片来源

图1、图2、图 12 来自El Croquis (86+111) –MVRDV1991–2002.2003.1，图3—图 6 来自李书音 . 德国柏林荷兰大使馆 . 时代建筑，2004 (3) :100–105，图 7、图 8 来自 www.Work Architecture Company.html，图 10、图 11 来自高岩 . 西雅图公共图书馆，西雅图，美国 . 世界建筑，2003，（02）:76–85，图 9 来自席晓涛 . 剖面思维解析 . 南京：东南大学建筑学院，2005，图 13 来自 Le Corbusier.Exterior， Section and Plan，Villa Cook，1927.

原文版权信息

朱荣丽，支文军 . 剖面建筑现象及其价值 . 时代建筑，2010(2): 20–25.
[朱荣丽: 同济大学建筑与城市规划学院 2005 级硕士研究生，上海证大房地产有限公司 设计管理部 建筑师]

37

竹化建筑

Bamboo Architecture

摘要 "竹"正成为许多建筑师关注的一个热点，它以不同的方式成为构成建筑的一个要素。本文从结构元素、意向方式和建筑面材三个方面阐述了"竹化建筑"的特征。

关键词 竹 竹化建筑 要素 结构 意象 竹模板 竹胶合板

2000 年的影片《卧虎藏龙》中的竹海给几乎所有的观众留下了深刻的印象，"竹"的刚直、谦虚、坚韧而又清冷的意向成功的烘托了影片所要追求的东方气韵；而在近年来的建筑界，人们也越来越多地把目光投向了"竹"。

"竹"是禾本科植物中最原始的亚科之一，也是禾本科植物中最具多样化的一个种群。一丛竹子一生能产出长达 15km（直径长 30cm）的可用竹竿。竹子具有很强的环境适应性，有落叶类和常绿类。截至目前，关于"竹"的分类学研究还很落后，一般认为"竹"有 60 至 90 属，1100~1500 种。

全世界范围有众多竹协会，其中包括总部设在北京的国际竹藤组织（International Network for Bamboo and Rattan，简称 INBAR），由联合国主权国缔约组成，旨在开发竹藤技术。此外还有美国竹协（American Bamboo Society，简称 ABS）和欧洲竹协（European Bamboo Society，简称 EBS）等。而每年还有各类竹材、竹化建筑研讨会在世界各地举行。

竹材作为轻质柔性材料，具有环保、耐久、吸水率低、廉价、美观等优点。

竹模板比钢模板重量轻，单模面积大，施工方便；比木模板强度高，使用寿命长，吸水率低，几乎无膨胀和收缩；比塑模板成本低、无污染，可避免破坏性的森林砍伐和能源污染。

事实上早在 1979 年，冯纪忠先生在上海松江方塔园何陋轩的设计中就尝试了对"竹"的运用。在这个竹构草顶的茶亭里，竹竿既作为轻型结构构件出现，承受着所有的拉、压力，同时，像树枝状、被施以彩漆的上部竹竿部件以及绑扎的竹构节点，表达了一种人文主义的精神。

关于"竹"的探索，大致可分为三种：第一种也就是最早出现的，是将"竹"作为建筑的结构元素的探索；其后出现了以意向和概念的方式将"竹"置入建筑的构成中；近两年又出现作为一种建筑面材的竹模板、竹胶合板的运用。

作为结构元素的 "竹"

将"竹"作为结构元素的探索，除了何陋轩，影响最广的有哥伦比亚的建筑师西蒙·维列（Simon Velez）。在包括哥伦比亚在内的热带和亚热带，竹材在传统观念中是穷人才会用的建材，因为它遍地都是，被看作贫穷与廉价的象征。然而 20 年来，西蒙·维列一直致力于竹化建筑的研究，其项目包括住宅、办公

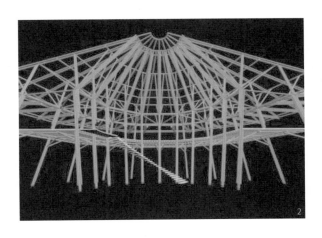

图 1，图 2. Simon Velez 的 ZERI 竹亭
图 3. 竹海三城——张永和的南宁柳沙半岛规划竞赛方案
图 4. 严迅奇竹亭

楼甚至工厂，成功的发掘了竹材的众多优点，诸如吸收二氧化碳、保温、耐久、轻质、美观、廉价、环保等等，他告诉人们穷并不意味着就只能住得简陋破烂，用廉价的竹材同样可以建出最漂亮的房子。他的建成项目中包括与马赛罗·维勒迦（Marcelo Villegas）合作的咖啡公园瞭望塔，高 18m，并有 7m 的悬挑端，在经历了 1999 年哥伦比亚地震后，成为少数几个完好无损的高建筑之一。另一更有影响力的项目是 ZERI 竹亭（ZERI pavilion）。

　　ZERI 竹亭（图 1，图 2）是为 2000 年德国汉诺威博览会而设计，之前先在哥伦比亚马尼赛勒斯(Manizales) 建起以做性能研究。竹亭采用当地植物——竹藤等建成，发掘了新的建造技术，以廉价而又环保的材料建造出坚固、轻质的建筑，同时又创造

出令人惊叹的美，为解决贫困者和因灾难而无家可归的人的居住问题做出重要探索。其设计充分体现了 EXPO2000 的主题"人·自然·技术"和可持续发展的精神。竹亭平面为直径 40 m 的十边形，其中外檐悬挑达 7m，从而不仅使内部空间，同时也使主体结构免受雨淋；竹亭底层面积达 1650m²，二层为 500m²。它是一个用生态材料建造的"生态建筑"，一个可以"循环建造"的建筑，没有开始，没有结束——它的材料被拆除后可以再用于建造（而其拆运也是非常便捷的）。ZERI 竹亭证明了过去完全由人工材料（钢、混凝土等）建造会花费巨大且建造困难的问题，现在完全有可能通过与天然材料的结合而解决。

　　西蒙·维列工作的同时兼顾了建筑的伦理与美学价值。为了那些挣扎于贫困线下的上百万穷人，那些无

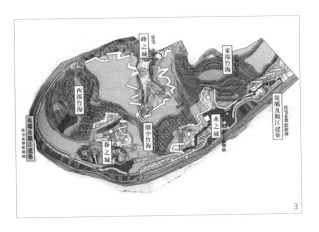

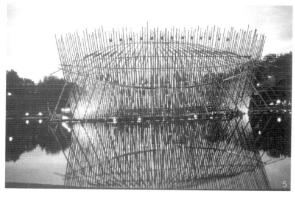

图 5. 严迅奇竹亭
图 6, 图 7. 水关建筑师走廊严迅奇宅庭院入口上方的竹架
图 8, 图 9. 水关建筑师走廊隈研吾竹宅室内
图 10. 各种竹合成材
图 11, 图 12. 水关建筑师走廊坂茂竹家具宅室内

家可归的难民和流浪街头的"非法公民",以及在那些地震多发的热带地区,需要建造大量的住宅,而西蒙·维列的尝试使我们看到了一个非常有效的途径。

西蒙维列还尝试在住宅中采用以混凝土浇灌竹墙,而类似的做法还有张永和在水关长城建筑师走廊的二分宅,在其两片主要的夯土墙中加入了竹筋,而上述这些均是把"竹"作为结构元素在小空间中的运用,至于其在大空间的运用目前除了西蒙·维列的 ZERI 竹亭外,还有日本爱知的 2005 年世博会的展馆,它用竹竿和钢连接件做出大跨结构,成为竹结构在大空间应用方面探索的代表。选用竹材一方面是由于它符合环保及可持续发展的精神,同时也是为了寻求新意,因

为纸木结构均已有前例,而竹结构的大空间尚有待探索,在这一类大空间的结构中,通常是将竹竿用连接件以各种方式连接组合而成,因而其研究重点也就在于连接件及连接方式上。

以意象方式出现的竹

对于"竹"的探索的另一大类,即以意向、感性方式介入建筑,它所侧重的是传达一种视觉的刺激,而不属于建筑的本体。该类又可分为两种:活竹子和无生命竹材的运用。

关于活竹子,最主要的也是大家较为熟悉的,

体验与评论——建筑研究的一种途径

是张永和及其非常建筑的一系列方案，这其中包括：1999年开始进行的"竹化城市"的研究，通过对竹子的生活习性的研究，利用其生长系统性、快速性及其易成活性，尝试将竹子作为一种绿色城市管网，使之沿街道发展，达到市内每幢建筑，并与其他建筑材料结合形成竹屋顶、竹幕墙、竹门、竹窗，同时由于竹子在中国文化中的特殊地位，使之构成建筑的地域性；同年在曼谷的展览中展出装置"竹墙"，以活竹子作为垂直元素，干竹篾为水平元素，纺织成墙，用以改善室内空间的质量，同时为这个城市增添一抹绿意；2000年威尼斯双年展中以活竹作为竹屏风门；同年在北京开始了"生态竹院宅"的方案，以两层半透明

的阳光板中密植竹子形成外层院墙，而中心则以四根组合竹（杆）柱支撑四个屋角，外围的竹墙起到遮阳和调节气候的作用，同时以其文化意义与中国传统的庭院的人文精神相融合；此外还有南宁柳沙州半岛的规划方案中，上千亩湿地将被改造成大片的竹林，在3~5年内形成一片葱茏的绿景（图3）。

以意象方式出现的竹的另一类是运用无生命竹材——也即竹竿作为建筑要素，其代表人物有香港建筑师严迅奇和日本建筑师隈研吾。

严迅奇（许李严事务所）在为柏林文化节设计的供表演及展览用的临时建筑——竹亭中（图4，图5），采用传统"扎"法将竹竿相互固定，并用"三角形稳定性"

原理，以直线构成曲面，整个竹亭既稳固又轻盈通透富有动感。竹亭位于柏林文化中心门前的水池上，与文化中心相映成趣：一个飘浮，一个凝重；一个通透，一个密实；一个东方，一个西方，充分体现了东方与西方、传统与现代、自然与人工的完美结合。

在水关建筑师走廊的别墅设计中，严迅奇用细竹竿以铜丝绑扎形成三维曲面的遮阳，置于入口上方。基本上也是这一概念的延续（图6，图7）。

建筑师走廊中的另一栋——隈研吾设计的"竹宅"（图8，图9）以钢结构和混凝土框架为混合结构，十字钢柱被抹成圆柱并包以竹皮，在南北侧外墙面和局部室内界面覆以了一层没有结构意义的竹墙，给人以视觉刺激，在三面围合的院内，又作竹亭居于浅水池正中，竹亭以钢框架和中空玻璃组成，并在各面覆以竹竿，竹墙掩盖了真实的结构和建造差异，而以表皮的身份存在，加强了空间与光线的质感。

作为建筑面材的竹胶合板

第三类对"竹"的新尝试就是竹模板即竹胶合板的运用（图10）。传统的竹模板通常是用于浇铸混凝土的模板，是一种"耗材"，而它由于成本低、寿命长、吸水率低、强度高于木模板，重量轻于钢模板，有利环保，同时还因为它由竹条纵横叠置胶合压制而成，

因此有独特的肌理和色泽，因而近年来被尝试直接作为"建筑面材"。

坂茂在水关建筑师走廊的住宅设计中，受中国已有的竹模板启发，与他的家具建筑体系相结合，开发出竹胶合板的家具建筑（图11，图12），即以竹胶合板构成的组合式建材与隔热家具为主要结构与建筑外墙体系，于现场拼装，形成竹家具宅，而竹胶合板漂亮的抛光外皮呈现出波浪形花纹。

同样尝试运用竹胶合板的还有马清运在马达思班事务所的室内设计。这里，普通的竹胶合板经打磨机去除了表面黑漆，露出原有褐色纹理，再上4~5道清漆，被作成大的壁柜（图13）、工作台、会议桌以及地面（图14）。工作台由3张模板胶合后加钉做成；地面用肌理较为细碎的模板钉于原有的杉木地板之上；而大会议桌则选用了以较宽的竹片压制而成的模板，从而使整个室内空间既统一又有变化。

在北大建筑研究中心由学生设计并建造的"个人空间体验器"中，竹模板的利用占了相当的比例，其角色已经突破了竹模板通常作为面材的局限，更多地参与结构体系的构件中。由于竹模板有较好的抗翘曲能力，因此形成外立面的竹模板夹住竖向的承担主要荷载的轻钢龙骨，与其共同形成一个"类框架"整体，并且由于体验器为二分的体量，而且暴露于室外，体验器的每一部分都有被雨水浸湿的可能，而这一点正

图 13. 马达思班事务所内景——壁柜
图 14. 会议室局部

暗合了竹模板防水的特性。再这样一个小的建筑中，摒弃了过多的装饰和外层处理，达到了结构、构造以及功能的统一，同时形成独特的视觉效果。

结语

一方面，"竹"作为一种天然材料，轻质、柔软，同时给人以视觉的美感和易于亲近的感受，这是许多人造建材所无法达到的。竹材与其他许多材料相比，还具有耐久、吸水率低、强度较高（竹胶合板以及竹竿沿长度方向）、廉价、保温等优点，特别是，如果将竹材与其他人造建材相结合，更能够相得益彰，满足经济、结构、视觉等多方面的要求。另一方面，"竹"对于可持续发展和环保的意义也格外重要，竹材无污染，甚至可以吸收二氧化碳，而引入建筑中的活竹子更能起到调节微气候的作用。此外，在东方，"竹"所具有的特殊的文化意义是不可忽视的。所有这些"竹"的特性，使得它越来越多地被建筑师们所注目。而另一方面，建筑师们自身为了突破既有的形式和范围，也需要不断的尝试新的材料和建造方式，因而"竹化建筑"的出现从某种角度看，也可被理解为一种"材料消费"现象。

目前，对于"竹"的尝试和应用还尚未达到系统、全面的程度，相信看似普通的竹子还有很大潜力有待开发。

图片来源

图片由作者提供

原文版权信息

支文军, 秦蕾 . 竹化建筑 . 建筑学报, 2003 (8): 26–28.
[秦蕾: 同济大学建筑与城市规划学院 2001 级硕士研究生]

38

石头建筑的史诗

The Epic of Stone Architecture

文摘 建筑被称为石头的史诗，石头建筑在历史上曾取得过辉煌的成就。然而在其发展过程中，石材的外在表现形式逐渐背离了建筑的内在逻辑，石头建筑一度走向衰落。现代主义建筑提倡真实地表现材料特性，追求材料运用与功能、结构的和谐，促使人们不断挖掘这种古老材料的潜质，探索石头建筑在多元化时代的表现形式。

关键词 石头 石头建筑 材料

石头是人类最古老的建筑材料之一，其坚固、耐久的材料特性与人类追求永恒存在的观念有着相通之处，因而在建筑领域得到了广泛的运用。早在原始社会就出现了规模宏大、布局复杂的纪念性巨石建筑，带有强烈的宗教色彩并孕育着艺术的萌芽。

古埃及的金字塔由 230 余万块平均约重约 2.5 吨的巨石干砌而成，以气势恢宏闻名于世。而古埃及的神庙是最早运用梁柱体系的石头建筑之一，神庙内石柱林立，建筑空间昏暗压抑，反映着王权社会的神秘气息。古希腊的神庙则呈现出一种开朗、纯净的风格，以雅典卫城为代表的古典建筑，通过对在神庙造型中起关键作用的石柱不断进行推敲，发展出多立克、爱奥尼克与科林斯三种古典柱式，在构图和比例上都达到了极高的水平。古罗马的建筑不但继承和发展了古典柱式，而且在结构上创造出梁柱与拱券相结合的体系，将石头建筑向前推进了一大步。无论是中古的拜占庭建筑，还是印度的伊斯兰建筑，石头作为一种分布广泛、易于加工的材料，在其中都扮演了重要的角色。使石头建筑达到辉煌顶峰的是哥特建筑，它所创造的飞扶壁，使石头抗压好的材料性能得到充分发挥，由结构构件转化而来的大小尖塔挺拔向上，仿佛要从地面直冲云霄，体现着人们对于天国的向往，达到了结构构件与装饰构件的高度统一。到了文艺复兴时期，形体的匀称、光影的对比以及建筑与环境的和谐重新成为人们关注的焦点，而且室内设计手法常常借鉴古典的柱式和构图，建筑的室内设计因而获得了与外立面同等重要的地位，石头非凡的表现力延伸到室内空间的塑造，取得了令人震撼的艺术效果。

两千多年的人类建筑史，波澜壮阔，高潮迭起，是一部不折不扣的石头的史诗。一方面，石头的物理和化学特性满足了人们对于坚固性的要求，人们用这种最普遍、最易开采的材料来建造遮蔽风雨的庇护所，由此带动桥梁、水坝、输水管等工程体系的发展，形成了以材料和构筑方式来推动建筑发展的动力之一。另一方面，石头本身所具有的沉静、坚韧的气质符合举行宗教仪式的氛围需要，因而发展出以宗教建筑为核心的一系列建筑型制，形成了以文化内涵和精神需求为特征的另一动力。推动石头建筑发展的这两种动力既相互联系，又相互影响。坚固性代表了石头真实的一面，人们运用石头来建造房屋抵抗外力；而对于石头砌体所承担的荷载来说，结构构件的余量还很大，

图 1. 吉萨金字塔群
图 2. 威尼斯圣马可广场
图 3. 比萨教堂
图 4. 泰姬·马哈尔陵

这就为建筑师以雕塑的手法进行造型处理，突出建筑的文化与精神内涵留下了充分的自由度。因此，在建筑形制与结构方式相对稳定的发展时期内，石头建筑中对文化的表现和对艺术的追求逐渐占据了上风。然而，这种追求发展到了后来，柱式、山花被随意地组合拼贴，完全不顾内部的结构形式，石头表现出了其特性的另一面——易于加工和粘贴竟使石头成为一种"虚假"的材料。这或许要追溯到古希腊所开创的古典柱式传统，虽然"它运用柱来实现建筑的目的性，同时也产生美"[1]，然而石柱中各构件的支承与平衡却只是表面上的，精美的梁头、檐壁和钉板只是雕塑品而已，并不反映结构的真实性与逻辑性。罗马人将柱式贴在混凝土浇筑的拱券上，如同一层石质浮雕，而文艺复兴时期的建筑同样把石头雕刻的古典要素作

为装饰品来进行立面构图的组合，并不体现柱式后面的承重墙结构。即使是较为真实地反映出结构体系的哥特建筑，到了后期也由于对结构的过度表现而陷于烦琐。

19 世纪末出现的新艺术运动，带来了对传统材料的重新反思，出现了真实表达建筑结构与构造方式的设计倾向。西班牙建筑师高迪（Antonio Gaudi）吸取哥特建筑的结构特点，结合自然的形式，以浪漫主义的手法将石头建筑的可塑性发挥得淋漓尽致。另一名法国的建筑师拉布鲁斯特（Henry Labrouste）则在采用新材料的同时，将石头结构和钢铁结构有机结合，在与旧有的古典形式决裂的同时，表现出一些折衷主义的风格。这些作品都从不同的角度对于如何表现石头建筑的材料和结构关系进行了有益的探索，试图重

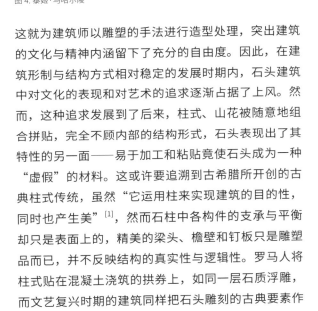

图 5. 雅典卫城复原图
图 6. 圣彼得大教堂室内
图 7. 尼姆 梅宋卡瑞神庙
图 8. 兰斯主教堂
图 9. 锡耶那主教堂室内大理石铺地

新诠释石头所特有的自然属性与精神内涵。

　　20 世纪初在工业革命浪潮的冲击下，新的社会需求产生了新的建筑类型，火车站、博物馆和办公楼取代了宫殿、神庙和教堂而占据主导地位。这些建筑或是要求大跨度，或是要求向高层发展，因此同建筑内部结构体系相矛盾的古典柱式变得完全不能适应需要了。以钢铁、玻璃和混凝土为代表的新材料及其相应的结构形式不仅能够满足新型建筑各种复杂的功能要求，而且能够通过工业化大生产实现快速建造，因而显示了强大的生命力。"于是，在整个工业革命浪潮之中，建筑领域里也发生了一场革命。经过 20 世纪头

几十年的激烈斗争，从古希腊以来经历了 2500 年之久的欧洲石质柱式建筑传统，终于被抛弃了。"[1]20 世纪 30 年代以后兴起的现代主义运动，大力倡导简洁的、无装饰的机器美学，反映出一种开拓创新的时代精神，则在社会价值观的层面向古典柱式所代表的传统审美标准发起了挑战。

　　"也许，现代主义运动一个最鲜明的主张就是真实表达"[2]——真实地表达建筑的功能、材料和结构。赖特（Frank Lloyd Wright）曾说："真实是建筑中的上帝。"[3]而路易·康（Louis Isadore Kahn）关于建筑真实性的观点或许最为激进了，他认为，"在建筑

　　　　　　　体验与评论——建筑研究的一种途径

图 10. 高迪 塞格拉塔家族教堂
图 11. 佛罗伦萨 圣玛利亚大教堂立面局部
图 12. 香港 Hing Wai 楼外立面
图 13. 桑奇 1 号窣堵波
图 14. 栃木县那须町石艺博物馆
图 15. Water Park and Waterfront Promenade in Togo, Japan

艺术中艺术家本能地要把能表明事物如何生成的标记保留下来"[4]，主张真实地反映建造过程，留下过程的痕迹。现代主义大师们在建筑实践中不断地分析与研究材料特性，希望赋予石头这一传统材料以新的表现形式。石材的基本特点是坚硬和厚重，能与粗犷、自然的环境取得呼应；石材的另一个特点是具有微妙的纹理和色彩，能产生一种反璞归真的装饰效果。赖特设计的建筑多采用粗琢的石料来砌筑石墙、石柱，故意暴露天然纹理，与自然环境里的山石融为一体，表现出石头质朴的美。密斯（Mies van der Rohn）设计的巴塞罗那国际博览会德国馆，以钢结构作为承重体系，运用各种不同颜色和纹理的石材作为空间划分的手段，与挺拔光亮的钢构件形成对比，表现了石头的典雅之美[5]。

虽然抗拉和抗弯强度差的力学性能成为阻碍石材广泛运用的致命缺陷，然而在今天，钢结构和钢筋混凝土结构已经作为主要的结构方式，使得结构体系与围护体系的完全分离成为可能。作为一种围护构件，石材是完全能够胜任的，在丰富多彩的当代建筑中，石头仍是一种主要的建筑材料。由 SOM 设计的耶鲁大学贝涅克珍本书及手稿图书馆，在钢筋混凝土的框架之间，安装了极薄的浅色大理石板作为外墙面材料，

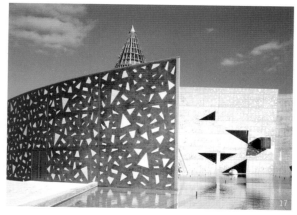

既满足了日常的采光要求，又保护了珍贵书本不受到阳光的直射，充分发挥了石材作为围护材料的优良热工性能，创造出奇妙的室内效果。黑川纪章建筑都市设计事务所 (Kisho Kurokawa and Associates) 设计的一座自然科学博物馆 (Ehime Prefectural Museum of General Science)，则试图在传统与现代之间寻求一个平衡点。在浇注混凝土之前预先埋置抛光的大理石和花岗石，脱模之后石材与混凝土墙体融为一体，石头的嵌入使原本厚重的墙体产生了奇妙的虚实变化，通过新的施工技术拓宽了石材的表现力 [6]。

和其他的传统材料一样，石材在长期的运用中推动了特定建筑类型的发展，反过来又因为同某种建筑类型的密切联系而被赋予了特定的含义。香港的 Hing Wai Building 通过对不同材料的精心组合，表现出传统商业建筑的高贵气派，石材作为一种不可或缺的装饰材料，寄托着人们对于历史的情感。贝聿铭设计的美国国家艺术馆东馆，简洁大胆的建筑形体和具有古典主义风格的老馆形成了强烈对比，然而通过采用当年老馆修建时使用的同一采石场的石头作为外墙面的材料，表达出一种对于历史与环境的尊重姿态。而赫佐格和德穆龙（Herzog & De Meuron）所设计的位于美国加利福尼亚的多米诺斯葡萄酿酒厂（Dominus Winery），在金属编织的筐笼内放置当地出产的玄武岩，既有效地遮挡了阳光的照射，满足了酿酒厂须严格控制室内温度的生产要求，同时又形成了独特的立面效果，开辟出石材运用的新天地。

体验与评论——建筑研究的一种途径

图 16. 流水别墅
图 17. Ehime Prefectural Museum of General Science 立面局部
图 18. 多米诺斯葡萄酿酒厂立面局部之
图 19. 美国国家美术馆东馆
图 20. 巴塞罗那国际博览会德国馆

对材料的恰当选择和对材料潜质的充分发挥造就了历史上的伟大建筑，而石头建筑的兴衰也反映出这一规律。过去，在材料表达上的虚伪与结构逻辑的混乱曾经使建筑评论家们认为石头建筑将会退出历史舞台，然而材料的真实性是一个相对的概念，即使是提倡真实的现代主义建筑也无法做到绝对的真实。密斯设计的西格拉姆大厦采用了钢结构，由于防火规范的需要和技术手段的限制必须在钢构件的外表面包上一层混凝土，但是为了从外观能看出是钢结构，竟又在混凝土外面再做了一个金属框架，这和古罗马建筑在混凝土的拱券上贴古典柱式又有什么区别呢？材料使用的真实性不仅仅由材料本身来决定，还取决于建造技术和社会文化等诸多因素。在这个飞速变幻的世界里，石头建筑所蕴含的那种永久不变的独特气质常常勾起我们怀古的幽思，石头建筑也继续为我们提供着肉体的庇护和灵魂的归宿。也许，对于这种古老的材料，我们还需要不断探索属于石头的新的和谐形式，探索一种内在的、充满生命力的形式。

正如建筑大师赖特所言，"让石头说自己的话，唱自己的歌"[3] 吧。

参考文献

[1] 陈志华. 北窗杂记——建筑学术随笔. 郑州：河南科学技术出版社，1999.

[2]Michael Foster. The Principle of Architecture Style–: Style,Structure and Design.

[3] 项秉仁. 赖特（国外著名建筑师丛书）. 北京：中国建筑工业出版社，1992.

[4] 李大夏. 路易·康（国外著名建筑师丛书）. 北京：中国建筑工业出版社，1993.

[5] 刘先觉. 密斯·凡得罗（国外著名建筑师丛书）. 北京：中国建筑工业出版社，1992.

[6] 罗小未，蔡琬英. 外国建筑历史图说·古代——十八世纪. 上海：同济大学出版社，1986.

图片来源

图片由作者提供

原文版权信息

支文军，张晓晖. 石头建筑的史诗. 世界建筑，2002(3)：23-25.

[张晓晖：同济大学建筑与城市规划学院 2000 级硕士研究生]

39

同济建筑系的学术特色与风格，
兼评同济校园建筑

The Academic Characteristics and Style of the Department of Architecture,
Tongji University:
On the Main Campus Buildings of Tongji University

摘要　本文通过对同济大学近 50 年来主要校园建筑的评述和分析，探讨了它们内在的创作特征和历史意义，以此来阐明和引证同济建筑系所具有的开放性、包容性、多元性和创造性等学术特色和风格。

关键词　同济大学　校园建筑　建筑系　学术特色　风格

同济大学建筑系 (1986 年在此基础上成立了建筑与城市规划学院)，作为我国建筑教育的重镇，是国内最有影响、最具活力的建筑院系之一。同济建筑系的办学历史并不算长，于 1952 年由多所著名院校建筑系组成 [1]。但是，同济建筑系很快形成了自身办学和学术的特色，并逐步形成了独树一帜的"同济风格"，这显然与其办学的历史、师资队伍的来源和组成、学术思想和学术方针，以及其所处的环境有着密切的关系。

首先，从组成同济建筑系的几所学校的特色来看，它们本身大多具有比较悠久的办学历史，同时又各有自己的学术特长。一些主要的教授，在资历、学术水平及国内外的声望等方面均处在国内领先的同等地位，形成了群峰耸立的局面。他们的学术思想基本包括古典学院派及现代建筑学派，即当代两大建筑学派并存。它们在一个单位并存发展、互补交流，且不断产生一些新的学术观点和思想 [2]。因而，同济建筑系从一开始就并没有背上某种单一传统的包袱，却博采和发扬了众多不同学术传统之长，形成了各种学术思想并存、兼收并蓄，有很强的包容性而较少排他性的优良传统。

另外，构成同济建筑系的圣约翰大学、之江大学建筑系，均为历史悠久的教会大学，同济大学也系德国人创办。它们均以介绍和传播西方文化技术作为自己办学的宗旨之一，而这几所学校又均位于中国最早对外开放的上海。这一独特的历史地理条件和文化背景，使同济建筑系对国外的各种学术思想较为敏感，容易积极吸纳，并能够将它们与中国传统文化比较自如地融合。同济建筑系组建时有许多教师都曾在西方国家留学，这一背景使上述特色更加突出并得以持续。所以，在新中国成立后的 30 多年中我国建筑界对外交流极少的封闭状态下，同济建筑系依然保持了与外界的相对沟通；在国内建筑界形成以学院派为主流的形势下，在同济建筑系仍有一支占主导地位的现代建筑学派的力量存在并发展着。这也为改革开放后建筑界的学术繁荣、多元化学术思想的发展起了积极作用 [3]。

这样一种学术的特色和传统，也必然要反映到它的建筑创作思想和风格上。这里我们仅以在同济大学校园内建造由同济人自己设计的几幢不同时期、不同类型、不同标准的建筑，来为这种思想和风格做一次初步的诠释。

首先应当提及的是几个建造于 50 年代的作品。这个时期，我国经济、物质和技术条件尚十分有限，所以大量性的建筑只能是低标准的。

"和平楼"建造于 1953 年，建筑面积约 2 600m²，

图 1. 和平楼（1952）
图 2. 文远楼（1954）
图 3. 北教学楼（1954）
图 4. 教工俱乐部（1957）

由冯纪忠设计，是一幢 2 层砖木结构的内廊式教学、办公用建筑。该建筑立面采用白墙、灰瓦和木窗，体型简洁、形象质朴；平面呈 L 形，布局自由又不失严整。整个建筑功能、流线明确，尺度亲切宜人，平淡中显露出精细[1]。该时期同类型和同风格的校园建筑还有毗邻的"工程实验馆"和"理化馆"。从这组建筑中，我们可以明显地感受到设计者对江南民居建筑的偏爱及运用现代建筑设计方法的娴熟，并将二者完美地结合起来。

"文远楼"建造于 1954 年，为 3 层框架结构建筑，总面积约 4900 ㎡，由黄毓麟、哈雄文等设计，供建筑系教学使用而设计建造的。这幢建筑从平面布局到立面处理，从空间组织到结构形式都大胆而成功地运用了现代建筑的观念和方法，它的形象令人自然地联想到"包豪斯"（Bauhaus）校舍。手法同样是用不对称的

构图来体现内部的功能和空间布局，以大面积的玻璃窗来显示无承重墙的框架结构，用简洁平整的立面来突出玻璃、钢材与混凝土的材料特点等等。文远楼的设计显示了设计者对于现代建筑精神的深刻理解与把握，它不仅娴熟而恰当地运用了这些现代建筑的手法，更主要的是它真正从建筑理念到空间、功能的布局、处理，以至构件、细部的设计都贯穿了现代建筑思想。可以说，文远楼是新中国成立后最早建造的一批具有明显现代主义思想、观念和风格的建筑的重要代表作之一。

1959 年建成的"南、北教学楼"及"图书馆老楼"，是同济学院派建筑思想的代表作。由吴景祥等设计的"南、北教学楼"建筑方案原为中国传统的大屋顶，并通过屋顶与图书馆架空相连，形成一个组群。为反对复古和浪费，在建筑施工阶段最终取消了大屋顶。建成的

图 5. 大礼堂
图 6. 图书馆改扩建
图 7. 建筑系馆
图 8. 校门改建

"南、北教学楼"和图书馆保留了原来的对称布局，位于学校主入门的轴线上。在这组建筑中，各建筑本身亦作对称处理。"南、北教学楼"主体 4 层教室，两端 3 层阶梯教室。调整后的建筑立面顶部作挑檐处理，上有砖砌镂空女儿墙。底层以水泥粉刷做成仿须弥座式的基座。其余外墙均为清水红砖墙。建筑外貌简洁匀称、施工精细，并且有中国传统特色[2]。"图书馆老楼"为两层阅览室，外墙同样为清水红砖墙，处理简洁。该组建筑体现了学院派构图严谨、比例匀称的风格，在绿荫丛中显得亲切、稳重而朴实，即使在今天看来仍不失为一组具有中西古典建筑韵味的教学建筑，已成为同济校园中最主要的标志性建筑。在同济校园中同风格、同时期建成的另一座建筑是具有中国传统大屋顶形式的

学生宿舍楼"西南一楼"。

"教工俱乐部"建成于 1957 年，坐落在教工生活区同济新村内。这个建筑给人的印象首先是十分平易和亲切，好像一座普通的民居，朴素、大方，并不失精巧和文雅。其平面布局紧凑而灵活，建筑体型丰富而和谐，建筑与院落，与围墙、绿化、小品以致整个环境的配合自然得体、对比有致；建筑立面的处理和色彩的运用十分成功，红瓦、粉墙和局部的红砖清水墙，在青翠草木的掩映中显得明净、脱俗、生机勃勃。建筑入口的门廊轻盈、小巧，设计者好似不经意地摆放的两片相互垂直的清水砖墙与木构的传统民居式的门廊相配合，不仅很好地起到了提示、强调入口的作用，同时也营造了一个亲切的半围合的入口空间。"教工俱乐部"内

　　　　　　　体验与评论——建筑研究的一种途径

部的空间处理也极为精彩，不仅空间层次丰富、主次分明，流线穿插组合有序，复杂而不凌乱，而且整个室内空间具有很强的流动性和渗透性。设计者有意识地运用了多种手法和各种建筑因素进行空间的划分、联系与调度，如门厅处的平顶利用多列组合的单向小拱形板形成明显的导向性，而门厅中透空的楼梯，则不仅引导着另一个空间，而且本身也成为一个重要的形式因素，加强了空间的层次感和节奏感，同时又起到了划分、联系和组织空间的作用。这样的空间处理手法与文远楼的空间处理手法有异曲同工之妙，显然也是深得现代主义建筑精神、营养之灌注。这座由李德华、王吉螽主持设计的小建筑是一个真正意义的"精心之作"，即使以今天的眼光来看，仍有许多值得现在的建筑创作学习和借鉴的东西。事实上，这座建筑所运用的都是一些最普通的材料和最一般的技术，甚至在形式上也并没有什么惊人之举，但在设计者的苦心经营下，这座标准并不高的建筑不仅显示了设计者运用建筑语言的功力和技巧，而且更体现了他们对建筑本质的深入理解，而这才最是我们今天应当从中学习与借鉴的。顺便值得一提的是1952年开始规划建造的"同济新村"，用地面积约15公顷，其内多层与低层住宅结合，生活服务设施齐全，绿化成荫，居住环境良好。

1961年，在当时国家经济困难时期，由同济大学设计院俞载道为主设计的兼做学生饭厅的"大礼堂"，采用拱形结构，跨度达50m，有效利用40m，总建筑面积3 278m^2。该建筑所采用的钢筋混凝土预应力联方网架、双曲薄壳屋面结构，其设计、施工之新颖，跨度之大，曾是亚洲之最，在当时的我国建筑界产生了很大的影响。该设计不仅在结构形式和建筑造型上表现出它的创造性、先进性和科学性，同时在建筑功能与建筑形式的结合、统一上也取得了成功。

经过1953年建造的"和平楼"（以及"理化馆""工程试验室"），1954年建造的"文远楼""西南一楼"，1955年的"南、北教学楼"等这些由教师、学生亲手设计的一批不同功能、不同类型的建筑的建造之后，1957年建成的"教工俱乐部"在很大程度上可以说是一个积集了同济人在这个时期建筑创作思想和设计经验之精华，汇聚了其作为创作集体的整体思想风格的集成之作。在某种意义上，它也标志着一种强调功能、空间丰富、反映多元学术思想的"同济风格"的初步形成。

也就是在这个时期，同济建筑系开始比较系统地探索和运用现代建筑的"空间理论"及其相关思想。60年代初，冯纪忠等教授就对传统建筑教学中按功能分类的建筑设计原理教学进行了分析和批评，认为这种建筑设计教学体系易使学生思想僵化而缺乏创造性。为此他们提出了"以空间为纲"的教学体系，以打破按功能划分建筑类型的界限，抓住建筑的共性，掌握真正属于建筑创作的规律。这种教学体系的优越性很快就显示了出来，它超越了单纯授予学生以某些技能、技巧的思想，而旨在培养他们获得一种分析问题、解决问题的持久的能力和倾向性。至70年代末，同济人意识到国际式建筑的泛滥，将会对人类环境造成破坏，如何加强建筑师的自我修养、提高创作的造型能力，已成为建筑教育中的一个重要问题。为此，同济人率先在建筑初始教学阶段引进了形态构成、空间限定等教学内容，大大活跃了师生的思想。随后，同济人又进一步重视建筑的宏观、中观和微观问题，及自然环境与人工环境的融合问题，在教学上探讨和建立了完整的环境观。在这个基础上，同济在全国建筑院系中率先建立了"室内设计"和"工业设计"两个专业。这些改革一方面为同济建筑系办学质量的全面提高奠定了基础，另一方面也大大拓宽了同济人建筑创作的思路。

在经历"文化大革命"中相对停滞的阶段后，伴随着改革开放，同济大学校园建设也迎来了新的发展时期。1986年竣工的图书馆改扩建工程，是多重意义上的一次挑战。在改扩建设计中，图书馆老楼得以保留，并且施工是在基本不妨碍原图书馆正常使用的条件下进行的。新楼为两个独立的底面8.3m×8.3m、高50m的方形钢筋混凝土筒体，插建在原图书馆的两个内院中。离地15.6m处外挑8.35m，构成7层25m×25m的井格楼面，作图书阅览和科研等用途。扩建后的图书馆，主次出入口均按原建筑布局，既与原

建筑保持功能上的一致性，又维护了同济校园教学区环境的整体性。虽然新楼在尺度、比例、细部处理以及与老楼的形体关系上还有许多可议论之处，但其在保持和尊重校园环境整体性和历史延续性方面所进行的有益探索，特别是在结构技术上的独特与创新是十分可贵的。

建筑系馆 1987 年由戴复东、黄仁设计，建筑面积 7760 ㎡，其设计根据建筑学教学特点，平面采用庭院式布局，双廊、单面廊综合运用，门庭、进厅、走道等穿插有序，空间层次丰富而流畅。整个建筑体型简洁，富于雕塑感，具有现代建筑的特征。特别值得称道的是这座建筑在处理教学与办公的分区和联系上，没有简单地采取常见的分隔方法，而是运用庭院、中庭等空间，形成具有较强共享性质和交流功能的"中间地带"，使两部分功能既有区分，又密切联系，创造了亲切、松弛、庄重、雅致的环境和氛围。

当然，这座建筑也存在着一些问题，比如，建筑的标准和施工质量上的不相称，细部设计和处理上的不深入，以及建筑色彩运用上的不够恰当，都使设计构思受到了一些损失。1997 年校庆 90 年之际，这座建筑进行了一次扩建，其中"钟庭"（在原有教学楼之间加建的一个集学术报告、休息、交流为一体的综合性的半室

内空间）的设计发挥了原有的特点和长处，弥补原来建筑的某些不足，是非常成功的扩建。

同济大学幼儿园于 1992 年建成，坐落于同济新村。青年建筑师黄向明试图避免过于理性的建筑语汇，而更多地运用了一些感性的形多因素，塑造一个形式丰富、尺度小巧、轻松活泼的建筑，以期获得学龄前儿童的认同并与之对话。但是，这座建筑丝毫没有因此而显得凌乱、琐细或走向"非理性"，它的空间、布局和流线都很有秩序，设计者只是巧妙地借用局部的装饰性元素（如入口门廊）和立面图案的处理，获得了事半功倍的效果。该建筑把形式要素提高到与功能同等重要的地位，显示了后现代主义建筑思想的影响。

20 世纪 90 年代初，同济校园中又出现了一座引人注目的新建筑——科学苑（逸夫楼）。这座由吴庐生教授主持设计的建筑，在设计手法上继承和发扬了同济建筑的风格与传统。在总体上强调个性的同时，又十分注重与环境的协调和统一，建筑体型简洁而又富于变化，细部处理和色彩运用都十分成功、到位。设计者很好地处理了各种功能、空间的关系，将复杂的流线组织得有理、有序、有血有肉，特别是营造了一种既现代又典雅、既庄重又亲切的别具特色的室内环境和空间，给人以美好、难忘的印象[3]。

11

1997 年进行的同济大学校门改建工程，虽然规模不大，却意味深长。在设计创意中，旧校门作为同济大学的一个历史片段和同济她在历届校友及市民心目中的象征，其形象已经超越了单纯视觉形象的意义，为此旧校门得到尊重和保护。新校门通过后移留出了一个椭圆形的门前广场，而旧校门则矗立其中。这样的布局既增加了由城市道路进入校园的空间层次，解决了人车集散的功能问题，又保护了校园的整体环境和历史脉络，丰富了城市街道景观，增添了校园文化气氛。新校门形态本身是相当现代的，其水平向的门廊将广场与旧校门围合起来；厚实粗犷石材饰面的柱廊，衬托出由金属和玻璃构成的休息等候区域，富有韵律和节奏感。与敦实沉稳的旧校门相比，新门廊显得通透与轻盈。旧校门作为同济历史的一部分，在新的校园环境中展示着过去的一页。这种尊重历史、尊重环境的思想，体现了同济人的历史观和环境观，这与图书馆改扩建的创意一脉相承，且更见成熟。

"经济与管理学院"大楼由莫天伟主持设计，1998年底落成。给人耳目一新的感觉，为同济校园建筑增添了一笔华彩。这是一座平面由一个不规则三角形与一个卵形柱体穿插组合而成的摩登建筑。建筑内部围绕三层高、近三角形的中庭空间，结合顶棚自然光的成功运用，在两边展开布置不同层面、形状和不同功能的公共空间，具有亲切典雅、步移景换、穿插多变和动态的空间特性，为师生创造和提供了一个如人生舞台一般富有趣味性情节故事和时间特性的交往空间。这是同济建筑空间特色的一种延续和发展。该建筑形态的设计也可谓独具匠心。设计者在立面处理上有意识地采用空间层次感的放大和夸张手法，增强了建筑的三维特性；貌似复杂的建筑外观，由于运用深浅两种色调穿插、叠加处理的手法，使人一眼更可把它们分解成多层面的基本形态单元，各体块关系一下子变得清晰、明朗，从而达到整体性的识别与认同。整幢建筑外形间丰富中包藏着简洁，理性中交织着浪漫，建筑细部也颇具创意与匠心。显然，该建筑设计在空间、形式、色彩等"纯建筑"因素的研究上已达到一个新的深度；在建筑形式语汇的运用上，如解体、叠加、移位等手法，也可看出受解构主义影响的一些痕迹。

任何一种建筑风格的形成与发展，特别是作为一个群体共同拥有的传统与风格的形成和发展，实际上总是一定时代、环境、人群及其思想意识的产物，它涉及的内容方方面面，其意义也绝不只是我们从几幢建筑作品上所直观到的东西所能涵盖。事实上，同济建筑的风格绝不仅仅是一些创作的手法，更不是指某些建筑的形

建筑本体及现象评析

式或形象，而首先是一种关于建筑和建筑创作的观念，因此这种风格首先是与它的学术思想和学术特色直接关联的。这种思想和特色，以及由这种思想、特色所决定"风格"，如果一定要用语言简单地概括，是否可以说是海纳百川的开放性和包容性，兼收并蓄、博采众长的多元性，锐意改革、勇于探索的创造性和实事求是、顺应潮流、面向生活的平民意识。尽管随着社会的发展、时代的前进，建筑学术和建筑创作都必然要面临前所未有的新问题、新任务，但我们相信，同济建筑学术、创作的这种思想特色和风格是有其独特的价值、意义和持久的生命力的。

（本文据原投稿文件，在发表原文的基础上标题和正文内容略有恢复性的增加）

参考文献

[1] 李精鑫 . 同济"建筑风格"巡礼：从校园建筑说起 . 同济报，1997-05-08.

[2] 罗小未 . 上海建筑指南 . 上海：上海人民美术出版社，1996.

[3] 支文军 . 精心与精品：同济大学逸夫楼及其建筑师吴庐生教授访谈 . 时代建，1994(4).

图片来源

本文图片摄影：支文军

原文版权信息

徐千里，支文军 . 同济校园建筑评析 . 建筑学报，1999(4)：65-67.

[徐千里：同济大学建筑与城市规划学院 博士后]

（附文）

给徐千里、支文军的信

Letter to Xu Qianli and Zhiwenjun

（《新建筑》编辑部编者按：这是曾昭奋先生写给同济大学徐千里、支文军两位先生的信，现征得三位先生同意，公开发表于此，以供参考。发表时，根据三位先生提供的资料，增加了几个注解）

千里、文军[①]：你们好！

读了你们评论、总结同济大学校园建筑创作成就的文章[②]，仿佛又一次来到你们的校园中，真切感受到这些建筑作品的文化气息与时代风采。你们的文章对它们的介绍和评析，实际上是对同济风格的一种阐发与肯定，也是对"海派"风格的阐发与肯定，真令我这样的读者心悦诚服。本想打电话跟你们谈谈我的一些想法，但电话里可能说不完全，那就改为写信吧，但动笔写信的事一拖就过去好几个月了。

读了你们的文章之后，我再次拜读罗小未先生《上海建筑风格与上海文化》这篇大作[③]。

罗先生在文章中谈到："1957 年同济大学的教工俱乐部由于它在设计上的富于人情味和对人们工作之余的闲情逸致要求的理解以及在手法上运用了空间的流动性，竟被说成是小资产阶级情调而受到了长达十余年的没完没了的批判，而首先发难的是当时作为官方建筑思想代表的学报。它在刊登一篇介绍这座建筑的文章时空前绝后地在前面加上了编者按……"

罗先生又写道："上海对 50 年代在我国流行的复古主义建筑风格从来没有认真地接受过……更值得回顾的是在复古主义盛行的 50 年代中期，同济大学 19 位建筑教师由于反对在校园中建造华而不实的复古主义高层教学大楼竟联名上书周总理，受到了周总理的支持。"

把罗先生的这两段话跟你们关于"教工俱乐部"和"南、北教学楼"的评论一起读，可以更好地了解和理解同济风格的由来和内涵，更清楚地看到坚持和发扬这种风格的不易和可贵。

记得 1959 年我们到上海作毕业实习时，还专门跑到同济新村去探望教工俱乐部④（原先以为这个遭到批判的俱乐部可能已被拆掉了）。我们只在外边看看，见到它那样平易近人、朴素无华，真还不懂得有什么值得批判的。那时候，我感到它像一个孤立无援的弱者，静静地在那里忍受着委屈。现在好了，你们在文章中作了中肯的分析和肯定："朴素、大方，并不失精巧和文雅""室内空间具有很强烈的流动性和渗透性""是一个真正意义的精心之作""深得现代主义建筑精神、营养之灌注"。也许，正是这可恶的"流动性"和"现代主义"，惹来了"没完没了的批判"。

罗先生所说"上书周总理"的事，我原先并不清楚她指的是哪个建筑⑤。读了你们的文章，才知道是南、北教学楼："为反对复古和浪费，在建筑施工阶段最终取消了大屋顶。"1959 年我见到南、北对峙的这两幢教学大楼时，还不知道"上书"的事，也还不知道原先的设计还带有大屋顶。两幢大楼的东西方向拉得很长，如果扣上大屋顶，不知道会成为什么样子！（我估计它们的大屋顶可能是像你们在文章中提到的"西南一楼"那样简化了的"大屋顶"，而不会是解放后在京城大量出现的"似原汁而无原味"的琉璃瓦大屋顶？）

一个是"现代主义"的"精心之作"，建成后横遭外人批判；一个是"复古和浪费"的大屋顶，由自家人"上书"而后主动取消。我想，无论是遭到批判的教工俱乐部的设计者，还是那些竟敢上书言事的书生们，他们当时还是年轻人。前者要承受多大的压力，后者要拿出多大的勇气！我想，同济大学以外的人，尤其是现在的许多年轻人，对此是很难体会和理解的吧。

同一校园，两桩往事，让人们从一个侧面依稀看到半个世纪来中国建筑创作中的风风雨雨。你们在文章中，不再重提往事，可能有你们的考虑，然而，正是这种逝去的历史，可以让读者更好地理解你们在文章中所正确概括了的同济风格：它的开放性、包容性、多元性、创造性和平民意识（或曰民主性？）。

就写这么多，不当之处，望予指正。

祝好！

曾昭奋
1999 年 8 月 19 日

注释

① 徐千里 (1963—)，东南大学硕士、博士，同济大学博士后，现为解放军后勤工程学院教授。支文军 (1962—)，同济大学硕士，现为《时代建筑》杂志执行主编。

② 徐千里，支文军.同济校园建筑评析.建筑学报，1999(4).

③ 罗小未.上海建筑风格与上海文化.建筑学报，1989(10).该文已编入《上海建筑》(世界建筑导报社，1990)和《同济大学建筑系教师论文集》(中国建筑工业出版社，1997)两书.

④ 同济大学教工俱乐部，1956 年设计，设计者是李德华先生和王吉螽先生，两人当时同是 32 岁的年轻人。李德华先生曾任同济大学建筑城规学院院长，王吉螽先生曾任同济大学建筑设计研究院院长。

⑤ 1954 年规划设计的"教学楼"由中心大楼和南、北配楼(即现在所见南北教学楼)组成，其中，中心大楼 7–8 层高，大屋顶。当时，同济大学 19 名教师联名上书周总理，反对大屋顶。结果，大屋顶被取消，中心大楼也不建了(它的位置就是后来图书馆的位置)。之后，南、北配楼的大屋顶在施工过程中也被取消。当年主持这项设计的是吴景祥教授 (1905—1999 年)。南、北楼建成后备受好评。吴景祥先生曾任同济大学建筑系主任、同济大学建筑设计研究院院长和上海市建筑学会理事长。

原文版权信息

曾昭奋.给徐千里、支文军的信.新建筑，2000(2):76.
[曾昭奋：清华大学建筑系教授、《世界建筑》杂志主编]

40

建筑：一种文化现象

Architecture: A Cultural Phenomenon

摘要　随着"文化思潮"的兴起，建筑自身的文化属性被国内学界广泛研究。本文深入探讨了建筑作为一种文化现象的本质内涵，并从建筑超越物质意义的社会作用，建筑存在的多功能用途，建筑评判的多重阐释等三个方面，多角度说明了建筑文化属性的根源。旨在为建筑师扎根于社会生活、文化背景的建筑创作提供理论依据。

关键词　建筑文化 文化属性 文化现象 社会作用 精神功能 阐释

近年来，人们趋向于把建筑现象纳入文化的范畴，趋向于把建筑的创作、解释和评论与文化联系起来。这种建筑文化热潮的兴起，给曾处于迷惘的建筑界带来了生机。建筑师的注意力开始有所转变，他们试图把建筑从其自身的意义中解脱出来，寻求蕴藏在建筑深层之中的文化内涵。建筑师正在远离"十字路口"，走向创作的繁荣阶段。

国内的建筑学术界从文化或从人文科学的角度普遍对建筑研究还是近几年的事，这与目前国内方兴未艾的"文化思潮"密切相关。不可否认，建筑界目前正受之强烈的冲击和影响，无论是"当代建筑文化沙龙"组织的自发兴起，还是建筑文化学术会议的频繁召开，以及建筑文化专题研究的开展，无不说明了这一点。然而，建筑文化热潮之所以产生的根本原因，都是因为建筑自身所包含的文化属性。

建筑的文化属性

在班脱（J·P·Bonta）的《建筑及其解释》一书中[①]，有个有趣的比喻，说是在一个偏僻的小岛上的人们相信某些灌木有特殊的治病功能，有位医生因对岛民的信仰表示兴趣慕名而去。我们可以相信，医生会竭力寻找植物并对之加以分析、研究，一旦医生发现岛民的信仰是错误的，他就会努力去破除它们。医生的目的在于用科学的知识去取代人们非科学的信仰。

然而，一名人类学家到达小岛的态度可能会完全不同，他不仅对那些植物感兴趣，而且对植物相对于岛民的意义（meaning）感兴趣。他不但会全力去探索岛民的信仰的根源所在，以及这些信仰是怎样根据时代而变化；而且，他还会对岛民的某些组织方式进行调查，因为正是这些组织方式使岛民的信仰系统组织起了他们的社会结构和与物质世界的相互关系。显然，人类学家的目标，不像医生那样用科学的知识去取代非科学的信仰，而是用科学的方法去研究人们非科学的信仰。

医生和人类学家都是科学家，但医生所从事的是自然科学，而人类学家所从事的是人文科学。自然科学献身于物质世界的科学研究，而人文科学研究人们对真实存在或物质世界的非科学的信仰。医生注重的是物质过程，人类学家注重的是文化过程。

显然，自然科学与人文科学二者的目标及方法有根本之别，它们都有自己的适应领域。有趣的事实是，人类文明发展的很大一部分是建立在并不比岛民的非科学的信仰更科学的信仰上的，也就是说，我们的文明更多的是属于人文科学范畴内的，它们往往决定着人们的衣着、语言、手势、饮食习惯、住房设计以及对家庭和国家的态度等等方面。人文科学决不局限于研究原始社会，非科学信仰，即人文科学那些主观的东西，存在于任何时期的每一个社会之中。

就建筑而言，既有自然科学的一面，也有人文科学的一面，它不是物质的力量或任何一个因素的单纯结果，而是最广义的社会文化因素的共同结果。

建筑的物质存在是由建筑物的构体组成的，有关建筑的物质存在的科学知识包括许多分枝，如建造技术、材料科学、建筑物理学等，它们均属于自然科学的范畴，随科学技术的发展而发展。这些科学知识是构成建筑物质形态的基础和保证。然而，与这些自然科学知识同步，但不一定与它们相吻合，人们建立了他们自己的、非科学的关于建筑的认识。这些认识随着历史的发展而逐渐沉淀下来，成为一个共同的建筑观念，它涉及建筑的物质形态的构思及意义，有的富有科学性，有的是非科学的，人们正是在这些观念的支配下进行建筑活动，如建筑材料的表现，对抗险恶气候的对策，建筑群体及单体的布局，建筑色彩的选择等等方面，人们都有自己的一套建筑观念。此外，人们对建筑的象征意义、历史意义及含蓄的价值给予了最自由的联想，并形成了特定的概念，它们同样支配着建筑活动。人们的这种建筑观念，受其所居的文化背景的极大影响，或者说，它本身便是社会文化的组成部分，它涉及一个群体对理想生活的憧憬，并且，往往是建筑活动的重要决定因素，而有关的气候条件、建造方法、可用材料和技术等实质因素起次要的修正作用。因此，这些建筑必然反映了许多社会文化力量，如宗教信仰，家庭组织、生活习惯、人与人之间的社会性关系等等。可见，建筑是人类对生活的不同看法或各民族对真理的不同体验的外在表现，是文化的一种现象。

正是建筑具有这种文化属性，建筑也相应地具有文化上的一些特征。这便是下文进一步讨论的建筑的社会作用、建筑的多重用途及建筑的多重解释。

建筑的社会作用

建筑作为一种文化的存在，远远超越了物质领域的意义，这不仅表现在建筑具有明显的社会作用，还表现在这种社会作用是建筑价值重要的评价因素。

英国建筑理论家班纳姆（R. Banham）在他对21世纪二三十年代国际式建筑产生原因的分析中，曾这样认为：在国际式的产生过程中，情感上的作用比逻辑思维的作用更大。考虑经济和技术的现代派建筑师在性质上是偏美学和象征性的，因为他们的设计并不是在技术上真正先进和经济的，而仅仅传播或象征了社会上普遍接受的技术与经济的观念。相比之下，当时美国建筑师富勒（B. Fuller）则显得更为激进，他设计的第一个"达美逊方案"②（Dymaxion Project）超越了以前的任何作品，如果从功能、技术和经济的观点来说，密斯，勒·柯布西耶，格罗皮乌斯以及他们的同僚们的作品就太保守了。然而，他们的影响更强烈，在短短的几十年中，国际式建筑似乎改变了地球上所有城市的整个外貌，而"达美逊世界"（Dymaxion World）就像乌托邦一样孤芳自赏③。

这个例子表明，建筑的真正意义是美学上的或人类感情上的，而不是功能上或技术上的。社会接受建筑的程度主要决定于该建筑是否传递了意义，而不是看建筑真正如此。文化的真实性（即意义）与物质的真实性（即存在）相差很远（cultural reality——meaning may be far removed from physical reality——being）。现代运动的先锋派并不在寻求一场真正的革命，而只是寻求在价值观念上的变化。他们所追求的目标仅仅是意义层次上的，而不是属于真实的层次。

另一名英国建筑历史学家佩夫斯纳（N·Pevsner）也有同样的见解，他认为哥特建筑最伟大的成就是把尖券、飞扶壁和肋骨拱组合起来表现一种新的精神，它使得单调的石砌体变得生动起来并富有意义④。他的意思很明显，哥特建筑的精神或文化因素远比它的结构技术因素重要。事实上，某些结构上的特征如肋骨拱、飞扶壁、尖券早在罗马风教堂中就已出现。

从另一个侧面，我们发现建筑的价值也不是完全由物质形态所决定的，它不直接取决于物质形态上的保护，而往往决定于它所产生的社会意义。密斯设计的巴塞罗那馆便是一个很好的例子，它虽然在建成九个月后就被拆除，但它的影响却延续了几十年，并被认为是能与任何时代的伟大杰作媲美的作品。不仅如此，有的建筑甚至只是图纸上的作品，根本还没有物质形态可言，如勒柯布西耶设计的日内瓦国际联盟总部设计方案，但它同样对现代建筑的发展产生巨大的社会影响。

从文化角度看待建筑，建筑师似乎不必过分注重于建筑物质上的真实性，而应该重视建筑文化上的意义。

建筑的多重用途

建筑的文化属性同样体现在建筑的多重用途的性质上，就是建筑除了物质功能之外，还有种种的精神功能，后者往往支配着建筑活动的目的、意义和表现形式。

大多数人都会说，建筑最早是作为遮蔽物的。确实，最早的建筑物是一些住房，它们作为遮蔽物而被建造起来，因为人们需要遮蔽物才能生存下去。但是，遮蔽不是人类居住唯一的功能，或者可以说不是主要的功能。建筑的用途远不止其客体所给予人类在物质上和生理上的意义。建筑的多重用途，在任何情况下都是相互联系的，任何片面的理解建筑都会招致失败，因为建筑，甚至明显是一个低级的住宅，也不仅仅是一个客体或构架。它们是创立已久的风格，是文化的基本现象。这从建筑的考古资料及建筑史研究中就可明显地看到。

建筑考古学表明，建筑历来是作为多重的意义而生存下来的，从广义的建筑范畴，即人为建筑环境来说，它具有多种不同的目的：如保护人类及他们的活动和财产免遭自然力的破坏，免遭野兽及敌人的破坏；建立一个场所，为一定范围的人的活动提供特定的环境；在世俗的、有潜在危险的世界里创造一个有人情味的安全区；强调个人及社团的可识别性；建筑还标志着权力、地位或私密性；建筑表达并保持了人类对宇宙的信仰；建筑可交流信息；建筑能传递价值体系。此外，建筑还具有隔离领域及区别这里或那里、神圣的或世俗的等等之间的微妙差异。

最近的研究证明，澳大利亚土著民族有各种各样创造生存空间的办法，如把空间与神话联系起来，运用显得神秘的绘画和浮雕，建造临时性的或永久性的纪念碑。它有趣的方法是，妇女们在自己住房为中心的约 9.15m 之内频繁打扫，使其有时显的特征，这种变化标志着不同领域的界线，这里是公共聚居地与家庭私有空间的区分[5]。

在当代玛雅人的住房中，人们在观念上用一种相当复杂的方法把住房分成男人或女人的领域，但它不是一种物质形态上的区别[6]。同样地，许多简陋的房子在物质形态上相当简单，但在观念上、意义上却极其复杂。

人为的建筑环境是文化，或社会秩序及信仰的物质体现。虽然社会秩序的形式及表现的方法是根据文化的差异而不一，但过程是相同的。在文明起源的地方建筑的秩序及信仰大多决定于"神圣"，宗教和礼仪构成了人们生活的中心内容。

据说在巴西的印第安人，习惯于生活在布局象征着他们对宇宙的看法以及能组织整个社会样式的村庄里。当他们生活的土地上的资源变得贫瘠，他们就拆除村庄并在其他地方重新建造。但对于印第安人来说，新建的是一样的村庄。村庄不被看作客体（object），而是一种空间和社会的组织[7]。

大多数的传统建筑就像居住建筑一样，完全是天国意象的表现，他们希望与周围混乱的尘世相区别，造就一个神圣的、人类可集聚的领域。例如南斯拉夫的一些传统住房的平面经研究可叠加在一具下葬的人体骨架上，表达了当地人以人体及死亡为依据的意义[8]。

建筑史研究证明，在古埃及，生活被认为是反映宏观世界过程的微观世界。物质世界反映了永恒的王国。单体的空间和时间是实有更多意义的空间和时间的小型化，庙宇被认为是神的宅第。以往总是认为文艺复兴建筑是美学的一种表现，其实不尽如此，它表达的是一个理想的模式，这种模式是神圣的。这才是文艺复兴建筑强调中心及数学般的比例的原因。同样地，哥特教堂、拜占庭教堂以及伊斯兰清真寺都是对宇宙的模式和天国的想象的特殊表现。

　　建筑的多重性用途，尤其是建筑的物质功能以外的用途表明，建筑所具有的精神或文化上的功能，远远超越了物质功能的局限。建筑一方面作为遮蔽物，另一方面以物质形态体现人们对自然及宇宙的看法，它是文化的物质体现。建筑的精神功能的实现，其实是文化的生动反映。

建筑的多重解释

　　人们对建筑及艺术品的评判所持的观点经常会不一致，这种分歧有的达到了相当的程度，而且不仅仅出现于外行之中，也存在于专业人员之中。在建筑评论家之间出现的不同见解，则经常超出趣味和态度差异的范围。

　　建筑阐释出现这种现象的主要原因，同样是因为建筑具有文化属性。作为物质存在，建筑物必然有一定的物质形态，它不会随时间、地点、环境的变化而变化，或改变极微。但作为文化存在，它的意义会随时代而变，随文化体系而变，随环境而变，也随解释者而变。这种可变的特性，就是建筑阐释及评论的多重性，它由建筑的文化属性所决定。

　　建筑阐释及评论很重要的一个先决条件，是置建筑于怎么样的文化关联中。文化是指一个群体性的概念，它是指一个群体的生活方式所依据的共同观念体系。各个群体相应有不同的文化，每种文化都是一组特殊的概念、范畴和规则。因此，建筑作为某种文化的表现形态，只能在一个特定的文化关联中才能进行阐释，而不能只根据某些特殊的方法、派别或理论。建筑评论中相矛盾的阐释常常起源于人们从不同的文化角度去解释一个作品。

　　我们还可以想象，本文第一部分比喻中的那位人类学家不仅会对有关植物的信仰感兴趣，也会对岛民的其他信仰感兴趣。他将证实，任何单个的信仰只不过是一个更广阔的、相关的信仰体系的一部分。如果我们也从人文科学的角度去进行意义的分析，我们必须注重建筑意义的系统分析。建筑评论不是以一一对应关系出现的，任何单独的作品的阐释，总要受在同一社会或历史关联中的其他作品的阐释的影响。可见，在同一文化关联中，建筑阐释还要有系统性考虑，因建筑意义受特定系统的影响。

　　同一建筑及其艺术作品的阐释会随时间发生频繁的变化，原来的阐释会与新的阐释产生差异，如密斯的巴塞罗那馆最初建于 1927 年，但直到 60 年代才被社会最终赏识，其间经历了一个漫长的变化。因此，建筑评论不仅要注重静态地观察系统的意义，而且要重视动态地观察系统的意义。

　　评论家本身也是建筑评论的决定性因素，每个评论家有自己对建筑的态度、爱好，他们的意识也处在一定的文化关联之中，他们对建筑的认知当然也会不同。

　　总而言之，建筑的多重阐释由建筑的文化属性决定，它不能与作品所在的文化关联相分离，也不能与阐释系统，阐释时间及阐释者相分离。

　　建筑文化热潮的兴起，促进了建筑业的发展；对建筑的文化属性的研究，则有助于揭示建筑目的、建筑创作及建筑阐释的多重性的奥秘，推动建筑文化热潮的普及；同时，提醒建筑师必须研究建筑所在的特定社会的生活方式所依据的共同观念体系，或共同的意义体系，使作品的内容和形式都富有与之相适应的文化根基和文化意味。

（本文曾与博士生赵冰和徐洁先生商讨，在此谨表谢意）

注释

① ③ ⑦ 内容参见 Juan P. Bonta. Architecture and Its Interpretation. N.Y.: Rizzoli, 1979.

② Dymaxion 一词来自 "dunamia and maximum"，意思是 "动态和高效"。

④ 参见 Outline of European Architecture（N·Pevsner, 1951），第 31 页。

⑤⑥⑧ 参见 Cultural Origins of Architecture，作者：Amos Rapoport。

原文版权信息

作者写于 1987 年 9 月，未曾发表。

六

城市游走与阅读
Travelling and Reading around Cities

41

历史的启示

The Enlightenment of History

摘要 文章阐述了如何面对历史、研究历史、解读历史的正确态度。阐明了历史与当代生活的调和关系，及以历史的眼光看待现实问题的姿态。

关键词 历史 我们的时代 生活 生命

历史，伴随着人类的发展进程越来越成熟。开始，它步履维艰，飘忽不定，慢慢而晃荡；但是，随着岁月的消逝，它的脚步变得沉重了，它的声音更清晰可辨了。于是，我们开始静下来，聆听它所讲的故事。从此，我们多了一名忠实的伴侣，从它身上，我们看到了自己的过去、现在，世界的将来也在它的光芒照耀之下显得隐约可见了。

历史以过去的光辉照亮了现在，它使我们熟悉了旧世界中许多使人神往的地方和人物。在我们面前，苏格拉底和年迈且仪表引人注目的柏拉图站立在雅典的演讲台上，他们都试图创立一整套超越感觉世界秩序的知识；身体纤弱的笛卡儿已经被思考的力量弄得困乏不堪了，他正在被拉向自由和个性的唯心主义；当背有些微驼、身体瘦弱的康德，手提拐杖走过来的时候，大家为他让出一条路来，正是他，把自由唯心主义提高到了批判意识的水平；席勒迈着有力的步伐走向康德，这位自由唯心主义诗人的神色十分忧伤，它反映了诗人深邃的思想、理想化诗意的直觉和对自己悲惨结局的预感；毕达哥拉斯和赫拉克利特被各国的思想家围绕着，他们是首先直觉到宇宙间存在着神圣和谐的两个人；布鲁诺，斯宾诺莎和莱布尼茨也来了；而当歌德目光炯炯的大眼和阿波罗①式的脑袋出现时，我们的心便充满了敬意，所有他创作出来的人物——浮士德②、伊菲格尼③和塔索④，仿佛和他自己一样栩栩如生。历史把他们的躯壳和灵魂无偿地献给了我们，它使我们的思想更充实，更深沉；历史又赋予我们阅读的书本、回旋的音乐、生活的城市以意义，从而使我们的生活更臻丰富，更有趣味。

历史对于整个人类正像记忆对于每一个人一样。历史告诉我们正在做什么，为什么这样做。当我们问为什么雅典娜女神手持宝剑，为什么圣保罗没有布道到中国，为什么世界分东西两个阵营时，我们总是回首顾盼，期待历史给我们答案。历史总是乐于叙述人类的成功和失败，指出人们的希望和幻想，还有他们的遭遇和不幸。

历史是延续的，生命最丰富的情书，来自人类持续不断的积累。我们是所有时代的继承者，我们已从先辈那里得到了丰富的遗产。但是，我们还须把它们，再加上我们自己的赠品，移交给我们的下一代，不管我们的赠品是好是坏，历史是一定要这样延续下去的。

有人说："历史是足以误事的。"因为不读历史，倒还面对事实，一件新事物的到来，迫使我们去考察它的真相，以决定处理的办法；而一有了历史，知识往往先入为主，而不再探究其意；即使去追究，也容易为成见所蔽。其实，误事的原因，还在于我们对历史知识的欠缺和浅层的理解。我们常常误以为读了历史，便知道既往，便有了将来办事的准则，于是把历史作为守旧的护符。这是误用了历史。真正知晓历史的人明白，世界的任何事物都在不断变迁之中。研究历史，在于了解人类活动的情形，借以充实经验，所谓鉴古可以知今，鉴往可以知来。

在我们的时代，历史是富有的，然而生活同样也变得捉摸不定了。"我们这一代"，正像狄尔泰⑤所说的那样，"要比以往受到更大的推动去试看探索生活的神秘面孔，这面孔嘴角上堆满了笑容，但双眼都是忧伤的。是的，让我们努力奔向自由和美，然而却不是抛弃过去，完全去标新立异。我们必须带着旧神去进入每一户新居。人是什么，只有他的历史才会讲清楚。若人们把过去置诸脑后，以便重新开始生活，就会完全徒劳无益。我们完全无法摆脱过去之神，因为这些神已经变成了一群游荡的幽灵。我们的生活的音调是取决于伴随过去的声音的。只有屈服于历史所产生的巨大客观力量，人才能从眼前的痛苦和短暂的欢乐中解脱出来。无论是主观的任性也好，自私的取乐也好，都不能使人和生活得到调和。只有把主人公本人隶属于世界的进程才能促成这种调和"。

是的如果把我们孤立起来看，我们就会看到，我们的生命只不过是时刻的绵延，慢慢在消逝，而这些时刻又是无意义地为一些无妄之灾和难以抗拒的事件所冲撞。每当我们倾向于用一种悲观的眼光来看待我们时代的现象，而且认为所有的人类历史是无望的时候，必然会看到前景也是这样。这样，我们有理由相信人类未来的作为。从短时间看，一切是黯淡的，从长时间看则不是这样，只有从整个历史来看，世界才会变得昭然若揭。我们若能在当前更加完整地理解我们自己，追求真理并探求人类的真谛，那么我们就会更有信心地去看待未来。总而言之我们应把历史变成我们自己的，这样，我们才会从历史中进入永恒。

注释

① 阿波罗 (Apollo)，希腊神话中主管光明、青春、音乐、诗歌、医药、畜牧的神、即太阳神。
② 浮士德 (Faust)，歌德著名悲剧《浮士德》中的主人公。
③ 伊菲格尼 (Iphigenie)，歌德悲剧《在陶里斯的伊菲格尼》中的主人公。
④ 塔索 (Tasso)，歌德的剧本，以意大利天才诗人托加托，塔索的生平为题材。
⑤ 狄尔泰 (Dilthey, Wilhem 1833–1911)，德国哲学家。

原文版权信息

支文军．历史的启示 // 同济大学研究生会．同济大学研究生论文集，1984.

42

城市的文学性阅读

The Literary Reading of Cities

摘要 文章阐述了当代城市作为一个整体正在成为文学与艺术家关注的焦点。并进一步说明城市不仅仅要通过文学性的描述与阅读，更应该提倡通过城市生活体验来理解和阅读城市。

关键词 城市 文学性阅读 生活体验

城市与建筑是人类文明最为宝贵的财富，城市是文化的最高表现。城市就像一本打开的书，无时无刻地展示着一段段精彩和深奥的篇章。阅读城市，就是去认识城市表象的一面，就是去看懂城市深层的文化历史内涵。

当代城市文化正在成为媒体关注的焦点，也是文学和艺术家热衷的讨论话题。2002年上海双年展以"都市营造"为主题，就充分说明了当下主流阶层对城市问题的兴趣。人们对城市、景观和街区的重视已逐步超过对单体建筑的关注，不再把城市仅仅看作是建筑群体的组合，已习惯于从城市及其历史文脉中解读建筑。从杨东平的"城市季风"、易中天的"读城记"、刘建梅的"城市的多边故事"、倪伟的"书写城市"、张钦楠的"阅读城市"，到张松的"城市之变"，他们从多重的视野、以个性的体验和感悟、用文学性的语言，描写和评述了当今丰富多彩、日新月异的城市文化和现象。如《三联生活周刊》曾以"上海的身体语言"为封面专题，力图全面解读上海当代城市文化，称其为"女性表达的城市"；上海著名的旧城改造项目"新天地"被认为是"上海的一块疮疤"。在《新周刊》中国城市魅力排行榜中，北京被认为是"最大气的城市"，上海是"最奢华的城市"，广州是"最说不清的城市"。 易中天在《读城记》中认为：北京是城、上海是滩、广州是市；北京的风格是"大气醇和"、上海的风格是"开阔雅致"、广州的风格是"生猛鲜活"。

这些文学艺术作品对城市的描述，对于大众了解城市的个性特征是很有帮助的。但也有学者认为，要读懂一个城市，仅有表象的观察是不够的。正如上海评论家倪伟关于上海城市小说的书评中指出："在上海作家的笔下，我们却无法真切感受到上海的现代生活中涌动的暗流以及喷溅着疯狂气息的旋涡；文学与现实如此疏远，怎能不叫人倍感失望？"

德国哲学家斯宾格勒曾经指出："城市有其自身的文化，只有作为整体，作为人类的住处，城市才有意义。"城市为人类带来了广泛的接触和伟大的交流。城市和建筑的美不是孤立、抽象的形式、形态之美，而是与人的生命体验和生活意义密切相关。城市同人们的这种根本的联系，正是理解、思考城市文化及其意义的关键。我们认为，仅仅是文学性地描述和阅读城市是远远不够的。我们提倡通过城市的生活体验来理解和阅读城市与建筑。

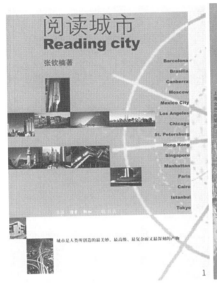

图 1. 阅读城市
图 2. 读城记
图 3. 城市季风
图 4. 上海
图 5. 北京
图 6. 广州

图片来源

本文图片摄影：支文军

原文版权信息

支文军. 城市的文学性阅读. 第二届"建筑与文学"学术研讨会纪念集，
2002: 63.

43

夕照尼罗河

Nightfall in the Nile

摘要 文章描述了作者行走尼罗河身临其境的真切感受。作者体验了开罗别有风情的尼罗河，与阿斯旺与卢克索之间最悠闲宜人的尼罗河，然而最令作者难忘的是夕阳之下色彩斑斓、炫目神迷的尼罗河。

关键词 埃及 尼罗河 夕阳

埃及对我而言，最奇妙的还是尼罗河。世界上还没有一个国家像埃及那样，与一条河流如此休戚与共、唇齿相依。尼罗河纵贯非洲大陆东北部，全长 6650 公里，为世界最长的河流。贯穿埃及全境的尼罗河长达 1350 公里，灌溉着 240 万公顷的土地。在沙漠占国土面积达 96% 的埃及，仅占国土面积 3% 的尼罗河谷和三角洲里，聚集着 96% 的埃及人。在撒哈拉沙漠和阿拉伯沙漠的左右夹持中，蜿蜒的尼罗河犹如一条绿色的走廊，充满着无限的生机。尼罗河两岸并不宽阔的河谷地带，星罗棋布着绿油油的麦田和棉田、齐刷刷的柑橘林和香蕉林、青纱帐似的甘蔗田和玉米地，以及随处可见高耸的椰枣树。

尼罗河是上天赐予埃及的礼物，埃及的生命大动脉。很久以来，在阿斯旺水坝未建立以前，每年的尼罗河泛滥为这里带来肥沃的土壤，得以栽种丰硕的作物，创造富庶的家园。

尼罗河更是埃及的灵魂。埃及人崇敬尼罗河犹如神明，习惯于受河水的涨落和太阳的升落的启发来看待生命，尼罗河水的涨落孕育出古埃及独特而神秘的文明和宗教；尼罗河流域自成一家的自然美景、生命力和天人合一的灵性，赋予了埃及人生生不息、源远流长的文化历史，在苍凉荒芜的景象之外，成就了埃及沉重之外的舒坦，沧桑之外的淡泊的特征。

尼罗河是世界上唯一一条自南向北流淌的大河，所以大部分游客都是先到埃及尼罗河上游的阿斯旺，然后乘游轮顺流而下，经卢克索到开罗，一方面欣赏尼罗河谷两岸的风光，另一方面参观位与尼罗河谷大大小小的神殿。而我们的游程是逆流而上。

尼罗河留给人的感受和体验是多样的。当我们第一次见到尼罗河时，是在开罗的城区，尼罗河畔林立着酒店、大厦，漂亮的滨江大道上年轻的情侣并肩而行——许多女子并不戴头巾，一派开放的大都会风范。而在河岸较远的地区，则矗立着一片片总也盖不完的"烂尾楼"，灰头土脸地暴露在炽热的阳光下，据说未完工的楼永远是不要交税的，只要自己能用就行。晚上乘船夜游尼罗河是另外一种情趣。尼罗河的城市夜景自然没有上海黄浦江那样繁华和喧嚣，在星星点点之中更显沉静和坦荡，略为浏览一下没有高潮起伏的夜景后回船舱欣赏埃及特有的肚皮舞和转圈舞，或坐在甲板上吹着清凉的微风与同事闲谈也别有一番风味。

阿斯旺与卢克索之间的尼罗河是埃及行程中最

体验与评论——建筑研究的一种途径

图 1– 图 3. 尼罗河风光

悠闲怡人的一段，当我们乘火车早晨到达卢克索位于尼罗河畔的宾馆时，迎面的尼罗河着实让我们感到特别的惊叹：放眼望去，只见青蓝的河水静静地在流淌，两岸是绿洲地带，远处则是金黄的沙漠和贫瘠的山丘。一条穿越了千里沙漠的大河，一条年平均流量 3100m³/s 的大河，一条几千年以来每年都要泛滥的大河，在此时此刻显得是如此的清澈、平静和温柔，强烈的反差彻底颠覆了我们原有的记忆，仿佛沙漠的狂躁被河水驯服了，沙漠的冷酷也被河水抚摸得风情万种。此时此刻，尼罗河真像是一个温柔善良的少女。

最美最动人的还是夕阳下的尼罗河。黄昏到来，我们在尼罗河畔的泳池游泳，天穹如幕，夕阳的热情喷溢四射，把尼罗河照得熠熠生辉、与沙漠浑然一体。这时的尼罗河犹如黄金般闪闪发亮，河面像微微拂动的丝绸，平缓舒徐的河水仿佛在低声吟唱。远处河面闪动着粼粼的水光，有如闪动着千万只凝视两岸盛夏山野秀色的眼波。白鸥在金箔似的夕晖里穿梭翻飞，每一只翅膀都拖带着夕阳的橙红色火焰，时上时下，交织成一片喧闹不息的旋律，令人为之目眩神迷。所有的游船都已停靠在河岸一侧，偶尔的几条帆船的影子，在河水里映衬着缓缓飘过。两岸住着的农妇在河边清洗，天真无邪的孩童赤裸裸地在河里嬉戏，缕缕炊烟开始从家家户户的屋脊上升起。

尼罗河上的夕阳真是很美，虽然很短暂，落下去用不了多久，但它总是一点点沉在椰枣林和山丘后，很有层次的，像一幅色彩斑斓的印象画。欣赏夕阳照耀下的尼罗河是一件赏心悦事，一切的尘障心魔，也豁然消除，让沉积已久的压力随风飘逝。

我们仰卧在泳池旁的躺椅上，任凭微风吹拂，身边的椰枣树影变得越来越长。渐渐的，天边的一轮圆月已悄然露出轮廓。夜色来临前的片刻，尼罗河显得格外神秘而优雅。在此世世代代生息劳作的人们，岁岁年年目睹着尼罗河的黄昏与晨曦。沧海桑田，斗转星移，唯有尼罗河水亘古不变平静地流向远方。

图片来源

本文图片摄影：支文军

原文版权信息

支文军. 夕照尼罗河 // 支文军. 行走的观点：埃及. 上海：上海社会科学院出版社，2006.

44

卡拉达大桥：桥上桥下

Galata Bridge: On and Under

摘要 卡拉达大桥作为独特的历史文化符号，衔接着伊斯坦布尔老城区与贝奥鲁新城，占据着土耳其文学艺术的重要位置，其结构分为上桥和下桥两层，桥上，承载着熙熙攘攘的人群通行，车水马龙，桥下，汇集着土耳其各类美食的餐厅，一路排开。

关键词 伊斯坦布尔 卡拉达大桥 上桥 下桥 餐厅

卡拉达大桥位于伊斯坦布尔市的中心地区，是从博斯普鲁斯海峡进入金角湾的第一座大桥，把北部的贝奥鲁区与南部伊斯坦布尔老城中心连接起来。在桥上西望是金角湾蜿蜒、秀美的河道，由此伊斯坦布尔市的欧洲区被分隔成两半；东望是博斯普鲁斯宽阔的海峡和伊斯坦布尔市的亚洲区。桥的北端是卡拉卡伊码头，可摆渡到去亚洲方向的 Haydarpasa 火车站，上千年的卡拉达古塔赫然耸立在不远的地方。桥的南端是埃及香料市场、叶尼清真寺和连接欧洲的 Sirkeci 火车站。

目前的新桥建于 1992 年，当时由于一场大火烧毁了原建于 1912 年的木构老浮桥。40 岁以上的市民都会记得，当海潮在桥下涌动时，浮桥会轻微的摇晃和摆动。历史的沉淀已把卡拉达大桥不同时期的记忆融合在一起，已赋予她独特的意义。因此，卡拉达大桥对市民来说具有独特的魅力，是城市历史传统重要的组成部分，已成为伊斯坦布尔城市景观不可缺少的

特征之一，更是市民城市生活的重要场所，而且在伊斯坦布尔市民的生活中已成为精神的象征。特别是从 19 世纪以来，卡拉达大桥在土耳其文学、戏剧、诗歌和小说中占据了重要的位置，几乎没有一个小说家不提到这座大桥。

卡拉达大桥也是传统的伊斯坦布尔历史中心区与 20 世纪才发展起来的贝奥鲁新城之间相连接的象征。历史中心区是皇宫、清真寺、市场等具有近千年历史建筑的积聚地，而贝奥鲁区主要是非穆斯林、外国商人和外交官在近百年来生活和工作的地方。卡拉达大桥担当起了联系两种独特历史文化之间的纽带。

卡拉达大桥非常独特，分上桥和下桥两层，都十分繁忙。桥上，每天都有数以百万计的人车来往于两岸；桥下，无数以本地风格为特色的小餐馆生意兴隆，卡拉达大桥以这种方式跨越金角湾已有一个多世纪了。垂钓者在上桥面，海鲜餐厅在下桥面，人们总以为正在食用的新鲜烤鱼就是刚上钩的鱼儿，这实在只是一种富有诗意的联想。于是乎，在卡拉达大桥下品尝美味的烤鱼已成为到伊斯坦布尔市总要惦记着的一件大事。事实上，你在卡拉达大桥下吃的鱼从外海捕捞而来的，桥上垂钓到的只是一些零星小鱼，只能自娱自乐而已。

在伊斯坦布尔有时间还是应该去体验一下烤鱼。确实，土耳其濒临黑海、爱琴海、地中海、马拉马拉

图1，图2. 卡拉达大桥风光"

海等四个海域，沿岸众多的城市都是品尝海鲜美食的好地方，特别是在伊斯坦布尔，卡拉达大桥以及码头范围售卖烤鱼的小贩众多，早成了游客必到的地方。

我们一行吃过晚饭，来到渡轮口，宁静的空气中传来鼎沸的人声与鱼腥味，是小贩们叫卖的吆喝声，篮子装着刚捕获的海货和淋上新鲜柠檬的烤鱼。伊斯坦布尔烹调海鲜的方法很多，用鲣鱼配以红色洋葱，青鱼及比目鱼拌莴苣；鲭鱼里塞满剁碎的洋葱再以火烤、把鱼晒干后以番茄及青椒烹煮或烧烤；另外还有木炭烤鱼，汁液与烟熏的香味也都叫人难忘。至于土耳其人的"鱼中之王"则是一种名为 Hamsi 的鱼，据说此鱼有 40 种以上的烹调方法，例如 Hamsi 饭、Hamsi 面包、Hamsi 甜点等。

我们在卡拉达大桥下的海鲜餐厅拥有"无敌海景"，面对着博斯普鲁斯海峡，远处巨轮上的星光闪闪烁烁。下桥面与海平面很近，波光粼粼的海水在微风中荡漾；一根根钓鱼线从桥上垂落，在海面上消失得无影无踪；叶尼清真寺的光芒，把在其穹顶上飞翔戏耍的海鸟照得若隐若现。

我们享受着热情的土耳其餐厅服务，细嚼慢咽人生第一顿土耳其海鲜美餐！超浓缩的鱼汤，鲜而不腻；一种当地人会蘸上橄榄油和茄酱一起吃的貌似沙丁鱼的小鱼，加了柠檬汁，酸酸的，觉得有点像吞拿鱼，让人胃口大开。

就在我们从伊斯坦布尔返回上海一个星期，新闻报道卡拉达大桥下海鲜餐厅发生了恐怖爆炸事件。

图片来源

本文图片摄影：支文军

原文版权信息

支文军.卡拉达大桥：桥上桥下 // 徐洁.行走的观点：伊斯坦布尔.上海：上海社会科学院出版社，2006.

45

瑞典斯德哥尔摩市政厅

Stockholm Town Hall，Sweden

摘要 文章描述了瑞典标志性历史建筑斯德哥尔摩市政厅的建筑风格、建筑形体、建筑环境、建筑布局与室内设计，及其所承载的历史意义与文化价值

关键词 瑞典 建筑斯德哥尔摩市政厅 历史建筑 文化价值

瑞典首都斯德哥尔摩素有北方威尼斯之称，由 14 个镶嵌在蓝色湖面上的小岛组成。斯德哥尔摩市政厅位于国王岛东南端，面临美丽的梅拉伦湖，由瑞典著名浪漫派建筑师热纳·奥斯特柏格于 1909 年设计，历时 12 年，它的落成仪式于 1923 年六月瑞典第一个国王古斯塔夫瓦萨就任四百周年纪念时举行。

斯德哥尔摩市政厅设计建造之时，正是创造新建筑风格的呼声在西欧兴起的 20 世纪初，但传统建筑风格仍保持着强劲的势头，这幢市政厅即是当时尊重和继承传统的一种表现。显而易见，建筑师受到了世纪之交新建筑思潮的影响。在市政厅设计中，建筑师既尊重古典建筑传统，但又不受其限制，而将历史上的多种建筑风格与手法融合在一起。特别是建筑外观上撷取了瑞典知名的克古堡和威尼斯总督府这两幢建筑的设计特色，具有文艺复兴宫殿建筑的韵味，形成了装饰性很强又典雅的立面。市政厅两边临水，建筑形体高低错落、虚实相映、简练大方。一座巍然矗立着的塔楼，与沿水面展开的主体建筑形成强烈的对比，加之连续的底层拱廊、褐红色砖砌实墙和窄小纵向长条窗，整个建筑犹如一艘航行中的大船，宏伟壮丽，被世人推崇为 20 世纪凸显北

欧浪漫的地方风格和欧洲最美的建筑物。

斯德哥尔摩市政厅所处的梅拉伦湖视野开阔，从市中心区任何角度都能看见这幢以红褐色、高 106m 的方柱形钟楼为标志的建筑。披着装饰手法的砌砖外，钟楼上的三王冠国徽状的镀金风标，是瑞典王国的象征，也象征当年组成卡尔马联盟的三个成员国——丹麦、瑞典和挪威。从梅拉伦湖的对岸远望斯德哥尔摩市政厅，这座建筑给人最强烈的视觉冲击便是那耀眼的红砖墙，以及阳光下熠熠闪亮的金顶。登上钟塔，可以将斯德哥尔摩的 14 个岛尽收眼底。市内高楼林立，古今建筑相映成趣，湖海水波荡漾，水面上风帆点点。钟楼内部有一个博物馆，在那里人们可以欣赏到各个不同时期引人入胜的艺术品。瑞典斯德哥尔摩市政厅之所以出名和引人注目的另一个原因，是每年的诺贝尔颁奖仪式在这里举行。被称为"蓝厅"的宴会厅位于底层，是市政厅内最为人熟知的大厅之一，每年 12 月 10 日，瑞典国王、皇后与各方贵宾齐聚于此，为当年度的诺贝尔奖得主们举行隆重的晚宴。大厅内的管风琴有 10270 支音管，为斯堪的纳维亚地区之中最大型的。"蓝厅"是一个内庭院式的大厅，与整组建筑的外庭院相呼应。建筑师原先计划在红砖外铺上象征瑞典国旗颜色的蓝色马赛克，结果在看到美丽的瑞典传统手工制作红砖后，临时改变主意，保留了红砖的颜色，所以"蓝厅"实为"红厅"，蓝厅不蓝也就成了一个继承瑞典传统文化的故事。

"蓝厅"之外，另一装饰华丽的大厅"金厅"，

图1. 斯德哥尔摩城市景色
图2. 斯德哥尔摩市政厅入口及内院
图3. 斯德哥尔摩市政厅内院
图4. 斯德哥尔摩市政厅滨水外观

是市政厅又一知名之处，每年的宴会结束后，国王和皇后要举行盛大舞会。"金厅"因金碧辉煌而得名，设在二楼，长25m，以厅中金属和彩色玻璃拼嵌而成的壁画最为引人注目，这些壁画共耗费了1800万块1cm² 大小的金属和玻璃块，左右两壁以历史为题材，左壁叙事、右壁述人，分别表现了瑞典历史上的海盗时代等各个时期以及瑞典史上的重要人物。前方正墙中间则为大型梅拉伦湖女神像，女神脚下左右两侧分别为来自亚洲和欧洲的各族人种，寓意各地人民皆以斯德哥尔摩为心中之理想地。

同在二层的斯德哥尔摩市议会大厅，室内船形的屋顶最具特色。据说当初建筑师并未想把屋顶建成现在的样子，但在即将完工时却发现，还没来得及铺设顶棚的屋顶很像一艘倒扣着的船，这倒很符合北欧维京时代的建筑风格。

市政厅的平面呈回字形，通过回廊把各个厅相连。沿着回廊穿行各个大厅时，能明显地感觉到空间的变化及不同的特色，这里处处体现着建筑师的智慧。

斯德哥尔摩市政厅最令我留恋和感动的还是开放的建筑内庭院和滨水公共空间。市政厅建筑呈回字形庭院式布局。从城市道路进入，首先是由一圈建筑围合的市民广场，里面还保留着几棵树，部分红砖墙上蔓延着绿色的爬山虎。广场右侧是建筑的主入口，著名的"蓝厅"和"金厅"就在里面。从市民广场正前方透过由三排拱廊组成的"百拱廊"，是波光粼粼的湖水和滨水花园。正是通过底层开放通透的拱廊，把

建筑的内院空间与城市的滨水空间融汇一体，造就了迷人的城市公共空间。市政厅南面的滨水花园宽阔而开敞，隔水和骑士岛相望。花园的草坪修建得很整齐，靠水的平台两侧有两座雕像，一男一女，分别代表歌唱和舞蹈。参观的人们闲散地坐在建筑平台上，可以尽情享受阳光、蓝天、白云的美好景色。

当然，以上的这些只是斯德哥尔摩市政厅的一半，另一半是不对游人开放的，因为市政府官员还在那里办公。不过，市民也可以畅通无阻地进入，每间办公室的门牌上都标有公务人员的姓名及职务，无论想找谁，都不是件困难事。这也算是市政厅的亲民特色吧。

现在的斯德哥尔摩市政厅，除了每年12月10日晚上为诺贝尔奖获得者举行宴会外，每天都接待大量的游客，每人10欧元的参观门票是一笔不小的收入，加上销售各式纪念品就更可观。更为可贵的是，市政厅每天还安排有中文讲解的导游团。

斯德哥尔摩市政厅将近百岁，历经沧桑却依然光彩照人，它所承载的历史意义和文化价值，已深深铭刻在市民心中，成为斯德哥尔摩不可替代的标志和象征。

图片来源

本文图片摄影：支文军

原文版权信息

支文军. 瑞典斯德哥尔摩市政厅 // 支文军，徐洁. 北欧建筑散记. 北京：中国电力出版社，2008.

46

阅读欧洲小城

Reading Small Cities in Europe

摘要 欧洲小城是富有魅力的地方。本文以作者的亲身体验为基础，通过解读构成欧洲小城特色的城市肌理、城市广场、街道空间、城市轮廓、建筑风格、民俗风情等要素，加深对欧洲小城的认知。

关键词 欧洲 小城 阅读 体验 特色

走过欧洲很多的城市，最富魅力的还是那里的小城。清晰可辨的城市肌理、形态各异的城市广场、轮廓完整的城市边界、有机生动的街道空间、亲切宜人的尺度比例、亲和舒适的个性化街坊、高耸入云的塔楼和多姿多彩的城市轮廓线，融合着积淀深厚的历史和故事，令人浮想连绵、回味无穷、冥冥难忘。

图形认知

初次体验欧洲小城是带着一组学生，通过城市间的铁路从一座城市漫游到另一座城市。我总是先尝试从地图上去了解一座城市，然后把认知中的图形关系——在城市中进行感知，从而完成城市的解读。一图在手，根据方位或者标志性建筑的识别，一般都可以轻松地把握自己在城市中的位置。但也有些时候，蛛网般的城市街巷会令我迷失方向，而将自己短暂地置于一种迷惘的境地，也别有一番滋味。

要认读一个城市，特别是一个城市的结构、空间

和形态，有两种体验方式是最重要而又讨巧的。其一是徒步考察，其二是登高远眺。步行一直是欧洲小城最主要的交通方式，可以说，这些小城是步行者的天堂。巡行于城市的主要街道，徜徉于主要的城市广场和公共空间、重要的区域和节点，你可以驻足观赏，也可以进入建筑室内，或融入城市广场的生活和活动之中。在小城中踯躅，近距离亲身体验城市丰富而多变的表情，往往会有一种赏心悦目记忆深刻的体验。而登高远眺则会有另外的一种感受。欧洲小城中常常有塔楼、教堂的存在，在这城市的制高点俯瞰城市，城市的肌理关系、空间布局以及整体的风貌均一目了然，刚刚走过的路线或者即将前往的游线也会明白地展现于眼前。

肌理识别

欧洲小城的特色主要体现在城市格局和城市风貌上。城市格局包括每个城市所特有的地形地貌、总体布局、城廓形状、方位、轴线，以及与之相关联的道路骨架、河网水系等内容。城市格局的形成首先和城址的选择、城市的大环境密切相关。而形成小城风貌的因素主要有城市总体轮廓线、建筑风格、高度、色调等。

欧洲的小城有不少是自然有机生长的类型，也就是说，是在一定的地理条件和社会经济条件下，通过

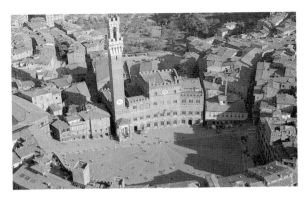

图 1. 意大利锡耶纳城市广场
图 2. 意大利锡耶纳小城肌理

长期的自发演变、逐渐形成的。城市布局在很大程度上是由地形条件来确定，布局比较灵活。道路则是以教堂或市政厅广场为中心向外辐射，形成自由的格局。意大利的锡耶纳、德国的诺林根是这方面最著名的两个实例。

锡耶纳 (Siena) 是意大利中世纪时重要的商业城市，其城市格局基本保留了原先的形态。小城建造在 3 个小山岗上，3 条山脊的交点就是市中心，它的东边是市政广场，西边则是主教堂。全城以广场为中心，有 11 条大小街道转弯抹角地从这里发散出去。全城街道基本上沿地形布置，曲折多变，宽窄不一，甚至那中心广场的地面也是顺坡而成[1]。

位于德国伊格河畔的诺林根 (Nordlingen) 城市中心区以教堂为中心向外扩展，形成不规则的环形与放射形相结合的道路网络，由此构成的城市外廓平面呈椭圆形。教堂的体量和构图上的主导地位由于周围街道的狭窄曲折和空间的封闭而得到了强调。意大利北部的帕维亚 (Pavia)，是保存古罗马时期街道系统较好的小城。从十字交叉的纵横街道和正方形的小街坊上还可以看出当时规划的基本特点。意大利中部的小城阿西西 (Asisi)，则建造在延绵的山腰之上，主要建筑和街道均沿着山势布置，长长的道路顺坡起伏，中心位置的城市广场与两端的教堂遥相呼应。瑞士首都伯尔尼（Berne）老城区主要街道，顺着河流自然地线型布局，与地形地貌融为一体[2]。

广场体验

欧洲的小城大都有古色古香的历史中心区，一般都会以广场为中心，向四周渐次扩展，形成规则或不规则的"放射——环形"的道路网。广场和街巷空间成为历史中心区最重要的组成部分。

城市广场是欧洲小城最亮丽的地方，有"城市客厅"之美誉，如锡耶纳的坎波广场、卢卡的椭圆广场等。坎波广场平面是一个扇形，朝向东南，迎着阳光，钟塔在广场上投下了细细长长的影子，随着时间的变化在地上缓缓移动。许多游客就好像在海滩上一样或坐或躺于广场的斜坡上晒着太阳。广场的空间形态充满了对比，市政厅跟钟塔竖向的对比，广场南侧直线的立面与北边弧形立面的对比都非常强烈。钟塔高达100 多米，是我沿途爬过的最具魅力的钟塔。攀上塔顶俯瞰锡耶纳全城，褐色的瓦顶极为特别，城市肌理清晰可辨，刚才在地面上的条条小巷以线状从市政广场像蛛网一般向周边发散出去。

意大利北方城市里的广场，比其他地方的广场更引人入胜。豪华的府邸、堡垒或者市政厅，主教堂和钟塔，法庭和市场等大型公用建筑物，在一起构成城市中心。它们的前后左右开辟广场，几个广场团簇成群，相互之间以券门或者过街楼连通，其上装饰有各种雕刻纪念物，形成非常丰富多彩的景观。这些广场是日常生活的中心，占据着主要的地位；广场群基本

图 3. 意大利阿西西小城中心　　　　　图 6. 意大利卢卡城市广场
图 4. 瑞士伯尔尼城鸟瞰风貌　　　　　图 7. 瑞士图文城廓远景
图 5. 意大利帕多瓦城市广场与集市

都是中世纪时定的形，没有轴线，不求对称，构思复杂而活泼；广场中有很多的钟塔形成垂直轴线。如意大利小城帕多瓦 (Padova)、维罗那 (Verona)、曼托瓦 (Mantova)、维琴察 (Vicenza) 等许多城市的传统历史中心，主要是由三个广场构成：一个是商业广场，旁边有一座大的公用建筑物，可以用作市场；一个是市政厅广场；另一个则是主教堂广场。三个广场紧挨着。公用建筑物、市政厅和主教堂是全城第一流的历史纪念性建筑物。它们高大、轮廓复杂，大多有钟塔和穹顶。意大利的城市建筑都有浓重的颜色，以土红、土黄为主。城市中心广场群的建筑物则大多用当地产的彩色大理石，红、赭石、粉红诸色都有[1]。

欧洲城市广场上鲜活的生活场景同样是值得回味的。意大利的气候四季温和，人们喜欢在户外活动。广场边上总有咖啡座或者餐桌，也常常会有一些美术展览或者旧书摊，人们在广场上约会朋友聊天，享受着阳光和美食。

街巷漫步

欧洲小城的街巷是常常充满惊喜的地方。在蛛蜘网般的街巷里信步走去，隔不多远就会有一个小广场、一座小教堂、一座钟楼、一池小喷泉，装饰有不同时期的雕刻。街巷的空间、尺度、色彩、气氛、情调，

　　　　　体验与评论——建筑研究的一种途径

衬托着广场与周边的大型公告建筑，互为生色增辉，共同形成城市的空间整体。

这种街道系统所产生的艺术魅力是无穷的，正像我们在锡耶纳老城区漫步时所感受的那样：不规则的弯弯曲曲的街道，不断在行人的视域里展现出新的景色，特别在街道交汇的地方，会产生步移景异的效果；道路宽度和线路的变化，使人群能够自由而方便地移动；路旁的石阶给人们提供了抄近路的方便，一切都是亲切的，自由的。街景和建筑丰富多变，到处都会有新的发现；细部也精彩异常，人们可以随时驻足观赏。曲曲折折的小巷不断地穿过券洞，两侧总有些中世纪的石头房屋，墙缝里生长着小树。阳台上细巧的栏杆，虽然已经破旧，却能告诉你它是什么式样，属于哪个年代。这一切都令人感受到小城镇的悠闲和宁静。

生活在狭窄的街巷的居民大多是住了多年，甚至几代的，大家彼此熟悉，而且在紧凑的以步行活动为基础的小尺度环境里，人们在附近的咖啡店、菜市场、小空地和教堂常常见面，容易形成一种密切的邻里关系，生活富有人情味。所以，保护旧市区，就要保护它的街巷及其空间，也要保护它的生活方式、文化氛围和风尚习俗。这也就意味着，不仅要留住原有的民居、居民，更重要的是留住一种生活的方式。反过来讲，一座新镇的建设，除了良好的物态环境的打造，还需时间来建立居民的邻里关系、认同感和人文气氛[3]。

城廓凸显

城市轮廓线是城市宏观建筑艺术效果的高度概括，体现了城市的总体形象和个性，因而是城市风貌和景观中一个重要的内容。一个富于表现力的城市给人的第一印象，往往就是它那跌宕起伏、错落有致的天际线。城市轮廓线往往由一个或几个突出高起的部位和周围相对低缓的部分组成。前者或是主要纪念性建筑物，或为高地山丘，或是二者的综合。城市的轮廓线一般都是在长期的历史发展过程中逐渐形成的。在欧洲城市中扮演这一角色的，多为中世纪的城堡或教堂的尖塔，或是文艺复兴和古典主义时期市政厅的塔楼和大教堂的穹顶。

欧洲的城市和村庄一般都有钟塔、穹顶或者教堂高高的山花，它们参差错落，从不同角度看去构图都不一样，妙趣横生。每个城市的轮廓线都更有其特色，老远就可以识别，令人产生一种亲切的乡情。村庄也是如此，教堂的穹顶和钟塔则是它们的标志。

令人印象深刻的是圣杰米尼亚诺 (San Gimignano)，这是个以塔楼众多而得名和闻名的意大利小城，本来全城有 72 座塔，现仍保留有 14 座。每当夕阳西下，夜色初升，城市渐显出它剪影般的轮廓。瑞士小城图文 (Thun) 轮廓线被高高耸起的城堡塔楼所支配，倒影印在穿城而过的河水上，显得分外动人。

图 8. 瑞士图文城轮廓线
图 9. 瑞士沙夫浩森风貌

风貌传承

城市整体的风貌具有某种独特的魅力和价值。城市风貌可以体现于建筑风格、样式、材质和色彩等等诸多方面，是长期受当地历史、地理、文化、生活习性等影响而演变发展来的。建筑物本身所在的自然环境，往往和建筑一起形成了不可分割的形象整体。锡耶纳全城褐色的瓦顶，曼托瓦红瓦、黄土色的墙壁，卢卡城里林立的塔楼，均是城市特色所在。

具有浓厚民族和乡土气息的古老街区和传统民居，也是构成地区独特风貌的重要因素。法国斯特拉斯堡的"小法兰西"区是这类老街区中著名的一个。街道两边有许多 16—17 世纪所谓阿尔萨斯文艺复兴风格的老住宅。从连河上的圣马丁桥望去，向上挑出的半露木构式阁楼倒映在连河水中，窗台上垂下鲜花朵朵，别具风韵。特别在落日时分，更显得格外娇媚。瑞士伯尔尼整个老城区，以 3~4 层的民居建筑为主，平缓的屋顶凸起一个个老虎窗和烟囱，褐色的屋顶与白墙交织在一起，组成一幅和谐而诗意的画境。瑞士另一座小城沙夫浩森 (Schaffhausen)，部分建在缓坡上，层层叠叠的屋顶及统一的材质，显得生动而整体。瑞士圣加仑的建筑色彩斑斓，点缀着簇簇红色的鲜花，使小城充满活力 [4]。

节日喜庆

地方的民俗风情、传统节日和集市，是构成城市历史文化传统的另一个生动的内容，也是最吸引人的地方。小城帕维亚在每年 9 月的第一个星期日的晚上，在提契诺河上盛放 30 分钟的焰火。我抵达帕维亚的第二天正巧遇上这个喜庆节日。随着熙熙攘攘的人群向同一个方向行进，步行到早已是人山人海的河畔，似乎是倾城出动的市民观看了五彩缤纷的焰火。维罗纳每年都要在古罗马时期遗存下来的露天圆剧场内举行一次歌舞节活动。欧洲某些城市每年还要举行一种叫做"旗会"的节日赛马活动。锡耶纳的旗会始于 1275 年，是其中最著名的一个，自 1701 年起，每年两次，分别于 7 月和 8 月在市政厅前的坎波广场上举行。至于城市的传统集市，其表现形式更是多种多样：可以是大规模的、固定的；也可以是小型、周期性的。各类集

体验与评论——建筑研究的一种途径

市上的商品，大都是具有鲜明地方特色的农副产品、传统手工艺产品。如传统玻璃制品、珠宝玉石工艺品、花边和刺绣、陶瓷和玻璃器皿、贵金属产品及艺术复制品等。偶尔遇见这样的广场集市，往往是我最激动的时候。一路上各色小吃，选购便宜而又别具特色的工艺品和艺术品，也常常会被一些不知名目、显得奇异的蔬菜瓜果所吸引。

城市的历史文化传统不仅包括与城市有关的历史和神话传说、文学、戏剧、绘画、音乐等内容，同时也体现在地方的民俗、传统的集市贸易、手工艺产品、风味菜点等各个方面。所有这些内容延续下来，就形成城市的历史文化传统。

阅读小城其实是人生一种美妙的体验。可能是职业的关系，初到一座小城，给我的期盼和向往总是那么强烈，使我乐此不疲。

参考文献

[1] Italy. Michelin Travel Publications, 1998 .
[2] Germany. Michelin Travel Publications, 2001.
[3] 陈志华. 意大利古建筑散记. 北京：中国建筑工业出版社，1996.
[4] 王瑞珠. 国外历史环境的保护和规划. 台湾：淑馨出版社，1993.

图片来源
图 2、图 5、图 7、图 8 摄影：支文军，其余皆来自明信片

原文版权信息

支文军. 阅读欧洲小镇 // 徐洁，费澄璐，支文军. 解读安亭新镇. 上海：同济大学出版社，2004.

附录

Appendix

1. 支文军发表论文列表
Author's List of Published Articles

1989 年

[1] 支文军 . 建筑评论的歧义现象 [J]. 时代建筑 , 1989(1): 12–14.

[2] 支文军 . 巴黎新姿 : 法国革命 200 周年 "大型工程" 简介 [J]. 时代建筑 , 1989(2): 45–49.

[3] 文夫 . 乡土与现代主义的结合 : 世界建筑新秀 M. 波塔及其作品 [J]. 时代建筑 , 1989(3): 21–29.

[4] 支文军 . 当代中国建筑创作趋势 [J]. 建筑与都市 (香港), 1989(8): 76–80.

1990 年

[5] 支文军 . 国际主义与地域文化的契合 : 八十年代新加坡建筑评析 [J]. 时代建筑 , 1990(3): 40–47.

1991 年

[6] 支文军 . 建筑评论的感性体验 [J]. 南方建筑 , 1991(1): 63–64.

1992 年

[7] Zhi Wenjun. Housing in Shanghai(1949–1991)[J]. COUNTRASPACE(Italy). 1992(3).

1993 年

[8] 支文军 . 葛如亮的新乡土建筑 [J]. 时代建筑 , 1993(1): 42–47.

1994 年

[9] 支文军 . 精心与精品 : 同济大学逸夫楼及其建筑师吴庐生教授访谈 [J]. 时代建筑 , 1994(6): 18–24.

1997 年

[10] 支文军 . 香港历史建筑概述 (1945 年以前)[J]. 时代建筑 , 1997(2): 24–29.

1998 年

[11] 支文军 . 比较与反思 [J]. 台湾建筑 (台湾), 1998(7).

[12] 支文军 . 交流·思考·展望 : 沪、台建筑·室内设计创作研讨会纪要 [J]. 时代建筑 , 1998(4): 71–74.

1999 年

[13] 支文军 . 素质教育背景下的学校建设 : 苏州国际外语学校规划与建筑设计评述 [J]. 时代建筑 , 1999(2): 56–59.

[14] 徐千里 , 支文军 . 同济校园建筑评析 [J]. 建筑学报 , 1999(4): 65–67.

[15] 支文军 , 华霞虹 , 刘秉琨 , 李翔宁 , 王方戟 . 城市更新与城市文化 : 98 意大利帕维亚大学国际研究班述评 [J]. 时代建筑 , 1999(2): 63–67.

[16] 支文军 . 世纪的回眸与展望 : 国际建协第 20 届世界建筑师大会 (北京 ,1999) 综述 [J]. 时代建筑 , 1999(3): 92–98.

2000 年

[17] 蔡晓丰 , 支文军 . "城市客厅" 的感悟 : 上海人民广场评析 [J]. 时代建筑 , 2000(1): 34–37.

[18] 支文军 , 章迎庆 . 追求理性 : 瑞士建筑师马里奥· 堪培教授专访 [J]. 时代建筑 , 2000(2):： 61–65.

[19] 支文军 , 朱广宇 . 永恒的追求 : 马里奥·博塔建筑思想评析 [J]. 新建筑 ,2000(3): 60–63.

[20] 支文军 , 张晓春 . 上海新建筑 (2): 浦西市中心区 [J]. 世界建筑 ,2000(10): 77–80.

[21] 支文军 , 张晓春 . 上海新建筑 (3): 浦东新区 [J]. 世界建筑 , 2000(11): 75–82.

2001 年

[22] 支文军 , 朱广宇 . 诗意的建筑 : 马里奥·博塔的设计元素与手法述评 [J]. 建筑师 , 2001(92): 89–94

[23] 李武英 , 支文军 . 当代中国建筑设计事务所评析 [J]. 时代建筑 ,2001(1): 25–28.

[24] 支文军 , 徐洁 . 当代法国建筑新观察 [J]. 时代建筑 ,2001(2): 90–97.

[25] 支文军 , 刘江 , 胡蓉 . 开放 , 互动 , 人文的校园建筑 : 绍兴柯桥实验小学设计有感 [J]. 新建筑 , 2001(4): 50–53.

[26] 支文军 , 刘凌 . 感觉的建筑 : 日本建筑师六角鬼丈教授设计作品析 [J]. 时代建筑 , 2001(3): 70–75.

[27] 支文军 , 郭丹丹 . 重塑场所 : 马里奥·博塔的宗教建筑评析 [J]. 世界建筑 ,2001(9): 28–31.

[28] 徐洁 , 支文军 . 法国弗雷斯诺国家当代艺术中心的新与旧 [J]. 时代建筑 ,2001(6): 48–53.

[29] 支文军 , 胡蓉 , 刘江 . 诗意的栖居 : 上海高品位城市的建设 [J]. 建筑学报 ,2001(12): 35–38.

2002 年

[30] 支文军 , 张晓晖 . 石头建筑的史诗 [J]. 世界建筑 ,2002(03): 23–25.

[31] 支文军 , 秦蕾 . 隐喻的表现 : 澳大利亚国家博物馆的双重话语 [J].

时代建筑 ,2002(3): 58–65.

[32] 彭怒 , 支文军 . 中国当代实验性建筑的拼图 : 从理论话语到实践策略 [J]. 时代建筑 , 2002(5): 20–25.

[33] 支文军 . 资源与建筑 : 来自柏林世界建筑师大会的报告 [J]. 时代建筑 , 2002(5): 116–117.

[34] 支文军 , 胡招展 . 重塑居住场所 : 马里奥·博塔的独户住宅设计 [J]. 时代建筑 , 2002(6): 70–73.

2003 年

[35] 支文军 , 赵力 . 历史对话中的空间塑造 : 解读墨尔本博物馆 [J]. 建筑学报 , 2003(01): 68–71.

[36] 刘江 , 支文军 . 简约之美 : 瑞士布克哈特建筑设计公司及其作品 [J]. 时代建筑 , 2003(2): 118–123.

[37] 支文军 , 秦蕾 . 竹化建筑 [J]. 建筑学报 , 2003(08): 26–28.

[38] 支文军 , 王路 . 新乡土建筑的一次诠释 : 关于天台博物馆的对谈 [J]. 时代建筑 , 2003(5): 56–64.

2004 年

[39] 支文军 , 卓健 . " 那么 , 中国呢? " : 蓬皮杜中心中国当代艺术展记 [J]. 时代建筑 , 2004(1): 120–123.

[40] 罗小未 , 支文军 . 国际思维中的地域特征与地域特征中的国际化品质 : 时代建筑杂志 20 年的思考 [J]. 时代建筑 , 2004(2): 28–33.

[41] 宇轩 , 之君 . " 核心期刊 " 在中国的异化 : 以建筑学科期刊为例 [J]. 时代建筑 , 2004(2): 48–49.

[42] Wenjun ZHI. Tiantai Museum.Lu Wang creates a modern museum in tune with the local vernacular[J]. Architectural Record (New York), 2004(3).

[43] 支文军 , 蔡瑜 . 求证创新 : 加拿大谭秉荣建筑师事务所及其作品 [J]. 时代建筑 , 2004(4): 130–139.

[44] 支文军 . 现代主义建筑的本土化策略 : 上海闵行生态园接待中心解读 [J]. 时代建筑 , 2004(5): 126–132.

[45] 支文军 , 宋丹峰 . A 楼·B 楼·C 楼 : 同济校园新建筑评述 [J]. 时代建筑 , 2004(6): 44–51.

2005 年

[46] 支文军 , 徐洁 , 王涛 . 从北京到伊斯坦布尔 : 第 22 届世界建筑大会报道 [J]. 时代建筑 , 2005(5): 154–159.

[47] 刘凌 , 支文军 . 上海新城市空间 [J]. 现代城市研究 , 2005(5): 58–63.

2006 年

[48] 蔡瑜 , 支文军 . 中国当代建筑集群设计现象研究 [J]. 时代建筑 , 2006(1): 20–29.

[49] 支文军 , 朱金良 . 奇妙的 " 容器 " : 解读波尔图音乐厅 [J]. 建筑学报 , 2006(3): 82–84.

[50] 支文军 , 董艺 , 李书音 . 全球化视野中的上海当代建筑图景 [J]. 建筑学报 , 2006(6): 72–75.

[51] Zhi Wenjun. Publish or Perish[J]. Amsterdam, 2006(2): 128–131.

[52] 支文军 , 段巍 . 形与景的交融 : 上海新江湾城文化中心解读 [J]. 时代建筑 ,2006(5): 104–111.

[53] 支文军 , 朱金良 . 中国新乡土建筑的当代策略 [J]. 新建筑 , 2006(6): 82–86.

[54] 支文军 , 郭红霞 . 境外建筑师大举进入上海的文化冲击 [J]. 建筑师 (台湾), 2006(2).

2007 年

[55] 支文军 , 胡沂佳 , 宋丹峰 . 芬兰新建筑的当代实践 [J]. 时代建筑 , 2007(2): 90–97.

[56] 支文军 , 潘佳力 . 西方视野中发现中国建筑 : 评《中国新建筑》[J]. 时代建筑 , 2007(2): 163.

[57] 支文军 , 潘佳力 . 新加坡 2006 亚洲论坛 " 亚洲认识亚洲 " 综述 [J]. 时代建筑 , 2007(3): 126–127.

[58] 支文军 , 王佳 . 消融于丛林中的艺术殿堂 : 记巴黎盖·布郎利博物馆 [J]. 时代建筑 , 2007(6): 118–124.

2008 年

[59] 支文军 , 宋正正 . 新现代主义在上海的实验 [J]. 南方建筑 , 2008(1): 40–45.

[60] 支文军 . 创造性 + 探索性 : 当代建筑欧洲联盟奖 2007 评析 [J]. 建筑与文化 , 2008(02): 28–29.

[61] Zhi Wenjun. La quatrieme generation/Dix bureaux d' architectes de Shanghai (Young Generation/Ten architects from Shanghai) [J]. A+（Brussels, Belgium）, 2008: 82–92.

[62] Zhi Wenjun. Sichuan Earthquake and the Chinese Response[J]. New York: Guest Editorial of Architectural Record, 2008(7).

[63] 支文军 , 徐洁 , 周泽屋 . 传播建筑、人人建筑 : 来自第 23 届世界建筑师大会的报道 [J]. 时代建筑 , 2008(5): 148–151.

[64] Zhi Wenjun,Liu Yuyang.Post-Event Cities[J]. Architectural Design, 2008: 60-63.

[65] 支文军, 徐洁. 对全球化背景下中国当代建筑的认知与思考 [J]. 中国当代建筑 2004-2008, 2008(11): 12-17.

[66] 支文军. 瑞典斯德哥尔摩市政厅 [M]// 支文军. 北欧建筑散记. 北京: 中国电力出版社, 2008(10): 118-123.

[67] 支文军, 王斌. 历史街区旧建筑的时尚复兴: 西班牙马德里凯撒广场文化中心 [J]. 时代建筑, 2008(6): 84-93.

2009 年

[68] 赵晓芳, 支文军. 探索政府主导与社区参与的中国城市社区建设模式 [J]. 时代建筑, 2009(2): 10-15.

[69] 支文军, 戴春. 走向可持续的人居环境: 对话吴志强教授 [J]. 时代建筑, 2009(3): 58-65.

[70] 支文军, 吴小康. 国际视野中的中国特色: 德国法兰克福 "M8 in China: 中国当代建筑师" 展的思考 [J]. 时代建筑, 2009(5): 146-157.

[71] 支文军, 邓小骅. 从实验性到职业化: 当代中国建筑师的转向 [J]. 建筑师 (台湾), 2009(12): 110-115.

2010 年

[72] 朱荣丽, 支文军. 剖面建筑现象及其价值 [J]. 时代建筑, 2010(2): 20-25.

[73] 支文军, 董晓霞. 世博会对上海的意义 [J]. 建筑师 (台湾), 2010(6): 122-125.

[74] 支文军, 吴小康. 中国建筑杂志的当代图景 (2000-2010)[J]. 城市建筑, 2010(12): 18-22.

2011 年

[75] 支文军. 综述: 中国城市的复杂性与矛盾性 [J]. 时代建筑, 2011(2): 10-11.

[76] 支文军. 物我之境——田园 / 城市 / 建筑: 2011 成都双年展国际建筑展主题演绎 [J]. 时代建筑, 2011(5): 9-11.

[77] 支文军, 薛君. 设计 2050: 第 24 届世界建筑师大会报道 [J]. 时代建筑, 2011(6): 134-137.

2012 年

[78] 支文军, 李凌燕. 大转型时代的中国城市与建筑 [J]. 时代建筑, 2012(2): 8-10.

[79] 支文军, 王斌. 时间与空间: 同济大学建筑与城市规划学院建筑空间 60 年 [J]. 时代建筑, 2012(3): 58-63.

[80] 戴春, 支文军. 建筑师群体研究的视角与方法: 以 50 年代生中国建筑师为例 [J]. 时代建筑, 2012(4): 10-15.

[81] 支文军. 大学出版的责任与意义 [N]. 同济报, 2012-12-30.

2013 年

[82] 支文军. 面向多元的复杂性: 读《悉地建筑. 与复杂语境的交织》[J]. 时代建筑, 2013(6): 148.

[83] 支文军. 时代建筑 vs 建筑时代: 《时代建筑》杂志与当代中国建筑的互动发展 [M]// 第九届中国科技期刊发展论坛编委会. 第九届中国科技期刊发展论坛论文集 · 杭州: 浙江大学出版社, 2013(9): 24-27.

[84] 支文军, 陈淳. 序: 小建筑 · 大建筑 · 非建筑 [M]// 朱剑飞, 聂建鑫. 筑作. 上海 : 同济大学出版社, 2013.

2014 年

[85] 支文军, 李迅. 文脉中的建筑艺术: 澳大利亚 DCM 建筑事务所介绍 [J]. 时代建筑, 2014(1): 175-181.

[86] 李凌燕, 支文军. 大众传媒中的中国当代建筑批评传播图景 （1980 年至今）[J]. 时代建筑, 2014(6): 40-43.

[87] 支文军. 固本拓新: 《时代建筑》30 年的思考 [J]. 时代建筑, 2014(6): 64-69.

[88] 支文军, 周泽渥. "类型重塑": 北京宋庄画家工作室设计解读 [J]. Germen Architecture 2014(Frankfurt), 2014.

[89] 戴春, 支文军. 50、60、70 年代生中国建筑师观察 [M] // 当代中国建筑设计现状与发展课题研究组. 当代中国建筑设计现状与发展. 南京 : 东南大学出版社, 2014: 277-288.

2015 年

[90] 支文军, 徐蜀辰, 邓小骅. 承前启后, 开拓进取: 同济大学建筑系 "新三届 "[J]. 时代建筑, 2015(1): 32-39.

[91] 支文军, 邓小骅. WA 建筑奖与中国当代建筑的发展 [J]. 世界建筑, 2015(3): 40-44.

[92] 李凌燕, 支文军. 新闻周刊的 "建筑" 叙述: 一种跨学科批评视角的传媒分析 [J]. 中国传媒大学学报, 2015(9): 55-58.

2016 年

[93] 李凌燕, 支文军. 纸质媒体影响下的当代中国建筑批评场域分析 [J]. 世界建筑, 2016(1): 45-50.

[94] 邓小骅, 支文军. 文化点亮城市 : 2016 上海市重大文化设施国际青

年建筑师设计竞赛活动述评 [J]. 时代建筑 , 2016(4): 168–177.

[95] 支文军 , 施梦婷 , 李凌燕 . 来自 2016 年威尼斯建筑双年展的 " 前线报道 " [J]. 时代建筑 , 2016(5): 148–156.

[96] 支文军 , 蒲昊旻 . " 归属之后 ": 2016 奥斯陆建筑三年展 [J]. 时代建筑 , 2016(6): 168–173.

[97] 支文军 . 特色专业出版之路 : 同济大学出版社的品牌与核心竞争力 [M]// 上海市出版协会 . 上海高校出版攻略 . 上海 : 复旦大学出版社 , 2016: 93–113.

2017 年

[98] 支文军 , 潘佳力 . 城市 · 建筑 · 符号 : 汉堡易北爱乐音乐厅设计解析 [J]. 时代建筑 , 2017(1): 116–129.

[99] 支文军 , 徐蜀辰 . 包容与多元 : 国际语境演进中的 2016 阿卡汗建筑奖 [J]. 世界建筑 , 2017(2): 16-24.

[100] 支文军 , 费甲辰 . " 充满幸福感的建筑 ": 第 19 届亚洲建筑师协会论坛综述 [J]. 时代建筑 , 2017(5): 150–153.

[101] 支文军 , 何润 . " 城市之魂 ": UIA2017 首尔世界建筑师大会综述 [J]. 时代建筑 , 2017(6): 158–163.

2018 年

[102] 支文军 . 产城融合视角下的中国当代产业空间设计 [M]// 曼哈德·冯格康 , 尼古劳斯格茨 . 都市语境下的工业建筑 . 上海 : 同济大学出版社 , 2018: 26–43.

[103] 支文军 , 何润 , 戴春 . "解码张轲": 记标准营造 17 年 [J]. 时代建筑 , 2018(1): 94–101.

[104] 支文军 , 何润 , 费甲辰 . 伊朗当代建筑的地域性与国际性 : 2017 年 Memar 建筑奖评析 [J]. 时代建筑 , 2018(2): 153–159.

[105] 支文军 , 戴春 , 郭小溪 . 调和现代性与历史的记忆 : 马里奥·博塔的建筑理想之境 [J]. 建筑学报 . 2018(3): 80–86.

[106] 支文军 , 何润 . 乡村变迁 : 徐甜甜的松阳实践 [J]. 时代建筑 , 2018(4): 156–163.

[107] 支文军 , 杨晅冰 . " 自由空间 ": 2018 威尼斯建筑双年展观察 [J]. 时代建筑 , 2018(5): 60–67.

2019 年

[108] 支文军 , 王斌 , 王轶群 . 建筑师陪伴式介入乡村建设 : 傅山村 30 年乡村实践的思考 [J]. 时代建筑 , 2019(1): 34–45.

[109] Wenjun Zhi, Guanghui Ding. Cultivating a Critical Culture: The Interplay of Time + Architecture and Contemporary Chinese Architecture // Nasrine Seraji, Sony Devabhaktuni, Xiaoxuan Lu. From Crisis to Crisis：Debates on why architecture criticism matters today. Hongkong: Department of Architecture University of Hong Kong, 2019: 122–137.

[110] 支文军 , 郭小溪 . 世界经验的输入与中国经验的分享 : 国际建筑设计公司 Aedas 设计理念及作品解析 [J]. 时代建筑 , 2019(3): 170–177.

[111] 李迅 , 支文军 . 从《东京制造》到《一点儿北京》: 当代城市记录对建筑学的批判与探索 [J]. 建筑师 , 2019(6): 93–99.

[112] 支文军 , 王欣蕊 . 流动·无限·未来 : 阿塞拜疆巴库阿利耶夫文化中心设计解析与评价 [J]. 时代建筑 , 2019(4): 103–111.

[113] 支文军 , 凌琳 . 田园城市的中国当代实践 : 杭州良渚文化村解读 [J]. 时代建筑 . 2019(5): 103–111.

2．支文军编著图书列表
Author's List of Published Books

[1] 卢济威 . 当代中国著名机构优秀建筑作品丛书：同济大学 [M]. 支文军 , 吴长福 , 副主编 . 哈尔滨：黑龙江科技出版社 , 1999.

[2] 支文军 , 徐千里 . 体验建筑：建筑批评与作品分析 [M]. 上海：同济大学出版社 , 2000.

[3] 支文军 , 朱广宇 . 马里奥·博塔 [M]. 大连：大连理工大学出版社 , 2003.

[4] 徐洁 , 费澄璐 , 支文军 . 解读安亭新镇 [M]. 上海：同济大学出版社 , 2004.

[5] 徐洁 , 支文军 . 建筑中国：当代中国建筑设计机构 40 强 [M]. 沈阳：辽宁科学技术出版社 , 2006.

[6] 支文军 . 行走的观点（埃及）[M]. 上海：上海社会科学院出版社 , 2006.

[7] 支文军 , 张兴国 , 刘克成 . 建筑西部：西部城市与建筑的当代图景 [理论篇][M]. 北京：中国电力出版社 , 2008.

[8] 支文军 , 张兴国 , 刘克成 . 建筑西部：西部城市与建筑的当代图景 [实践篇][M]. 北京：中国电力出版社 , 2008.

[9] 支文军 , 徐洁 . 北欧建筑散记 [M]. 北京：中国电力出版社 , 2008.

[10] 支文军 , 徐洁 . 中国当代建筑 2004–2008[M]. 沈阳：辽宁科学技术出版社，2008.

[11] 徐洁 , 支文军 . 建筑中国 (2): 当代中国建筑设计机构 48 强及其作品 [M]. 沈阳：辽宁科学技术出版社 , 2009.

[12] Zhi Wenjun, Xu Jie. New Chinese Architecture[M]. London：Laurence King Publishing Ltd, 2009.

[13] 彼得·卡克拉·施马尔 , 支文军 . M8 in China: 中国当代 8 位建筑师作品集 [M]. 沈阳：辽宁科学技术出版社 , 2009.

[14] 彭怒 , 支文军 , 戴春 . 现象学与建筑的对话 [M]. 上海：同济大学出版社 , 2009.

[15] 支文军 . "物我之境" / 国际建筑展 [M]. 成都：四川美术出版社 , 2011.

[16] （英）丹·克鲁克香克 . 弗莱彻建筑史 [M]. 郑时龄 , 支文军 , 卢永毅 , 李德华 , 吴骧良 , 译 . 北京：知识产权出版社 , 2011.

[17] 支文军 , 戴春 . 当代语境下的田园城市 [M]. 上海：同济大学出版社 , 2012.

[18] 支文军 , 戴春 . 建筑策展：2011 成都双年展国际建筑展全纪录 [M]. 上海：同济大学出版社 , 2013.

[19] 支文军 , 戴春 , 徐洁 . 中国当代建筑 [2008–2012][M]. 上海：同济大学出版社 , 2013.

[20] 郑时龄 . " 十万个为什么 "（建筑与交通卷）[M]. 支文军 , 潘海啸 , 副主编 . 上海：少年儿童出版社 , 2014.

[21] 支文军 , 戴春 . 中国当代建筑地图 [M]. 沈阳：辽宁科学技术出版社 , 2014.

[22] 支文军 , 戴春 . 马里奥·博塔全建筑 (1960–2015)[M]. 上海：同济大学出版社 , 2015.

[23] 徐洁 , 支文军 . 建筑中国 (4): 当代中国建筑设计机构及其作品 (2012–2015)[M]. 上海：同济大学出版社 , 2016.

[24] 戴春 , 支文军 , 周红玫 . 深圳当代建筑 [M]. 上海：同济大学出版社 , 2016.

[25] 支文军 , 徐洁 . Aedas 在中国 [M]. 上海：同济大学出版社 , 2018.

3. 支文军主持和参与科研项目列表
Author's List of Scientific Research Projects

1. 2012 年国家自然科学基金课题："大众传媒中的中国当代建筑批评传播研究（2013~2016）"，项目主持人：支文军；项目组主要参与者：余克光、徐洁、戴春、王国伟、刘涤宇、李凌燕、吴小康等。

2. 2014 年中国工程院咨询研究项目："当代中国建筑设计现状与发展"。项目主持人：程泰宁院士；支文军是项目组成员之一。

3. 2017 年国家自然科学基金课题："基于社会网络分析的当代中国建筑师群体及创作机制研究（2018-2021）"，项目主持人：支文军；项目组主要参与者：徐洁、邓小骅、戴春、徐蜀辰、潘佳力、杨晅冰

4. 支文军指导研究生学位论文列表
Author's List of Supervised Students' Theses for Degrees

（姓名 / 论文题目 / 毕业年份 / 学位）

建筑评论与媒体

1. 蒋妙菲："中国建筑杂志发展的回顾与探新"，2005（硕士）

2. 秦蕾："节点窗口"从展览透视当代中国建筑与艺术"，2004（硕士）

3. 吴小康："西班牙建筑杂志 Arquitectura Viva 的发展研究（1985-2011）"，2012（硕士）

4. 蒋天翌："媒体事件中的建筑批评传播研究：以 OMA 央视总部大楼事件为例"，2014（硕士）

5. 金丽华："媒体事件中建筑批评传播研究：以中国国家大剧院为例"，2014（硕士）

6. 杨铖："建筑批评在建筑双年展中的产生和传播研究：以 2011 成都双年展国际建筑展为例"，2014（硕士）

7. 苏杭："建筑批评在中国建筑传媒奖中的产生和传播"，2015（硕士）

8. 李迅："当代城市记录对建筑学的批评和探索：以《东京制造》和《一点儿北京》为例"，2016（硕士）

9. 杨宇："冲突与平衡：新媒体视角下的中国建筑设计微信公众号"，2017（硕士）

当代西方建筑体验与解读

1. 朱广宇："永恒的追求：马里奥·博塔建筑思想及设计作品研究"，1999（硕士）

2. 刘江："圣地亚哥·卡拉特拉瓦建筑思想及其实践"，2002（硕士）

3. 胡蓉："美国购物中心的特征和发展以及对我们的启示"，2002（硕士）

4. 赵力："德国波茨坦广场建筑始末：解析新城市中心的设计"，2003（硕士）

5. 张晓晖："追踪建筑表皮设计"，2003（硕士）

6. 郭丹丹："Swiss — box: 瑞士当代极少主义建筑探析"，2004（硕士）

7. 董晓霞："包豪斯风格的延续：解读德国示范性小区 'Neues Bauen am Horn'"，2007（硕士）

8. 胡沂佳："从场地到场所：柏林战后三个城市纪念性空间研究"，2008（硕士）

9. 潘佳力："以文脉重建秩序：'评判性重建'理念在柏林弗雷德里希城区的实现"，2009（硕士）

10. 周泽渥："曼西亚和图侬建筑事务所的作品与思想"，2011.3（硕士）

11. 陈海霞："'空间共享'在柏林共同住宅中的文化理解与实践"，2015（硕士）

12. 刘临君："当代日本博物馆内部公共空间形态研究：以公共性设计

为视角", 2016（硕士）

13. 史艺林："阿尔瓦罗·西扎在亚洲建筑设计的探索", 2017（硕士）

14. 杨晅冰："理性的超现实主义诗学——通过"诗意的物体"媒介文本解读探讨柯布西耶的建筑艺术理念及其当代价值", 2019（硕士）

中国当代建筑理论及实践研究

1. 蔡晓丰："当代中国实验建筑初探", 2001（硕士）

2. 朱金良："中国当代新乡土建筑创作实践研究", 2006（硕士）

3. 蔡瑜："中国当代建筑集群设计现象研究", 2006（硕士）

4. 曹宁毅："运河的变迁：论扬州古运河的功能变迁与综合开发", 2006（硕士）

5. 戴瑞峰："苏州工业园区首期核心商务区城市设计及其控制研究", 2006（硕士）

6. 李书音："建筑教育理念影响下的当代中国建筑系馆研究",2007(硕士)

7. 董奇昱："郑州市城东新区发展研究", 2007（硕士）

8. 朱丽荣："剖面建筑研究", 2008（硕士）

9. 郭红霞："建筑与当代艺术的越界：解读金华建筑艺术公园",2009（硕士）

10. 宋正正："解读刘家琨"处理现实"的建筑策略", 2009（硕士）

11. 王斌："城市边缘区发展战略规划研究", 2010（硕士）

12. 高涛："从汉中滨江区域城市发展研究看城市特色塑造",2011（硕士）

13. 赵启博："第六、第七届'远东建筑奖'台湾 – 上海两地获奖作品比较与分析", 2012（硕士）

14. 潘志浩："传统街区更新的现代性解读：以无锡古运河清名桥地区为例", 2012（硕士）

15. 董艺："设计与市场的博弈．中国当代民营建筑设计机构的职业化发展研究（1993-2011）", 2012（博士）

16. 马娱："艺术家聚落的空间生产方式研究：以蓝顶艺术家聚落为例",2013（硕士）

17. 王轶群："从传统乡村聚落到当代'超级村庄'——傅山村形态特征与演化机制研究（1984-2014）", 2015（硕士）

18. 贾婷婷："解读罗东文化工场：黄声远的'在地'设计策略研究",2016（硕士）

19. 谷兰青："无界建筑：大设计视角下中国当代建筑师的'跨界'实践", 2017（硕士）

20. 邓小骅："继承，转变与重构 中国第四代建筑师典型群体研究",2016（博士）

21. 董晓霞："建构话语在当代的延伸", 2016（博士）

22. 杜鹏："新城市主义中国实践的反思与自主治理路径的选择",

2018（博士）

23. 施梦婷："杭州良渚文化村住区的使用后评价（POE）研究",2018(硕士)

上海当代城市及建筑研究

1. 章迎庆："从西方极少主义思潮看上海当代建筑形态", 2001（硕士）

2. 刘凌："上海新城市空间", 2003（硕士）

3. 胡招展："苏州河两岸产业遗产保护性再利用初探", 2004（硕士）

4. 王昕："上海新建筑观察", 2005（硕士）

5. 徐驰："'同济风格'研究", 2005（硕士）

6. 鲁艳霞："上海当代优秀年轻建筑师研究", 2005（硕士）

7. 彭赞："以松江，安亭为例研究上海边缘城市的空间需求",2006（硕士）

8. 段巍："青浦当代建筑实践研究", 2007（硕士）

9. 宋丹峰："上海创意产业集聚区初探：以六个产业建筑群旧改为例", 2007（硕士）

10. 王涛："上海陆家嘴金融中心城市地标系统与城市意向研究",2007（硕士）

11. 董艺："历史街区中新建筑实践策略初探：以上海市衡山路 12 号精品酒店概念设计为例", 2008（硕士）

12. 郭磊："城市中心区高架下剩余空间利用研究：以上海为例",2008（硕士）

13. 王佳："虹桥综合交通枢纽研究", 2010（硕士）

14. 宋吴琼："旧工业建筑节能改造研究：以上海"花园坊节能环保产业园"为例",2011（硕士）

15. 陈丽："华东建筑设计研究院发展历史研究（1952–1978）", 2012（硕士）

16. 蒋兰兰："从建筑城市性角度解读嘉定四栋新建筑", 2013（硕士）

17 . Alice Pontiggia（Italy）："A Ttypomorphological Study of Shanghai's Housing Urban Block and a New Proposal for it",2015（双学位硕士）

18. 赵晓芳："计划经济体制下高校新村的演变及再造策略研究：以上海同济新村为例", 2016(博士)

19. 张晓亮："基于产城融合的上海开发区空间结构及其优化策略研究",2016（博士）

20. 蒲昊旻：基于空间分析工具的城市步行空间舒适性评价方法研究：以上海虹口 / 杨浦区轨道交通站域为例", 2018（硕士）

5. 《时代建筑》选题分类列表（2000–2019）
List of Thematic Topics of *Time + Architecture*（2000–2019）

（选题 / 年 / 期）

中国当代建筑理论与现象

当代中国实验性建筑（2000/2）

中国当代建筑新观察（2002/5）

实验与先锋（2003/5）

集群建筑设计（2006/1）

对话：中西建筑跨文化交流（2006/5）

中国建筑的现代之路（1950–1980）（2007/5）

建筑与现象学（2008/6）

建筑中国 30 年（1978–2008）（2009/3）

西方学者论中国：作为核心理论问题的中国城市化和城市建筑（2010/4）

超限：中国城市与建筑的极端现象（2011/3）

建造诗学：建构理论的翻译与扩展讨论（2012/2）

构想我们的现代性：20 世纪中国现代建筑历史研究的诸视角（2015/5）

穿越东西南北——当代建筑中的普遍性与特殊性（2016/3）

定位中国：当代中国建筑的国际影响力（2018/2）

中国古典园林之于当代建筑设计（2018/4）

布扎与现代建筑（2018/6）

包豪斯与现代建筑（2019/3）

中国当代建筑师及其设计实践

海归派建筑师在当代中国的实践（2004/4）

为中国而设计：境外建筑师的实践（2006/2）

中国年轻一代的建筑实践（2005/6）

中国建筑师在境外的当代实践（2010/1）

观念与实践：中国年轻建筑师的设计探索（2011/2）

承上启下：（20 世纪）50 年代生中国建筑师（2012/4）

边走边唱：（20 世纪）60 年代生中国建筑师（2013/1）

海阔天空：（20 世纪）70 年代生中国建筑师（2013/4）

建筑新三届（2015/1）

个体叙事：（20 世纪）80 年代生中国建筑师（一）（2016/1）

中国当代建筑设计机构与职业体制

当代中国建筑设计事务所（2002/1）

从工作室到事务所（2003/3）

对策：中国大型建筑设计院（2004/1）

过程：从设计构思到建成（2006/3）

中国建筑师的职业化现实（2007/2）

中国建筑师的职业现实（2017/1）

建筑设计作为现代组织（2018/5）

中国当代建筑前沿问题

社区营造（2009/2）

城市触媒——轨道交通综合体（2009/5）

数字化建造（2012/5）

BIM 体系与应用（2013/2）

力的表达：建筑与结构关系（2013/5）

数字化时代的结构性能化建筑设计（2014/5）

形式追随能量：热力学作为建筑设计的引擎（2015/2）

基础设施建筑学：建筑学介入城市运作的策略（2016/2）

城市微更新（2016/4）

数字化图解设计方法（2016/5）

新村研究（2017/2）

新技术与新数据条件下的空间感知与设计（2017/5）

街道——种城市公共空间的复兴与活力（2017/6）

应用驱动：人工智能与城市 / 建筑（2018/1）

环境调控与建筑设计（2018/3）

实验建造共同体（2019/6）

中国当代建筑本体研究与新兴领域

历史文化城市与建筑的保护（2000/3）

城市轨道交通建筑（2000/4）

新时代住宅（2001/2）

建筑再利用（2001/4）

新校园建筑（2002/2）

个性化居住（2002/6）

室内与空间（2003/6）

居住改变中国（2004/5）

新世纪摩天楼（2006/4）

旧建筑保护与再生（2006/2）

中国式住宅的现代策略（2006/3）

6.《媒体与评论：建筑研究的一种视野》目录
Contents of *Media and Criticism: A Vision for Architectural Research*

后记与致谢

Afterword and Acknowledgement

又到一年的入学季了，今年对我们大学 7901 班有点特别，一大批老同学们回到同济母校，与 2019 级新生一起，体验再次入学报到的时刻，纪念和回顾入学 40 周年的时光（1979—2019）。自从当初不十分刻意的专业选择以来，我们大多数人都工作在城乡建设与设计领域，伴随着国家改革开放和城市化进程的 40 年，既是参与者，又是见证者。我只是其中的一员，在国家现代化建设的大潮中幸运地做出了自己的一点贡献。

如果说我有什么细微的特别之处的话，就是在大学里除了常规的教学科研之外还从事建筑学术期刊的工作——一件以扩大影响力为价值导向的专业传媒工作。无论是一期期以主题组稿的期刊、一本本以专题性内容编撰的图书，还是一篇篇以研究和评论为特点的文章，都是借助媒介平台的传播效果实现扩大影响力的目标。我的核心工作主线是依托学术期刊对学术研究和学术传播进行策划组织。每一期出版的《时代建筑》都是依附于这条主线而结出的学术成果，而我自己从事研究、教学、评论后所发表的论文也是从这条主线上向外蔓延滋长的成果。

本套文集的出版是对我自己历年来所发表论文的完整梳理。虽然这件事起源于三年前的个人工作计划，但真正的进展发生在近一年，特别是随着思考的深入和类型的细分，图书结构及章节做了较大调整，才有了今天这样平行出版的两本图书。虽然每篇论文本身

所传播的信息量没有增减，但最终以十二个章节的逻辑关系并以不同线索串联成两本书的架构体系，是在初始阶段没有意料到的，远远超出了当时汇编成册的朴素想法，也许这就是对文献进行系统整理后而呈现的价值再创造的意义所在。

本套文集的编辑，原则上尊重原发表文章的状况，在图文内容上不做修改。但由于原发表文章的时间跨度较大，又发表在国内外不同的建筑期刊上，所以在学术出版规范和参考标准上存在较多问题，在书中均做出相应的修订更新。本套图书虽然基本维持建筑论文图文并茂的特色，但图的作用被减小，图片被弱化处理，如全书黑白印刷、图片尺寸变小、数量略有删减，呈现出一本学术读本的性格。

本套图书的编辑出版是建立在很多前提条件和基础上的，主要体现在两个层面上：一是我毕业留校任教从事学术期刊工作 30 多年来，得到前辈、老师、专家、学友和同事多方面的各种指导、支持、鼓励和帮助，才会有机会和能力撰写和发表这些论文；二是本套图书的编辑出版工作是在各方支持和团队协力合作下才有可能顺利完成。为此，我要感谢的人很多，无法罗列全部，但感恩尽在心中。

首先，罗小未先生作为我学业的导师和事业的指路人，一直像一名旗手在前方引领我和我的编辑团队向着更高的目标奋进。我有幸能在老师身边工作，但同时也意识到事业传承所肩负的责任和压力。罗先生

答应为本书写序既体现出她对学生的厚爱，也是对我期刊工作最大的鼓励和支持。郑时龄院士一直非常关注建筑批评和学术期刊，早在 2000 年就为我和徐千里合著的书写序，他非常支持和关心年轻人的成长。这次，郑时龄院士作为建筑评论领域的权威，又以"中国建筑学会建筑评论学术委员会"首任理事长的身份欣然为本书写序，使本书的出版具有全新的意义。建筑传媒人最直接和重要的学术组织是几年前成立的"中国建筑学会建筑传媒学术委员会"，而崔愷院士作为首任主任委员和《建筑学报》主编，经过深思熟虑后承诺为本书写序，体现的是其对专业期刊、建筑评论和建筑传媒工作的认同和支持。非常感谢上述前辈老师和专家为本书写序。

我深切体会到自己的专业媒体和研究工作与中国当代建筑的互动发展以及校内外学术界休戚相关，需要感谢的校内在任的老师和同事有伍江、卢永毅、常青、吴志强、钱锋、李振宇、蔡永洁、孙彤宇、章明、童明、李翔宁、郝洛西、王方戟、袁烽、李麟学、华霞虹、刘涤宇、彭震伟、孙施文、杨贵庆等；校外要感谢的人就更多了，如刘克成、赵辰、徐千里、孔宇航、孙一民、王辉、仲德崑、王建国、冯仕达、朱剑飞、张宇星、王竹、王维仁、刘少瑜、史建、朱涛、金秋野、葛明、李华等；另外，一批当代中国建筑师一直是我所关注的，他们对我的工作产生很大影响和促动，如刘家琨、王澍、刘晓都、汤桦、崔愷、张永和、马清运、

朱锫、张雷、汪孝安、孟建民、马岩松、李兴刚、柳亦春、张斌、张轲、祝晓峰、徐甜甜、李虎、董功、刘珩等。

从国际交流中学习提高并促进自我认知是聚焦"中国命题"的前提条件。我从境外的大学、政府机构、文化机构、设计机构、建筑师事务所等处都获得过许多资源和帮助，如香港大学建筑系、美国普林斯顿大学建筑学院、意大利帕维亚大学建筑学院、法国现代中国建筑观察站、瑞士驻上海总领事馆、马里奥·博塔事务所、MVRDV、GMP、DCM 等，在此表示感谢。

有一批学者和同事协助我一起工作，有的成为我重要的、不可或缺的共同作者；一些学者朋友对图书架构体系提出过宝贵意见，有的则以不同形式给予帮助。在此，需感谢的有徐千里、徐洁、彭怒、卓健、戴春、张晓春、李凌燕、邓小骅、李武英、丁光辉、秦蕾、江岱、凌琳、支小咪、王轶群、孙诗宁等。

我非常感谢历届的学生们，我与研究生的讨论其实是一次次对问题的梳理和思考。他们所参与的研究和写作工作是学业过程和学习成长的重要一环，他们同时也是学术成果重要的参与者和贡献者。

建筑期刊确实在培养年轻学人、促进学术交流方面起到不可替代的作用。我的部分论文发表在当今中国重要的建筑期刊上，每一次发表都是对我的鞭策和鼓励。在此要感谢《建筑学报》《世界建筑》《新建筑》《南方建筑》《建筑师》等期刊在我成长过程中所起的作用。感谢期刊界前辈如顾孟潮、曾昭奋、高介华、

王绍周等前辈的指导和帮助，也感谢期刊界及中国建筑学会建筑传媒学术委员会同仁们的支持和厚爱，如王路、王明贤、黄居正、张利、李晓峰、饶小军、周榕、曾卫、匡晓明、赵磊、李东、王舒展、覃力、魏星、陈剑飞、黄建中、刘雨婷、俞红、徐纺、卢军、彭礼孝、邵松和叶扬等。另外，还要感谢一些境外期刊，包括《建筑与城市》（中国香港）、《建筑师》（中国台湾）、台湾建筑（中国台湾）、Architectural Record（美国）、Volume（荷兰）、A+（比利时）、Architectural Design（英国）等。

本书在汇编过程中，近年出版的一些学术读本类图书对我有所启发，要感谢这些图书的编著者和出版社，如《当代中国城市设计读本》（童明，中国建筑工业出版社）、《理论·历史·批评（一）：王骏阳建筑学论文集》（王骏阳，同济大学出版社）、《形式与权力——建筑研究的一种方法》（朱剑飞，同济大学出版社）、《建筑论谈》（曾昭奋，天津大学出版社）等。

《时代建筑》编辑部是本书资料汇编的后盾，许多原始资料从发表文件中导出，既保证了图文的质量，又尊重其历史真实性。感谢顾金华、王小龙、杨勇等编辑部同仁。近百篇文章基础资料的整理和汇编要花费大量时间和精力，以我各届学生为主的编辑工作团队承担了这项重任，感谢黄婧琳、潘佳力、韩海潮（实习学生）、郭小溪、何润、付润馨、费甲辰、杨晅冰、徐蜀辰等所作出的贡献。

感谢同济大学出版社，近年一大批优秀城市与建筑专业图书的出版汇集了国内外一群著名学者和大家，构建起城市与建筑专业出版的高地。感谢责任编辑武蔚，她的编辑修养和认真态度使图书的学术品质得以保证。感谢完颖的图书装帧设计和杨勇的版式制作，他们的工作使图书有了一个完美的呈现。

本书是我所主持的国家自然科学基金项目成果的组成部分。本书出版获得国家自然科学基金项目及同济大学建筑与城市规划学院学术出版基金的资助，在此表示感谢。

我要特别感谢同济大学／建筑与城市规划学院／《时代建筑》编辑部，这三个层级的机构为我提供了研究、教学、写作的工作平台，构建出我职业生涯中精彩的"生活世界"。

最后，我要把本书献给我的家人，父母的养育和牵挂、妻子的照顾和付出、女儿的成长和未来，都是我奋斗的动力。本书的汇编出版只能算是我人生中一个新的起点。

支文军
2019 年 8 月 31 日于同济园

图书在版编目（CIP）数据

体验与评论：建筑研究的一种途径 / 支文军著. --
上海：同济大学出版社, 2019.11
ISBN 978-7-5608-8792-0

Ⅰ. ①体… Ⅱ. ①支… Ⅲ. ①建筑科学－文集 Ⅳ.
①TU-53

中国版本图书馆CIP数据核字(2019)第233323号

体验与评论：建筑研究的一种途径
【著】支文军

责任编辑　武蔚
责任校对　徐春莲
封面设计　完颖
版式制作　杨勇

出版发行　同济大学出版社 www.tongjipress.com.cn
　　　　　（地址：上海市四平路1239号　　邮编：200092　　电话：021-65985622）
经　　销　全国各地新华书店，建筑书店，网络书店
印　　刷　上海安枫印务有限公司
开　　本　787mm×1092mm　　1/16
印　　张　23.5
字　　数　587 000
版　　次　2019年11月第1版　2019年11月第1次印刷
书　　号　ISBN 978-7-5608-8792-0
定　　价　98.00 元